Auslandsdeutsche Pressesprache in Europa, Asien und Nordamerika

Deutsch als Fremd- und Fachsprache

Herausgegeben von
Csaba Földes und Thorsten Roelcke

Band 4

Csaba Földes (Hrsg.)

Auslandsdeutsche Pressesprache in Europa, Asien und Nordamerika

DE GRUYTER

Gefördert aus Open-Access-Mitteln der Universität Erfurt.

ISBN 978-3-11-124751-9
e-ISBN (PDF) 978-3-11-124769-4
e-ISBN (EPUB) 978-3-11-124867-7
ISSN 2750-1310
DOI https://doi.org/10.1515/9783111247694

Library of Congress Control Number: 2024934059

Bibliografische Information der Deutschen Nationalbibliothek
Die Deutsche Nationalbibliothek verzeichnet diese Publikation in der Deutschen Nationalbibliografie; detaillierte bibliografische Daten sind im Internet über http://dnb.dnb.de abrufbar.

Druck und Bindung: CPI books GmbH, Leck

www.degruyter.com

Auslandsdeutsche Medien im Brennpunkt: Pressesprache in vielen Facetten

Dieses Vorwort sei mit der Feststellung gestartet, die in mehreren der präsentierten Beiträge anklingt: Obwohl die Zahl der auslandsdeutschen Medien in die Tausende geht (vgl. Akstinat 2012–2013: 13), stehen sie kaum im Blickfeld der Linguistik. Dies ist umso überraschender, als diese Medienerzeugnisse bereits in einer Vielzahl von Publikationen aus gesellschafts- und geisteswissenschaftlichen Disziplinen untersucht wurden, so etwa im Hinblick auf historische, pressegeschichtliche, kultur- und literaturwissenschaftliche Fragestellungen. Zur Schließung dieser Forschungslücke soll ein variationslinguistisches Drittmittelprojekt „Deutsche Mediensprache im Ausland – am Beispiel der deutschen Minderheitenpresse in Mittel- und Osteuropa" am Lehrstuhl für Germanistische Sprachwissenschaft an der Universität Erfurt einen Beitrag leisten. In diesem Rahmen stehen gezielt Pressetexte im Überschneidungsfeld mehrerer Sprachen und Kulturen – speziell am Material der Medialität deutscher Minderheitenzeitungen – im Zentrum des Erkenntnisinteresses, wobei sie aus dezidiert sprachwissenschaftlicher Sicht exponiert werden (vgl. ausführlicher Földes 2022).

Als eine Projektmaßnahme fand am 25. und 26. Februar 2022 in Erfurt eine Tagung unter dem Titel „Deutsche Pressesprache im Ausland" statt, an der sich internationale Wissenschaftler(innen) aus Kasachstan, Polen, Rumänien, Russland, der Slowakei, Slowenien, der Ukraine, Ungarn und den USA mit Referaten beteiligten. Die Aufsätze des vorliegenden Bandes gehen größtenteils auf die Tagungsvorträge zurück: Das Buch präsentiert eine Auswahl der vorgetragenen Referate sowie einige einschlägige Aufsätze, die von Nicht-Teilnehmer(inne)n zum Tagungsthema eingereicht und positiv evaluiert wurden. Unser Ziel ist es, mit dieser Veröffentlichung die angesprochenen Fragestellungen auf einem anspruchsvollen Niveau in einem Band mit hoher thematischer Konsistenz zu behandeln. Deshalb wurden alle Manuskripte von ausgewiesenen Expert(inn)en der gegebenen Themenfelder „doppelblind" begutachtet. In diesem Zusammenhang danke ich folgenden Kolleg(inn)en, die freundlicherweise alle Einreichungen, d.h., nicht nur die auch tatsächlich zur Publikation angenommenen Texte, begutachtet haben: Kirsten Adamzik (Universität Genf), Bernhard Brehmer (Universität Konstanz), Philipp Dreesen (Zürcher Hochschule für Angewandte Wissenschaften), Peter Ernst (Universität Wien), Manfred M. Glauninger (Universität Wien/Österreichische Akademie der Wissenschaften), Thomas Gloning (Justus-Liebig-Universität Gießen), Markus Hartmann (Universität Erfurt), Ernest W.B. Hess-Lüttich (TU Berlin/University of Cape Town), Ulrike Krieg-Holz (Alpen-Adria-Universität Klagenfurt), Hartmut E.H. Lenk (Universität Helsinki), Jörg

https://doi.org/10.1515/9783111247694-202

Meier (PH Tirol/Universität Košice), Raikhangul Mukhamedova (Justus-Liebig-Universität Gießen), Stefan Michael Newerkla (Universität Wien), Achim Rabus (Albert-Ludwigs-Universität Freiburg), Kersten Sven Roth (Otto-v.-Guericke-Universität Magdeburg), Wolfgang Struck (Universität Erfurt), Friedemann Vogel (Universität Siegen), Martin Wengeler (Universität Trier) und Jan Zeller (Universität Greifswald).

Die Beiträge des Bandes sind geographisch geordnet und umfassen (in Druckreihenfolge) deutsche Pressesprache aus Polen, Ungarn, Rumänien, der Slowakei, Slowenien, der Russischen Föderation, Kasachstan und den Vereinigten Staaten.

Der Beitrag von Renata Dampc-Jarosz und Michał Skop (Kattowitz/Katowice) thematisiert „im Zwischenraum von Sprachen" die zweisprachigen deutsch-polnischen Zeitschriften „Die Brücke" und „Hoffnung" als Beispiele für ein oberschlesisches Identitätskonstrukt. „Die Brücke" wurde während der schlesischen Aufstände Anfang der 1920er Jahre publiziert, wohingegen die „Hoffnung" in den 1990er Jahren erschien. Beide Medien werden im Aufsatz vor dem Hintergrund der deutschsprachigen oberschlesischen Presse mit Blick auf ihre formalen, thematischen und gattungsspezifischen Merkmale dargestellt. Unter Rückgriff auf das Konzept des dritten Raumes von Homi K. Bhabha wird auch die Funktion der beiden Zeitschriften als Weg zur Versöhnung zwischen zwei Nationen, aber auch deren Potenziale zur Herausbildung einer für die Region typischen, auf der Beständigkeit der Minderheitensprache und des kulturellen Gedächtnisses beruhenden, multikulturellen Identität herausgearbeitet.

Die Pressesprache im deutsch-polnischen Kulturkontakt bildet auch den Untersuchungsgegenstand von Daniela Pelka (Opole/Oppeln), bei ihr am Beispiel von „Antidotum". Sie führt aus, dass nach dem politischen Umbruch von 1989 in Polen mehrere Presseerzeugnisse entstanden, die sich in erster Linie an die Angehörigen der im Land nunmehr anerkannten deutschen Minderheit wandten und – sofern sie weiterhin erscheinen – immer noch wenden. Eine solche Zeitschrift ist das seit 2004 herausgegebene und vornehmlich an Jugendliche bzw. junge Erwachsene gerichtete „Antidotum". Seit ihrer ersten Ausgabe werden darin deutsch- und polnischsprachige Texte veröffentlicht, wobei die Artikel oft Einflüsse der jeweils anderen Sprache aufweisen. Im Beitrag wird auf die zweisprachige Gestaltung der Zeitschrift fokussiert und zum einen die Makroebene mit Titelseite, Inhaltsverzeichnis und den einzelnen Artikeln, zum anderen die Mikroebene mit Einflüssen des Polnischen auf die deutsche Sprachverwendung auf Satz- und Wortebene unter die Lupe genommen.

Małgorzata Płomińska (Katowice/Kattowitz) setzt sich ebenfalls mit dem sprachlich-kommunikativen Profil der deutschsprachigen Presse in Oberschlesien auseinander, indem sie Transferenzphänomene im grammatischen Bereich am Beispiel des Periodikums „Oberschlesische Stimme“ erschließt, was auch dadurch eine Innovativität aufweist, da – wie Płomińska ausführt – insbesondere die linguistische Untersuchung der gegenwärtigen deutschsprachigen Presse im industriellen Teil Oberschlesiens nach wie vor ein Desiderat ist. Sie geht der Frage nach, ob und wenn ja, welche Einflüsse des Polnischen sich im schriftlichen deutschen Sprachgebrauch der deutschen Minderheit in diesem oberschlesischen Landstrich auf dem Gebiet der Grammatik nachweisen lassen. Es werden dabei relevante saliente grammatische Kontakterscheinungen und deren kommunikative Leistungen beschrieben.

Mariusz Jakosz (Katowice/Kattowitz) wendet sich Topoi in der deutschsprachigen Presse im gegenwärtigen Oberschlesien zu. Er konstatiert, dass die deutschsprachige Presse in der industriellen Region Oberschlesiens seit den 70er Jahren des 19. Jahrhunderts eine lange Tradition hat, die durch historische Umbrüche der Jahre 1921, 1945 und 1989 geprägt wurde. Nach der Teilung Oberschlesiens verwandelten sich viele Zeitungen in Presseorgane der deutschen Minderheit, die dann 1945 für lange Jahrzehnte verschwanden, um 1989 – schon in neuer Form – wieder ins Leben gerufen zu werden. Im Mittelpunkt des Beitrags steht das älteste Presseorgan der deutschen Minderheit in Polen, die „Oberschlesische Stimme“. Ziel der Studie ist es, ausgewählte, am häufigsten wiederkehrende Topoi in den Ausgaben aus dem Zeitraum von 2011 bis 2015 zu ermitteln und zu beschreiben, um damit die verbreiteten Denkweisen, das kollektive Wissen dieser Gemeinschaft und die wertenden Aussagen zu bzw. Perspektiven auf ein bestimmtes Themenfeld zu erfassen. Zunächst rücken die Entstehungsgeschichte der „Oberschlesischen Stimme“, ihre Thematik und ihr Layout ins Blickfeld, während anschließend auf Topoi wie ‚Erhalt der Identität der deutschen Minderheit‘, ‚Pflege des kollektiven Gedächtnisses‘, ‚Pflege der deutschen Sprache‘ sowie ‚Gedenken an Joseph Freiherrn von Eichendorff‘ eingegangen wird.

Csaba Földes (Erfurt) legt eine explorative Studie zur Sprache der ungarndeutschen Lokalpresse vor und vergleicht die Medienprodukte „Batschkaer Spuren“ und „Bonnharder Nachrichten“, wobei die Beobachtungen und Befunde aus dem erwähnten Projekt zur deutschen Mediensprache im Ausland stammen. Die Untersuchung zeigt ein breites Spektrum minderheitenspezifischer kommunikativer Konfigurationen und sprachlicher Gestaltungsformen mit verschiedenen Variationsphänomenen des Deutschen auf. Es handelt sich in erster Linie um eine Vielzahl mehrsprachigkeits- bzw. kontaktinduzierter Sprachmanifestationen auf verschiedenen Ebenen vom Wort bis zum Text/Diskurs. Es wird nachgewiesen, dass das Gesamtbild weitgehend durch Heterogenität, Uneinheitlichkeit und Eklektizismus – durch eine Mixtur an Sprach- und Stilformen – gekennzeichnet ist. Die Betrachtungen decken eher signifikante Ähnlichkeiten und Parallelitäten als Unterschiede zwischen den beiden untersuchten ungarndeutschen Medienformaten hinsichtlich ihrer journalistischen Programme und sprachkommunikativen Grundmuster auf. Gleichwohl wird auch klar, dass eines der Blätter (die „Bonnharder Nachrichten“) eine eher lokale Orientierung hat, dabei aber weniger Auffälligkeiten aufweist und in sprachlicher Hinsicht weniger spezifisch ungarndeutsch geprägt ist, wohingegen das andere (die „Batschkaer Spuren“) eher (klein-)regional operiert und sprachlich deutlicher eine raumbezogene ungarndeutsche Färbung besitzt.

Zsuzsanna Adrigán (Győr/Raab) beschäftigt sich mit Sprachwahl und Themen der Berichterstattung der ungarndeutschen Minderheit in der lokalen Presse von Sankt Iwan bei Ofen/Pilisszentiván von 1990 bis 2019. Den Gegenstand des Beitrags bilden der Sprachgebrauch und die Berichterstattung in den berücksichtigten Periodika, wobei das Material in zehn sprachliche Kategorien und sechs minderheitenrelevante Themenkreise gegliedert wird. In den untersuchten Zeiträumen ist eine deutliche Veränderung des Sprachgebrauchs und der Themen zu beobachten: In der ersten Periode (1990–1995) wird der größte Wert auf den Gebrauch der deutschen Standardsprache und des Dialektes gelegt. Zu den häufigsten Inhalten gehören die Bewusstmachung der ungarndeutschen Abstammung und die Pflege des Ortsdialektes. Diese Thematik bekommt in der zweiten (2002–2007) und in der dritten Periode (2014–2019) eine geringere Bedeutung. In der zweiten Periode geht die Zahl der in deutscher Standardsprache und im Dialekt verfassten Artikel zurück und im dritten Zeitraum wurden fast ausschließlich ungarischsprachige Pressetexte veröffentlicht. Die Identifikation mit der ungarndeutschen Volksgruppe offenbart sich in der zweiten und der dritten Analyseperiode in der Pflege und der Weitergabe von kulturellen Werten.

Der Artikel von Bianca Bican (Cluj-Napoca/Klausenburg) widmet sich einem diachron-pressebezogenen Thema – der Überlagerung der Chronotopoi in der Jubiläumsnummer des Siebenbürgisch-Deutschen Tageblatts (1924): Es werden Pressetexte analysiert, die im 19. und 20. Jahrhundert in der deutschsprachigen Zeitung „Siebenbürgisch-Deutsches Tageblatt“ erschienen sind. Im Zentrum stehen der Leitartikel der Gründungsnummer aus dem Jahr 1874 sowie weitere Artikel aus der Jubiläumsausgabe von 1924. Die Analyse der Zeitungstexte geht von Michail Bachtins Begriff des Chronotopos aus und identifiziert in den ausgewählten Artikeln drei unterschiedliche Chronotopoi, die sich innerhalb der Jubiläumsausgabe überlagern. Des Weiteren werden diese Chronotopoi in Bezug zu der vom Medium postulierten Kontinuität gesetzt, die gleichermaßen als Voraussetzung des feierlichen Anlasses und als Umkehrschluss von Bedeutung ist, der von der Geschichte der Leserschaft auf jene des Tageblatts übertragen wird.

Dadurch werden logische Brüche in der Argumentation aufgezeigt, welche die mediale Selbstdarstellung der Zeitung im 20. Jahrhundert langfristig geprägt haben.

Alois-Richard Kommer (Târgu-Mureş/Neumarkt am Mieresch) behandelt unter dem Titel „Zeitenwende – Sprachenwende. Rumäniendeutsche Pressesprache im Jahr 1990 am Beispiel der Aussiedlung der Rumäniendeutschen“ mehrere Aspekte der rumäniendeutschen Pressekommunikation anhand einer Auswahl von Beiträgen aus der Bukarester deutschsprachigen Tageszeitung „Neuer Weg“, der einzigen Tageszeitung des Landes, die zu diesem Zeitpunkt in einer großen internationalen Sprache veröffentlicht wurde. Untersuchungsobjekte sind die Ausgaben im Zeitraum von Januar bis Juni 1990, ausgewählt wurden journalistische Beiträge rund um das Thema der Aussiedlung der Rumäniendeutschen. Auf der einen Seite geht es im Artikel von Kommer um die Integration von Diskurs und Terminologie der Auswanderung (während der kommunistischen Diktatur ein absolutes Tabuthema) in die Zeitungssprache, auf der anderen Seite um die Eruierung, ob und wie die Journalisten, die jahrzehntelang die Systemsprache des Regimes verwendet haben, sich von diesem Sprachgebrauch lossagen konnten. Näher betrachtet wird die Haltung der bundesdeutschen Entscheidungsträger, der rumänischen Politik, der rumäniendeutschen Minderheitenvertretung und der evangelischen Kirche zur Massenaussiedlung der deutschen Minderheit.

Tomáš Godiš (Trnava/Tyrnau) stellt das „Karpatenblatt“ vor und fokussiert auf die Sprachverwendung in dieser Zeitschrift der karpatendeutschen Minderheit in der Slowakei. Er verweist darauf, dass das „Karpatenblatt“ das einzige Presseorgan der deutschen Minderheit in der Slowakei ist: Seit dem Gründungsjahr 1992 hat das Medium verschiedene Veränderungen erfahren, die Einfluss auf seinen Aufbau, seine Themenstruktur und seine Sprache nahmen. Der Beitrag konzentriert sich auf die typische lexikalisch-stilistische Struktur, besonders auf das Vorkommen von Wörtern aus karpatendeutschen Mundarten, die Entlehnungen und Rückentlehnungen aus dem Slowakischen, die kreative Wortbildung und Wortschöpfung sowie auf die Stilfärbung. Ein Augenmerk liegt zudem auf der morpho-syntaktischen Ebene der Sprache: der Sprachökonomie (Satzlänge) sowie der Satzstruktur. Die im Beitrag präsentierten Befunde werden anhand authentischer Belege aus der Zeitschrift demonstriert.

Attila Mészáros (Komárno/Komorn) befasst sich mit demselben Periodikum und erforscht die Verbalisierungen der karpatendeutschen Identität in der slowakeideutschen Presse, indem er Vorüberlegungen zu einer diskurslinguistischen Analyse am Beispiel des „Karpatenblattes“ formuliert. Die theoretische Basis bildet das wissensbasierte Diskurskonzept von Ekkehard Felder, nach dem Diskurse als Speicher des Wissens eines Kollektivs zu betrachten sind. Dabei wird von der Annahme ausgegangen, dass für einen Diskurs jene spezifischen Wissensbestände einer Sprach- und Kulturgemeinschaft auf der argumentativen Ebene aktiviert werden, welche die Basis der Identität dieser Gruppe bilden können. Die Grundlage für die empirischen Analysen bildet ein Textkorpus aus dem untersuchten Blatt, mit Fokus auf der transtextuellen Ebene mit besonderem Blick auf die Ermittlung der zentralen Topoi.

Das Betrachtungsobjekt von Uršula Krevs Birk (Ljubljana/Laibach) ist die neue „Laibacher Zeitung“ aus Slowenien, die seit 2017 als Minderheitenzeitung zweisprachig (auf Deutsch und Slowenisch) erscheint und den Namen der traditionsreichen „Laibacher Zeitung“ (1784–1918), des prominentesten deutschsprachigen Druckmediums im ehemaligen Habsburger Kronland Krain, trägt. Die Studie widmet sich kontakt- und soziolinguistischen Aspekten der Sprach- und Diskursgestaltung im deutschsprachigen Teil der Zeitung. Hierbei nimmt die Analyse insbesondere auffällige bzw. saliente sprachliche Phänomene auf der Wort-, Text- und Diskursebene in den Blick und erarbeitet eine Typologie sprach- und kulturkontaktinduzierter Phänomene, bei der auch inner- und außersprachliche Ursachen historischer Sprachberührungen miterfasst werden. Die empirische Materialanalyse zeigt, dass sich die Phänomenvielfalt salienter Natur aus der Komplexität der deutsch-slowenischen Sprachkontaktprozesse ergibt: Über mehr als dreizehn Jahrhunderte lang standen – so Krevs Birk – Deutsch und Slowenisch in einem überaus engen Kontakt, sie koexistierten nebeneinander bis 1918, als mit der neuen Staatsform auch eine soziale Umbewertung einherging, was sich auf das sprachlich-diskursive Profil der Zeitung in ihrer neuen Aufmachung auswirkt.

Pavel N. Donec (Charkiw) behandelt die „Anmerkungen der Redaktion“ als Textelement in der „Moskauer Deutschen Zeitung“, welche er als ein Expats-Medium in der Situation einer „intrakulturelle[n] Kommunikation in der interkulturellen Umgebung“ charakterisiert. Sein Ausgangspunkt ist, dass sich der Text als Kommunikationsgröße strukturell aus dem eigentlichen Textkörper und mehreren begleitenden Elementen zusammensetzt, die sowohl vom Autor als auch von anderen kommunikativen Subjekten stammen können, und mit mehreren äußeren Faktoren zusammenwirken. Diese Elemente lassen sich entsprechend als Pre-, Post-, Meta-, Inter-, Sub-, Trans-, (extraverbaler) Kon- und Intext bezeichnen. Die „Anmerkungen der Redaktion“ sind als „fremder“ Intext zu betrachten. Analysiert werden alle im Online-Archiv der Zeitung zugänglichen Ausgaben (1996–2022); die Zahl der Treffer belief sich auf insgesamt 104. Die Auswertung des Materials zeigt, dass die wichtigste Funktion von Anmerkungen der Redaktion einer Expats-Zeitung darin besteht, „kulturspezifische serielle Realia sowie individuelle (hauptsächlich Orte, Personen, Ereignisse) Inhalte des Gastlandes“ zu erläutern. Dazu werden meistens Verfahren der Definition,

Entlehnung (Transliteration), Lehnübersetzung und Erklärung durch Analogon eingesetzt. Durch Anmerkungen kommentiert werden auch russischsprachige Inklusen sowie Abbreviaturen. Zu den weiteren Funktionen der redaktionellen Anmerkungen zählt Donec die Berichtigung von Fehlern des Interviewten, die Beschreibung der kommunikativen Situation, den Vergleich der Verhältnisse in Russland und in Deutschland sowie die implizite Kritik an diesen oder jenen Gegebenheiten im Gastland.

Aigul Bizhkenova (Astana) und Markus Hartmann (Erfurt) stellen die Frage, ob kasachische Realienbezeichnungen bei der Integration in die Sprache der Deutschen Allgemeinen Zeitung in Kasachstan in Bezug auf ihre notwendige Genusgewinnung im Vergleich mit der Genusintegration von Lehnwörtern ins Deutschlanddeutsche Auffälligkeiten zeigen. Bevor diese Thematik im Beitrag angegangen wird, werden zunächst die Mechanismen der Genuszuweisung für deutsche Substantive und anschließend bei Anglizismen im Deutschlanddeutschen in Erinnerung gerufen. Der dritte Teil des Aufsatzes widmet sich dann den kasachischen Realienbezeichnungen in dieser Zeitung. Bereits im vorliegenden Belegkorpus zeigen sich dabei charakteristische Abweichungen vom Umgang mit Genus bei Anglizismen im Deutschlanddeutschen.

Der Aufsatz von Hans C. Boas und Ekaterina Levina (Austin) über die Dokumentation und Erforschung deutschsprachiger Pressetexte in Texas setzt sich mit der Frage auseinander, wie deutschsprachige Pressetexte aus Texas aus dem 19. und 20. Jahrhundert bearbeitet und analysiert werden können, um so Licht auf die Entwicklung des Texas-Deutschen zu werfen. Die Hauptfrage dabei ist, wie sich das Standarddeutsche auf das Texas-Deutsche in der gegebenen Zeitperiode ausgewirkt hat. Der Beitrag zeigt, dass es bei der Beantwortung dieser Frage eine Reihe komplizierter inhaltlicher und methodologischer Probleme gibt. So werden zunächst die Vorschläge von Joseph C. Salmons sowie Joseph C. Salmons und Felicia A. Lucht besprochen, die meinen, dass das Texas-Deutsche stark durch das in den deutschsprachigen Zeitungen in Texas verwendete Standarddeutsch beeinflusst worden sei. Demgegenüber argumentieren Hans C. Boas sowie Hans C. Boas und Katrin Fuchs, dass der Einfluss des Standarddeutschen auf das Texas-Deutsche im 19. und 20. Jahrhundert nicht so gravierend gewesen sein kann, wie von Salmons und Lucht behauptet. Der Aufsatz vergleicht diese beiden unterschiedlichen Vorschläge und untersucht, wie zuverlässig die Datenlage bezüglich des Status, der Rolle und des Einflusses des Standarddeutschen eingeschätzt werden kann. Auf der Basis der vom *Texas German Dialect Project* bereitgestellten Daten wird im Sinne eines Werkstattberichts diskutiert, welche Einsichten zur Entwicklung des Texas-Deutschen man anhand deutschsprachiger Pressetexte gewinnen kann.

Ganz besonderer Dank gilt Herrn PD Dr. Markus Hartmann, akad. Oberrat, für die kompetenten, profunden und gründlichen Redaktionsarbeiten, einschließlich der sprachlichen Lektorierung, an diesem Band. Ein spezieller Dank ergeht an die Tagungskoordinatorin, Frau Uschi Schmidt, M.A., für ihre Hilfe bei der Tagungsorganisation und -abwicklung. Abschließend sei allen Autorinnen und Autoren aufs Herzlichste gedankt, dass sie mit ihren Beiträgen die Tagung und die Buchveröffentlichung bereichert haben. Schließlich gilt der Beauftragten der Bundesregierung für Kultur und Medien für die Förderung der Tagung und der Universität Erfurt für den Publikationszuschuss unser Dank.

Erfurt, im Spätherbst 2023 Csaba Földes

Zitierte Literatur

Akstinat, Björn (und Arbeitsgemeinschaft Internationaler Medienhilfe) (Hrsg.) (2012–2013): *Handbuch der deutschsprachigen Presse im Ausland: Verzeichnis deutschsprachiger Zeitungen, Zeitschriften, Mitteilungsblätter und Jahrbücher außerhalb Deutschlands, Österreichs, Luxemburgs, Liechtensteins und der Schweiz.* Berlin: IMH.

Földes, Csaba (2022): Auslandsdeutsche Mediendiskurse: sprachliche und interkulturelle Aspekte von Minderheitenzeitungen. *Zeitschrift für Literaturwissenschaft und Linguistik (LiLi)* 52, 123–145. (https://doi.org/10.1007/s41244-022-00243-5).

Inhalt

Auslandsdeutsche Medien im Brennpunkt: Pressesprache in vielen Facetten —— V

Deutsche Pressesprache in Polen

Renata Dampc-Jarosz und Michał Skop
Im Zwischenraum von Sprachen. Die deutsch-polnischen Zeitschriften „Die Brücke“ und „Hoffnung“ als Beispiele für das oberschlesische Identitätskonstrukt —— 3

Daniela Pelka
Pressesprache im deutsch-polnischen Kulturkontakt: das Beispiel „Antidotum“ —— 17

Małgorzata Płomińska
Überlegungen zum sprachlichen Profil der deutschsprachigen Presse in Oberschlesien: Transferenzphänomene im grammatischen Bereich am Beispiel des Periodikums „Oberschlesische Stimme“ —— 45

Mariusz Jakosz
Topoi in der deutschsprachigen Presse im polnischen Oberschlesien am Beispiel der „Oberschlesischen Stimme“ —— 59

Deutsche Pressesprache in Ungarn

Csaba Földes
Sprache der ungarndeutschen Lokalpresse: vergleichende Betrachtungen anhand der „Batschkaer Spuren“ und der „Bonnharder Nachrichten“ —— 83

Zsuzsanna Adrigán
Sprachwahl und Themen der Berichterstattung der deutschen Minderheit in der lokalen Presse von Sankt Iwan bei Ofen/Pilisszentiván von 1990 bis 2019 —— 117

Deutsche Pressesprache in Rumänien

Bianca Bican
Überlagerung der Chronotopoi in der Jubiläumsausgabe des „Siebenbürgisch-Deutschen Tageblatts" (1924) — 143

Alois-Richard Kommer
Zeitenwende – Sprachenwende. Rumäniendeutsche Pressesprache im Jahr 1990 am Beispiel der Aussiedlung der Rumäniendeutschen — 155

Deutsche Pressesprache in der Slowakei

Tomáš Godiš
Das „Karpatenblatt" – Überlegungen zur Pressesprache in der Zeitschrift der karpatendeutschen Minderheit in der Slowakei — 175

Attila Mészáros
Verbalisierungen der karpatendeutschen Identität in der Presse: Vorüberlegungen zu einer diskurslinguistischen Analyse am Beispiel des „Karpatenblattes" — 195

Deutsche Pressesprache in Slowenien

Uršula Krevs Birk
Die neue „Laibacher Zeitung" (ab 2017). Kontaktsprachliche und soziokulturelle Aspekte in der deutschen Minderheitenzeitung aus Slowenien — 221

Deutsche Pressesprache in der Russischen Föderation

Pavel Donec
„Anmerkungen der Redaktion" als Textelement in der deutschsprachigen Minderheitenpresse (am Beispiel der „Moskauer Deutschen Zeitung") — 253

Deutsche Pressesprache in Kasachstan

Aigul Bizhkenova und Markus Hartmann
Genusintegration kasachischer Realienbezeichnungen in die Sprache der Deutschen Allgemeinen Zeitung im Vergleich zur Genusintegration von Anglizismen ins Deutschlanddeutsche — 273

Deutsche Pressesprache in den Vereinigten Staaten

Hans C. Boas und Ekaterina Levina
Zur Dokumentation und Erforschung deutschsprachiger Pressetexte in Texas: Welchen Einfluss hatte das Standarddeutsche auf das Texas-Deutsche? — 301

Verzeichnis der Beiträgerinnen und Beiträger — 321

Deutsche Pressesprache in Polen

Renata Dampc-Jarosz und Michał Skop

Im Zwischenraum von Sprachen. Die deutsch-polnischen Zeitschriften „Die Brücke“ und „Hoffnung“ als Beispiele für das oberschlesische Identitätskonstrukt

Zusammenfassung: Der Beitrag befasst sich mit zwei zweisprachig (deutsch-polnisch) in Oberschlesien herausgegebenen Zeitschriften: Die erste – „Die Brücke“ – wurde während der schlesischen Aufstände Anfang der 1920er Jahre veröffentlicht, die zweite – „Hoffnung“ – in den 1990er Jahren. Beide Zeitschriften werden im vorliegenden Beitrag vor dem Hintergrund der deutschsprachigen oberschlesischen Presse dargestellt; ihre formalen, thematischen und gattungsspezifischen Merkmale werden umrissen. Auf der Grundlage des Konzepts des dritten Raumes von Homi K. Bhabha wird zum einen die Funktion der beiden Zeitschriften als Weg zur Versöhnung zwischen zwei Nationen, zum anderen aber auch die durch sie gegebene Möglichkeit der Bildung einer für die Region typischen multikulturellen Identität dargestellt, die auf der Beständigkeit der Minderheitensprache und des kulturellen Gedächtnisses beruht.

1 Einleitung

Das im südlichen Teil Polens gelegene Oberschlesien war schon immer und ist auch heute noch durch Mehrsprachigkeit gekennzeichnet. Als Amtssprache galt in der Region bis 1918 Deutsch; später wurde sie durch Polnisch ersetzt; daneben wurden im Alltag der schlesische Dialekt und in einigen Gebieten auch Tschechisch verwendet (vgl. Chromik 2021: 29–30). Die Sprache wurde dabei zum Ausdruck der nationalen Identität und zu einem wichtigen Element der Erinnerungskultur (vgl. Ritter 2009: 37), andererseits bot sie aber auch eine Zuflucht vor dem Dilemma, sich für eine nationale oder kulturelle Zugehörigkeit entscheiden zu müssen, oder stellte eine Sublimierung des praktizierten Multikulturalismus dar.

Renata Dampc-Jarosz, Katowice/Kattowitz, Polen, E-Mail: renata.dampc-jarosz@us.edu.pl;
Michał Skop, Katowice/Kattowitz, Polen, E-Mail: michal.skop@us.edu.pl

https://doi.org/10.1515/9783111247694-001

So scheint das von Homi K. Bhabha geprägte Konzept eines dritten Raumes (vgl. Bhabha 2012: 61) für Oberschlesien von einst und heute besonders gut zuzutreffen. Auf kultureller, kollektiver sowie individueller Ebene zerstört der dritte Raum die Vorstellung von Identität und schafft somit einen Freiraum für Hybridität. So eröffnet sich an der Grenze zweier Kulturen ein Bereich, in dem sie, in diesem Fall die deutsche und die polnische, beide in zweisprachigen Zeitschriften repräsentiert, einander begegnen können, besonders, was im vorliegenden Beitrag zum Ausgangspunkt der Analyse wird, zur Zeit des Wandels von politischen Systemen: 1918 und 1989. Es ist hierbei anzumerken, dass die Annäherung zweier Kulturen im Sinne von Bhabha ein durchaus dynamischer Prozess ist, der sich dadurch charakterisiert, dass Kulturen

> sich stetig wandelnde Gebilde [sind], die verschieden machtvoll und einflussreich sein können. Beim Aufeinandertreffen zweier Kulturen handelt es sich demnach um ein ungleiches Gefälle. Bhabha spricht nicht von der Diversität von Kulturen, sondern von deren Differenz. Kulturelle Diversität würde ein Bild von vielen verschiedenen, statischen Gesellschaften vermitteln, die es aber so nicht gibt. Demgegenüber vermeidet der Begriff der Differenz die für Bhabha negative Konnotation, dass Menschen aus vorgegebenen, statischen Kulturen einander begegnen. Mit kultureller Differenz wird die stetige Wechselwirkung zwischen Kulturen und deren flexibler Natur respektiert und unterstrichen. (Scharer 2017: 134–135)

Die Existenz von zwei Kulturen in der zweisprachigen Presse setzt also voraus, dass sie die Paradigmata des kulturellen Denkens der jeweiligen Kultur vermittelt, die es vorzeigen, wie bestimmte Inhalte, Werte oder Vorstellungen begriffen und verwendet werden. Sie lassen sich als alternative Denkweisen, als eine Art „Übersetzung" verstehen, deren Ziel es ist, die für die jeweilige Kultur charakteristischen Zeichen neu zu bewerten, einzuordnen oder in neue Kontexte zu transportieren (vgl. Struve 2013: 131). Sich auf die Definition des so begriffenen dritten Raumes beziehend, wird im vorliegenden Beitrag der Versuch unternommen, die in zwei oberschlesischen Zeitschriften möglichen Prozesse von kultureller Neuorientierung und dadurch gegenseitiger Bereicherung zu präsentieren und auf deren Funktion als Vermittler zwischen den Kulturen hinzuweisen.

2 Die Presse der deutschen Minderheit in Polen nach 1918. Ein Überblick

Nach dem politischen Umbruch des Jahres 1918 wird Deutsch zur Minderheitensprache in der oberschlesischen Region und als solche nimmt sie eine besondere Stellung ein. Der Friedensvertrag von Versailles vom 26. September 1919, erst am

10. Januar 1920 in Kraft getreten, entschied, dass einige Teile der Region (512 km^2) an Polen und der südliche Teil des Kreises Ratibor, das sogenannte Hultschiner Ländchen (316 km^2), an die Tschechoslowakei abzutreten seien. Über Polens Forderungen auf Teile Oberschlesiens wurde erst nach der Volksabstimmung vom 20. März 1921 durch die Genfer Botschafterkonferenz am 20. Oktober 1921 beschlossen. Mit Wirkung vom 17. Juli 1922 fielen die östlichen Teile Oberschlesiens – Kreise Kattowitz (Stadt und Land), Königshütte (Stadt) und Pleß sowie Teile der Kreise Beuthen, Groß Strehlitz, Hindenburg, Lublinitz, Ratibor (Land), Rybnik, Tarnowitz und Tost-Gleiwitz – (3.213 km^2) an Polen. Überdies beanspruchte der polnische Staat aber auch von der Tschechoslowakei einen Teil des vormaligen Österreichisch-Schlesien. Das Grenzgebiet an der Olsa wurde zum Streitgebiet mit einem Mosaik von Völkern, wobei die Polen die zahlreichste ethnische Gruppe bildeten. Auf Beschluss der Pariser Botschafterkonferenz vom 28. Juli 1920 wurde das Teschener Schlesien etwa an der Olsa zwischen Tschechoslowakei (1.284 km^2) und Polen (1.008 km^2) aufgeteilt. Somit teilte sich das historische Schlesien nach 1922 auf folgende Verwaltungseinheiten und Staaten: Provinz Niederschlesien und Provinz Oberschlesien – Deutsches Reich; Woiwodschaft Schlesien (Województwo Śląskie) – Polen – bestehend aus dem vorher preußischen Ostoberschlesien und dem östlichen Teil des Teschener Schlesiens; Land Schlesien (Slezsko) – Tschechoslowakei – das um den östlichen Teil des Teschener Raumes verkleinerte, dafür um das Hultschiner Ländchen erweiterte ehemalige Österreichisch-Schlesien (vgl. Weczerka 1977: 19–20, Bahlcke 2005: 125–126).

Auf die geschichtlichen Ereignisse nach 1918 zurückblickend, ist an dieser Stelle an die Tatsache zu erinnern, dass ab 1921 die neue Grenzlinie einen Teil von Ostoberschlesien um Kattowitz von einem mehr landwirtschaftlich geprägten Gebiet um Gleiwitz und Oppeln trennte (vgl. Bahlcke, Gawrecki und Kaczmarek 2015: 86; Conrads 1994: 621). Infolge dieser Aufteilung haben sowohl Deutsche als auch Polen ihren bisherigen Wohnort verloren oder ihn bewusst gewechselt. Diejenigen, die blieben, wurden entweder zur nationalen Minderheit oder haben die Majoritätsidentität angenommen. Die deutsche Minderheit im polnischen Teil Oberschlesiens belief sich damals auf 250.000 bis 300.000; laut dem sog. kleinen Vertrag von Versailles, einem bilateralen Minderheitenvertrag, wurde ihnen das Recht auf eigene Sprache, Pressefreiheit sowie Religionsausübung gewährt (vgl. Hierowski 1947: 168–179). Die Bestimmungen dieses Abkommens verpflichteten den polnischen Staat auch dazu, staatliche Schulen einzurichten oder Kurse für Minderheitensprache zu organisieren. Eine wichtige Maßnahme für die Pflege der deutschen Kultur und Sprache unter den oberschlesischen Deutschen war ebenfalls die Presse. Nach 1918 existierten in Oberschlesien über 100 deutsche Zeitungen und Zeitschriften, die insgesamt eine Auflage von 500.000 Exemplaren erreichten (vgl. Glensk 2012: 30–35). Sie erfüllten damals eine wichtige propagandistische Funktion: Sie wurden nämlich zum Sprachrohr des Deutschtums in Oberschlesien, insbesondere während der Plebiszitszeit. Einige von ihnen kennzeichnete eine große Reichweite, die traditionsbedingt war („Kattowitzer Zeitung", „Oberschlesischer Anzeiger", „Oppelner Zeitung", „Ostdeutsche Morgenpost"), viele wurden speziell zu Propagandazwecken für die Zeit des Plebiszits gegründet („Der Schwarze Adler", „Pieron"), andere vertraten Interessen von zahlreichen in Oberschlesien aktiven Parteien („Der Oberschlesische Kurier", „Volkswille", „Kommunistische Arbeiterpost"). Die damals populäre Übernahme von Zeitungen nutzte man dabei auf beiden Seiten als eine gute Methode, den Gegner abzuschwächen (vgl. Glensk 2012: 35–36). Nach der Aufteilung Oberschlesiens verringerte sich die Anzahl der deutschsprachigen Presse auf dem Gebiet Polens, viele von ihnen wurden geschlossen oder verkauft (wie z.B. die „Kattowitzer Zeitung", die seit 1867 bis 1922 im Besitz der Familie Siwinna blieb, vgl. Sieradzka 2017: 551–552), viele verloren ihre Leser, die das polnisch gewordene Oberschlesien verlassen wollten, noch andere veränderten ihr Profil, um den Erwartungen und Bedürfnissen der deutschen Minderheit in der Region entgegenkommen zu können. In die Plebiszitszeit fällt auch die Entstehung einer neuen, zweisprachigen Zeitung „Die Brücke"/„Most", deren Stärke der literarische Teil mit Übersetzungen von polnischer und deutscher Literatur gewesen ist (vgl. Dampc-Jarosz und Skop 2018: 15).

3 „Die Brücke" versus „Most"

Am 26. September 1920 erschien die erste Ausgabe der Wochenschrift für kulturellen Austausch und polnischen Sprachunterricht „Die Brücke"/„Most". Die Redaktion und Geschäftsstelle hatte ihren Sitz in Gleiwitz und wurde vom Polnischen Kommissariat der Volksabstimmung (Polski Komisariat Plebiscytowy) finanziell unterstützt (vgl. Gröschel 1993: 87–88). Das zweisprachige Kulturblatt sollte, wie man in der ersten Ausgabe lesen kann, als eine wahrhafte Brücke (polnisch *most*) zwischen Deutschen und Polen dienen, die nicht nur zum Austausch des Kulturgutes beider Nationen gegründet wurde, sondern durch den polnischen Sprachunterricht eine Annäherung zwischen den Völkern erreichen sollte. Somit erfüllte das Blatt eine wichtige Aufgabe, die im ‚Durchgangsland' Oberschlesien angestrebt wurde, die deutsche und polnische Sprache zu fördern. Die Vertreter des Verlags und der Redaktion legten die Grundsätze der Wochenschrift mit folgenden Worten aus:

> Als Forderung der Zeit geboren, entsteht die Wochenschrift »Most«. Eine wahrhafte Brücke soll sie sein für hüben und drüben. Nicht nur zum Austausch kultureller Güter soll sie dienen, sondern soll auch den Tausenden, die sich bemühen, polnisch [sic] zu lernen, der Wegweiser sein. Und in diesem Gedanken will sie entpolitisierend und wissenschaftlich publizistisch jeden Leser fördern. Entpolitisierend deswegen, weil sie die vornehme Wochenschrift sein will und so alles Garstige fernhält. Wissenschaftlich deswegen, weil nur sichere Erkenntnis der kausalen Zusammenhänge uns wirklich führen und höher führen kann. Publizistisch deswegen, weil sie es ablehnt, ein ausgesprochenes Gelehrtenblatt zu sein. [...] Oberschlesien ist heute ein Land von Weltbedeutung und hat zwei Landessprachen. [...] In der natürlichen Lage ist also seine Zweisprachigkeit bedingt. Und mehr als je wird es zu mindesten in Oberschlesien, dem werdenden Zentrum der Welt erwünscht sein, auch polnisch zu können. [...] Für die ungeheure Aufgabe sprachvermittelnd zwischen den Nachbarn zu wirken, ist also eine spezielle Wochenschrift gegründet, die im »Most« alle Kräfte und alles Wissen konzentrieren wird, um fördernd zu wirken. (Most 1920: 1, 1)

Das kühne Vorhaben wurde durch wissenschaftlich fundierte Beiträge in den Abteilungen „Sprachwissenschaftliche Unterhaltungen“ und „Grammatische Streiflichter“ untermauert, welche in das Lehr- und Lerngebiet einführten. Zum Leiter der Abteilung „Pädagogische Ecke“ wurde W. Majowski, Lehrer und Historiograph aus Kattowitz-Bogutschütz, berufen. Doch mit dem Titel der Schrift assoziierte man eher die Person von Jan Wypler (neben Karl Kozlowski Chefredakteur von „Die Brücke“/„Most“). Der in Kochłowice geborene und in Katowice lebende Jan Wypler (1890–1965) war 1920–1923 als Redakteur dieses zweisprachigen Periodikums tätig; im Rahmen seiner Arbeit hat er zahlreiche Dichtungen polnischer Autoren (Jan Kasprowicz, Kazimierz Tetmajer, Władysław Orkan, Jan Kochanowski, Stefan Żeromski u.a.) ins Deutsche übersetzt (Hierowski 1947: 172) und diese den deutschsprachigen Oberschlesiern dargeboten. Darüber hinaus veröffentlichte er Biogramme polnischer Schriftsteller (Bolesław Prus, Juliusz Słowacki) und verbreitete in Deutschland das Drama „Sędziowie“ [„Die Richter“, 1907] von Stanisław Wyspiański (Scholze 1986: 606–610), das in seiner Fassung auf vielen deutschen Theaterbühnen aufgeführt wurde. Außer den Übersetzungen polnischer Autoren war der neu gegründete Teil „Von oberschlesischen polnischen Dichtern“ von Bedeutung, in dem auf das literarische Schaffen und politische Engagement von Józef Lompa (1797–1863) und Czesław Lubiński (bekannt als Pfarrer Konstanty Damrot, 1841–1895) aufmerksam gemacht wurde, die als Vermittler zwischen Deutsch- und Polentum eine friedvolle Annäherung zwischen beiden Nationen anstrebten. Die deutsche Literatur repräsentierten in der Wochenschrift hingegen ausgewählte Dichtungen von Goethe und Klopstock.

Schon die Auswahl von Texten polnischer und deutscher Literatur macht deutlich, dass es der Redaktion darum ging, repräsentative Beispiele zweier Kulturen zu wählen und sie zwangsläufig in vergleichender Weise zu interpretieren. Man folgte dabei dem Konzept von ‚Übersetzung‘, d.h. nach Bhabha, dem Versuch einer neuen kontextuellen Einbettung der für die eine Nation wichtigen kulturellen Errungenschaften. Dies geschah, indem man parallel polnische und deutsche Literatur präsentierte und dem Leser einen freien Umgang damit überließ. Man ging dabei davon aus, dass es unmöglich ist, die Gegenwart zu verstehen, wenn man die Vergangenheit nicht kennt. So achtete man ebenfalls darauf, historisches Wissen zu vermitteln, denn – der Redaktion nach – ist die Zeit „arm an Verinnerlichung, Hebung der inneren Werte“, was dazu verpflichtet, dass die „bisherigen Leser im Kampf gegen Falschheit, Lüge und Verleumdung unterstützt werden [sollten]“ (Most 1921: 13, 152). So lassen sich im Periodikum Artikel über die „Charakteristik der polnischen Literatur“ (Most 3/1922), „Morgenröte der polnischen Wissenschaft“ (Most 1–4/1922), „Philosophie an der Universität Krakau“ (Most 1/1923), Polens Grenzfrage 1918–1922 (Most 2/1922) oder „Neue Ära der politischen Ökonomie in der schlesischen Wojewodschaft“ (Most 9–10/1922) finden. Die in der Zeitschrift aufgegriffenen Themen sollen vor allem dazu dienen, die deutschen Leser mit polnischer Kultur vertraut zu machen und dadurch den Transfer zu beschleunigen. Die Konzentration auf die polnischen Probleme lässt sich dadurch begründen, dass die polnischen Adressaten der Zeitschrift im deutschsprachigen Raum sozialisiert wurden und über das Wissen über deutsche Kultur verfügten.

Die Analyse der Wirkung dieser Zeitschrift in Oberschlesien ist schwer durchzuführen, denn es gibt praktisch keine Beweise für die Rezeption unter den Lesern. Die Entstehung eines dritten Raumes lässt sich jedoch durch die Problematik der Zeitschrift legitim machen und durch die oben zitierten Erklärungen der Redaktion. Obwohl „Die Brücke“/„Most“ in einer politisch unruhigen und schwierigen Zeitperiode herausgegeben wurde, mag sie als eines der wichtigsten Blätter anerkannt werden, welches die Identität der Menschen des multikulturellen Oberschlesiens auf eine neue, der Politik entfernte Art und Weise darstellte. Doch ein langes Bestehen auf dem Pressemarkt war der Wochenschrift nicht gegönnt und 1923 wurde sie eingestellt (vgl. Skop 2008: 94–95).

4 Die Zeit nach der politischen Wende des Jahres 1989 und die deutschsprachigen Medien. Eine allgemeine Charakteristik

Nach dem Zweiten Weltkrieg hat die polnische kommunistische Regierung das Verbot eingeführt, Deutsch auf den bis 1945 deutschen Gebieten zu unterrichten und in der Öffentlichkeit zu gebrauchen. Durch Einführung dieser Vorschrift beabsichtigte man, die Polonisierung zu beschleunigen und alle deutschen Spuren zu löschen. Erst durch die politische Wende des Jahres 1989 und die Unterzeichnung des Deutsch-Polnischen Nachbarschaftsvertrages vom 17. Juni 1991 konnten die Deutschen ihre vollen Rechte als nationale Minderheit nach der Konferenz über Sicherheit und Zusammenarbeit in Europa (KSZE) wie auch eine Vertretung im polnischen Parlament erhalten. Die statistischen Angaben der Volkszählungen von 2002 und 2011 wiesen ca. 150.000 Deutsche in Polen nach, wovon nur 45.000 die deutsche Volkszugehörigkeit angaben; andere erklärten sich für eine zweite: für die polnische. Es ist hervorzuheben, dass die Mehrheit der deutschen Minderheit in Polen in den Woiwodschaften Oppeln (ca. 78.595) und Schlesien (35.187) lebt (alle Angaben nach https://de.wikipedia.org/wiki/Deutsche_Minderheit_in_Polen, letzter Zugriff 29.01.2022).

Die deutsche Minderheit gruppiert sich in Organisationen, Verbänden und Vereinen, die seit 1989 einem ständigen Wandel unterliegen und die in ganz Polen in 16 Städten/Bezirken wirken. Die Woiwodschaft Schlesien, insbesondere der oberschlesische Industrieraum, umfasst folgende Städte: Bytom (dt. Beuthen O.S.), Gliwice (dt. Gleiwitz), Zabrze (dt. Hindenburg O.S.), Katowice (dt. Kattowitz), Wodzisław Śląski (dt. Loslau), Orzesze (dt. Orzesche), Racibórz (dt. Ratibor), Rybnik, Tychy (dt. Tichau) und Cieszyn (dt. Teschen), in denen Deutsche Freundschaftskreise ihren Sitz gefunden haben. Dem oberschlesischen Deutschen Freundschaftskreis gehören über 120 Ortsgruppen an. Ab 1989 wirkt dagegen im Oppelner Land „Die Sozial-Kulturelle Gesellschaft der Deutschen“, die ab 1993 in Kattowitz ihre Entsprechung in der „Deutschen Gemeinschaft Versöhnung und Zukunft“ fand. Während die erste Organisation ausschließlich Deutschstämmige aufnimmt, können (bzw. konnten) sich der zweiten auch Polen anschließen (vgl. http://www.deutschegem.eu/index.php, letzter Zugriff 29.01.2022).

Mit all diesen gerade erwähnten Organisationen sind auch Medien verbunden, mit Hilfe derer die Deutschen ihre Identität stärken und präsentieren können. Bedeutende, wenn nicht die bedeutendste Rolle, spielt im Prozess dieser Identitätsbildung die Presse. In Hinblick auf die Häufigkeit des Erscheinens handelt es sich hier vor allem um Wochen- und Monatsschriften oder Jahrbücher, seltener Zeitungen. Ab 1989 versucht man zwar andere selbstständige Medien aufzubauen, wie Radio oder Fernsehen, diese Versuche gelten allerdings wegen der technischen, rechtlichen und finanziellen Schwierigkeiten als nur teilweise gelungen, denn in den meisten Fällen sendet die deutsche Minderheit bis heute auf fremden Radio- und Fernsehkanälen (z.B. auf Radio Katowice, Opole, Vanessa, Plus und anderen). Ab 2006 läuft mit Erfolg der deutsch-polnische Internet-Radiosender Mittendrin, der vom Deutschen Freundschaftskreis im Bezirk Schlesien geführt wird. Es ist allerdings zu betonen, dass sich sog. neue Medien nicht als Konkurrenz zur Presse verstehen bzw. verstanden haben, sondern eher als eine Alternative. Bemerkenswert ist ebenfalls, dass sich die Online-Medien im Dienste der deutschen Minderheit in Oberschlesien noch nicht bzw. mit mäßigem Erfolg durchgesetzt haben. Auf dem Gebiet der Online-Portale ist eher eine seit einigen Jahren intensive Arbeit von bundesdeutschen Kulturreferenten für Schlesien und Oberschlesien zu beobachten (gemeint sind hier z.B. das Portal „Silesia News. Informationsblog für Kulturreferate für Schlesien und Oberschlesien" oder „Schlesien Heute. Mit Blick auf die östlichen Nachbarn", das als eine Verlegerinitiative funktioniert).

Wie es Daniela Pelka in ihren Studien hervorhebt, sind ab 1989 bis heute in Oberschlesien 38 neue Presseorgane entstanden, die sich als Sprachrohr der deutschen Minderheit verstehen lassen. 18 davon wurden gleich nach der Wende gegründet, 17 erst nach der Jahrhundertwende (Pelka 2016: 82). Betrachtet man aber die Entwicklung der deutschen Presse in Oberschlesien, so muss man betonen, dass sich ihre intensive Wirkung, sowohl quantitativ als auch qualitativ gesehen, vor allem auf das sog. Oppelner Land fokussiert und an die hiesige deutsche Minderheit adressiert ist. Im Hinblick auf eigene Presseorgane kommt dabei die Woiwodschaft Schlesien zu kurz, denn ab 1989 erscheinen in der Region, zu welcher 6 Städte zwischen 100.000 bis 300.000 Einwohner gehören, nur zwei Zeitschriften, was im Vergleich zur Woiwodschaft Oppeln als eine defizitäre Erscheinung angesehen werden soll. Diese Situation ist in erster Linie auf eine höhere Zahl der Flüchtlinge, Vertriebenen und Aussiedler aus Ostoberschlesien nach 1945 zurückzuführen, zweitens auf die Einwandererwelle in den oberschlesischen Industrieraum und drittens auf die Tatsache, dass in der Woiwodschaft Schlesien das vergebliche Kämpfen um die Legitimität der schlesischen Identität verstanden als Recht auf den Status einer Minderheit vorrangig ist. Vor dem Hintergrund der Bemühungen vieler Organisationen, die sich seit den 1990ern für die Würdigung des Schlesischen als Minderheitensprache bemühen, erscheint diese schwächere Position der deutschen Sprache in der Region als verständlich. Dieses Problem betrifft dagegen das Oppelner Land wegen seiner ländlichen Struktur und beschränkter Migrationsprozesse weniger.

5 Die deutsch-polnische Zeitschrift der Wendezeit – „Hoffnung"

Die Monatszeitschrift „Hoffnung" wurde 1993 von der Deutschen Gemeinschaft „Versöhnung und Zukunft" gegründet, deren Ziel es war, die Rolle des Vermittlers zwischen der deutschen Minderheit in Polen und der polnischen Bevölkerung zu spielen. Die Zeitschrift erschien unregelmäßig; im Jahr 1998 z.B. publizierte man keine Ausgaben, in manchen Jahren 5, in anderen nur eine. Insgesamt wurden 51 Ausgaben herausgebracht; 2001 wurde „Hoffnung" eingestellt.

Die Realisierung des Hauptziels stellte sich die Gemeinschaft mit ihrem Vorsitzenden Dietmar Brehmer (vgl. https://pl.wikipedia.org/wiki/Dietmar_Brehmer_polityk, letzter Zugriff 29.01.2022) als Popularisierung der deutschen Sprache und Kultur vor, die nicht nur die deutsche Minderheit erreichen sollte, sondern alle, die daran interessiert waren. Mit der Veröffentlichung der Zeitschrift gingen auch andere Aktivitäten einher: Gründung einer zweisprachigen Schule, eines Sportclubs, Veranstaltung von Kulturabenden und Vorträgen über die Geschichte Schlesiens sowie karitative Tätigkeit für Obdachlose, Arme und Bedürftige. Die Entscheidung, die Artikel in zwei Sprachen zu veröffentlichen, wobei manche nur auf Deutsch oder auf Polnisch erschienen, selten parallel, spiegelt zugleich das Verständnis der Redaktion von der Rolle der deutschen Minderheit, deren Sprache und Kultur in Oberschlesien wider, die als Träger der Multikulturalität der Region und nicht einer bestimmten nationalen Identität gelten sollen. In diesem Anliegen sieht Grażyna Barbara Szewczyk die Kontinuität des Programms der Zeitschrift „Most"/„Brücke", die Anfang der 1920er in Katowice herausgegeben wurde. Sehr treffend hat der Journalist Rudolf Buchała diese Botschaft in der Ausgabe 9/1994 formuliert, indem er auf die besondere Lage Oberschlesiens, dessen Geschichte und Kulturerbe aufmerksam gemacht hat:

> Heute aber sind wir Zeugen davon, wie Oberschlesien als Heimat vieler Kulturen wiederauflebt, die wie früher erneut friedlich miteinander leben wollen und können. Dadurch setzt Oberschlesien ein Zeichen für das neue kommende Europa [...] (Buchała 1994: 9, o.S.)

Schaut man auf die Titelseite der Zeitschrift, so stellt man fest, dass schon das Layout auf ihre programmatische Bestimmung hinweist, indem es das Wort *Hoffnung* vor dem Hintergrund der zusammengebundenen deutschen, polnischen und europäischen Fahnen exponiert. Die Titelseiten heben auch jeweils die Schwerpunkte der im Berliner Format gehaltenen Ausgabe heraus. Es ist charakteristisch, dass trotz der häufigen Anwendung von Blockumbruch, seltener von Treppenumbruch, die Spalten variieren und nicht demselben Prinzip der Wiederholbarkeit folgen. Die Rubriken sowie die Themenwahl scheinen den Geist der Transformationsjahre in Polen und in ehemaligen Ostblockländern wiederzugeben. Listet man die Rubriken auf, so lassen sich feste Teile aussondern wie z.B. Leitworte des Chefredakteurs, Kurznachrichten, Feuilleton, Berichte, Interviews, Erinnerungen, Leserbriefe, Auszüge aus literarischen Texten, darunter Übersetzungen von literarischen Texten aus dem Deutschen bzw. Polnischen, Witze (Antek und Franzek in O.S.) und Anzeigen. Wenn es um die Kurznachrichten geht, dann werden sie an die die Zeitschrift kennzeichnenden Themen angepasst, die um die deutsch-polnische Versöhnung, Oberschlesien und dessen Geschichte sowie Kultur, deutsch-polnische Beziehungen einst und heute, Minderheiten und deren Stellung in Europa wie auch Transformationsprobleme in den Ländern des ehemaligen Ostblocks kreisen. Analysiert man das Themenspektrum in „Hoffnung" genauer, so bemerkt man, dass gerade den historischen Berichten über das Oberschlesien vor 1918 viel Aufmerksamkeit gewidmet wird (z.B. Texte über Kattowitz, Gieschewald, Pleß, Königshütte u.a.). Ebenso viel Platz wird auch den aus Schlesien stammenden bzw. mit der Region verbundenen Persönlichkeiten eingeräumt. Auf der Liste der in der Zeitschrift gewürdigten Personen stehen u.a. die Patronin Schlesiens, die Heilige Hedwig (3/1993), die Schriftsteller Joseph von Eichendorff (2/1995), Gerhart Hauptmann (48 und 49/2000), Arnold Ulitz (2/1994) und August Scholtis (3/1994), die Nobelpreisträgerin Maria Göppert-Meyer (16 und 17/1994) oder der in Laurahütte geborene Schlagerkomponist Michael Jary (1/1993); die polnische Seite repräsentieren u.a. der Anführer der Schlesischen Aufstände Wojciech Korfanty (3/1994) und der Literat Stanisław Ligoń (10/1994). An diese Liste reihen sich Interviews oder Reden von zeitgenössischen Politikern an, die sich für die deutsch-polnische Versöhnung eingesetzt haben (Generalkonsul in Breslau Bruno Weber – 1/1993, Bundespräsident Richard von Weizsäcker – 1/1992, der polnische Innenminister Krzysztof Skubiszewski – 2/1994) u.a. Im Zentrum des Interesses stehen ebenfalls die Probleme der europäischen Integration, bilateraler Zusammenarbeit (Woiwodschaft Schlesien und das Bundesland Nordrhein-Westfalen – 3/1993), der nationalen Minderheiten (2/1993, 5/1993, 4/1994) oder des Umweltschutzes (13 und 14/1994), was sich aus heutiger Sicht als durchaus fortschrittlich zeigt. Viele Texte setzen sich zum Ziel, sowohl kommunikatives (Erinnerungen der Zeitgenossen an die verdrängte Vergangenheit der Jahre 1939–1945) als auch kulturelles Gedächtnis zu pflegen. Nicht zufällig sind zahlreiche Artikel den Erinnerungsorten gewidmet, die mit der tragischen Geschichte der Deutschen wie die des Lagers Świętochłowice-Zgoda (hier vor allem Erinnerungen von Eric von Calsteren, z.B. in 1/1994) oder der polnischen (hier die Erinnerung an den Warschauer Aufstand – 3/1994; Erinnerungen des polnischen Aufständischen Eugeniusz Piowczyk in 34 und 35/1996) verbunden sind. Wenn man dabei bedenkt, dass viele von den oben genannten Themen zum ersten Mal öffentlich aufgegriffen wurden, dass es Artikel aus „Hoffnung" das verschüttete Kulturerbe Oberschlesiens aufzudecken wagten, kann diese Pionierleistung nicht unbemerkt bleiben. Genauso erwähnenswert ist das Engagement der Zeitschrift für die in der deutschen und polnischen Sprache debütierenden Schriftsteller (vgl. Szewczyk 2001: 399–402).

Die kurze Darstellung der thematischen Schwerpunkte der Zeitschrift „Hoffnung“ macht die von der Redaktion angestrebte Aufgabe deutlich, die Brücken zwischen Vergangenheit, Gegenwart und Zukunft sowie zwischen zwei Nationen zu schlagen. Der in der Zeitschrift überwiegende kulturelle Teil, dem thematischen Profil der „Brücke“ ähnlich, sollte zum Mittel werden, diese Aufgabe auf einer von nationalen Vorurteilen freien Ebene realisieren zu können. Fragt man aber nach der in der Einleitung hervorgehobenen Rolle der zweisprachigen Zeitschriften als dritter Raum, so muss auf die Erweiterung der Themenpalette hingewiesen werden. Denn nach 1918 waren nur zwei Kulturen gefragt, nach 1989 kommt noch die schlesische, d.h. regionale Identität, hinzu, die am Beispiel von Lebensläufen von schlesischen Persönlichkeiten dokumentiert wird. Durch diese Vielfalt von Themen, die oft über Jahrzehnte verschwiegen wurden, eröffnet man neue Bereiche des Dialogs, dynamisiert man den Diskurs über Werte und versucht auf deren ständige Entwicklung aufmerksam zu machen, die nämlich an ihrer nationalen Prägung verlieren und im breiteren europäischen Kontext gelesen werden sollten.

Versucht man, den Gebrauch von Sprachen in den einzelnen Ausgaben der Zeitschrift allgemein zu besprechen, so lassen sich folgende Aspekte sprachlicher Realisierung festhalten:

1) Die Mehrheit der Texte wird in polnischer Sprache verfasst. In manchen Ausgaben hat man mit einem längeren und ein paar kürzeren Beiträgen auf Deutsch zu tun. Unter den Leserbriefen lassen sich auch Texte finden, deren eine Hälfte auf Deutsch, die andere auf Polnisch niedergeschrieben wurde (z.B. „Ich wusste überhaupt nicht [...]“ in der Ausgabe 1/1994).
2) Viele von den deutschen Texten (Kurznachrichten sowie Interviews) lassen sich als Nachdrucke aus deutschen Tageszeitungen (allerdings ohne die Angabe von Quellen) oder aus wissenschaftlichen Monographien bzw. Periodika (z.B. Artikel von Norbert Conrads in den Ausgaben 16 und 17/1995) erkennen.
3) Es ist die Häufigkeit der Wörter „Oberschlesien“ bzw. „Schlesien“ und „oberschlesisch“, besonders in Titeln, auffällig (vgl. z.B. die Titel in den Ausgaben 3/1993; 1/1994; 4/1994; 16 und 17/1995; 22, 23, 24 und 25/1995 u.a.).
4) Gelegentlich werden Wörter im schlesischen Dialekt eingeführt, die mit den deutschen und polnischen Ausdrücken in den Text integriert werden. Diese mehrsprachigen Formulierungen tauchen besonders in dem vom Chefredakteur verfassten einleitenden Teil als an die Leser gerichtete Anreden oder Appelle auf (z.B. „Roztomili Ślązacy. Meine lieben Landleute“, in 9/1993; „Bydoł pisał po ślązku, po polsku und auf deutsch“, in der Ausgabe 2/1993; vgl. auch 22, 23, 24 und 25/1995 oder 4/1994).

5) In den von den zweisprachigen Autoren (z.B. von Dietmar Brehmer und Rudolf Buchała) verfassten Texten wird häufig der meinungsbildende Diskurs gebraucht, der sich durch die Anwendung von suggestiven Wendungen kennzeichnet wie z.B.:

   Ich war natürlich darüber im Klaren [...] (5/1993),
   Ich würde es folgenderweise formulieren [...] (5/1993),
   Es kann angenommen werden [...] (5/1993),
   Es ist erstaunlich und unverständlich zugleich [...] (4/1994),
   Es ist mir klar [...] (5/1993).

6) Das in den Nachdrucken gebrauchte Hochdeutsch gewährleistet ein hohes stilistisches Niveau der Texte, das ebenfalls die polnischen Texte kennzeichnet.

6 Fazit

Der Beitrag setzte sich zum Ziel, die allgemeine Entwicklung und Funktion zweier oberschlesischer Zeitschriften näherzubringen, deren Wirkung im zeitlichen Abstand von 80 Jahren liegt. Beide Zeitschriften verbindet die Idee, die in der Region gesprochenen Sprachen, von denen Deutsch eine Minderheitensprache ist, zu nutzen, um das der Presse innewohnende kulturelle Potenzial und ihre sprachlichen Möglichkeiten präsent zu machen. Durch die Kombination von Texten in beiden Sprachen ist es den Redaktionen gelungen zu zeigen, dass Sprachen, Kulturen und Völker nebeneinander existieren und von den kulturellen Errungenschaften des jeweils anderen profitieren können. Während „Die Brücke" ein anderes Ziel verfolgte, und zwar, die deutschen Leser mit der polnischen Kultur vertraut zu machen, die seit 1918 als Leitkultur Oberschlesiens galt, ist „Hoffnung" ein Beispiel für die schrittweise Heranführung der Leser im multikulturellen Schlesien an die deutsche Sprache und die deutsche Kultur, die seit 1945 unterdrückt wurde. Die parallele Verwendung der polnischen Sprache und des schlesischen Dialekts sowie die geeignete Themenauswahl, die den Gedanken der Völkerverständigung stärkt, machen die Zeitschrift zu einem Ort des Erwerbs einer neuen Identität, die dem deutschen, polnischen und schlesischen kulturellen Gedächtnis entspringt.

Literaturverzeichnis

Bahlcke, Joachim (2005): *Schlesien und die Schlesier*. Mit 119 Abbildungen, Karten und Statistiken. München: Langen Müller.

Bahlcke, Joachim, Gawrecki, Dan, und Ryszard Kaczmarek (Hrsg.) (2015): *Geschichte Oberschlesiens. Politik, Wirtschaft und Kultur von den Anfängen bis zur Gegenwart*. 2. überarb. u. erw. Aufl. Berlin: De Gruyter Oldenbourg.

Bhabha, Homi K. (2012): *Über kulturelle Hybridität. Tradition und Übersetzung*. Wien, Berlin: Turia und Kant.

Buchała, Rudolf (1994): *Most* 9, o.S.

Chromik, Grzegorz (2021): Das Kronland Österreichisch-Schlesien und sein sprachliches Potpourri. In: Philipp, Hannes, Stangl, Theresa, Weber, Bernadette und Johann Wellner (Hrsg.), *Deutsch in Mittel-, Ost- und Südosteuropa* (Forschungen zur deutschen Sprache in Mittel-, Ost- und Südosteuropa, FzDiMOS 11), 28–39. Regensburg: Universität Regensburg.

Conrads, Norbert (Hrsg.) (1994): *Deutsche Geschichte im Osten Europas. Schlesien*. Berlin: Siedler.

Dampc-Jarosz, Renata und Michał Skop (2018): Wir kreuzen uns mit Polen. Oberschlesien als Grenzraum aus kultur- und literaturwissenschaftlicher Sicht. In: Żebrowska, Ewa, Olpińska-Szkiełko, Magdalena und Magdalena Latkowska (Hrsg.), *Blick(e) über die Grenze. Transkulturelle und transdisziplinäre Ansätze in der germanistischen Forschung und Lehre*, 6–17. Warszawa: Stowarzyszenie Germanistów Polskich/Verband Polnischer Germanisten.

Glensk, Jaochim (2012): Polska i niemiecka prasa w agitacji plebiscytowej – z perspektywy 90 lat. *Rocznik historii prasy polskiej* 15 (2), 29–46.

Gröschel, Bernhard (1993): *Die Presse Oberschlesiens von den Anfängen bis zum Jahre 1945. Dokumentation und Strukturbeschreibung*. Berlin: Mann.

Hierowski, Zdzisław (1947): *25 lat literatury na Śląsku 1920–1945*. Katowice, Wrocław: Wydawnistwo Instytutu Śląskiego.

Pelka, Daniela (2016): Die Kinderseiten im „Schlesischen Wochenblatt" und die Herausbildung der deutschen Identität. *Studia Niemcoznawcze* 57, 81–94.

Ritter, Rüdiger (2009): *Die Geschichtsschreibung über Abstimmungskämpfe und Volksabstimmung in Oberschlesien (1918–1921). Eine Auswahlbibliographie* (Die Deutschen und das östliche Europa – Studien und Quellen 5). Frankfurt a.M., Berlin, Bern, Bruxelles, New York, Oxford, Wien: Peter Lang.

Scharer, Matthias (2017): IZI als „Third Space" transreligiöser Begegnungen. *Themenzentrierte Interaktion* 31 (2), 131–138.

Scholze, Dietrich (1986): Wyspiański auf deutsch. *Zeitschrift für Slawistik* 31 (4), 606–610.

Schroller, Franz (1993): *Schlesien. Eine Schilderung des Schlesierlandes*. Band 3. Augsburg: Weltbild.

Sieradzka, Danuta (2017): Udział drukarzy i wydawców Górnego Śląska w kampanii plebiscytowej i powstańczej. In: Wilkoń, Teresa (Hrsg.), *O etosie książki. Studia z dziejów bibliotek i kultury czytelniczej*, 540–552. Katowice: Wydawnictwo Uniwersytetu Śląskiego.

Skop, Michał (2008): *Das Bild der Stadt Katowice im deutschen Schrifttum 1865–1945*. Dresden: Neisse.

Struve, Karen (2013): *Zur Aktualität von Homi K. Bhabha. Einleitung in sein Werk* (Aktuelle und klassische Sozial- und Kulturwissenschaftler|innen). Wiesbaden: Springer.
Szewczyk, Grażyna B. (2001): Die literarische Thematik in den gegenwärtigen deutschsprachigen Zeitschriften Oberschlesiens. In: Rowińska-Januszewska, Barbara und Jan Papiór (Hrsg.), *Polnisch-deutsche Wechselbeziehungen im zweiten Millennium*. Teil 1: *Zur polnisch-deutschen Kulturkommunikation in der Geschichte – Materialien*, 397–406. Bydgoszcz: Wydawn. Akad. Bydgoskiej.
Weczerka, Hugo (1977): Geschichtliche Einführung. In: Weczerka, Hugo (Hrsg.), *Handbuch der historischen Stätten. Schlesien*, 16–93. 2., verb. u. erw. Aufl. Stuttgart: Kröner.

Quellenmaterial

Die Zeitschrift „Die Brücke“: Ausgaben aus den Jahren 1920–1923.
Die Zeitschrift „Hoffnung“: Ausgaben aus den Jahre 1993–2001 (in den Archivmaterialien sind die Seitennummern nicht verzeichnet).

http://www.deutschegem.eu/index.php (letzter Zugriff 29.01.2022).
https://de.wikipedia.org/wiki/Deutsche_Minderheit_in_Polen (letzter Zugriff 29.01.2022).
https://pl.wikipedia.org/wiki/Dietmar_Brehmer_polityk (letzter Zugriff 29.01.2022).

Daniela Pelka

Pressesprache im deutsch-polnischen Kulturkontakt: das Beispiel „Antidotum"

Zusammenfassung: Nach dem politischen Umbruch von 1989 entstanden in Polen mehrere Presseerzeugnisse, die in erster Linie an die Mitglieder der nun im Land anerkannten deutschen Minderheit gerichtet waren und – soweit das Medium weiterhin erscheint – immer noch sind. Eine der in diese Gruppe gehörenden Zeitschriften ist das seit 2004 herausgegebene, vornehmlich an Jugendliche und junge Erwachsene gerichtete „Antidotum". Seit ihrer ersten Ausgabe werden in der Zeitschrift deutsch- und polnischsprachige Texte veröffentlicht, wobei sowohl die einen als auch die anderen Artikel Einflüsse der jeweils anderen Sprache aufweisen. Im Beitrag wird auf die zweisprachige Gestaltung der Zeitschrift fokussiert und zum einen die Makroebene mit Titelseite, Inhaltsverzeichnis und den einzelnen Artikeln, zum anderen die Mikroebene mit Einflüssen des Polnischen auf die deutsche Sprache auf Satz- und Wortebene unter die Lupe genommen.

1 Deutsche Minderheitenpresse in Polen

Wie im Falle zahlreicher anderer Interessengruppen spielen die Massenmedien auch für die Angehörigen diverser Minderheiten – so auch der deutschen Minderheit in Polen – eine wichtige Rolle. Neben den klassischen Funktionen der Medien wie Information, Artikulation und Kontrolle erfüllen sie identitäts- und friedensstiftende Funktionen: Sie helfen, das Selbstverständnis der Minderheit zu festigen und Vorurteile zwischen der Mehrheit und Minderheit abzubauen, wodurch wiederum Spannungen und Konflikte minimiert und gegenseitiges Vertrauen geschaffen werden sollen (vgl. Pallaver 2012: 59–64).

In öffentlichen und privaten Radiosendern werden von den Deutschen und für die Deutschen in Polen mehrere Radioprogramme (u.a. „Schlesien Aktuell" bei Radio Opole und „Abgekanzelt" bei Radio Doxa) und in Oberschlesien auch ein Fernsehprogramm („Schlesien Journal") gesendet; Zugang zu Informationen

Daniela Pelka, Opole/Oppeln, Polen, E-Mail: Daniela.Pelka@uni.opole.pl

https://doi.org/10.1515/9783111247694-002

über die Deutschen im Lande bieten auch verschiedene YouTube-Formate (z.B. „Schaufenster" der Redaktion „Mittendrin" und „DMi-TV" der Sozial-Kulturellen Gesellschaft der Deutschen SKGD im Oppelner Schlesien) und die Internetportale diverser Minderheitenorganisationen. Die führende Rolle innerhalb der Medienlandschaft spielte allerdings von Anfang an die Presse, die auch heute noch als das wichtigste Medium der deutschen Minderheit in Polen betrachtet werden kann (vgl. Urban o.J.).

Das wohl bekannteste, da überregionale und zudem wöchentlich erscheinende[1] Presseerzeugnis der Deutschen in Polen ist das in Oppeln herausgegebene „Wochenblatt.pl", das sich – obwohl stark mit Oberschlesien verbunden – als Organ der gesamten deutschen Minderheit im Lande versteht.[2] Daneben werden auch in den von den Deutschen dünner besiedelten Regionen des Landes Periodika herausgebracht, die sich vor allem an die Mitglieder der dahinter stehenden Minderheitenorganisationen richten und sich hauptsächlich mit den aktuellen Problemen und Aktivitäten der Minderheit beschäftigen. Darunter findet man z.B. die „Allensteiner Nachrichten" und die „Masurische Storchenpost" in Ermland und Masuren, die „Danziger Nachrichten" in Pommern, das „Grünberger Monatsblatt" im Lebuser Land und die „Niederschlesischen Informationen" in Niederschlesien, wobei ihre Erscheinungshäufigkeit viel geringer ist als im Falle des „Wochenblatt.pl" – die einzelnen Titel erscheinen in Zeitabständen von einem bis zu drei Monaten.

Neben diesen grundsätzlich an alle Minderheitenangehörige unabhängig von Alter, Konfession, Beruf oder sonstiger Gruppenzugehörigkeit gerichteten Blättern gibt es mehrere Zeitschriften, die sich speziell an bestimmte, enger abgesteckte Empfängergruppen richten, so z.B. die ein wissenschaftlich interessiertes Publikum anvisierenden (populär-)wissenschaftlichen „Hefte für Kultur und

1 Die Deutschen in Polen verfügen über keine deutschsprachige Tageszeitung, was allerdings keine Ausnahme darstellt: Unter den weltweit herausgegebenen deutschsprachigen Presseerzeugnissen gibt es nur acht, die täglich erscheinen und darunter lediglich zwei, die nicht in den Nachbarländern herausgegeben werden, in denen Deutsch als nationale bzw. regionale Amtssprache fungiert – die „Allgemeine Deutsche Zeitung" in Rumänien und die „Allgemeine Zeitung" in Namibia (vgl. Meier 2018: 359). Der Abstand, der zwischen den einzelnen Ausgaben der meisten Minderheitenblätter liegt, umfasst in der Regel einen längeren Zeitraum; im besten Fall erscheinen sie einmal pro Woche, wie z.B. die vornehmlich an Angehörige der deutschen Minderheit im Land gerichtete „Neue Zeitung" in Ungarn (vgl. Schuth 2010: 91, Földes 2018: 301) oder die „Deutsche Allgemeine Zeitung" in Kasachstan (vgl. Földes 2019: 71–72).

2 Ursprünglich hatte das Blatt eine stärker regionale Ausrichtung, was auch an seinem Titel abgelesen werden kann: Es erschien zum ersten Mal 1990 unter dem Titel „Oberschlesische Nachrichten", änderte ihn 1991 in „Oberschlesische Zeitung", im Jahr 1995 in „Schlesisches Wochenblatt" und seit 2011 erscheint es als „Wochenblatt.pl" (vgl. Pelka 2013: 91–105, 356).

Bildung“, „Eichendorff-Hefte“ und das „Lubowitzer Jahrbuch“ oder die nach Konfessionen ausgerichteten Blätter „Die Heimatkirche“, „Heimatbote der deutschen Katholiken der Erzdiözese Breslau“ (katholisch) und „Christophoribote“ (evangelisch). In diesen Bereich gehören auch Zeitschriften, die sich primär an junge Menschen richten: Kinder und Jugendliche. Zu erwähnen wären hier die im Rahmen der „Bilingua“-Kampagne des Hauses der Deutsch-Polnischen Zusammenarbeit seit einigen Jahren herausgegebenen Magazine „Keks“ (seit 2013) und „Bäm!“ (seit 2019), mit denen hauptsächlich die Zweisprachigkeit unter den jungen Deutschen gefördert werden soll, wie auch die bereits auf eine längere Geschichte zurückblickende Zeitschrift „Antidotum“ des Bundes der Jugend der Deutschen Minderheit (BJDM) in Oppeln (herausgegeben seit 2004), auf die im Folgenden näher eingegangen werden soll.[3]

2 Pressesprache der deutschen Minderheit in Polen am Beispiel von „Antidotum“

Eine Frage, die bei der Herausgabe einer Minderheitenzeitschrift eine Schlüsselrolle spielt, betrifft die Wahl der Sprache, in der die Zeitung bzw. Zeitschrift erscheinen soll. Durch den Einsatz allein der Sprache der Minderheit wird zwar die nationale Identität der Gruppe stärker betont, doch gleichzeitig kommt es zur Eingrenzung des Empfängerkreises auf Leser, die diese Sprache beherrschen, und zum Verzicht auf die Vorstellung der publizierten Inhalte bei Personen, die ihrer nicht mächtig sind (vgl. Pelka 2012: 180–183). Zwar findet man unter den deutschen Minderheitenzeitschriften in Polen solche, die sich nur der deutschen Sprache bedienen[4] (wie z.B. die erwähnten „Niederschlesischen Informationen“, die „Masurische Storchenpost“, den „Heimatboten“ oder den „Christophoriboten“), doch in den meisten Periodika kommt sowohl die deutsche als auch die polnische Sprache zum Einsatz. Die Zweisprachigkeit nimmt dabei verschiedene Formen an, indem entweder sämtliche Texte parallel in beiden Sprachen abge-

3 Vornehmlich an Jugendliche und junge Erwachsene gerichtet waren auch die „VDH-Mitteilungen“, „vitamin.de“, und „CUE“, die entsprechend in den Jahren 2000–2013, 2003–2008 und 2012 erschienen und danach eingestellt wurden; Genaueres zu den Zeitschriften vgl. Pelka (2013: 69–70, 76–78, 354).

4 Der umgekehrte Fall – d.h. dass nur die Sprache der Mehrheit, hier also: Polnisch – zum Einsatz kommt, ist unter den deutschen Minderheitenzeitschriften in Polen nur in der ersten, lediglich zwei Beiträge enthaltenden Ausgabe der „Hefte für Kultur und Bildung“ vom Juni 1993 unter dem Titel „Kwartalne Zeszyty Oświatowe” zu konstatieren.

druckt werden (so z.B. in den „Heften für Kultur und Bildung", den „Eichendorff-Heften" und den „Danziger Nachrichten") oder – manchmal neben den Paralleltexten – verschiedene Beiträge in unterschiedlichen Sprachen erscheinen. Global betrachtet, kann die zweisprachige Ausgestaltung der Presseerzeugnisse der deutschen Minderheit in Polen aber als ihre augenscheinlichste, auf den ersten Blick wahrnehmbare sprachliche Auffälligkeit angesehen werden. Bedingt ist diese Besonderheit durch die äußeren Umstände sowohl der Produktion als auch der Rezeption der Schriften, die auf dem Bilingualismus der überwiegenden Mehrheit ihrer Autoren und Leser basieren.

Betrachtet man „Antidotum" – die überregionale[5] Zeitschrift des BJDM in Polen – so werden ihre Texte seit Beginn ihrer Herausgabe größtenteils von Angehörigen der jeweils jüngsten Generation der Deutschen im Lande geschrieben und sind zugleich primär an diese gerichtet. Somit kann hier sowohl auf der Seite der Textproduzenten als auch der Textrezipienten von Menschen die Rede sein, für die das Polnische einen festen Bestandteil ihres Sprachrepertoires bildet[6] und für die das Deutsche entweder eine im bilingualen Erstspracherwerb erworbene zweite Primär-, eine in jungen Jahren angeeignete Sekundär- oder eine im Fremdsprachenunterricht erlernte Fremdsprache darstellt – und dies betrifft sowohl die Mitglieder des BJDM als auch die Angehörigen der polnischen Mehrheitsgesellschaft, die an der Entstehung der Zeitschrift beteiligt sind bzw. zu ihren Rezipienten zählen.

Dieser besondere sprachkulturelle Hintergrund führte anscheinend auch dazu, dass in der Zeitschrift seit ihrer ersten Ausgabe sowohl die deutsche als auch die polnische Sprache zum Einsatz kommen. Das Zusammenwirken beider Sprachen lässt sich dabei sowohl auf der Makroebene mit Titelseite, Inhaltsverzeichnis und den einzelnen Artikeln als auch auf der Mikroebene mit gegenseitigen Einflüssen der einen Sprache auf die andere auf Satz- und Wortebene beob-

5 Die Zeitschrift wird größtenteils in den Woiwodschaften Oppeln und Schlesien gelesen, aber auch im gesamten BJDM-Netzwerk in Polen sowie an Universitäten und bilingualen Schulen der größten polnischen Städte vertrieben. Entsprechend den Erwartungen junger Menschen ist sie auch online zugänglich (die neuesten Ausgaben aus dem Jahr 2021 z.B. unter https://issuu.com/Antidotum (letzter Zugriff 21.07.2021)) und nach Meldung beim BJDM (z.B. über die Facebook-Seite https://www.facebook.com/Antidotum.BJDM (letzter Zugriff 21.07.2021)) und der Aufnahme in die Abonnentenliste in Papierformat erhältlich, wobei sie kostenlos an die angegebene Adresse versandt wird.

6 Oft gehört dazu auch das Schlesische als dialektale Varietät. Texte, die von Muttersprachlern anderer Sprachen verfasst wurden, die das Polnische (höchstwahrscheinlich) nicht beherrschen, stellen in der Zeitschrift eine Ausnahme dar, sind darin aber auch zu finden, vgl. z.B. die Beiträge des Italieners Gabriele Lanzi (2019a, 2019b).

achten. Auf diese soll im Folgenden fokussiert werden, wobei auf der Mikroebene – aus Platzgründen, aber auch weil die polnischsprachigen einen viel kleineren Anteil der im „Antidotum“ veröffentlichten Texte ausmachen – lediglich die Einflüsse des Polnischen auf das Deutsche aufgezeigt werden. Das Untersuchungskorpus bilden dabei acht Ausgaben der Zeitschrift, die in den Jahren 2019–2020 erschienen sind[7] und anhand derer das Ziel verfolgt wird, zu zeigen, wie die zwei Sprachen in der Zeitschrift ein Konglomerat aus deutschen und polnischen Elementen bilden, mit dem die Zweisprachigkeit der Leser gefordert wird und das als Besonderheit der Pressesprache im deutsch-polnischen Kulturkontakt angesehen werden kann.

2.1 Makroebene

2.1.1 Titelseite

Eines der prägnantesten Bestandteile einer Zeitschrift ist ihre Titelseite. Im Falle der untersuchten „Antidotum“-Ausgaben ist diese mit einem oder mehreren farbigen Fotos gestaltet, auf denen größtenteils junge Menschen zu sehen sind. Fokussiert man die verbalen Elemente, so findet man in der oberen linken Seitenecke den Zeitschriftentitel und in der rechten Ecke die Ausgabennummer (Jahrgang und laufende Nummer plus Jahreszahl), die ISSN-Nummer und eine Information zu den Erwerbs- und Erscheinungsmodalitäten sowie zur Herausgeberorganisation. Einen festen Bestandteil der Titelseite bilden auch die Fußzeile, in der die Abkürzung „BJDM“ als „Bund der Jugend der Deutschen Minderheit“ aufgelöst wird, sowie ein oder mehrere Verweise auf die in der Zeitschrift enthaltenen Texte, wobei diese nur zum Teil den Titeln der jeweiligen Artikel entsprechen und auch nur zum Teil mit Seitenangaben versehen sind. Schon die sprachliche Ausformulierung der Titelseite zeigt, dass von den Herausgebern hauptsächlich zweisprachige Leser als Empfänger anvisiert werden.

7 Ausgaben 1 (49) bis 4 (52) aus dem Jahr 2019 und Ausgaben 1 (53) bis 4 (56) aus dem Jahr 2020, zugänglich im pdf-Format auch unter https://issuu.com/dagmaramientus/docs (letzter Zugriff 21.07.2021)).

Abb. 1: Titelseiten von Antidotum Nr. 1 (49)–4 (56)

Das Titellexem *Antidotum*, das auf die Funktion der Zeitschrift als „Gegengift, Gegenmittel" gegen Langeweile hinweisen soll,[8] ist zwar der polnischen Sprache zuzuordnen, doch kann es als ein Internationalismus angesehen werden, der durch seine Ähnlichkeit mit dem fachsprachlichen Ausdruck *Antidot(on)*[9] sowohl für monolingual polnisch- als auch für deutschsprachige Leser verständlich ist. Auch die Abkürzung des Lexems *Nummer* (hier nach polnischer Konvention als *Nr* – ohne Punkt am Ende – abgekürzt) und von *International Standard Serial Number*[10] wird beiden Gruppen keine Verständnisschwierigkeiten bereiten. Die Phrase *Bezpłatny kwartalnik BJDM-u* setzt allerdings schon Kenntnisse sowohl des Deutschen als auch des Polnischen voraus, um zu verstehen, dass es sich bei

8 Vergleiche die Rückseite der Ausgabe 1 (49) mit der Wettbewerbsfrage: „Was ist dein Antidotum gegen Langeweile? Die besten Antworten werden belohnt! Schicke uns Deine Antwort auf antidotum@bjdm.eu". Zu gewinnen im „Antidotum-Paket": ein Becher, ein Kugelschreiber und ein Notizblock mit dem Logo der Zeitschrift.

9 Sowohl das polnische *Antidotum* als auch das deutsche *Antidot(on)* gehen auf dieselbe lateinische (und noch früher: griechische) Wurzel zurück.

10 Internationale Standardnummer für fortlaufende Sammelwerke.

dem Medium um eine kostenlose Vierteljahresschrift[11] des Bundes der Jugend der Deutschen Minderheit handelt. Die einzelnen Verweise auf Texte innerhalb der Zeitschrift erscheinen auf der Titelseite in den meisten Fällen in deutscher Sprache, vereinzelt kommen aber auch polnischsprachige vor.[12] Wollte man also alle Informationen verstehen, die dem Leser hier geboten werden, sind Kenntnisse sowohl der deutschen als auch der polnischen Sprache gefordert. In gleicher Weise sind sie vonnöten, um den Inhalt der gesamten Zeitschrift zu rezipieren.

2.1.2 Inhaltsverzeichnis

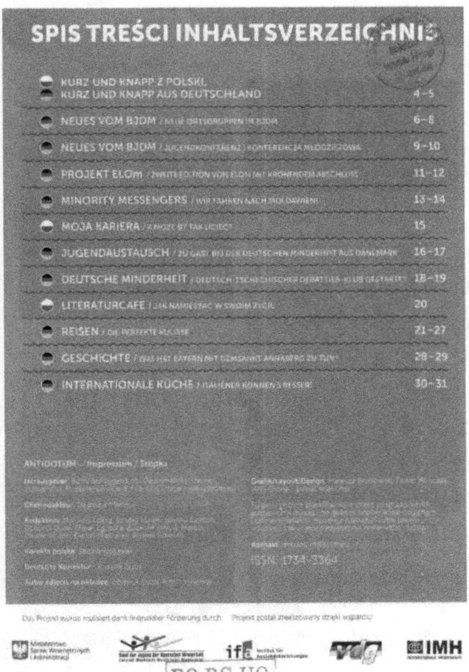

SPIS TREŚCI INHALTSVERZEICHNIS

KURZ UND KNAPP Z POLSKI, KURZ UND KNAPP AUS DEUTSCHLAND	4–5
NEUES VOM BJDM	6–8
NEUES VOM BJDM / JUGENDKONFERENZ / KONFERENCJA MŁODZIEŻOWA	9–10
PROJEKT ELOm	11–12
MINORITY MESSENGERS	13–14
MOJA KARIERA	15
JUGENDAUSTAUSCH	16–17
DEUTSCHE MINDERHEIT	18–19
LITERATURCAFE	20
REISEN	21–27
GESCHICHTE	28–29
INTERNATIONALE KÜCHE	30–31

ANTIDOTUM – Impressum / Stopka

ISSN: 1734-3364

EO BG UO

Abb. 2: Inhaltsverzeichnis von Antidotum 1 (49): 3

11 Lediglich das in dem polnischen Lexem *kwartalnik* enthaltene *kwartal-* könnte mit dem im Deutschen enthaltenen Lexem lateinischen Ursprungs *Quartal* assoziiert werden und einem monolingual deutschsprachigen Leser einen inhaltlichen Hinweis liefern.

12 So z.B. in der Ausgabe 4 (52).

Deutsch- und Polnischkenntnisse werden allein schon benötigt, um das Inhaltsverzeichnis mit der zweisprachigen Überschrift „Spis treści/Inhaltsverzeichnis" lesen zu können. Die Seitentitel und die Titel der einzelnen Beiträge erscheinen darin nämlich entweder in deutscher oder in polnischer Sprache.

Zum Teil findet man hier die Seitentitel und die Artikeltitel[13] in derselben Sprache, also z.B. auf Polnisch:

> *Moja kariera / A może by tak uciec?* (49/3)[14]
> *Filmy / Co robić w nudny wieczór?* (54/3)

oder auf Deutsch:

> *Neues vom BJDM / Neue Ortsgruppen im BJDM* (49/3)
> *Thema / Süchtig nach Plastiktüten* (50/3)

Zum Teil erscheinen der Seitentitel und der Artikeltitel in zwei verschiedenen Sprachen. So z.B. bei:

> *Moja kariera / Aus jeder Krise etwas lernen* (54/3)
> *Projekt ELOm / Grundsteine in Allenstein* (51/3)
> *Neues vom BJDM / Wiedeń w zimowej odsłonie* (53/3)
> *Kulturcafe / Zapracowani i przepracowani* (50/3)

Innerhalb der einzelnen Titel kann man vereinzelt aber auch Sprachkontakterscheinungen beobachten, die es unmöglich machen, sie in ihrer Ganzheit der einen oder anderen Sprache zuzuordnen und sie somit auch ohne die Kenntnis beider Sprachen in ihrer Gesamtheit zu verstehen, wie z.B. im Falle von:

> *Kurz und knapp z Polski* (49/3)
> *Reisen / Hannover – kolebka brytyjskich królów* (55/3)

Vor allem, wenn es um die Titelangaben geht, in denen auf beide Sprachen zurückgegriffen wird, ist es für den Leser problematisch, festzustellen, in welcher Sprache der Haupttext des jeweiligen Artikels geschrieben ist. Als Orientierungshilfe sollen hier die Symbole der deutschen bzw. polnischen Fahne dienen, die

---

13 In den Belegen steht der Seitentitel vor und der Artikeltitel nach dem Schrägstrich.

14 Nach den Belegen in Klammern werden im Folgenden die Nummer der Ausgabe (von 49 bis 56) und die Seitenzahl angegeben. Die Schreibweise der Belege entspricht dem Original.

vor den Angaben zu finden sind und anscheinend auf die Sprache des Textes bzw. die zu seiner Rezeption notwendigen Sprachkenntnisse hinweisen sollen. Tatsächlich stimmt die Fahne aber nicht immer mit der Textsprache überein. So findet man, um nur einige Beispiele zu nennen, vor den Titeln

Deutsche Minderheit – Von der Oder an den Main: Umwelt lernen (51/3)
Gesellschaft. Das ist unsere Meinung (54/3)

die polnische Fahne, obwohl alle verbalen Elemente des jeweiligen Beitrags (Seitentitel, Artikeltitel und -text) in der Zeitschrift auf Deutsch erscheinen; vor dem Titel

Moja kariera / Czas na studentów (51/3)

findet man die deutsche Fahne, obwohl alle verbalen Elemente des Beitrags auf Polnisch erscheinen, und vor dem Titel

Kurz und knapp z Polski. Kurz und knapp aus Deutschland (51/3)

die polnische und die deutsche Fahne, obwohl hier alle verbalen Elemente außer der Angabe „z Polski" in deutscher Sprache erscheinen.

2.1.3 Artikel

TOMASZ POLEDNIA UND SEIN ABENTEUER MIT DEM BJDM

DAS IST UNSERE MEINUNG
- WYRAŻAMY SWOJĄ OPINIĘ O CZASACH PANDEMII

Abb. 3: Artikelbeispiele von Antidotum 2 (54): 6–7 und 16–17

Den Spracheinsatz in den einzelnen Texten des untersuchten Korpus betrachtend, kann man feststellen, dass hier auch nach 15 Jahren seit der Herausgabe der ersten Ausgabe von „Antidotum" an der darin festgelegten Art der zweisprachigen Gestaltung der Zeitschrift festgehalten wird: Einzelne Texte werden entweder in deutscher oder in polnischer Sprache abgedruckt, nicht jedoch in beiden Sprachen nebeneinander. Eine Ausnahme bildet lediglich das Editorial der Ausgaben 3 (51) und 4 (52), das parallel in beiden Sprachen erscheint. Da dieses in den zwei früheren Ausgaben nur auf Polnisch verfasst wurde, kann man darin allerdings den Versuch sehen, der Zeitschrift einen stärkeren deutschsprachigen Stempel zu verleihen.[15] Bekräftigen würde diese Annahme auch die Tatsache, dass ab der Ausgabe 1 (51) das Editorial nur noch auf Deutsch erscheint.

Obwohl in den Texten des untersuchten Korpus beide Sprachen zum Einsatz kommen, weist der prozentuale Anteil der deutsch- und polnischsprachigen Artikel darauf hin, dass das Deutsche als Hauptsprache der Zeitschrift angesehen wird und das Polnische darin eher eine untergeordnete Rolle spielt. Zwar variiert die Anzahl der auf Deutsch und auf Polnisch verfassten Artikel in den einzelnen Ausgaben ein wenig, doch machen die polnischsprachigen Texte von insgesamt 28 Seiten pro Ausgabe[16] jeweils nur zwei bis vier Seiten aus.[17] Dennoch kann man sagen, dass die Kenntnis des Polnischen als wesentlicher Bestandteil der sprachlichen Fertigkeiten der anvisierten „Antidotum"-Leser angesehen wird und das Deutsche als Sprache, an der noch gefeilt werden müsste. Davon zeugen die Vokabelboxen, mit denen mehrere deutschsprachige Texte ausgestattet sind und in denen ausgewählte deutsche Vokabeln mit ihren polnischen Entsprechungen erscheinen.[18] Ihr Zweck ist in dem Bestreben der Herausgeber zu sehen, die Deutschkenntnisse der diese Sprache nicht so gut beherrschenden Leser zu verbessern.

---

15 Mit Ausgabe 3 (51) erhielt die Zeitschrift eine neue Chefredeakteurin, was mit zu dieser Innovation geführt haben kann.

16 Nicht hinzugerechnet wird die Titelseite und die letzte Seite (S. 1 und 32), das Editorial (S. 2) und das Inhaltsverzeichnis (S. 3), die als nicht zum Artikelteil gehörend betrachtet werden.

17 In den drei ersten der untersuchten Ausgaben kommen neben den deutschsprachigen je drei Seiten auf Polnisch vor, in den weiteren kommen neben einzelnen Seiten auf Polnisch einige Seiten vor, in denen Texte sowohl in deutscher als auch in polnischer Sprache nebeneinander erscheinen. Die jeweilige Zahl dieser Seiten sieht in diesen Ausgaben wie folgt aus: 2 und 3, 3 und 3, 2 und 6, 3 und 2, 4 und 1.

18 Einer solchen Zuordnung würde sich lediglich eine Box entziehen, die bei einem polnischsprachigen Text erscheint. Da hier aber auch von deutschen Vokabeln ausgegangen wird, kann man vermuten, dass der Text ursprünglich in der deutschen Sprachversion veröffentlicht werden sollte; vgl. (56/17).

Eine besondere Art der zweisprachigen Ausformulierung der „Antidotum“-Artikel stellen Texte dar, deren einzelne Bestandteile in jeweils einer anderen Sprache erscheinen. So findet man z.B. unter der deutschsprachigen Titelseite „Gesellschaft“ einen Beitrag, dessen Titel auf Deutsch und dessen Untertitel auf Polnisch aufgeführt wird:

Das ist unsere Meinung - wyrażamy swoją opinię o czasach pandemii! (54/16)

Der Haupttext des Artikels ist in polnischer Sprache abgedruckt, aber die ihm beigefügten Gedanken in farbig unterlegten Kästen erscheinen z.T. auf Deutsch und z.T. auf Polnisch und die Fragen und Antworten zu den den Text ergänzenden Tortendiagrammen parallel in beiden Sprachen.

Auch bei dem Artikel

Nasz Ekosystem (56/17),

der in polnischer Sprache erscheint, ist das Foto mit einer deutschsprachigen Unterschrift versehen:

Die Schüler präsentieren stolz ihre Ergebnisse. (56/17)[19]

Die Nebeneinanderstellung der deutschen und der polnischen Sprache kann in den Texten der untersuchten „Antidotum“-Ausgaben auch im Falle von Interviews beobachtet werden, in denen beide Sprachen mehr oder weniger gleichberechtigt zum Einsatz kommen. Der Interviewer stellt die Fragen in einer der beiden Sprachen und die interviewte Person passt sich an die Sprachwahl an und erteilt die Antwort in der Sprache der Frage[20] oder sie erteilt die Antwort in der jeweils anderen Sprache: Auf Fragen, die in polnischer Sprache gestellt werden, wird dann zum Teil auf Polnisch, zum Teil auf Deutsch geantwortet und umgekehrt: Bei Fragen, die in deutscher Sprache gestellt werden, kommen die Antworten auf Deutsch oder auf Polnisch.[21] Einerseits werden die Interviewpartner auf

19 Möglicherweise ist das allerdings mit der in Anm. 10 aufgestellten Vermutung zu verbinden, dass der Text ursprünglich auf Deutsch veröffentlicht werden sollte.

20 Vergleiche z.B. Koprek (2020), Świerc (2020).

21 Vergleiche z.B. Koprek und Duda (2019).

diese Weise als bilingual ausgewiesen, andererseits werden den potentiellen Lesern für die Lektüre des gesamten Textes zweisprachige Kenntnisse abverlangt.[22]

2.2 Mikroebene: Satz, Wort, Buchstabe

Ähnlich wie auf der Makroebene lassen sich auch auf der Mikroebene der untersuchten Texte der „Antidotum“-Artikel bestimmte Besonderheiten feststellen, die auf den deutsch-polnischen Sprach- und Kulturkontakt im Entstehungs- und Lesermilieu der Zeitschrift zurückzuführen sind. Wie bereits erwähnt, kann man sie sowohl in den wenigen polnischsprachigen Text(fragment)en konstatieren, die Einflüsse des Deutschen aufweisen, wie z.B.

> ***Opa*** *nieraz śpiewał, a* ***Oma*** *opowiadała mi bajki po niemiecku* [...] *Do dziś mogę z pamięci zaśpiewać* ***„Kehr ich einst zur Heimat wieder...“*** *albo* ***„Maria, mit dem Kindlein lieb...“*** (54/7) [Opa hat oftmals auf Deutsch gesungen und Oma mir Märchen erzählt [...] Noch heute kann ich aus dem Gedächtnis „Kehr ich einst zur Heimat wieder...“ oder „Maria, mit dem Kindlein lieb...“ singen.]

als auch in den vom Umfang her überwiegenden deutschsprachigen. Sowohl die in die polnischsprachige Aussage eingeflochtenen einzelnen deutschen Lexeme als auch die Titel der zitierten Lieder zeigen, dass in der Umgebung des im Beleg angeführten Sprechers beide Sprachen und Kulturen eine Rolle spielen und er in seinen Sprachprodukten auch souverän daraus schöpft.

Im Folgenden soll nur auf die deutschsprachigen Texte und die darin enthaltenen Einflüsse des Polnischen fokussiert werden; die polnischsprachigen Texte mit den darin zu findenden Einflüssen des Deutschen werden aus der Betrachtung ausgeschlossen.

Zuzustimmen ist an dieser Stelle Just (2019: 130), die schreibt:

> Es ist kaum möglich, dass eine jahrhundertelange Koexistenz zweier Sprachen keinerlei Spuren in der einen oder anderen Sprache hinterlässt. Es ist ebenfalls kaum möglich, dass eine zweisprachige Umgebung die individuelle Sprache eines einzelnen Menschen unbeeinflusst lässt.

22 Von den im untersuchten Korpus vorzufindenden verschriftlichten Gesprächen erscheinen sieben gänzlich in deutscher Sprache und elf im gemischtsprachigen Modus.

So weist auch die deutsche Sprache der Autoren der „Antidotum“-Texte zahlreiche Abweichungen von der standarddeutschen Varietät auf, die sich auf den Kontakt mit dem Polnischen zurückführen lassen.[23] Die wohl auffälligsten und am einfachsten festzustellenden Einflüsse des Polnischen kann man in den untersuchten deutschsprachigen Texten auf der Ebene der Lexik beobachten, aber auch die Ebene der Grammatik und der Rechtschreibung weisen – obwohl oft eher etwas latentere – Einflüsse des Polnischen auf.

2.2.1 Lexik

2.2.1.1 Direkte Übernahmen

Unter den Einflüssen des Polnischen auf die lexikalische Ebene der untersuchten Texte lassen sich v.a. direkte Übernahmen aus dem Polnischen konstatieren, bei denen die lexikalische Einheit in ihrer Ganzheit als Form und Bedeutung aus der einen in die andere Sprache übernommen wird.

Betrachtet man die einzelnen Belege, lässt sich allerdings leicht feststellen, dass die meisten dem Polnischen zuzuordnenden Lexeme in den untersuchten deutschsprachigen Texten Eigennamen darstellen. Ihr gehäuftes Vorkommen in den Beiträgen ist dabei in hohem Maße auf die darin behandelten Themen zurückzuführen, die in vielen Fällen auf Polen rekurrieren. Auch wenn die Autoren der Texte auf Deutsch schreiben, drücken sie durch die Verwendung von polnischen Namen aus, dass ihnen die polnischen Realien bestens bekannt sind; und lassen sie die Namen zudem ohne Kommentar, kann man vermuten, dass sie eine ähnliche Kenntnis auch von den Empfängern der Texte erwarten. Könnte nämlich ein in diese Realien nicht eingeweihter Leser bei dem folgenden Satz noch mutmaßen, dass es sich bei *Wawel* um den Firmennamen eines polnischen Süßwarenherstellers und nicht um das wohl bekanntere Krakauer Schloss[24] handelt, wäre es ihm bei *Prince Polo* nicht mehr möglich, aus dem Kontext zu erschließen, dass dies der Eigenname einer Schokowaffel der Firma „Olza“ ist:

---

23 Die Frage, ob es sich dabei um bereits integrierte Einheiten der deutschen Gemeinsprache oder lediglich um Erscheinungen im Idiolekt der einzelnen Autoren handelt, soll dabei keine Rolle spielen.

24 Bekannter ist *Wawel* wohl als Name des Krakauer Hügels mit der Burganlage der ehemaligen Residenz der polnischen Könige, der Krakauer Kathedrale und anderen historischen Bauten. Alternativ zu genaueren Bezeichnungen wie *Wawel-Burg* oder *Wawel-Schloss* wird der Name auch allein für die Bauwerke auf dem Hügel verwendet.

> *Aus Polen nehme ich immer die leckeren Schokoladenpralinen von* ***Wawel*** *mit oder* ***Prince Polo*** *– am besten immer eine ganze Packung.* (51/9)

Da sich viele der Texte auf das gegenwärtige Oberschlesien bzw. andere Regionen in Polen beziehen, lassen sich unter den direkten Übernahmen aus dem Polnischen neben den erwähnten Namen von Firmen oder Erzeugnissen zahlreiche polnische Ortsnamen[25], aber auch Namen diverser Regionen und Flüsse, Titel von Büchern und Filmen sowie Namen von Schul-, Sport-, Kultur- und anderen Einrichtungen finden.

Dabei erscheint ein Teil der Übernahmen in den Texten parallel mit ihren deutschsprachigen Pendants, was vor allem bei Orts- und Flussnamen zu beobachten ist, die sowohl über deutsch- als auch polnischsprachige Formen verfügen, aber auch bei einigen Titeln von Werken, die aufgrund von Übersetzungen in beiden Sprachen bekannt sind:[26]

> [...] *in* ***Allenstein (Olsztyn)*** *veranstaltet wurde* (51/18)
> [...] *machte ich mich auf den Weg nach* ***Osterode (Ostróda)*** [...] (51/19)
> *Eine Gruppe von 30 Jugendlichen verbrachte das ganze Wochenende in* ***Kattowitz (Katowice)****, um auf kreative Weise Neues zu lernen.* (52/10)
> [...] *Flusspanorama an der* ***Weichsel (Wisła)*** *und einem schiefem Turm* [...] (54/23)
> [...] *schlängelnde Flüsse wie der romantische* ***Memel (Niemen)***[27] (55/26)

25 Die Termini Ortsname/Örtlichkeitsname/Toponym werden hier als Hyperonyme der Hyponyme Siedlungsname/Oikonym (Name einer bewohnten Örtlichkeit) und Flurname (Name einer unbewohnten Örtlichkeit) verstanden; zur Problematik der Nomenklatur vgl. Debus (2012: 26, 138).

26 Dass es davon auch Ausnahmen gibt, zeigt z.B. der Ortsname *Kolanowice*, der in dem untersuchten Korpus nur in polnischer Sprache erscheint, obwohl der Ort auch über den Namen *Kollanowitz* verfügt (umso erstaunlicher ist es, als die anderen zwei im selben Satz genannten Ortschaften nur mit ihren deutschen Namen wiedergegeben werden): *Mit dem Kajak durch die Dörfer von Czarnowanz und Luboschütz bis hin nach* ***Kolanowice*** *– das war die Strecke, die die Jugendlichen auf dem Wasser hinter sich gebracht haben* (51/17), oder die Titel der Werke von Olga Tokarczuk, die im Deutschen als „Unrast" und „Jakobsbücher" bekannt sind, in dem untersuchten Korpus allerdings nur in der Originalform erscheinen: *Zu ihren berühmtesten Werken gehören u.a. „****Bieguni****" und „****Księgi Jakubowe****"* (53/4).

27 Der Einsatz des maskulinen Artikels ist hier auf das männliche Genus des polnischen Nomens zurückzuführen.

> [...] ***„Der Junge muss an die frische Luft - Moje dziecińśtwo i ja“***[28] *im Kino Helios* [...] (52/12)

Andere wiederum erscheinen im Text allein. Das betrifft u.a. Namen bestimmter Regionen *(Kresy, Białowieża)*, Einrichtungen des politischen Lebens *(Sejm*[29]) und der polnischen Währung (*złoty*),[30] wie auch Wörter aus dem Bereich der polnischen Verwaltungssprache (*województwo*[31]), die als Bezeichnungen polnischer Realien keine direkten Entsprechungen im Deutschen haben (vgl. Markstein 1999: 288) und im gegebenen Fall umschrieben werden müssten, wie z.B.:

> *Wenn man bedenkt, dass ein recht großer Teil des Westens zu den* ***„Kresy“*** *zählt und somit zu Polen gehörte, ist dies allerdings etwas weniger überraschend.* (55/25)
> *Wälder auf den Wegen wie die teils polnische* ***Bialowieza***[32] (55/26)
> *Außerdem ist in den* ***Sejm*** *auch die Bürgerkoalition, Die Linke, die polnische Bauernpartei, die Konföderationspartei*[33] *und eine Person aus der Deutschen Minderheit hineingekommen.* (52/4)
> *Der Eintritt kostete wie in jedem Jahr nur einen symbolischen* ***Złoty****, jedoch gaben viele Helden gerne mehr.* (53/12)
> *In der* ***Wojewodschaft*** *Oppeln fielen die Ferien in den Februar.* (53/4)
> *Hunderte Bewohner der Oppelner* ***Woiwodschaft*** (53/12)

---

28 Ein Film von Caroline Link aus dem Jahr 2018: Verfilmung der Autobiografie des deutschen Komikers Hape Kerkeling unter dem Titel „Der Junge muss an die frische Luft – Meine Kindheit und ich“. Während der deutschsprachige Filmtitel nur aus dem ersten Bestandteil des Buchtitels besteht, stellt der polnischsprachige eine wörtliche Übersetzung des zweiten Bestandteils dar, vgl. Feret und Feret (2022: 241–242).

29 *Sejm* ist der Name der ersten Kammer des polnischen Parlaments. Nach DWDS (vgl. https://www.dwds.de/wb/Sejm (letzter Zugriff 26.07.2021)): *Sejm* – polnische Volksvertretung, also bereits ein integriertes Wort.

30 In Anlehnung an Köster (2003: VIII) werden Währungsbezeichnungen zu den Eigennamen gezählt.

31 Als Bezeichnung eines polnischen Verwaltungsbezirkes kommt *województwo* in den Texten in integrierter Gestalt vor. Sowohl *Wojewodschaft* als auch *Woiwodschaft* sind auch im DWDS (vgl. https://www.dwds.de/wb/Wojewodschaft (letzter Zugriff 26.07.2021)) vertreten, so dass sie als bereits ins Standarddeutsche integrierte Wörter betrachtet werden können.

32 Man sieht hier Assimilation auf orthographischer Ebene, da die polnischen Buchstaben <ł> und <ż> durch die ihnen nächstähnlichen deutschen <l> und <z> ersetzt wurden.

33 Auf Polnisch: *Koalicja Obywatelska, Lewica, Polskie Stronnictwo Ludowe, Konfederacja.*

Auch wenn es theoretisch möglich wäre, bestimmte polnische Namen ins Deutsche zu übersetzen, wird das in mehreren Fällen unterlassen, so z.B. bei den Namen von Gewerkschaften (*Solidarność*[34]), politischen Parteien (*PiS*[35]) oder Einrichtungen (*Strażak*[36]). Als Grund für ihre Verwendung dürfte hier eine eindeutigere Verortung des jeweiligen Bezugsobjektes in der polnischen Umgebung und Kultur vermutet werden:

> *Doch dies kann sowohl dem eigenen Wohle dienen (Beispiel* ***„Solidarność“*** *mit Lech Wałęsa an der Spitze) als auch dem eigenen Übel, wenn die Kritik populistischer und polemischer Natur ist.* (54/25)
> *Im Senat stellen jedoch die Oppositionsparteien und unabhängige Vertreter die Mehrheit gegenüber* ***PiS****.* (52/4)
> *Vom 8. bis zum 16. August 2020 hat auf dem Freizeitgelände* ***„Strażak“*** *in Turawa das zweite Sprachcamp des VdG stattgefunden.* (55/16)

Zwar kann der des Polnischen nicht mächtige Leser aus dem Kontext erschließen, worauf sich die Namen beziehen, doch welche Inhalte die sie bildenden Appellativa zum Ausdruck bringen, bleibt ihm verborgen. So auch in den folgenden Belegen mit *Talentownia* und *Zespół Szkół Ekonomicznych*, die entsprechend eine Talentschmiede, die alternative Ausbildungsmöglichkeiten bietet, und einen Schulverband mit dem Schwerpunkt Wirtschaft bezeichnen:

> *Die* ***Talentownia*** *in Oppeln, welche direkt im TOROPOL ihren Sitz hat und die diesjährige Mitorganisatorin war, bereitete für die Workshops vor, in denen sie ihre Talente neu entdecken konnten.* (53/13)
> *Ich besuche den* ***Zespół Szkół Ekonomicznych*** *in Oppeln und bin Schüler der Fachrichtung Logistik.* (54/6)

An anderen Stellen wiederum erscheinen die Übernahmen aus dem Polnischen in Klammern hinter ihren im Text verwendeten Übersetzungen ins Deutsche, was insofern ungewöhnlich ist, als die deutschsprachigen Lexeme bzw. Syntagmen keine Verständnisschwierigkeiten hervorrufen dürften. Man kann daraus aber schließen, dass die polnische Vorlage von den Textautoren als die den Rezipienten geläufigere angenommen wird:

---

34 Auf Deutsch: *Solidarität.*

35 Auf Polnisch: *Prawo i Sprawiedliwość* (dt. ‚Recht und Gerechtigkeit‘).

36 Auf Deutsch: *Feuerwehrmann.*

Anfang Juni wurden bei den Vorständen der aktiven Ortsgruppen die Delegierten gewählt, die dann einen Monat später bei der ***Delegiertenversammlung (Rada Delegatów)*** *den neuen Vorstand wählen.* (54/10)
Konrad Müller ist Vertreter der Jugend der Deutschen Minderheit im ***Jugendforum der Selbstverwaltung der Wojewodschaft Oppeln (Forum Młodzieży Samorządu Województwa Opolskiego).*** (54/10)
Es weiß mit einem gotischen Altstadt-Ensemble zu bezaubern, lädt ins Geburtshaus von ***Kopernik(us)*** *// ein und offeriert die berühmten* ***Thorner Pfefferkuchen (toruńskie pierniki)*** *zur süßen Verkostung.* (54/21–23)

2.2.1.2 Indirekte Übernahmen

Nicht so offensichtlich wie im Falle der direkten Übernahmen ist die Einwirkung des Polnischen auf das Deutsche bei den indirekten Übernahmen, bei denen sich die Einflüsse der einen Sprache auf die andere auf die Bildung und Bedeutung des Wortmaterials erstrecken. Da hier allerdings mit den Mitteln der deutschen Sprache gearbeitet wird, mit denen nur die Form bzw. der Inhalt der jeweiligen polnischen Lexikoneinheit nachgebildet wird, ist es nicht in allen Fällen notwendig, über Polnischkenntnisse zu verfügen, um das Verschriftlichte korrekt zu verstehen.

Ähnlich wie bei den direkten Übernahmen begegnet man auch bei den indirekten einigen Eigennamen. In den untersuchten Texten sind dies konkret Hodonyme, die nach polnischem Vorbild gebildet wurden, wie z.B. *Kopernikus-Platz* und *Freiheitsplatz*, die für die polnischen Namen *Plac Kopernika* und *Plac Wolności* stehen. Auch wenn die benannten Objekte über ehemalige deutsche Namen verfügen, derer man sich hier bedienen könnte – im Falle von *Plac Kopernika* könnte man z.B. vom *Karlsplatz* oder *Wilhelmsplatz* und im Falle von *Plac Wolności* vom *Regierungsplatz* oder *Annabergplatz* sprechen; vgl. Choroś und Jarczak (2010: 88–89, 93) – enthalten diese andere unterscheidende Glieder als die polnischen Namen, sodass ihre Zuordnung zum jeweiligen Platz für die gegenwärtigen Leser, denen die alten deutschen Bezeichnungen nicht mehr geläufig sind, problematisch werden könnte. Die Nachbildung des polnischen Namens ermöglicht somit eine bessere Identifizierung der Objekte durch die heutigen Leser:

[...] *auf dem* ***Kopernikus-Platz*** *in Oppeln.* (52/11)
Mehrere hunderte Jugendlichen, die sich auf dem ***Freiheitsplatz*** *in Oppeln versammelten, hatten Banner mit Slogans:* [...] (51/4)

Die polnische Vorlage sickert in den untersuchten Texten auch in der Form bestimmter Zusammensetzungen und fester Wendungen durch. Anstelle der Bezeichnungen *Sonderkommission, eingespieltes Team* und *unbezahlbar* ist hier nämlich von der *Spezialkommission*, der *zusammengespielten Gruppe* oder Stationen, die *keinen Preis haben* die Rede, hinter denen man polnische Vorbilder in Form von *komisja specjalna, zgrana grupa* und *bezcenne* erkennt:[37]

> *Der jetzige BJDM-Vorstand hat eine* ***Spezialkommission*** *ins Leben gerufen, die den Wahlprozess von Anfang bis Ende organisiert.* (54/10)
> [...] *es war sehr toll, dass wir jetzt so eine coole und* ***zusammengespielte Gruppe*** *sind.* (51/14)
> ***Keinen Preis*** *hatten hingegen die einzelnen Stationen des Trips.* (49/22)

Aus deutschen Sprachelementen bestehen auch die Wendungen auf jedem Schritt, wachsen aus dem Boden wie die Pilze und vor die Linie zu gehen, hinter denen die polnischen Phraseolexeme na *każdym kroku, rosnąć jak grzyby po deszczu, wychodzić przed szereg* stehen. Im Standarddeutschen würde man an der jeweiligen Stelle eher die Formulierungen: auf Schritt und Tritt, wie Pilze aus dem Boden schießen und sich in den Vordergrund spielen erwarten:

> ***Auf jedem Schritt*** *hört man verschiedene Sprachen* (51/14)
> *Die Warschauer Wolkenkratzer* ***wachsen aus dem Boden wie die Pilze****, die die Polen so gerne sammeln.* (54/23)
> *Es braucht ein bisschen Mut, um* ***vor die Linie zu gehen****.* (55/19)

Neben Wörtern und Wendungen, die eine polnische Vorlage in der Form nachbilden, kommen in den untersuchten Texten auch solche vor, in denen es aufgrund einer inhaltlichen und/oder lautlichen Ähnlichkeit einer polnischen und einer deutschen Einheit zur Nachbildung der Bedeutung kommt: Während das sprachliche Material von der Form her deutsch ist, richtet sich sein Inhalt nach dem Polnischen.

Als Beispiele können an dieser Stelle die Substantive *Kadenz* und *Satisfaktion* in den folgenden Belegen angeführt werden. Das Lexem *Kadenz*[38] nimmt darin die zweite Bedeutung seines polnischen (Teil-)Äquivalents *kadencja* – ‚Amtszeit,

---

37 Bei *bezcenny* liegt eigentlich ein Adjektiv vor, das allerdings aus den Elementen *bez* (dt. *ohne*) und *cena* (dt. *Preis*) gebildet wurde. Aus dem Kontext geht hervor, dass es sich um die Bedeutung ‚wertvoll' handelt.

38 Das Wort kommt hauptsächlich im Kontext von Musik und Metrik, evtl. Sprachwissenschaft und Waffentechnik vor; vgl. Duden – Deutsches Universalwörterbuch (2019: 973). Im untersuchten Korpus wurde es sogar in der Vokabelbox zum Text für den gegebenen Kontext falsch übersetzt.

Amtsperiode' an und *Satisfaktion*[39] die zweite Bedeutung des polnischen (Teil)-Äquivalents *satysfakcja* – ‚Zufriedenheit, Spaß, Freude':

> *Die Mitglieder des neuen Vorstand haben sich direkt zu Beginn ihrer* ***Kadenz*** *mit den Mitarbeitern des BJDM-Büro und einigen Ehemaligen getroffen.* (55/7)
> *Zeigen, dass dies nicht nur Arbeit mit sich bringt, sondern auch viel Spaß, Erfahrung und* ***Satisfaktion.*** (56/9)

Die Übertragung der Bedeutung betrifft zuweilen auch ganze Phraseologismen. Ausschlaggebend sind dafür die Ähnlichkeit auf lexikalischer Ebene und in den mentalen Bildern, die die betroffenen Idiome, die allerdings Unterschiede in semantischer Hinsicht aufweisen, aufrufen (vgl. Majnusz-Stadnik 2020: 408–409). So erfährt z.B. die Wendung *jem. einen Tritt geben (versetzen)* – nach Röhrich (1992: 1644): ‚ihn wie einen Hund davonjagen, ihn schimpflich behandeln' – im folgenden Beleg eine Bedeutungsveränderung, die man auf den Einfluss des mit ihr formal übereinstimmenden polnischen *dawać komuś kopa* zurückführen kann.[40] Die Folge ist, dass darunter ähnlich wie im Polnischen eine inspirierende Aktivität, die die Untätigkeit durchbrechen und zum Handeln anregen soll, verstanden wird:

> *Viele Personen in der Minderheit engagieren sich entschieden über ihren*[41] *eigentlichen Pflichten und das* ***gibt mir auch einen Tritt.*** (56/7)

2.2.2 Grammatik

Auch auf der Ebene der Grammatik lassen sich diverse Einflüsse des Polnischen auf die deutsche Sprache der untersuchten Texte konstatieren.

Als eine der auffälligsten Besonderheiten lässt sich an dieser Stelle der ungewöhnliche Einsatz der Artikel anführen. Der Grund dafür kann in der Tatsache gesehen werden, dass diese Wortart im Polnischen nicht vorkommt und die Autoren dadurch Probleme mit ihrem korrekten Gebrauch im Deutschen haben.

---

39 Nach Duden – Deutsches Universalwörterbuch (2019: 1528): „(bildungsspr. veraltend) Genugtuung [...] bes. in Form einer Ehrenerklärung [...] (früher, noch Verbindungswesen) Zurücknahme einer Beleidigung o.Ä. durch die Bereitschaft zum Duell".

40 Vergleiche https://slang.pl/dawac-kopa/ (letzter Zugriff 26.07.2021).

41 Eigentlich sollte es hier heißen: *über ihre eigentlichen Pflichten hinaus*.

Häufig kommt es vor, dass der Artikel vor einem Substantiv fehlt, was als eine durch das Vorbild des Polnischen verursachte Auslassung angesehen werden kann:

> *Gegen Ende des letzten Jahres kam dann* ***Einladung*** *zum Neujahrstreffen.* (49/17)
> *Die Veranstaltung wurde von Bund der Jugend der Deutschen Minderheit und* ***Haus*** *der deutsch-polnischen Zusammenarbeit gefördert.* (50/16)
> *Die tschechische Geschichtsstudentin Bara interessiert sich besonders für* ***deutsche Umgangssprache*** *und Redewendungen, die sie beim Studium historischer, deutschsprachiger Dokumente kaum trifft, aber auch gern beherrschen lernen würde.* (49/18)

Die fehlende Sensibilität dem Gebrauch der Artikel gegenüber führt aber auch dazu, dass der unbestimmte Artikel anstelle des bestimmten auftritt oder umgekehrt:

> *In Tarnowitz wurde Anfang des Jahres* ***die neue Ortsgruppe*** *des BJDM gegründet.* (50/14)
> *Im April 1919 gründete Rudolf von Sebottendorff, der Führer* ***einer nationalistischen Organisation*** *„Thule-Gesellschaft", in Bayern den Freikorps Oberland.* (49/28)
> *Als wir am letzten Tag mit den Teilnehmern gesprochen haben, haben alle* ***einen Wunsch*** *geäußert, nächstes Mal auch wieder beim Camp in Turawa mitzumachen.* (51/21)

Als Tilgung nach polnischer Vorlage kann auch die Auslassung des Korrelates *es* in den folgenden Belegen gesehen werden, in denen der jeweilige Hauptsatz ein *es* als Korrelat des davon abhängigen nachgestellten Subjektsatzes enthalten müsste. Sein Fehlen kann als Nachbildung äquivalenter Strukturen des Polnischen betrachtet werden, in denen ein entsprechendes Element nicht vorhanden ist:

> *Bei ihm* ***geht darum****, dass die Jugendlichen aus der Deutschen Minderheit die Gelegenheit bekommen, gemeinsam die Kultur, Geschichte und Politik in der Hauptstadt kennenzulernen und die Deutsche Sprache in der Praxis anzuwenden.* (51/12)
> *Für mich* ***ist keine*** *Frage mehr, ob ich Deutsche oder Polin bin.* (53/28)

Von der Übertragung bestimmter Strukturen aus dem Polnischen ins Deutsche auf morphologisch-syntaktischer Ebene kann auch in Bezug auf die Rektion der Verben gesprochen werden, was die folgenden Belege demonstrieren sollen.

Während z.B. das deutsche *umrechnen* eine Präpositionalphrase mit der Präposition *in* verlangt, regiert das äquivalente polnische *przeliczyć* eine Präpositionalphrase mit der Präposition *na*. Wird bei dem deutschen Verb die Präposition *auf* verwendet, die als Übersetzung des polnischen *na* angesehen werden kann, ist dies als Einfluss des Polnischen auf das Deutsche zu interpretieren:

> *Wenn wir das* ***auf*** *Beutel* ***umrechnen****, würden es knapp 20000 sein.* (50/27)

Die Verbindung des Verbs *vergessen* mit der Präposition *über* in dem folgenden Beleg scheint wiederum durch die polnischen Äquivalente *mówić* und *zapomnieć* zu den im Satz auftretenden Verben *reden* und *vergessen* entstanden zu sein. Da beide polnische Verben mit der Präposition *o* verbunden werden, kommt es auch bei den deutschen Verben zum Einsatz der gleichen Präposition *über*, auch wenn sie hier nur beim ersten Verb stehen sollte:

> *Wenn ich schon über Kiez rede, dann darf ich nicht* **über** *Panoptikum, das sich hier befindet,* ***vergessen****.* (55/29)

Auch manch ungewöhnlicher Einsatz von Präpositionen außerhalb der Verbrektion kann durch den Einfluss des Polnischen erklärt werden, so z.B. die Verwendung der Präposition *auf* anstelle von *bei/während*, *an* und *in* in den folgenden Belegen, die als Nachahmung der polnischen Vorlage *na* in den äquivalenten polnischen temporalen bzw. lokalen Adverbialbestimmungen *na spotkaniach* (dt. *bei Treffen, während der Treffen*), *na tablicy* (dt. *an die Tafel*) und *na listę* (dt. *in die Liste*) betrachtet werden kann:

> *Ziel der Veranstaltung ist es,* ***auf*** *Treffen der deutschen Minderheit Alt und Jung beim und zum Skatspielen zusammenzubringen.* (51/16)
> *Jede Person, die ein Lieblingswort* ***auf*** *die Tafel schrieb und sie somit zu einem bunten Gesamtbild machte, erhielt ein süßes Geschenk.* (52/11)
> *Die Hamburger Speicherstadt im Hafen ist der weltgrößte historische Lagerhauskomplex, der seit 1991 unter Denkmalschutz steht und wurde am 5. Juli 2015 unter dem Namen Speicherstadt und Kontorhausviertel mit Chilehaus* ***auf*** *der Liste des UNESCO-Welterbes eingetragen.* (55/29)

Einflüsse des Polnischen lassen sich in den untersuchten Texten auch auf der Ebene der Kongruenz erkennen. Man sieht sie u.a. im Unterlassen bestimmter Angleichungen zwischen zwei Elementen, wie sie z.B. in der Verwendung des Possessivpronomens *ihr* in Bezug auf ein Neutrum und in dem Einsatz des Reflexivpronomens *sich* in Verbindung mit einem Verb in der zweiten Person Singular vorkommen. Die Vorlage für die erste Unterlassung kann in dem Gebrauch des polnischen reflexiven Possessivpronomens *swój* gesehen werden, das sich nicht nach dem Genus des Possessors richtet und sowohl auf Maskulina als auch auf Feminina und Neutra bezogen werden kann, und die Vorlage für die zweite in dem Gebrauch des polnischen Reflexivpronomens *się/sobie*, das für alle Personen die gleiche Form aufweist:

> *Hamburg ist mit* ***ihren*** *1,85 Million Einwohnern und 755,22 km2 die zweitgrößte Stadt Deutschlands nach Berlin.* (55/28)
> *Planst Du in Zukunft eher,* ***sich*** *beruflich mit der journalistischen Arbeit zu beschäftigen oder willst Du vielleicht versuchen, beide Richtungen zu verbinden?* (56/7)
> *Schlimm war es nur,* ***sich*** *von meiner Familie am Flughafen zu verabschieden.* (55/19)

Ein weiterer Einfluss des Polnischen auf das Deutsche in den untersuchten Korpustexten ist in der Übertragung der Kategorie des Numerus ausgewählter Substantive auf ihre deutschen Pendants zu sehen. Sie manifestiert sich z.B. in dem Lexem *Studien*, das im Sinne von ‚das Studieren; akademische Ausbildung an einer Hochschule' zum Einsatz kommt: Obwohl dieses Semem des deutschen Wortes *Studium* ein Singularetantum ist,[42] wird es hier entsprechend seinem polnischen Pendant *studia*, das ein Pluraletantum ist (vgl. Skorupka, Auderska und Łempicka 1990: 785), in der Mehrzahl verwendet:

> *Er hat schon viel erreicht und das trotz zwei nicht abgeschlossenen* ***Studien.*** (49/5)

42 Vergleiche https://www.dwds.de/wb/Studium (letzter Zugriff 25.07.2021), Duden – Deutsches Universalwörterbuch (2019: 1743).

2.2.3 Orthographie

Neben diversen Verstößen auf orthographischer Ebene, die auch bei monolingualen Deutschsprachigen vorkommen, treten in den untersuchten Texten auch einige orthographische Auffälligkeiten auf, die auf den Kontakt mit dem Polnischen zurückgeführt werden können.

Auf die Übertragung von Schreibgewohnheiten aus dem Polnischen, wo Substantive im Gegensatz zum Deutschen nicht großgeschrieben werden, lässt sich z.B. der Einsatz der Minuskeln bei der Schreibung von Nomina zurückführen,[43] wie in:

> *Das* ***schmücken*** *der ganzen Eishalle brauchte die ganze Aufmerksamkeit.* (50/6)
> *Katrin Koschny, die Koordinatorin des Projektes und BJDM Vorsitzende begrüßte alle* ***anwesenden*** *und die geladenen Gäste.* (50/6)

Der Einfluss des Polnischen auf die Schreibung einzelner deutscher Lexeme ist auch in der Verwendung bestimmter Grapheme zu erkennen, die in der gleichen Gestalt auftreten, wie sie in den polnischen Entsprechungen der betroffenen Wörter zum Einsatz kommen. So wird z.B. das dt. *karitativ* in Anlehnung an das pl. *charytatywny* mit einem <ch> anstelle eines <k> geschrieben und erscheint als *charitativ*; in analoger Weise wird das <ö> in dem dt. *öko-* in Anlehnung an das pl. *eko-* durch das <e> ersetzt:

> *Jeder ist in der Lage,* ***charitativ*** *aktiv zu sein.* (53/13)
> *beim* ***charitativen*** *Projekt* (49/8)
> *Die Projektgruppe „**Eko**leben – fange schon heute an“* (52/17)

Von der polnischen Orthographie scheint des Weiteren die Schreibweise bestimmter Ordinalzahlen beeinflusst zu sein, die in den untersuchten Texten ähnlich wie im Polnischen ohne einen Punkt erscheinen. Betroffen sind davon vor

---

43 Allerdings handelt es sich bei den in den untersuchten Texten konstatierten kleingeschriebenen Substantiven allesamt um Nominalisierungen, sodass hier möglicherweise nicht nur der Einfluss des Polnischen den Hintergrund für die ungewöhnliche Schreibweise bildet.

allem arabische Zahlen in Datumsangaben,[44] vereinzelt aber auch römische in anderen Konstruktionen:[45]

> *Am* ***20 Dezember*** *fand im Hotel DeSilva in Oppeln die Abschlussgala statt* [...] (49/12)
> *Am* ***16 März*** *dieses Jahres* [...] (50/27)
> *Jahr 2020 wurde als das Jahr* ***Johannes Pauls II*** *angekündigt.* (54/4)

3 Schlussbetrachtung

Auch wenn nicht im Falle aller Autoren der untersuchten „Antidotum"-Texte anhand des betrachteten Korpus eine Mehrschriftlichkeit im Sinne von Riehl (2018: 209) als „Fähigkeit, in zwei (oder mehreren) Sprachen auch schriftlich kommunizieren zu können" nachgewiesen werden kann,[46] so ist in Bezug auf die Zeitschrift auf jeden Fall von einem zweisprachigen Medium zu sprechen, in dem die Mehrschriftlichkeit als die Verwendung zweier Sprachen in ihrer schriftlichen Form interpretiert werden kann. Durch die Analyse des Materials konnte gezeigt werden, dass sowohl auf der Makro- als auch auf der Mikroebene der Zeitschrift Elemente des Deutschen und des Polnischen zu finden sind: Einerseits hat man es hier mit ganzen deutsch- bzw. polnischsprachigen Texten bzw. Textbausteinen zu tun, andererseits mit Einflüssen der einen Sprache auf die andere, wobei die angeführten Belege für die kontaktinduzierten Einwirkungen des Polnischen auf das Deutsche eine ansehnliche Typenvielfalt der eruierten Phänomene auf verschiedenen sprachlichen Ebenen illustrieren. Dieses Konglomerat aus deutschen und polnischen Elementen kann als besonderes Merkmal der deutschen Minderheitenpresse in Polen angesehen werden.

---

44 Im Polnischen ist es Standard, sie ohne Punkt zu schreiben (vgl. Markowski 2006: 1058).

45 Während im Polnischen nach Ordnungszahlen, die durch römische Ziffern ausgedrückt werden, kein Punkt steht (vgl. Markowski 2006: 1058), verlangt die deutsche Rechtschreibung, dass hinter der römischen Zahl ein Punkt eingesetzt wird (vgl. Rytel-Schwarz, Jurasz, Cirko und Engel 1999: 870).

46 Von Autoren, deren Texte in den untersuchten Ausgaben der Zeitschrift sowohl in deutscher als auch in polnischer Sprache erscheinen, wären u.a. zu nennen Stefani Koprek und Weronika Koston (vgl. Koprek 2019a, 2019b und Koston 2019, 2020). Die „schriftliche Ausdrucksfähigkeit in zwei Sprachen" (Riehl 2018: 209) kann aber auch bei den anderen Autoren weitgehend als gegeben angenommen werden. Neben Mehrschriftlichkeit unterscheidet Riehl noch die sog. Mehrschriftigkeit bzw. den Biliteralisums, der dann vorliegt, wenn die Schreiber unterschiedliche Schriftsysteme beherrschen (vgl. Riehl 2018: 210).

Nicht nur die Autoren und die Texte selbst spiegeln die Koexistenz zweier Sprachen im Wirkungsraum der Zeitschrift wider. Die Verwendung des Deutschen und des Polnischen in der Zeitschrift führt dazu, dass auch ihre Leser Kenntnisse in beiden Sprachen aufweisen müssen, um die darin enthaltenen Informationen in ihrer Gesamtheit rezipieren zu können. Während die zweisprachige Ausführung der Makroebene als gewollt und beabsichtigt angesehen werden kann, sind die gegenseitigen Einflüsse beider Sprachen auf der Mikroebene in vielen Fällen als Ergebnis eines unbewussten Prozesses zu betrachten. Lediglich bei den direkten Übernahmen auf der Ebene der Lexik kann man damit rechnen, dass die Schreiber sich dessen bewusst waren, dass sie auf ein anderes – im Falle der untersuchten deutschsprachigen Texte: auf das polnische – Sprachsystem zurückgreifen und keine deutschen Lexeme verwenden; in allen anderen Fällen ist dies eher nicht anzunehmen. Die Ausformulierung beider Ebenen ist jedoch Ausdruck eines bestimmten sprachlich-kulturellen Hintergrundes, vor dem die Zeitschrift entsteht und in dem die Zweisprachigkeit und Zweischriftlichkeit als Grundlage für einen nachahmenswerten Kommunikationsmodus angesehen wird. Auch diese Einstellung der Sprache und Sprachverwendung gegenüber kann als Besonderheit der deutschen Minderheitenpresse im deutsch-polnischen Kulturkontakt betrachtet werden.

Literaturverzeichnis

Choroś, Monika und Łucja Jarczak (2010): *Ludzie i historia w nazwach ulic Opola*. Opole: Wydawnictwo Instytut Śląski.

Debus, Friedhelm (2012): *Namenkunde und Namengeschichte. Eine Einführung* (Grundlagen der Germanistik 51). Berlin: Erich Schmidt.

Dudenredaktion (Hrsg.) (2019): *Duden – Deutsches Universalwörterbuch*. 9., vollst. überarb. u. erw. Aufl. Berlin: Dudenverlag.

Feret, Magdalena Zofia und Andrzej S. Feret (2022): Zur Übertragung von Filmtiteln aus dem Deutschen ins Polnische. *Prace Językoznawcze* 24 (4), 229–245.

Földes, Csaba (2018): Politische Sprache und Interkulturalität – am Beispiel der Presse deutscher Minderheiten. In: Fábián, Annamária und Igor Trost (Hrsg.), *Sprachgebrauch in der Politik. Grammatische, lexikalische, pragmatische, kulturelle und dialektologische Perspektiven* (Reihe Germanistische Linguistik 319), 299–317. Berlin, Boston: De Gruyter.

Földes, Csaba (2019): Die *Deutsche Allgemeine Zeitung*: Anmerkungen zur Sprache der kasachstandeutschen Presse. *Linguistica (Ljubljana)* 59 (1), 71–97.

Just, Anna (2019): Zum slawischen Einfluss auf die deutsche Sprache in Niederschlesien anhand von Vokabularen und Sprachlehrwerken aus dem 17. Jahrhundert. In: Şandor Mihaela und Alvine Ivănescu (Hrsg.), *Deutsche Regionalsprachen in Mittel- und Südosteuropa* (Regensburger Beiträge zur deutschen Sprach-, Literatur- und Kulturwissenschaft 103), 125–136. Berlin, Bern, Bruxelles, New York, Oxford, Warszawa, Wien: Peter Lang.

Köster, Rudolf (2003): *Eigennamen im deutschen Wortschatz. Ein Lexikon*. Berlin, New York: De Gruyter.

Majnusz-Stadnik, Mariola (2020): Idiomatische falsche Freunde als Übersetzungsproblem der besonderen Art. *Kwartalnik Neofilologiczny* 67 (3), 406–418.

Markowski, Andrzej (Hrsg.) (2006): *Wielki słownik poprawnej polszczyzny*. Warszawa: Wydawnictwo Naukowe PW.

Markstein, Elisabeth (1999): Realia. In: Snell-Hornby, Mary, Hönig, Hans G., Kußmaul, Paul und Peter A. Schmitt (Hrsg.), *Handbuch Translation* (Stauffenburg Handbücher), 288–291. Zweite, verb. Aufl. Tübingen: Stauffenburg.

Meier, Jörg (2018): Zur Situation der deutsch- und mehrsprachigen Presse in Mittel- und Osteuropa. In: Philipp, Hannes, Ströbl, Andrea, Weber, Bernadette und Johann Wellner (Hrsg.), *Deutsch in Mittel-, Ost- und Südosteuropa* (Forschungen zur deutschen Sprache in Mittel-, Ost- und Südosteuropa, FzDiMOS 6), 358–371. Regensburg: Universität Regensburg.

Pallaver, Günther (2012): Die Funktion von Medien in ethnisch fragmentierten Gesellschaften. In: Kriwak, Andreas und Günther Pallaver (Hrsg.), *Medien und Minderheiten* (Medien – Wissen – Bildung 1), 59–83. Innsbruck: Universität Innsbruck.

Pelka, Daniela (2012): Die Presse der deutschen Minderheit in Polen. *Rocznik Łubowicki/Lubowitzer Jahrbuch/Lubowická Ročenka* 10, 167–185.

Pelka, Daniela (2013): *Die „Oberschlesischen Nachrichten" und ihre Folgezeitungen aus linguistischer Perspektive* (Silesia. Schlesien im europäischen Bezugsfeld. Quellen und Forschungen 16). Berlin: Trafo.

Riehl, Claudia Maria (2018): Mehrschriftlichkeit. In: Harr Anne-Katharina, Liedke, Martina und Claudia Maria Riehl (Hrsg.), *Deutsch als Zweitsprache. Migration – Spracherwerb – Unterricht*, 209–235. Stuttgart: J. B. Metzler.

Röhrich, Lutz (1992): *Das große Lexikon der sprichwörtlichen Redensarten*. Bd. 3: *Sal bis Z*. Freiburg u.a.: Waxmann.

Rytel-Schwarz, Danuta, Jurasz, Alina, Cirko, Lesław und Ulrich Engel (1999): *Deutsch-polnische kontrastive Grammatik*. Band 2: *Der Satz* (Slawische Forschungen und Texte 14.2). Heidelberg: Olms.

Schuth, Johann (2010): Mehr als 50 Jahre im Dienste der Ungarndeutschen – Die Neue Zeitung. In: Tichy, Ellen (Hrsg.): *Minderheiten und Medien. Die Repräsentanz der ungarndeutschen Minderheit in den Medien* (Schriften zur Medienwissenschaft 26), 82–93. Hamburg: Dr. Kovač.

Skorupka, Stanisław, Auderska, Halina und Zofia Łempicka (Hrsg.) (1990): *Mały słownik języka polskiego*. Warszawa: Państwowe Wydawnictwo Naukowe.

Urban, Rudolf (o.J.): Media mniejszości niemieckiej w Polsce. *Interakcje. Leksykon komunikowania polsko-niemieckiego*. http://www.polska-niemcy-interakcje.pl/articles/show/24 (letzter Zugriff 12.07.2021).

Quellenmaterial

Koprek, Stafani (2019a): Czas na studentów. *Antidotum* 3(51), 22.

Koprek, Stafani (2019b): Süchtig nach Plastiktüten. *Antidotum* 2(50), 26–27.

Koprek, Stafani (2020): Andrea Polański. *Antidotum* 1(53), 6–9.

Koprek, Stafani und Dominik Duda (2019): 15 Jahre Antidotum. *Antidotum* 4(52), 6–8.

Koston, Weronika (2019): Wahlen zum Sejm und zum Senat. *Antidotum* 3(51), 4.

Koston, Weronika (2020): Das ist unsere Meinung – wyrażamy opinię o czasach pandemii! *Antidotum* 2(54), 16–18.
Lanzi, Gabriele (2019a): Italiener können's besser! *Antidotum* 1(49), 30–31.
Lanzi, Gabriele (2019b): Fleisch/Ravioli. *Antidotum* 2(50), 30–31.
Świerc, Wiktoria (2020): Tomasz Polednia und sein Abenteuer mit dem BJDM. *Antidotum* 2(54), 6–8.

https://bjdm.eu/antidotum/wydania/ (letzter Zugriff 21.07.2021).
https://issuu.com/dagmaramientus/docs (letzter Zugriff 21.07.2021).
https://slang.pl/dawac-kopa/ (letzter Zugriff 26.07.2021).
https://www.dwds.de/wb/Austausch (letzter Zugriff 25.07.2021).
https://www.dwds.de/wb/Sejm (letzter Zugriff 26.07.2021).
https://www.dwds.de/wb/Studium (letzter Zugriff 25.07.2021).
https://www.dwds.de/wb/Wojewodschaft (letzter Zugriff 26.07.2021).
https://www.facebook.com/Antidotum.BJDM (letzter Zugriff 21.07.2021).

Małgorzata Płomińska

Überlegungen zum sprachlichen Profil der deutschsprachigen Presse in Oberschlesien: Transferenzphänomene im grammatischen Bereich am Beispiel des Periodikums „Oberschlesische Stimme“

Zusammenfassung: Die deutsche Pressesprache im Ausland bildet seit Langem ein wichtiges Forschungsobjekt und wird unter verschiedenen Aspekten beleuchtet, auch unter dem Aspekt der Produktion von Pressetexten im Spannungsfeld zwischen zwei Sprachen und Kulturen (vgl. u.a. Földes 2018a: 43). Weniger Aufmerksamkeit wird in den einschlägigen Untersuchungen hingegen der gegenwärtigen Pressesprache der deutschen Minderheit in Oberschlesien gewidmet (vgl. Pelka 2013: 2013). Insbesondere stellt die Untersuchung der gegenwärtigen deutschsprachigen Presse im industriellen Teil Oberschlesiens aus linguistischer Perspektive nach wie vor ein Desiderat dar. Deshalb ist die Erschließung von sprachlichen Besonderheiten der polendeutschen Zeitschrift „Oberschlesische Stimme“ Ziel dieses Beitrags. Es soll der Frage nachgegangen werden, ob und wenn ja, welche Einflüsse des Polnischen sich auf das Deutsche der deutschen Minderheit in diesem Teil Oberschlesiens im Bereich der Grammatik nachweisen lassen. Es sollen dabei besonders häufig auftretende relevante grammatische Kontakterscheinungen und deren kommunikative Leistungen beschrieben werden.

1 Datenbasis und Methode der Datenerhebung

Die empirische Basis für die vorliegende Untersuchung bildet das polendeutsche Periodikum „Oberschlesische Stimme“. Es wird im Auftrag des Verbandes der deutschen Gesellschaften in Racibórz (Ratibor) herausgegeben, und zwar von der deutsch-polnischen Redaktion „Mittendrin“. Das Periodikum erscheint vierzehn-

Małgorzata Płomińska, Katowice/Kattowitz, Polen, E-Mail: malgorzata.plominska@us.edu.pl

https://doi.org/10.1515/9783111247694-003

täglich als Beilage der in Oppeln redigierten Zeitschrift der deutschen Minderheit „Wochenblatt.pl“ und hat einen Umfang von vier Seiten. Es hat regionalen Charakter, es thematisiert nämlich gegenwärtig grundsätzlich die kulturelle Tätigkeit der Mitglieder des Deutschen Freundschaftskreises in der Woiwodschaft Schlesien (die Beschäftigung mit aktuellen Themen des politischen, wirtschaftlichen und kulturellen Lebens der deutschen Minderheit in Oberschlesien und/oder in Polen bleibt dagegen der Redaktion der überregionalen Zeitschrift „Wochenblatt.pl“ vorbehalten) (vgl. https://mittendrin.pl/de/uber-uns.html, letzter Zugriff 20.02.2022).

Die Erstellung der Pressetexte für dieses Periodikum zeichnet sich durch bestimmte Produktions- und Rezeptionsbedingungen aus. Die in dem Periodikum veröffentlichten Texte stammen hauptsächlich von journalistischen Laien. Dies betrifft sowohl die Redaktion des Periodikums, die gegenwärtig aus einer Person besteht, als auch die Autorinnen und Autoren, die mit der Redaktion mehr oder weniger regelmäßig zusammenarbeiten und zum Teil auch in der Redaktion von „Mittendrin“ tätig sind. Dabei sind es vornehmlich zwei- bzw. mehrsprachige Personen, oft mit einer deutschsprachigen schulischen und/oder akademischen Ausbildung, die das Standarddeutsche auf einem Niveau beherrschen, das mindestens einem Sprachniveau von B1 entspricht. Ein Teil der Autorinnen und Autoren schreibt für das Periodikum nur gelegentlich. Darunter sind Personen, die Deutsch nur im Mündlichen beherrschen und ihre Texte deshalb in polnischer Sprache verfassen. Diese Texte werden dann von der Redaktion der „Oberschlesischen Stimme“ ins Deutsche übersetzt. Nur selten stammen die Pressetexte von deutschen Erstsprachlerinnen und Erstsprachlern.

Die bei der Redaktion der „Oberschlesischen Stimme“ eingereichten Texte werden vor dem Abdruck an die Redaktion der Zeitschrift „Wochenblatt.pl“ weitergeleitet und dort von deutschen Erstsprachlerinnen und Erstsprachlern auf die Übereinstimmung mit der Sprachnorm/dem Usus des Binnendeutschen[1] hin überprüft. Dabei werden nach Auskunft der Chefredakteurin der „Oberschlesischen Stimme“ nur Ausdrucksweisen umformuliert, die das Textverständnis stark beeinträchtigen könnten. Es handelt sich also zum Teil um ein „kollaboratives Schreiben mit Mehrautorenschaft“ (Földes 2018b: 302).

Die „Oberschlesische Stimme“ richtet sich primär an Angehörige der deutschen Minderheit in der Woiwodschaft Schlesien. Es sind zu einem nicht unbe-

1 Unter ‚Binnendeutsch‘ wird hier nach Földes (2019: 73) die „standardorientierte Sprachverwendung im zusammenhängenden deutschen Sprach- und Kulturraum [...] als Gegenpart zu sprachkommunikativen Praktiken deutschsprachiger Textproduzenten im nicht-deutschsprachigen Ausland“ verstanden.

deutenden Teil ältere Menschen, die „von Haus aus" zweisprachig sind und keine deutschsprachige schulische/akademische Ausbildung abgeschlossen haben. Ihr sprachkommunikativer Alltag ist sowohl im Mündlichen als auch im Schriftlichen wohl vornehmlich durch die polnische Sprache geprägt, bei ihnen kann man somit mindestens von der Tendenz zur Sprachverschiebung sprechen (vgl. Földes 2005: 47) und dementsprechend von einer niedrigeren Sprachkompetenz ausgehen.

Die „Oberschlesische Stimme" ist wegen des Platzmangels grundsätzlich deutschsprachig. Zweisprachig (deutsch und polnisch) sind die meisten Rubriken betitelt (*Aktuelles – Aktualności, Geschichte und Kultur – Historia i Kultura, Politik und Bildung – Polityka i Oświata*). Zweisprachig (deutsch und polnisch bzw. deutsch und tschechisch) erscheinen darüber hinaus oft (zum Teil abhängig von der jeweiligen Textsorte) Toponyme, und zwar hauptsächlich polnische und tschechische Ortsnamen, Namen für Ortsteile sowie Namen für Verwaltungseinheiten, die ihre Entsprechung im Deutschen haben (z. B. *Premissel – Przemyśl, Neu Sandez – Nowy Sącz, Groß Peterwitz – Pietrowice Wielkie*), z.B.:

(1) *Dabei nahmen Schüler aus zwei Kreisen teil - aus dem Kreis* ***Berun-Lendzin (powiat bieruńsko-lędziński)*** *und aus dem Kreis* ***Tichau (Tychy)***. (6/2015: 2)

(2) *Wir hatten bereits das Sudetenland durchquert und befanden uns auf dem Weg ins entfernte* ***Böhmisch Budweis (České Budějovice)***, *als wir eines Abends wieder ein Quartier suchten.* (3/2015: 4)

Zur Untersuchung wurden sämtliche Ausgaben der „Oberschlesischen Stimme" aus den Jahren 2015 bis 2021 herangezogen, die auf der Webseite der Schlesischen Digitalen Bibliothek[2] zugänglich sind. Insgesamt wurden 250 Texte von 42 bilingualen Autorinnen und Autoren untersucht. Die untersuchten Texte wurden dabei der Objektivität halber so ausgewählt, dass verschiedene Regionen des industriellen Oberschlesiens repräsentiert werden, d.h. die Autorinnen und Autoren der analysierten Texte stammen aus Katowice (Kattowitz), Gliwice (Gleiwitz), Chorzów (Königshütte), Bytom (Beuthen), Zabrze (Hindenburg), Tychy (Tichau), Racibórz (Ratibor), Tworek (Tworkau), Bielsko-Biała (Bielitz) und Jastrzębie Zdrój (Bad Jastrzemb). Vom Texttyp her sind es vor allem informationsbetonte Texte, darunter hauptsächlich Meldungen/Fakten- bzw. Ereignisberichte, seltener Interviews und Darstellungen; nur selten sind meinungsbetonte Texte repräsentiert, und wenn, dann hauptsächlich Kommentare (vgl. Lüger 1995: 89–91). Dabei sind es sowohl ursprünglich in der deutschen Sprache verfasste Texte als auch

2 Siehe https://sbc.org.pl/dlibra/text?id=library-desc (letzter Zugriff 15.02.2022).

Texte, die, wie bereits erwähnt, aus dem Polnischen ins Deutsche übersetzt wurden. Zwar könnte man in dem letzteren Fall, wie dies Pelka (2013: 283) hervorhebt, hinsichtlich der zu berücksichtigenden sprachlichen Phänomene von Interferenzen infolge mangelnder sprachlicher Kompetenz der Übersetzer ausgehen. Da die Texte aber von bilingualen Personen übersetzt wurden, kann man in diesem Fall jedoch auch von Sprachenkontakterscheinungen sprechen. Dementsprechend wird im Folgenden zwischen beiden Arten von Texten nicht differenziert.

2 Grundannahmen und theoretischer Rahmen

In der Situation des Sprachenkontakts, wenn Individuen oder Diskursgemeinschaften an der Nahtstelle von zwei Sprachen (und Kulturen), in einer ‚Kultur der Mehrsprachigkeit', wie dies Földes (2005: 53) formuliert, agieren und kommunizieren, kommt es zumeist zur Sprachenmischung (vgl. Földes 2005: 68). Sie manifestiert sich in verschiedenen Phänomenen der Beeinflussung der Primärsprache/Kontaktsprache durch die jeweils andere Sprache. Sprachenkontaktphänomene stellen nach Földes (2005: 64) eines der hervorstechenden Merkmale bi-/multilingualer kommunikativer Praxis dar.

Wie Földes (2005: 53) anmerkt, tritt in der gesamten Kommunikationskultur der deutschen Minderheiten eine hohe Affinität zur sprachlichen Hybridisierung auf, denn:

> Deutsch als Minderheitensprache existiert ja per definitionem andauernd in einem dichten Geflecht von mehreren Sprach(varietät)en bzw. Kulturen und unterliegt daher vielfältigen Sprachenkontakten [...].

Dies trifft auch auf das Kontaktdeutsch des Periodikums „Oberschlesische Stimme" zu. Die Zeitschrift agiert als ein Presseorgan der deutschen Minderheit in Polen in einem spezifischen Beziehungsgefüge der deutschen und der polnischen Sprache (und Kultur). Deshalb konnten erwartungsgemäß in den in der Zeitschrift veröffentlichten Texten Phänomene der Sprachenmischung nachgewiesen werden, insbesondere im grammatischen Bereich.

Es handelt sich dabei um überindividuelle, rekurrente und besonders häufige Phänomene der Sprachenmischung auf der Ebene der Grammatik, die vor dem Hintergrund des Binnendeutschen manifest sind (vgl. Purschke 2011: 84; Földes 2018a: 45).

In der kontaktlinguistischen Literatur werden Erscheinungen der Sprachenbeeinflussung recht unterschiedlich definiert und typologisiert (vgl. u.a. Riehl

2009: 90–104; Pelka 2006, 2013; Matras 2020: 338–339). Földes (2005: 68–69) differenziert zwischen drei Typen von Beeinflussungsphänomenen. Es sind: a) die sprachliche Transferenz – verstanden als ein integrierendes bilinguales Verfahren, das in der Übernahme von Elementen, Merkmalen und Gesetzmäßigkeiten aus der jeweiligen anderen Sprache besteht, b) die Kode-Umschaltung – unter der ein Wechsel zwischen zwei Sprach(varietät)en innerhalb eines Diskurses, eines Satzes oder einer Konstituente verstanden wird, und c) sonstige bi- bzw. multilinguale kommunikative Handlungspraktiken, wie z.B. zwischensprachliche Dopplung, Strategien der Vermeidung, der Vereinfachung oder der Bevorzugung. Die Bevorzugungsstrategie wird von Pelka (2013) in ihren Untersuchungen zur Kontaktsprache Deutsch in der deutschsprachigen Presse in Polen als eine Art Transferenz aufgefasst. Sie liegt vor,

> wenn von mehreren theoretisch zur Verfügung stehenden Ausdrucksmöglichkeiten [...] solchen Vorrang gegeben [wird], die ähnliche Entsprechungen im Polnischen haben, wobei es sich bei den Ausdrucksmöglichkeiten des Deutschen zum Teil um semantische Unterschiede handeln kann. (Pelka 2013: 334)

Da es sich bei diesem Beeinflussungsphänomen auch um eine Art Übernahme von Gesetzmäßigkeiten der anderen Sprache in die Kontaktsprache handelt, wird auch in diesem Beitrag die Strategie der Bevorzugung als ein Transferenzfall behandelt.

In der kontaktlinguistischen Literatur werden Beschreibungen von Phänomenen der Sprachenbeeinflussungen auf sämtlichen Sprachebenen angesetzt, darunter insbesondere in Untersuchungen neueren Datums, auf der grammatischen Ebene (vgl. u.a. Pelka 2006: 57; Riehl 2009: 33; Matras 2020). Da diese jedoch unterschiedlich weit angelegt wird, sollen in diesem Beitrag unter Beeinflussungsphänomenen im grammatischen Bereich Erscheinungen des Sprachenkontakts auf der Ebene der Wortbildungsstruktur (bezeichnet als morphematische Ebene) sowie im Bereich der Morphologie (Flexion und Funktion von Lexemen im Satz) und der Syntax (Satzbau) verstanden werden. Da Erscheinungen der Sprachenbeeinflussung im grammatischen Bereich oft die Schnittstelle von Morphologie und Syntax betreffen, wird im Folgenden zusammenfassend von der morphologisch-syntaktischen Ebene gesprochen (vgl. auch Pelka 2006: 59).

Vor dem Hintergrund der obigen definitorischen und typologischen Entscheidungen kann festgehalten werden, dass in dem untersuchten Textkorpus von den genannten Typen der Sprachenbeeinflussungsphänomene insgesamt ausschließlich Fälle der Transferenz ermittelt werden konnten. Es konnten weder Belege für die Kode-Umschaltung noch für die sonstigen Arten der Sprachenbeeinflussungserscheinungen eruiert werden. Dabei sind die ermittelten Transferenzen nur auf der morphologisch-syntaktischen Ebene vertreten. Transferenzen im Bereich der Wortbildungsstruktur haben keinen überindividuellen häufigen Charakter.

Operational wurde bei der Analyse des Textkorpus nach Földes (2018a: 45) und Pelka (2013: 281) der Deutschland-deutsche Standard als Bezugsgröße (nicht als Bewertungsmaßstab) benutzt. Als Korrektiv und in Ergänzung zu den sprachlichen Kompetenzen der Autorin im Hinblick auf die deutsche Sprache wurden bundesdeutsche Gewährspersonen (bundesdeutsche Erstsprachlerinnen und Erstsprachler) befragt.[3]

3 Darstellung der Analyseergebnisse

Die grammatische Transferenz lässt sich in den untersuchten Texten der Zeitschrift „Oberschlesische Stimme“, wie dies bereits angemerkt wurde, ausschließlich im morphologisch-syntaktischen Bereich beobachten.

Die Transferenzen auf der morphologisch-syntaktischen Ebene liegen vor, wenn grammatische Elemente, Merkmale und Gesetzmäßigkeiten aus der jeweiligen anderen Sprache in die Kontaktsprache, hier aus dem Polnischen in das Kontaktdeutsch, direkt übernommen werden. In den Texten des analysierten Korpus betreffen sie:

1) den Gebrauch von Artikelwörtern,
2) den Gebrauch von Konjunktionen,
3) den Gebrauch von Subjunktionen,
4) die Einsparung gleichartiger Elemente in Reihungen,
5) die Abhängigkeitsrelationen.

3 Es muss an dieser Stelle angemerkt werden, dass es sich bei den Umformulierungen der Belege nur um Vorschläge handelt, sie dienen der Illustration der fragestellungsbezogenen Phänomene. Eine vollständige Umformulierung der Belege und eine Anpassung an die binnendeutsche Norm bzw. den binnendeutschen Usus war nicht angestrebt, dazu wären unter Umständen lexikalische und/oder weitergehende strukturelle Umformulierungen erforderlich, wobei in einigen der angeführten Belege lexikalische Veränderungen unumgänglich waren.

3.1 Gebrauch von Artikelwörtern

Im Bereich des Gebrauchs der Artikelwörter handelt es sich vornehmlich um die Verwendung des bestimmten Artikels. In den untersuchten Texten finden sich zahlreiche Belege, in denen nach dem Vorbild des Polnischen der bestimmte Artikel ausgelassen wird. So sollte in den Belegen (3) und (4) der Standardnorm nach vor den Nomina *Lehrern, Elternrat, Wasserleitung, Kanalisation, Stromnetz* der bestimmte Artikel *den, dem, die, die, das* stehen (*den Lehrern, dem Elternrat, die Wasserleitung, die Kanalisation, das Stromnetz*), weil es sich hier um Personengruppen bzw. Objekte der Realität handelt, die für die Schreibenden und die Leser durch die Situation identifiziert sind. Es geht also um eine Identifizierung durch den Situationskontext (vgl. Helbig und Buscha 2001: 332–333). Man kann dabei eine Verunsicherung im Gebrauch des bestimmten Artikels erkennen, die sich in Verwendungsschwankungen manifestiert, denn im Beleg (3) wird vor den Nomina *Schuldirektor, Vorsitzende der DFK-Ortsgruppe Stauden, Vorteile der zweisprachigen Erziehung* der bestimmte Artikel normkonform gebraucht:

(3) *Danach ging die Fahrt nach Ratibor Stauden in die Grundschule Nummer 5. Bei dem Treffen mit dem Schuldirektor Jan Goldman,* ***Lehrern, Elternrat*** *und der Vorsitzenden der DFK-Ortsgruppe Stauden, Ursel Lamla, wurde vor allem über die Vorteile der zweisprachigen Erziehung diskutiert.* (1/2015: 1)
<*Bei dem Treffen mit dem Schuldirektor Jan Goldman,* ***den Lehrern, dem Elternrat*** *und der Vorsitzenden der DFK-Ortsgruppe Studen, Ursel Lamla* [...]>

(4) *In seiner Regierungszeit wurden* ***Wasserleitung, Kanalisation*** *und* ***Stromnetz*** *gebaut.* (1/2015: 2)
<*In seiner Regierungszeit wurden* ***die Wasserleitung, die Kanalisation*** *und* ***das Stromnetz*** *gebaut.*>

Im Beleg (5) sollte standardsprachlich vor dem Nomen *Gelegenheit* der bestimmte Artikel *die* stehen (*die Gelegenheit*), weil das Nomen durch den nachgestellten Attributsatz *über die Probleme der Minderheit zu sprechen* identifiziert wird:

(5) *Das Treffen gab auch* ***Gelegenheit****, um über Probleme der Minderheit zu sprechen, aber auch sich mit den Kulturprojekten zu befassen* (1/2015, 1)
<*Das Treffen gab auch* ***die Gelegenheit****, über Probleme der Minderheit zu sprechen* [...]>

3.2 Gebrauch von Konjunktionen

Eine polnische Modellgrundlage erkennt man im Falle der Phrase *wie auch*, die eine direkte Übertragung der polnischen Konjunktion *jak również* ist. Sie wird in Sätzen, wie in den Belegen (6) und (7), als kopulative Konjunktion anstatt der standarddeutschen Konjunktionen *sowie* bzw. *sowohl ... als auch* bevorzugt gebraucht, sichtbar in den Optimierungsvorschlägen:

(6) *Der Deutsche Freundschaftskreis im Bezirk Schlesien,* ***wie auch*** *unsere Medien „Oberschlesische Stimme" und die Radioredaktion „Mittendrin" übernehmen gerne die Medienpartnerschaft über ihre Initiativen und berichten darüber.* (1/2017: 2)
<*Der Deutsche Freundschaftskreis [...], unsere Medien „Oberschlesische Stimme"* ***sowie*** *die Radioredaktion „Mittendrin" [...]*>

(7) *Vor allem aber haben wir über die Situation der deutschen Minderheit in Beuthen diskutiert* ***wie auch*** *über das Beuthener Treffen, das traditionell alle zwei Jahre in Recklinghausen stattfindet.* (9/2016: 1)
<*Vor allem aber haben wir* ***sowohl*** *über die Situation der deutschen Minderheit in Beuthen* ***als auch*** *über das Beuthener Treffen diskutiert [...]*>

3.3 Gebrauch von Subjunktionen

Einen weiteren Einfluss der polnischen Sprache auf das Kontaktdeutsch der Zeitschrift „Oberschlesische Stimme" erkennt man in den Belegen (8) und (9), und zwar im besonders häufigen Gebrauch der Infinitivkonstruktionen einleitenden Subjunktion *um*[4] (vgl. auch dazu Riehl 2009: 33):

(8) *Er war es, der auf die Idee kam,* ***um*** *auf solche Art und Weise die Opfer des 2. Weltkriegs zu ehren [...]* (11/2015: 3)
<*Er war es, der auf die Idee kam, auf solche Art und Weise die Opfer des 2. Weltkriegs zu ehren [...]*>

(9) *Es gibt hier sicher eine Möglichkeit,* ***um*** *hier Geld von der Deutsch-Polnischen Stiftung für solche Projekte zu erlangen.* (17/2016: 4)
<*Es gibt hier sicher eine Möglichkeit, hier Geld von der Deutsch-Polnischen Stiftung für solche Projekte zu erlangen.*>

---

4 In den analysierten Texten konnten 47 sachverhaltsbezogene Attributsätze festgestellt werden. Davon sind 28 Sätze dieses Typs (60 %) mit der Subjunktion *um* eingeleitet.

Transferenzen dieses Typs haben ihre polnische Modellgrundlage in sachverhaltsbezogenen Attributsätzen, die im Polnischen mit der Subjunktion *żeby* eingeleitet werden: *miał pomysł, **żeby** w ten sposób uhonorować, istnieje możliwość, **żeby** uzyskać pieniądze.* Entsprechende Infinitivkonstruktionen sind im Deutschen dagegen uneingeleitet (vgl. Poźlewicz, Duch-Adamczyk und Schatte 2013: 91). Dabei kann es sich um eine Übergeneralisierung handeln. Der polnischen Subjunktion *żeby* entspricht nämlich in anderen Satzarten, die in Form von Infinitivkonstruktionen mit der Subjunktion *um* eingeleitet werden, der Finalsatz und der negative Konsekutivsatz.

3.4 Einsparung gleichartiger Elemente in Reihungen

Weitere Folgen der Beeinflussung lassen sich in dem untersuchten Korpus im Bereich der Einsparung von Elementen in Reihungen beobachten. Zwar werden in beiden Sprachen in koordinativen Reihungen gemeinsame Elemente eingespart (vgl. Duden 2009: 898), die Einsparungsregeln können aber einzelsprachlich unterschiedlich sein. In Satz (10) wurde vor der Phrase *andere Orte* die Präposition *in* unter Einfluss des polnischen Verbs *(po-)jechać* eingespart. Das Verb *jechać/pojechać* geht nur mit der Präposition *do* eine Verbindung ein, wohingegen sein deutsches Gegenstück *fahren* verschiedene Präpositionen regiert. Das kontaktsprachliche Muster war der polnische Satz: *Pojechaliśmy **do** Rud Wielkich i Ø innych miejscowości.* Unmarkiert wäre dagegen die ausformulierte Version *nach Groß Rauden und **in** andere Orte*:

(10) *Wir sind **nach** Groß Rauden und **andere Orte** gefahren, haben uns auf einer* [sic!][5] *Bank gesetzt und haben gespielt und gesungen.* (3/2015: 4)
<*Wir sind **nach** Groß Rauden und **in andere Orte** gefahren* [...]>

Sätze wie im Beleg (11) sind auch kontaktsprachlich markiert. Im Polnischen ist, anders als im Deutschen, die Einsparung von Artikelwörtern mit unterschiedlichen Merkmalen nicht ausgeschlossen (Duden 2009: 902). Als Prototyp diente hier also der polnische Satz *Miała duży wpływ na **swoją córkę i Ø wnuczkę***, in dem das Possessivum *swoją* (dt. *ihre*) nur einmal auftreten kann, während im Deutschen die ausformulierte Form „hatte Einfluss auf ihre Tochter und **ihre** En-

---

5 Transferenzerscheinungen im Bereich der Rektion der Wechselpräpositionen (vgl. Helbig und Buscha 2001: 358–359) konnten in den analysierten Texten der Zeitschrift „Oberschlesische Stimme" nur vereinzelt beobachtet werden.

kelin" normkonform wäre. Die Einsparung des Possessivums *ihre* signalisiert im Satz (11) die Identität der Objekte der realen Welt, wobei man bekanntlich nicht gleichzeitig Tochter und Enkelin für dieselbe Person sein kann:

(11) *Sie regierte während der Abwesenheit ihres Mannes die Stadt und hatte auch einen sehr großen Einfluss auf* ***ihre Tochter*** *und* ***Enkelin.*** (16/2015: 3)
<*Sie* [...] *hatte auch einen sehr großen Einfluss auf ihre Tochter und* ***ihre*** *Enkelin.*>

Kontaktsprachlich bedingt sind im untersuchten Korpus auch häufige Übertragungen der Dependenzrelationen (vgl. Pelka 2013: 325). Es handelt sich dabei insbesondere um die Vernachlässigung attributiver Ergänzungen (Duden 2009: 151–152) bei deverbalen Nomina, für deren Einsparung in beiden Sprachen zum Teil verschiedene Regeln gelten. Der Beleg (12) ist kontaktsprachlich nach dem Vorbild polnischer Dependenzregeln entstanden. Eine polnische Modellgrundlage für den Satz *das Erlernen fortsetzen können* kann die Formulierung *aby mogli kontynować naukę* gewesen sein, in der die attributive Ergänzung der Zugehörigkeit (wessen?) nach dem polnischen Usus fakultativ ist, während im Deutschen *das Erlernen des Deutschen* beispielweise optimaler wäre:

(12) *Ziel ist es, dass die Kinder von klein auf mit der deutschen Sprache vertraut sind und* ***das Erlernen*** *fortsetzten können.* (5/2018: 2)
<[...] *und das Erlernen* ***des Deutschen*** *fortsetzen können.*>

3.5 Abhängigkeitsrelationen

Eine Reihe von Beeinflussungserscheinungen ist schließlich anhand von Belegen (13), (14) und (15) im Bereich der präpositionalen Rektion der Verben und Substantive zu beobachten. So weist der Beleg (13) in der Verwendung der Präposition *auf* in der Phrase *Möglichkeit des Studierens* ***auf*** *einem ausgewählten Fachgebiet der Philologie* auf den Einfluss der präpositionalen Rektion des polnischen Deverbativums *studiowanie* ***na*** hin:

(13) *Alle Laureaten haben vom Rektor der Staatlichen Höheren Berufsschule ein Studienbuch erhalten mit der Möglichkeit des Studierens* ***auf*** *einem ausgewählten Fachgebiet der Philologie.* (2/2016: 4)
<[...] *mit der Möglichkeit des Studierens* **in** *einem ausgewählten Fachgebiet der Philologie.*>

Einen ähnlichen Einfluss lässt der Beleg (14) erkennen; der Formulierung *auf der Straße* liegt die polnische präpositionale Rektion des Verbs *znajdować się* ***na*** *ulicy* zugrunde:

(14) *Diese Tafel* [...] *befindet sich im Stadtzentrum* ***auf*** *der ul. Kupiecka.* (15/2016: 2)
<*Diese Tafel* [...] *befindet sich im Stadtzentrum* ***in*** *der ul. Kupiecka.*>

Dabei kann es sich wieder um eine Übergeneralisierung der Äquivalenzrelationen der Präpositionen *auf* und *na* in lokaler Bedeutung handeln, denn in vielen Kontexten entspricht der Präposition *na* in Verbindung mit dem Substantiv *Straße* im Deutschen die Präposition *auf*, allerdings lediglich in der Bedeutung von „draußen, außerhalb eines Gebäudes", wie dies z. B. in dem Satz aus der FAZ: *Mann erschießt sich und seine Frau* ***auf der Straße***[6] der Fall ist.

Die Verwendung der Präposition *aus* in Beleg (15) ist kontaktsprachlich durch die umgangssprachliche Formulierung *nauczycielka* ***z gimnazjum*** mit der Präposition *z* in der die Herkunft signalisierenden Bedeutung (wohl nach dem Muster *pochodzić z* ‚kommen/stammen aus' bedingt:

(15) *Ewa* [...], *Lehrerin* ***aus*** *dem Gymnasium Nr. 5 in Myslowitz* (12/2016: 4)
<*Ewa* [...], *Lehrerin* ***am*** *Gymnasium Nr. 5 in Myslowitz.*>

4 Fazit

Die im untersuchten Korpus eruierten Sprachenbeeinflussungsphänomene sollten hinsichtlich ihrer Funktion vor dem Hintergrund der sprachkommunikativen Eigenschaften der primär anvisierten Rezipienten des Periodikums „Oberschlesische Stimme" beurteilt werden. So kann im Anschluss an die Erkenntnisse der kontaktlinguistischen Forschung festgehalten werden, dass sie vor allem im Sinne der Sprachökonomie der Optimierung der Kommunikation dienen. Die Textproduzenten greifen auf weniger komplexe Formen und Modelle zurück, wie die Form *wie auch* anstatt der getrennt mehrteiligen Konjunktion *sowohl ... als auch* oder wie dies bei der Einsparung von gleichartigen Elementen der Fall ist, die allerdings im Einzelfall Verständnisschwierigkeiten verursachen kann, aller-

6 Siehe https://www.faz.net/aktuell/gesellschaft/kriminalitaet/familiendrama-auf-offener-strasse-mann-erschiesst-ehefrau-und-sich-selbst-1871397.html (letzter Zugriff 20.02.2022).

dings nur bei monolingualen Rezipienten (vgl. u. a. Riehl 2009: 110–112; Pelka 2013: 336).

Die Hybridisierung kann in den in der Zeitschrift „Oberschlesische Stimme" veröffentlichten Texten wohl auch gezielt eingesetzt werden, und zwar als ein Verfahren zur Sicherung des Verständnisses bei den anvisierten Rezipienten angesichts ihrer Sprachkenntnisse und ihrer kommunikationspraktischen Gewohnheiten. So kann die Verwendung der Subjunktion *um* in Attributsätzen anstelle von uneingeleiteten Infinitivkonstruktionen zur Präzisierung des Ausdrucks beitragen. Auch die präpositionale Rektion nach dem Vorbild der Kontaktsprache Polnisch kann das Textverständnis beeinflussen, umso mehr als sich hier eine Tendenz zur Unifizierung wie bei dem Gebrauch der Präposition *auf* beobachten lässt.

Die ermittelten Sprachenmischungsphänomene haben rekurrenten Charakter; sie sind also für die Kommunikatoren wiedererkennbar. Durch ihre wiederkehrende Verwendung in Texten des Periodikums „Oberschlesische Stimme" kann der kognitive Aufwand bei der Interpretation der Texte reduziert werden. Damit übernehmen hybridisierte Ausdrucksweisen eine Entlastungsfunktion, zumal es sich hier um eine einsprachige Publikation handelt und die Konsultierung eines polnischsprachigen Teils nicht möglich ist. Ähnlich bemerkt in diesem Zusammenhang Nagórko (1997: 183), dass der Rückgriff auf integrierende Verfahren der Sprachenmischung pragmatisch durch die Wahl von erprobten, in der kommunikativen Praxis bewährten und somit angemessenen Formulierungsweisen bedingt ist.

Der Umfang dieser eingeschränkten Analyse erlaubt selbstverständlich keine weitreichenden Schlussfolgerungen bezüglich der sprachlichen Besonderheiten der Zeitschrift „Oberschlesische Stimme". Zu einer angemessenen Erschließung ihres sprachlichen Profils auch auf der grammatischen Ebene sind breitere Untersuchungen notwendig. Trotzdem kann festgehalten werden, dass die deutschsprachige Textproduktion in dem untersuchten Periodikum durch Mehrsprachigkeit der Textproduzenten und -rezipienten geprägt ist. Es konnten besonders häufige überindividuelle Phänomene des Sprachenkontakts im grammatischen Bereich eruiert werden, wobei ein Einfluss der polnischen Sprache auf der morphologisch-syntaktischen Ebene zu beobachten ist. Die erschlossenen Verwendungsbesonderheiten beruhen auf dem prototypischen Sprachenkontaktmechanismus des Transfers, also auf der Übernahme oder Bevorzugung von Elementen, Strukturen und Modellen der Kontaktsprache Polnisch. In einigen Fällen kann man auch im Sinne von Földes (2019: 93) von Verfremdungsprozessen sprechen, da sich einige Besonderheiten auf die Übergeneralisierung des Sprachsystems zurückführen lassen. Sie dienen grundsätzlich der Optimierung der Kommunikation in der Situation der (asymmetrischen) Mehrsprachigkeit.

Literaturverzeichnis

Dudenredaktion (Hrsg.) (2009): *Die Grammatik* (Duden 4). 8., überarb. Aufl. Mannheim u.a.: Dudenverlag.

Földes, Csaba (2005): *Kontaktdeutsch. Zur Theorie eines Varietätentyps unter transkulturellen Bedingungen von Mehrsprachigkeit.* Tübingen: Gunter Narr.

Földes, Csaba (2018a): Mediensprache im Kontakt der Kulturen: Beispiel „Moskauer Deutsche Zeitung". In: Földes, Csaba (Hrsg.): *Sprach- und Textkulturen – interkulturelle und vergleichende Konzepte*, 43–77 (Beiträge zur Interkulturellen Germanistik 11). Tübingen: Narr Francke Attempto.

Földes, Csaba (2018b): Politische Sprache und Interkulturalität – am Beispiel der Presse deutscher Minderheiten. In: Fábián, Annamária und Igor Trost (Hrsg.): *Sprachgebrauch in der Politik. Grammatische, lexikalische, pragmatische, kulturelle und dialektologische Perspektiven* (Reihe Germanistische Linguistik 319), 299–317. Berlin, Boston: De Gruyter.

Földes, Csaba (2019): Die *Deutsche Allgemeine Zeitung*: Anmerkungen zur Sprache der kasachstandeutschen Presse. *Linguistica (Ljubljana)* 59 (1), 71–97.

Helbig, Gerhard und Joachim Buscha (2001): *Deutsche Grammatik. Ein Handbuch für den Ausländerunterricht.* Berlin u.a.: Langenscheidt.

Nagórko, Alicja (2012): Polszczyzna w diasporze – jak mówią polscy studenci niemieckich uczelni? In: Kurek, Halina (Hrsg.): *Języki słowiańskie w ujęciu socjolingwistycznym. Prace przygotowane na XV Międzynarodowy Kongres Slawistów Mińsk*, 143–153. Kraków: Księgarnia Akademicka.

Matras, Yaron (2020): *Language Contact* (Cambridge Textbooks in Linguistics). 2. Aufl. Cambridge: Cambridge University Press.

Pelka, Daniela (2006): *Der deutsch-polnische Sprachkontakt in Oberschlesien am Beispiel der Gegend von Oberglogau.* Berlin: Trafo.

Pelka, Daniela (2012): Die Presse der deutschen Minderheit in Polen. *Rocznik Łubowicki/Lubowitzer Jahrbuch/Lubowická Ročenka* 10, 167–185.

Pelka, Daniela (2013): *Die „Oberschlesischen Nachrichten" und ihre Folgezeitungen aus linguistischer Perspektive.* Berlin: Trafo.

Poźlewicz, Agnieszka, Duch-Adamczyk, Justyna und Christoph Schatte (2013): *Syntax des Deutschen im Abriss.* Poznań: Wydawnictwo Rys.

Purschke, Christoph (2011): *Regionalsprache und Hörerurteil: Grundzüge einer perzeptiven Variationslinguistik* (Zeitschrift für Dialektologie und Linguistik – Beihefte 149). Stuttgart: Franz Steiner.

Riehl, Claudia M. (2009): *Sprachkontaktforschung. Eine Einführung* (Narr-Studienbücher). 2., überarb. Aufl. Tübingen: Narr Francke Attempto.

Quellenmaterial

Oberschlesische Stimme, Jahrgänge 2015–2021. https://sbc.org.pl/dlibra/publication/179384/edition/168897/oberschlesische-stimme-2015-nr-12-325?language=de; (letzter Zugriff 15.02.2022).

https://mittendrin.pl/de/uber-uns.html (letzter Zugriff 20.02.2022).
https://www.faz.net/aktuell/gesellschaft/kriminalitaet/familiendrama-auf-offener-strasse-mann-erschiesst-ehefrau-und-sich-selbst-1871397.html (letzter Zugriff 20.02.2022).

Mariusz Jakosz

Topoi in der deutschsprachigen Presse im polnischen Oberschlesien am Beispiel der „Oberschlesischen Stimme“

Zusammenfassung: Die deutschsprachige Presse hat im industriellen Teil Oberschlesiens eine lange Tradition, die schon in den 70er Jahren des 19. Jahrhunderts einsetzt. Sie wurde durch historische Umbrüche der Jahre 1921, 1945 und 1989 geprägt. Nach der Teilung Oberschlesiens verwandelten sich viele Zeitungen in Presseorgane der deutschen Minderheit, die dann 1945 für lange Jahrzehnte verschwanden, um 1989 – schon in neuer Form – wieder ins Leben gerufen zu werden. Im Fokus des vorliegenden Beitrags steht das älteste Presseorgan der deutschen Minderheit in Polen, die „Oberschlesische Stimme“. Ziel ist es, ausgewählte, am häufigsten wiederkehrende Topoi in den Ausgaben aus dem Zeitraum von 2011 bis 2015 zu analysieren, um die üblichen und verbreiteten Denkweisen, das kollektive Wissen dieser Gemeinschaft und wertende Aussagen bzw. Gesichtspunkte zu einem bestimmten Themenfeld zu erfassen. Zunächst wird die Entstehungsgeschichte der „Oberschlesischen Stimme“, ihre Thematik und ihr Layout besprochen. Anschließend wird auf solche Topoi wie Erhalt der Identität der deutschen Minderheit, Pflege des kollektiven Gedächtnisses, Pflege der deutschen Sprache sowie das Gedenken an Joseph Freiherrn von Eichendorff eingegangen.

1 Einleitung

Das Forschungsobjekt der vorliegenden Studie bildet die Zeitung „Oberschlesische Stimme“ als das älteste Presseorgan der deutschen Minderheit in Polen. Die Entstehungsgeschichte reicht bis in die 1980er Jahre zurück, als Angehörige der deutschen Minderheit im Gebiet von Ratibor (Racibórz) begannen, das so genannte „Kultur-Bulletin“ unregelmäßig herauszugeben. Dieses wurde im Samisdat veröffentlicht und war auch nicht für den Verkauf bestimmt. Es richtete sich

Mariusz Jakosz, Katowice/Kattowitz, Polen, E-Mail: mariuszjakosz@interia.pl

https://doi.org/10.1515/9783111247694-004

an Mitglieder und Anhänger der deutschen Minderheit, für die es eine Quelle der wichtigsten Informationen über die deutsche Kultur und das aktuelle politische Geschehen in Schlesien war.[1]

Um die üblichen und verbreiteten Denkweisen der deutschen Minderheit in Oberschlesien, das kollektive Wissen dieser Gemeinschaft und wertende Aussagen bzw. Gesichtspunkte zu einem bestimmten Themenfeld zu rekonstruieren, wird im vorliegenden Beitrag der Versuch unternommen, ausgewählte, am häufigsten wiederkehrende Topoi in den Ausgaben der „Oberschlesischen Stimme“ aus dem Zeitraum von 2011 bis 2015 zu erfassen.

2 „Oberschlesische Stimme“ als Untersuchungsgegenstand

2.1 Entstehungsgeschichte der „Oberschlesischen Stimme“

Die erste Ausgabe des „Kultur-Bulletins“ erschien am 20. Dezember 1989. Es waren vier Seiten, die auf einer Schreibmaschine getippt und dann kopiert wurden.[2] Bei den ersten Ausgaben wurde der Name der Redakteure höchstwahrscheinlich aus Sicherheitsgründen nicht genannt. Erst in der fünften Ausgabe des Bulletins wurden die Redakteure, aber noch unter ihren Decknamen, angegeben: Hugo (Dr. Josef Gonschior) und Eljo (Lothar Joschko). Seit dieser Zeit sind schon über 30 Jahre vergangen, doch das Bulletin wird weiterhin, jetzt unter dem Namen „Oberschlesische Stimme“ herausgegeben.

1 Vergleiche http://www.polska-niemcy-interakcje.pl/articles/show/24, https://adz.ro/meinung-und-bericht/artikel-meinung-und-bericht/artikel/viele-nach-dem-krieg-geborene-kannten-die-sprache-nicht (letzter Zugriff 20.06.2022).

2 Die meisten Informationen über die Entstehungsgeschichte der „Oberschlesischen Stimme“ wurden im Interview des Autors dieses Beitrags mit Monika Plura, der seit 2013 tätigen Redakteurin der Zeitung, gewonnen.

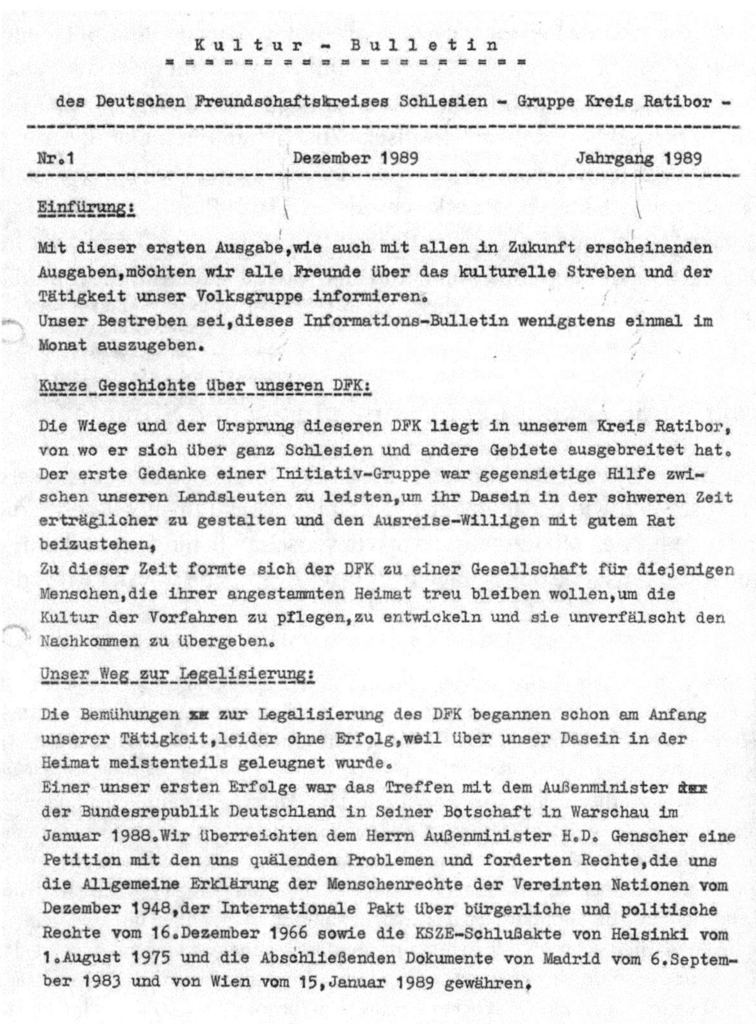

K u l t u r - B u l l e t i n

des Deutschen Freundschaftskreises Schlesien - Gruppe Kreis Ratibor -

Nr.1 Dezember 1989 Jahrgang 1989

Einfürung:

Mit dieser ersten Ausgabe,wie auch mit allen in Zukunft erscheinenden Ausgaben,möchten wir alle Freunde über das kulturelle Streben und der Tätigkeit unser Volksgruppe informieren.
Unser Bestreben sei,dieses Informations-Bulletin wenigstens einmal im Monat auszugeben.

Kurze Geschichte über unseren DFK:

Die Wiege und der Ursprung dieseren DFK liegt in unserem Kreis Ratibor, von wo er sich über ganz Schlesien und andere Gebiete ausgebreitet hat. Der erste Gedanke einer Initiativ-Gruppe war gegensietige Hilfe zwischen unseren Landsleuten zu leisten,um ihr Dasein in der schweren Zeit erträglicher zu gestalten und den Ausreise-Willigen mit gutem Rat beizustehen,
Zu dieser Zeit formte sich der DFK zu einer Gesellschaft für diejenigen Menschen,die ihrer angestammten Heimat treu bleiben wollen,um die Kultur der Vorfahren zu pflegen,zu entwickeln und sie unverfälscht den Nachkommen zu übergeben.

Unser Weg zur Legalisierung:

Die Bemühungen zur Legalisierung des DFK begannen schon am Anfang unserer Tätigkeit,leider ohne Erfolg,weil über unser Dasein in der Heimat meistenteils geleugnet wurde.
Einer unser ersten Erfolge war das Treffen mit dem Außenminister der Bundesrepublik Deutschland in Seiner Botschaft in Warschau im Januar 1988.Wir überreichten dem Herrn Außenminister H.D. Genscher eine Petition mit den uns quälenden Problemen und forderten Rechte,die uns die Allgemeine Erklärung der Menschenrechte der Vereinten Nationen vom Dezember 1948,der Internationale Pakt über bürgerliche und politische Rechte vom 16.Dezember 1966 sowie die KSZE-Schlußakte von Helsinki vom 1.August 1975 und die Abschließenden Dokumente von Madrid vom 6.September 1983 und von Wien vom 15,Januar 1989 gewähren,

Abb. 1: Die erste Seite der Ausgabe des „Kultur-Bulletins“ vom 20. Dezember 1989[3]

Bis 2010 erschien die Zeitschrift einmal im Monat und umfasste acht Seiten. In den letzten Jahren wurde die „Oberschlesische Stimme“, auch aus finanziellen

3 Alle für die Zwecke dieses Beitrags analysierten Ausgaben der „Oberschlesischen Stimme“ (früher: „Kultur-Bulletin“) stammen aus dem Archiv des „Deutschen Freundschaftskreises“ im Bezirk Schlesien (Ratibor).

Gründen, in eine vierseitige Beilage zur Wochenzeitung „Wochenblatt.pl" umgewandelt und erscheint alle vierzehn Tage.[4] Erwähnung verdient noch die Tatsache, dass die „Oberschlesische Stimme" als eines der Medienprojekte über die deutsche Minderheit und die deutsch-polnische Zusammenarbeit gilt, das durch die deutsch-polnische Redaktion „Mittendrin" realisiert wird, die seit 1997 beim Deutschen Freundschaftskreis im Bezirk Schlesien (DFK) in Ratibor tätig ist.[5] Das Bulletin erscheint auch dank finanzieller Unterstützung des Ministeriums für Inneres und Verwaltung der Republik Polen und des Konsulats der Bundesrepublik Deutschland in Oppeln.

2.2 Thematik und Layout der „Oberschlesischen Stimme"

Das Profil der „Oberschlesischen Stimme" hat sich seit ihrer Gründung nicht sehr verändert: Sie ist nach wie vor in erster Linie eine Informationsquelle über die Aktivitäten der deutschen Minderheit in der Woiwodschaft Schlesien, und durch die konsequente Herausgabe der Beilage in deutscher Sprache war der Kreis der

4 Das „Wochenblatt.pl" ist der älteste deutsche Pressetitel in der Region Oppeln (Opole). Die erste Ausgabe erschien zweiwöchentlich am 1. April 1990 als „Oberschlesische Zeitung" und seit 1993 wurde der Redaktionsrhythmus auf wöchentlich umgestellt; der Titel selbst wurde in „Schlesisches Wochenblatt" geändert. Seit 2010 heißt die Zeitung „Wochenblatt.pl". Mit dieser Änderung sollte die Zeitschrift zu einer Wochenzeitschrift für Deutsche in ganz Polen und nicht nur in Schlesien werden. Die Zeitschrift war von Anfang an zweisprachig, da eine ganze Reihe von Minderheitenmitgliedern der deutschen Sprache nicht mächtig war, und die Zeitung sollte auch für die polnische Mehrheit eine Informationsquelle über die Minderheit und ihre Aktivitäten sein. Im Laufe der Jahre beschränkte sich das „Wochenblatt.pl" daher nicht nur auf Themen, die die deutsche Minderheit betrafen. Die Zeitung präsentierte auch verschiedene Aspekte der Geschichte, Kultur und Tradition in Schlesien sowie wirtschaftliche und sportliche Themen. Für die jüngeren Leser wurde innerhalb der Wochenzeitung eine Jugendseite veröffentlicht, die anfangs „Jugendstil" hieß, heute „Universum". Vgl. http://www.polska-niemcy-interakcje.pl/articles/show/24 (letzter Zugriff 20.06.2022).

5 Zu anderen Projekten der Redaktion „Mittendrin" gehören: deutschsprachige Radiosendungen (Magazin mit Wunschkonzert „Die deutsche Stimme aus Ratibor" auf Radio Vanessa und das publizistische Magazin „Präsent" auf Radio Katowice), deutsch-polnisches Internetradio (ab dem Jahr 2019 sendet das Internetradio als Radio der deutschen Minderheit in ganz Polen und wird in Zusammenarbeit mit anderen Redaktionen gestaltet), deutsch-polnisches Kulturmagazin „SchauFenster" auf YouTube, Monatszeitschrift für Kinder „Keks" (im Auftrag des Hauses der Deutsch-Polnischen Zusammenarbeit). Außerdem werden auch verschiedene kulturelle Projekte organisiert und Radioworkshops geleitet, es werden zudem Studierenden aus dem In- und Ausland Praktika angeboten. Ziel aller Aktivitäten ist es, das Wissen über die deutsche Minderheit zu popularisieren und die deutsche Sprache, Geschichte und Kultur in Oberschlesien zu pflegen. Vgl. https://mittendrin.pl/de/uber-uns.html (letzter Zugriff 16.06.2022).

potenziellen Empfänger sowohl innerhalb der Minderheit selbst als auch in der polnischen Mehrheit begrenzt. Da es sich bei der „Oberschlesischen Stimme“ um eine Beilage von „Wochenblatt.pl“ handelt, lässt sich nicht feststellen, wie dieser Titel bei den Lesern ankommt, da keine gesonderten Verkaufsstatistiken geführt werden.[6]

Das, was sich im Laufe der Jahre an der „Oberschlesischen Stimme“ geändert hat, ist neben dem Umfang (von 8 auf 4 Seiten) und dem DIN-Format (von A4 auf A3) die typographische Ausgestaltung der „Oberschlesischen Stimme“.[7] Die Aufmerksamkeit richtet sich nun auf zwei grundlegende Kennzeichen des Periodikums: die Titelseite mit dem Titelkopf, die die Eigenart der deutschen Minderheit in Oberschlesien hervorhebt. Für die Erkenntnisziele dieses Beitrags sind die Ausführungen insofern wichtig, als das sich ändernde Layout identitätsbedingt ist und somit die Wandelprozesse in der Kultur dieser Minderheit widerspiegelt.

In den frühen Ausgaben des „Informations- und Kulturbulletins“ erschien der Titel teilweise auf Deutsch und auf Polnisch, wobei nur die Bestimmungswörter: *Informations- und Kultur* und *Informacyjno-kulturalny* als Eins-zu-Eins-Äquivalente angegeben werden. Das Grundwort *Bulletin* stand nur auf Deutsch, wodurch der Titelkopf eine stärkere deutsche Ausprägung bekommt. Als Internationalismus wurde er aber von den Polnisch sprechenden Bürgern ebenfalls verstanden.

Abb. 2: Titelkopf der Ausgabe des „Informations- und Kulturbulletins“ vom September 2003

Die Zuordnung des Bulletins zur Region Oberschlesien und zu einer bestimmten Zielgruppe (hier: zur deutschen Minderheit in Oberschlesien) ist an der Platzierung von drei graphischen Zeichen erkennbar: der Abbildung eines Denkmals von Josef von Eichendorff, dem Logo des Deutschen Freundschaftskreises in

6 Vergleiche http://www.polska-niemcy-interakcje.pl/articles/show/24 (letzter Zugriff 20.06.2022).

7 Mehr zur Typographie der schlesischen Minderheitenpresse siehe Pelka (2011, 2012).

Schlesien und dem Wappen Oberschlesiens. Eichendorff als deutscher Dichter symbolisiert die Einbindung in die deutsche Kultur und sein Denkmal ist auch das Wahrzeichen von Ratibor, dem Erscheinungsort des Bulletins. Das Logo des DFK besteht aus einem Quadrat und den ihn umgebenden vier Handpaaren, die im Händedruck vereint sind. Im Quadrat befindet sich die Inschrift „Deutscher Freundschaftskreis in Schlesien“, darüber das Wappen von Schlesien und darunter die deutsche Fahne mit der Abkürzung „dfk“. Über dem Titel wurde die Zeile: „Erste regelmäßig erscheinende Zeitschrift des Deutschen Freundschaftskreises im Bezirk Schlesien seit 1989“ platziert.

Einige Zeit später wurde die Abbildung des Denkmals von Eichendorff durch die Abbildung seiner Büste ersetzt und die Grafiken wurden farbig ausgeführt:

Abb. 3: Titelkopf der Ausgabe des „Informations- und Kulturbulletins“ vom Juni/Juli 2005

Im Jahre 2005 erhielt das Bulletin den Titel „Oberschlesische Stimme“, die bildliche Ausgestaltung des Titelkopfes blieb allerdings erhalten, die Illustrationen wurden nur anders verteilt und verkleinert. Das DFK-Logo wurde nach links und das kleinere Eichendorff-Bildnis in die Mitte verschoben. Die bisher in Schwarz vorkommenden Titelbuchstaben wurden durch die deutschen Nationalfarben Schwarz, Rot und Gelb ersetzt, wobei „Stimme“ in etwas kleineren weißen Lettern vor gelbem Hintergrund stand. All diese typographischen Neuerungen verliehen der Zeitung eine noch stärkere deutsche Note. Über dem Titel erscheint einzeilig weiterhin die Information: „Erste regelmäßig erscheinende Zeitschrift des Deutschen Freundschaftskreises im Bezirk Schlesien seit 1989“ und darunter dreizeilig der Untertitel: „Informations- und Kulturbulletin des Deutschen Freundschaftskreises im Bezirk Schlesien“.

Abb. 4: Titelkopf der Ausgabe der „Oberschlesischen Stimme“ vom Mai 2007

Nach 2011 wurde das gesamte Layout der „Oberschlesischen Stimme“ modifiziert, wodurch es übersichtlicher und ansprechender wurde. Es gibt schon keine graphischen Zeichen mehr. Der Titel erscheint ähnlich wie zuvor in Schwarz-Rot-Gelb, aber nun einzeilig und alle Buchstaben haben die gleiche Größe. Unter dem im Blocksatz erscheinenden Titel befindet sich der mittelaxial gesetzte Untertitel: „Informations- und Kulturbulletin des Deutschen Freundschaftskreises in der Woiwodschaft Schlesien“:

Abb. 5: Ausgabe der „Oberschlesischen Stimme“ vom Februar 2011

3 Analyse von Topoi in der „Oberschlesischen Stimme“

Topoi sind als

> sich wiederholende Argumente, Argumentationen oder Argumentationsmuster, etwa solche inhaltlicher und formaler Art im Sinne der antiken Topik [zu verstehen][...], die von sozialen oder politischen Gruppen oder unterschiedlichen Kulturen bevorzugt werden oder die sich geschichtlich verändert oder durch die Zeit bewahrt haben. (Wengeler 2017: 2)

Die Analyse von Topoi, die in einer Vielzahl von Texten (zumeist zu einem Thema) auftreten, erweist sich nach Wengeler (2003: 67) als eine etablierte, diskurslinguistische Untersuchungsmethode, mit der kollektives, gesellschaftliches Wissen einer Zeit zu einem bestimmten Themenfeld rekonstruiert werden kann. Dieses Wissen kommt „im Rahmen thematisch bestimmter öffentlicher *Diskurse* entweder explizit zur Sprache [...] oder [wird] in sprachlichen Äußerungen, in Texten als verstehensrelevantes Hintergrundwissen zu Grunde gelegt oder evoziert" (Wengeler 2007: 165).

Ziel der vorliegenden Analyse ist es, die kontextspezifischen Topoi in der „Oberschlesischen Stimme" herauszuarbeiten, um relevante Argumentationen, Denk- und Wahrnehmungsmuster der deutschen Minderheit im polnischen Oberschlesien aufzeigen zu können. Es handelt sich dabei um die Beschreibung von Argumentationen, die „verwirklichte, aktuelle oder erwartete Maßnahmen/ Handlungen befürworten, begründen erklären, rechtfertigen oder aber ablehnen, kritisieren sowie zu verhindern suchen" (Szulc-Brzozowska 2018: 139). Da die „Oberschlesische Stimme" nur auf Deutsch, d.h. in der Sprache der Minderheit herausgegeben wird, ermöglicht sie den Minderheitsangehörigen vor allem den Kontakt mit ihrer eigenen Muttersprache und bildet damit die Grundlage für den Erhalt ihrer nationalen Identität. Die Beilage widmet sich solchen Themen wie Erinnerung, Sprache und Kultur. Dies erlaubt es, unter den Minderheitsangehörigen die Überzeugung zu kreieren, dass sie bestimmte Gemeinsamkeiten aufweisen, welche wiederum ein Zusammengehörigkeitsgefühl entstehen lassen (vgl. Pelka 2016: 81).

3.1 Topos des Erhalts der Identität der deutschen Minderheit

Identitätsbildung kann als ein lebenslanger Prozess betrachtet werden, der sich u.a. in der Sprache, Kultur, im Selbstbild, im Selbstgefühl und im Glauben an sich äußert. Die Bewahrung von Identität genießt bei den Angehörigen und Anhängern der deutschen Minderheit in Oberschlesien besondere Priorität:

(1) *Wir Oberschlesier sind die größte menschliche und sprachliche Brücke zwischen dem deutschen und polnischen Volk.* (OS 13, 2011: 3)

(2) *Wir können auf unsere Geschichte stolz sein und unsere Kinder sollten stolz sein, dass sie Deutsche sind. Sie sollten ihr Deutschtum nicht verstecken, wie wir es früher machen mussten. Wir wollten in Polen eine kleine Heimat für die Menschen schaffen, die nicht nach Deutschland ausgewandert sind.* (OS 3, 2013: 1)

(3) *Ich fühle mich als Deutscher und das wollte ich unterstreichen. Dafür habe ich sogar zehn Monate lang im Lager „Zgoda" gesessen. Die deutsche Identität war mir immer sehr wichtig.* (OS 6, 2013: 4)

(4) *Für mich ist klar, dass mehr Identitätsbewusstsein dazu führt, dass sich mehr DFK-Mitglieder für den Erhalt der deutschen Kultur einsetzen werden. Sie bewahren die Tradition der deutschen Sprache in Familien, Kirchen, Kindergär-*

ten und Schulen. Ob polnischer Staatsbürger in Polen, Deutscher in Polen, Schlesier in Schlesien oder Europäer in der Europäischen Union – mehrere Identitäten sind dabei kein Widerspruch. Sie können parallel existieren. (OS 2, 2013: 1)

(5) *Die Seele des Oberschlesiers besteht aus mehreren Teilen. Sie hat einen polnischen, einen deutschen und einen schlesischen Teil. Diese Symbiose der Seele sollte man nicht zerstören, sondern unterstützen und akzeptieren, damit die Menschen, die in Oberschlesien leben, keine Identitätsprobleme haben und sich nicht entscheiden müssen, ob sie Polen, Deutsche oder Oberschlesier sind.* (OS 10, 2014: 1)

(6) *Die Menschen, die in Oberschlesien leben, sind Erben des Hasses, es ist eine Generation, die durch den Hass betroffen wurde, der hier mit dem Krieg zusammen gekommen ist. Die Konsequenzen des Krieges sind bis heute sichtbar, ob es jemandem gefällt oder nicht. Man muss beginnen darüber zu sprechen, vor allem in den Schulen. Wenn man über ein Thema nicht spricht, entwickeln sich daraus irgendwelche Gespenster.* (OS 10, 2014: 1)

Die deutsche Minderheit in Oberschlesien fühlt sich mit ihrer Region eng verbunden (Heimat-Topos). Die Heimat nimmt einen besonderen Platz in ihrer Wertehierarchie ein, was die folgenden Zitate ihrer Mitglieder beweisen:

(7) *Ich hab' sehr viel Glück, ich bin in Ratibor geboren worden. Jetzt lebe ich in Rybnik, meine Heimat ist Oberschlesien!* (OS 4, 2013: 4)

(8) *Ich bin in Kattowitz geboren, später nach Tichau gezogen. Meine Heimat ist Oberschlesien. Hier fühle ich mich wohl. Heimat ist dort, wo man sich wohlfühlt! Dort, wo man alle Menschen, Straßen und auch Häuser kennt, ist die Heimat. Jeder Stein erinnert mich an die Heimat.* (OS 5, 2013: 4)

(9) *Da, wo man geboren wurde, liegt die Heimat. Das ganze Leben lang fühlt man sich mit der Heimat verbunden. Wenn das nicht so wäre, würde ich heute nicht mehr in Rydultau wohnen, sondern irgendwo im Ausland oder ganz woanders.* (OS 6, 2013: 4)

(10) *Meine Heimat ist Benkowitz, wo ich auch geboren bin. Dort habe ich als Kind nur Deutsch gesprochen, sei es zu Hause oder im Kindergarten. Wir gehörten immer zu Deutschland. Auch wenn es im Laufe der Geschichte einige Veränderungen gab. In Zeiten des römisch-deutschen Reiches gehörten wir mal zu Österreich, später zu Preußen und dann zum Vereinigten Deutschland. Ich bin ein deutscher Staatsbürger, aber man muss auch tolerieren, wo man heute lebt. Es hat mir sehr leid getan, dass viele Leute nicht durchgehalten haben und aus verschiedenen Gründen in die Bundesrepublik gezogen sind oder ver-*

trieben wurden. Ich habe mich sehr an der Heimat festgeklammert. Sie bedeutet mir bis heute Alles. (OS 6, 2013: 4)

Ein wichtiges Element der Identitätsstiftung sind die ständigen Bemühungen der deutschen Minderheit um die Einführung von zweisprachigen Ortsschildern, was als Zeichen der Minderheitenrechte anzusehen ist. Die Voraussetzung für die Aufstellung von deutsch-polnischen Ortsschildern ist, dass sich über 20 Prozent der Einwohner einer Gemeinde zu ihrer deutschen Volkszugehörigkeit bekennen (vgl. Art. 12, Abs. 7 des Gesetzes vom 6. Januar 2005 über nationale und ethnische Minderheiten und über die Regionalsprache). Solche Schilder verdeutlichen sowohl der Mehrheit als auch der Minderheit sowie den Besuchern, dass die Menschen verschiedener Nationalitäten friedlich nebeneinander leben und arbeiten können. Laut den Angehörigen der deutschen Minderheit sollten zweisprachige Ortsschilder zu einem traditionellen Element der oberschlesischen Landschaft werden (Tradition- und Multikulturalitäts-Topos):

(11) *Wenn man durch die oberschlesischen Dörfer fährt, sieht man überall zweisprachige Ortsschilder auf Polnisch und Deutsch. Ich finde das schön, das macht unsere Region doch zu etwas Besonderem. Ich habe überhaupt nichts gegen die deutsche Minderheit.* (OS 5, 2013: 1)

(12) *Ich denke, die Polen wären hier ein und derselben Meinung wie ich, dass die zweisprachigen Ortsschilder die Geschichte und Multikulturalität widerspiegeln werden und dass die Multikulturalität die Bevölkerung bereichert und nicht umgekehrt.* (OS 4, 2013: 1)

(13) *Viele ehemalige Bewohner kommen in die Gegend und für sie ist das angenehm, die Ortsbezeichnung auf deutsch lesen zu können.* (OS 4, 2014: 1)

(14) *Wir leben in der Demokratie, die alten Zeiten sind vorbei und es ist im vereinigten Europa normal, mehrsprachige Schilder zu haben, warum auch nicht bei uns hier?* (OS 4, 2014: 1)

(15) *Zweisprachige Ortstafeln sollten in der Region zur Normalität gehören. Die Tradition und die Geschichte des Ratiborer Landkreises sollte für alle das wichtigste Argument sein.* (OS 3, 2013: 2)

Anzumerken ist aber, dass die im oberschlesischen Raum lebenden Deutschen oft bedrängt und schikaniert werden (Diskriminierungs-Topos). Viele haben Angst zu sagen, dass sie Deutsche sind, oder fühlen sich ignoriert. Obwohl viele Jahre seit Kriegsende vergangen sind, fühlen sich viele Bewohner Oberschlesiens mit deutschem Hintergrund nicht ganz „zu Hause" oder sogar ausgegrenzt. Auf die fehlende Akzeptanz verweisen z.B. die beschmierten Ortsschilder oder diffamierende Äußerungen polnischer Politiker.[8] Als Beispiel kann hier die Äußerung von Jarosław Kaczyński, dem Chef der in Polen regierenden PiS-Partei, angeführt werden, der im Jahre 2011 die Schlesier als *getarnte Deutsche* bzw. *vertuschte deutsche Option* bezeichnete. Diese diskriminierenden Benennungen riefen in ganz Polen heftige Diskussionen hervor; die deutsche Minderheit fühlte sich stark beleidigt, was sie auch mehrmals in der „Oberschlesischen Stimme" zum Ausdruck brachte:

(16) *Es sei nicht hinzunehmen, dass eine der größten politischen Parteien in Polen öffentlich hunderttausende in Polen lebende Deutsche diskriminiert.* (OS 7, 2011: 1)
(17) *Dieser Satz sagt, dass die in Polen lebenden Deutschen* ***Menschen der zweiten Kategorie***[9] *sind!* (OS 7, 2011: 1)
(18) *Die Äußerung, als ob die Deutschen in Oberschlesien* ***eine fünfte Kolonne*** *seien, das ist eine nicht zu billigende Äußerung.* (OS 9, 2011: 4)
(19) *Wir sind empört. Alleine schon deswegen, da man versucht, die deutsche Minderheit als* ***Problem und Gefahr für die polnische Mehrheit*** *darzustellen. Es ist mir fast unmöglich, die Worte von Jarosław Kaczyński zu kommentieren.* (OS 1, 2013: 2)

Das Problem des Ignorierens der in Polen lebenden deutschen Minderheit erschien auch am 12. November 2014 bei den Feierlichkeiten anlässlich des 25. Jahrestages der Kreisauer Versöhnungsmesse. Die meisten Teilnehmer kamen ähnlich wie vor Jahren aus der deutschen Minderheit. Eine große Enttäuschung war für sie aber die Tatsache, dass unter den begrüßten Organisationen und Teilnehmern der polnischen und deutschen Seite die Vertreter der deutschen Minderheit überhaupt nicht erwähnt wurden. Auch bei anderen Feierlichkeiten wurden die Rolle der deutschen Minderheit und ihr Beitrag zur deutsch-polnischen Versöhnung ignoriert:

(20) *Die zweite Feier fand am 20. November statt. Es gab ein Treffen mit Bundeskanzlerin Angela Merkel und der polnischen Premierministerin Ewa Kopacz. Nachdem die deutsche Minderheit ihre Teilnahme eingefordert hatte, wurde sie ebenfalls eingeladen. Leider wurde auch bei diesem Treffen die Minderheit*

---

8 Vergleiche https://www.silesia-news.de/2021/03/11/schilder-des-anstosses/ (letzter Zugriff 25.06.2022).
9 Alle in diesem Beitrag fettgedruckten Stellen stammen vom Autor.

nicht erwähnt. Man erwähnte nicht den Beitrag der deutschen Minderheit zur Versöhnung. (OS 21, 2014: 1)

(21) *Weiter stand eine Heilige Messe in Schweidnitz (Świdnica) auf dem Programm, wo wir mit Erstaunen feststellten, dass die Messe, trotz der Teilnahme der Bundeskanzlerin mit einer zahlreichen Delegation vollständig polnisch durchgeführt wurde.* (OS 21, 2014: 1)

3.2 Topos der Pflege des kollektiven Gedächtnisses

Das kollektive Gedächtnis ist im Sinne von Czachur (2015: 64) als „Teil der kollektiv anerkannten und jeweils diskursiv profilierten Wissensformationen einer Sprach- und Kulturgemeinschaft" zu verstehen, die sich auf Ereignisse oder Personen der Vergangenheit beziehen. Solch ein Gedächtnis kann durch Denkkollektive jeweils sprachlich konstruiert, argumentativ ausgehandelt und massenmedial distribuiert werden (vgl. Warnke 2009: 121, Czachur 2011: 146, Czachur 2015: 64).

Die historische Erinnerung gilt neben Sprache, Konfession und Kultur als das wichtigste Element, das nationale Identitätsgefühle einer Gemeinschaft schafft und verstärkt:

> Kollektives (gemeinschaftliches) Gedächtnis wirkt sich in vielerlei Hinsicht auf die Identität eines Individuums bzw. einer Gruppe aus: Es integriert die zerstreuten Ereignisse, auf die wir stolz sind, selektiert und trennt zwischen „den eigenen" und „den fremden". Die Erinnerungen in eine Ordnung zu bringen und ihnen eine Form der Narration zu verleihen ist eine unabdingbare Voraussetzung, um der Vergangenheit einen Sinn zu verleihen. (Wolff-Powęska 2011: 53)

Bedeutsam ist auch der affektive Aspekt des kollektiven Gedächtnisses, worauf Assmann (2006: 1–2) wie folgt verweist:

> [...] in der großen Wir-Gruppe der Nation festigen sich Erinnerungen durch ihren emotionalen Gehalt. Erinnert wird, was als auffällig wahrgenommen wurde, was einen tiefen Eindruck gemacht hat, was als bedeutsam erfahren wurde. Emotionen sind die Aufmerksamkeitsverstärker, die auch zur Stabilisierung der Erinnerung beitragen.

Oberschlesien ist eine Region, in der sich am Ende des Zweiten Weltkrieges viele Tragödien ereigneten. Die neuen Behörden setzten auf eine totalitäre Verwaltung. Aus Angst vor Kontrollverlust und aus Rache für das Unrecht der Nazis entstanden viele Lager in dem Gebiet, das von einer deutschsprachigen Bevölkerung geprägt war. In diesen Lagern wurden vor allem Zivilisten interniert. Raubüberfälle, Vergewaltigungen, Brandstiftungen, Zwangsarbeit und Deportationen in die Sowjetunion waren an der Tagesordnung. Es gibt zahlreiche Orte, über die man jahrzehntelang nicht sprechen durfte. Nach dem Zweiten Weltkrieg wurden die grausamen Tatsachen und das Leiden vieler Opfer in der Öffentlichkeit unterdrückt. Erst nach vielen Jahren gelang es, die Tragödie der Menschen öffentlich zu machen und den Opfern eine Gedenkstätte zu errichten (vgl. OS 10, 2013: 1). Als solch kontroverser Erinnerungsort gilt z.B. das Lager Zgoda (Eintrachthütte) in Schwientochlowitz. Das Lager war von 1943 bis Januar 1945 ein Außenlager des Konzentrationslagers Auschwitz. Die Häftlinge produzierten dort vor allem Rüstungsgüter für die deutsche Flugabwehr. Die Rote Armee besetzte das Lager im Januar 1945 und übergab es an die polnische kommunistische Geheimpolizei. Diese nutzte das Lager seit Februar 1945 für ihre Zwecke. Die polnische Geheimpolizei sperrte in der unmittelbaren Nachkriegszeit vor allem Deutsche und volksdeutsche Polen ein, oft wahllos, nur wegen ihrer deutschen Nationalität, und ohne Anklage (vgl. OS 2, 2013: 2). Laut offiziellen Angaben kamen im Lager Zgoda etwa 2.000 Oberschlesier ums Leben. Diese Toten wurden namenlos in Massengräbern verscharrt; ihre Schicksale sowie auch ihre Namen sollten für immer aus der Geschichte ihrer Heimat und aus dem Gedächtnis der Oberschlesier getilgt werden. Dank der demokratischen Wende in Polen und der dadurch ermöglichten Bemühungen von ehemaligen Zgoda-Häftlingen und von Angehörigen der Opfer war es möglich, solche Orte wie diesen vor der Vergessenheit zu bewahren und das Verschweigen von Verbrechen zu beenden, was in der „Oberschlesischen Stimme“ besonders stark hervorgehoben wird (Geschichts-Topos):

(22) *Wir als Oberschlesier müssen an manchen Tagen aber doch zurückblicken. Wie jedes Jahr gedenken wir auch im Januar 2013 der Opfer der Oberschlesischen Tragödie.* [...] *Nach dem Einmarsch der Roten Armee sind Tausende Menschen in Lagern in Polen oder Sibirien gestorben. Tausende Oberschlesier verloren ihr Leben. Daran müssen wir erinnern, das ist unsere Pflicht.* (OS 1, 2013: 1)

(23) *Für uns DFK-Mitglieder sollte es Aufgabe sein, die Erinnerungen der Zeitzeugen zu bewahren, um die Wahrheit über die damalige Zeit an die nächste Generation weiterzugeben.* (OS 2, 2014: 1)

(24) *Vergessen wir die Opfer beider Weltkriege nicht, Opfer der Gewalt, Vertreibung und Flucht! Vergessen wir unsere verstorbenen Verwandten und Bekannten nicht! Vergessen wir unsere Geschichte nicht!* (OS 21, 2015: 4)

(25) *Die Geschichte darf sich nicht wiederholen!* [...] *Solche Taten kann man nicht vergessen, sie sollten auch nie vergessen werden, denn wer sich nicht erinnert, kann auch nicht aus den Fehlern der Geschichte lernen.* (OS 4, 2011: 1)

(26) *Diese Messe bietet eine Chance für Erinnerung und Gebet für die tausend Opfer der Nachkriegszeit. Sie ist aber auch eine Gelegenheit, um sich an die Menschen zu erinnern, durch die das Gedenken an das Lager und seine Opfer überlebte und bis heute nicht vergessen wurde, was das Ziel der Herrschenden des Nachkriegsregimes war.* (OS 11, 2014: 1)

(27) [...] *man kann nicht alle schwierigen Themen verschweigen und hoffen, dass sie im Laufe der Zeit in Vergessenheit geraten. Es ist wichtig, an die Opfer zu denken, und die geschichtlichen Tatsachen, wie tragisch sie auch sein mögen, im Gedächtnis und für die Nachwelt zu bewahren. Nicht um Schuldige zu suchen, sondern als eine Mahnung für die Zukunft, damit sich solch eine Tragödie nie wieder in der Geschichte der Menschheit wiederholt.* (OS 3, 2012: 1)

Für die deutsche Minderheit in Oberschlesien wurde das Lager Zgoda, das die komplexe Geschichte des 20. Jahrhunderts zeigt und dabei mit Leiden und Unterdrückung der Deutschen auf diesem Gebiet assoziiert wird, zu einem nicht nur geschichtsträchtigen, sondern auch einem identitätsstiftenden Ort. Man kann feststellen, dass sich bei oberschlesischen Organisationen im Laufe der Zeit eine Kultur des pietätvollen Erinnerns entwickelte. Die deutsche Minderheit muss auch ständig gegen die Verfälschung der Geschichte ankämpfen, was sie allerdings als ihre Pflicht gegenüber den Opfern und auch gegenüber den nächsten Generationen betrachtet. Dank ihres Engagements ist das Andenken an die historischen tragischen Ereignisse in Oberschlesien nicht in Vergessenheit geraten und sollte von weiteren Generationen gepflegt werden:

(28) *Jedes Jahr erinnert die deutsche Minderheit in Polen, vor allem in Oberschlesien, an den tragischen Moment des Einmarsches der Roten Armee.* [...] *Obwohl an den Gedenkfeiern die lokale Verwaltung teilnimmt und der Sejmik in Kattowitz 2015 als Jahr der Oberschlesischen Tragödie ausgerufen hat, wird fast nie darüber gesprochen, dass die Opfer der Tragödie deutschstämmige Bewohner von Oberschlesien waren und gerade aufgrund ihrer Nationalität verfolgt wurden. Immer häufiger hören wir, dass die Opfer „Schlesier" waren, die aus Versehen durch die Rote Armee für Deutschstämmige gehalten wurden. Doch man vergisst, dass es doch hauptsächlich Deutsche waren, die seit Jahrhunderten hier wohnten.* (OS 2, 2015: 1)

Um die Erinnerung an diese schrecklichen Massenmorde und zahlreiche Gewalttaten an der oberschlesischen Bevölkerung wachzuhalten, wird dank der Initiative des DFK seit 2011 bis heute am letzten Sonntag im Januar der Tag der Oberschlesischen Tragödie gefeiert, um der Opfer der Nachkriegsarbeitslager in

Oberschlesien zu gedenken. In vielen Ortschaften finden alljährlich Gedenkfeiern statt und deutschsprachige Heilige Messen werden zelebriert. Die größeren Gedenkveranstaltungen werden im ehemaligen Durchgangslager Laband (Łabędy), im NKWD-Lager Tost (Toszek) und im Lager Zgoda abgehalten. Am letzten Samstag im Januar organisiert die Bewegung für die Autonomie Schlesiens (RAŚ) Jahr für Jahr einen Marsch zum Tor des ehemaligen Lagers Zgoda im Siemianowitzer Ortsteil Eintrachthütte (Zgoda), um der Oberschlesischen Tragödie des Jahres 1945 zu gedenken. All das hilft den betroffenen Familien, den Schmerz zu lindern, und trägt dazu bei, dass die Verstorbenen nicht vergessen werden, was die Worte von Immanuel Kant bestätigen können: „Wer im Gedächtnis seiner Lieben lebt, der ist nicht tot, der ist nur fern; tot ist nur, wer vergessen wird" (OS 4, 2011: 1).

3.3 Topos der Pflege der deutschen Sprache

Sprache und Identität gehören untrennbar zusammen. Eine wichtige Tätigkeit der Deutschen Freundschaftskreise ist daher die Pflege der deutschen Sprache, die das Denken, die Kultur und die Identität der deutschen Minderheit in Oberschlesien prägt. Bereits in der Monatsschrift „Der Kulturwart", dem Mitteilungsblatt des Deutschen Kulturbundes für Polnisch-Schlesien, wurde betont, „dass eine lebendige Muttersprache jede Volksgruppe, also auch die deutsche Minderheit, entscheidend kräftigt" (OS 16, 2012: 3):

(29) *Unsere Muttersprache ist das Mark unseres deutschen Menschseins, seine vornehmste und stärkste Stütze; sie ist der mächtigste Träger und Künder unseres Volkstums, die Grundfeste deutschen Lebens, das einzigartige Band, das Gleichartige zum Volk bindet, sie ist das kostbarste Erbgut, das wir Lebende als Glieder einer langen Kette der Geschlechter von unseren Ahnen zugeeignet erhalten, Urväterart lebt und webt in ihr, und unseren Kindern und Enkeln wird sie einst von unserem Denken und Fühlen künden. Darum sind wir schicksalhaft verpflichtet, dieses Erbgut mit seiner mächtigen, Heimat und Volk bindenden Kraft treu zu bewahren, die Liebe zur Muttersprache zu stärken, ihre Reinheit und Schönheit zu pflegen, das Sprachgefühl zu schärfen und das Verständnis für ihr Wesen und Werden zu vertiefen.* [...] ***Denn wer seine Sprache verleugnet, verleugnet sein Volkstum, und wer seine Muttersprache aufgibt, gibt sein Volkstum auf.*** (OS 16, 2012: 3)

Die deutsche Sprache war in Oberschlesien jahrzehntelang in der Öffentlichkeit verboten. Mit der Gründung der Vereine der deutschen Minderheit konnte man sich hinsichtlich der deutschen Sprache flächendeckend eine positive Wende erhoffen. Um diesem identitätsstiftenden Postulat gerecht zu werden, bemüht sich die deutsche Minderheit immer noch darum, dass mit dem Erlernen der deutschen Sprache an oberschlesischen Schulen möglichst früh begonnen wird sowie Kinder und Jugendliche auch außerhalb des Klassenraums zweisprachig erzogen werden. Dies bestätigen folgende Aussagen:

(30) *Das wichtigste ist die deutsche Sprache zu pflegen, denn die effektive Polonisierung sieht man bis heute.* (OS 3, 2011: 1)
(31) *Schulbildung in der Muttersprache ist das grundlegende Element zur Bewahrung der nationalen Identität. Das ist eine offensichtliche Wahrheit.* (OS 19, 2012: 1)
(32) *Wir müssen unsere Sprache pflegen!* [...] *Wir freuen uns sehr, dass diese zusätzlichen Mittel uns helfen werden, die Vorhaben anzugehen, um unsere Sprache zu bewahren, oder besser gesagt, sie wiederherzustellen nach Jahren intensiver und leider effektiver Polonisierung.* (OS 2, 2011: 2)
(33) *Die Sprache ist DIE Grundlage jeder Minderheit.* (OS 17, 2012: 1)
(34) *Wir müssen mit aller Kraft darum kämpfen, auch bei den örtlichen Einrichtungen, dass man dort, wo die deutsche Minderheit lebt und es bis heute noch nicht möglich war, deutschen Sprachunterricht in den Schulen einzuführen, dieses geschieht. Wir müssen Eigeninitiative ergreifen und selbst mit dem Lernen anfangen, beginnend mit den Samstagskursen für Vorschulkinder und endend mit den Sprachkursen für Erwachsene in unseren DFK-Kreisen.* (OS 2, 2011: 4)
(35) *Wir müssen uns bemühen, dass der Kontakt zur deutschen Sprache nicht nur in der Schule besteht. Hier eine Bitte an die Großeltern: Pflegt mit den Enkeln die deutsche Sprache, die Geschichte, die Kultur. Der persönliche und individuelle Kontakt ist sehr wichtig. Das schafft ein Lehrer mit einer ganzen Gruppe Schüler leider nicht.* (OS 14, 2013: 1)

An vielen Stellen wird mit den zahlreichen Vorteilen der Zwei- bzw. Mehrsprachigkeit argumentiert (Zwei- bzw. Mehrsprachigkeit-Topos):

(36) *Somit erlernen die Kinder nicht nur eine Sprache, sondern auch zwei Kulturen,* ***was den Horizont erweitert und Toleranz gegenüber anderen Kulturen und Sprachen stärkt.*** [...] *Dass die Zweisprachigkeit für Kinder eine enorme Chance bietet, ist eindeutig.* (OS 6, 2012: 1)
(37) *Natürlich sollen die Kinder vor allem Deutsch sprechen, schließlich haben die deutsche Sprache und Kultur diese Region wesentlich geprägt.* [...] *Aber wenn*

wir ihnen die enormen Vorteile der Mehrsprachigkeit überhaupt nahebringen können, dann wirkt sich das auch auf die Verwendung der deutschen Sprache nur positiv aus. (OS 3, 2013: 1)

(38) *Die Zweisprachigkeit ist ein* ***Element des Kulturerbes.*** (OS 20, 2013: 1)

(39) *Ohne eigene Vor- und Grundschulen mit Unterricht in der Muttersprache hätte jede Volksgruppe überall keine Chancen auf einen gesicherten Fortbestand.* (OS 4, 2013: 2)

(40) *Wir müssen dafür sorgen, dass Deutsch weiterhin die wichtigste Sprache sein wird. Wie die Zukunft unserer Schüler aussehen wird, wissen wir nicht. Schon Johann Wolfgang von Goethe meinte, „Wie viele Sprachen du sprichst, sooft mal bist du Mensch“.* ***Mehrsprachigkeit soll als etwas wertvolles angesehen und gefördert werden.*** (OS 14, 2013: 1)

Einen großen Wert legt die deutsche Minderheit darauf, dass Deutsch während unterschiedlicher Gedenkfeiern und Messen in Oberschlesien verwendet wird. Aus diesem Grund wurde z.B. die Entscheidung über die Einstellung der Gottesdienste in deutscher Sprache in einer der katholischen Kirchen in Beuthen als schmerzhaft empfunden:

(41) *Nur einmal im Monat, an jedem ersten Samstag, haben die Gläubigen die Möglichkeit, in der* ***Sprache des Herzens****, in der Sprache, die ihnen die Eltern beigebracht haben, an dem deutschsprachigen Gottesdienst in der Mariä-Himmelfahrts-Kirche teilzunehmen. [...] Ich gehöre nämlich zu der Generation, die seit der Kindheit stark polonisiert wurde und das einzige, das man nicht zu polonisieren schaffte, war das Gebet. Das war immer deutsch.* (OS 16, 2015: 1)

Um die Sprache zu bewahren sowie die Kultur und Identität zu pflegen, werden auch viele Wettbewerbe und Kulturveranstaltungen organisiert, worüber in der „Oberschlesischen Stimme“ regelmäßig berichtet wird.

3.4 Topos des Gedenkens an Joseph Freiherrn von Eichendorff

Joseph Freiherr von Eichendorff wurde am 10. März 1788 auf Schloss Lubowitz bei Ratibor in Oberschlesien geboren. Dieser Lyriker und Schriftsteller der deutschen Romantik, der die Kultur Schlesiens wesentlich geprägt hat, wird für seine Werke besonders von der deutschen Minderheit geschätzt:

(42) ***Ein zeitloser Dichter*** *feierte Geburtstag!* (OS 6, 2011: 1)

(43) *Joseph von Eichendorff war zweifelsohne* ***der größte Dichter Oberschlesiens*** *und* ***ein angesehener deutscher Schriftsteller der Romantik****. Zugleich ist er auch ein vergessener Dichter, der seit Jahrzehnten nicht in polnischen Schulen behandelt wird. Erst seit kurzem haben wir die Möglichkeit, seine schönen Werke, die oft einen Bezug zu Oberschlesien haben, neu zu entdecken. Obwohl der Dichter heute in Polen ein wenig in Vergessenheit geraten ist, bleibt sein Vermächtnis. Insbesondere in seinen Liedern lebt der Geist des Dichters. All die Jahre haben sie die Menschen der deutschen Minderheit in Oberschlesien begleitet.* (OS 5, 2013: 1)

(44) *Die Werke Eichendorffs haben das Selbstverständnis der Deutschen in Oberschlesien stark geprägt. [...] Eichendorff ist* ***ein Leuchtturm der deutschen Kultur in Schlesien****. Für mich ist er ein Beweis dafür, dass man das Deutschtum und das Schlesiertum nicht trennen kann.* (OS 5, 2013: 1)

(45) *Weil ich Eichendorff kenne; das ist* ***unser größter Dichter****. Der Besuch hier in Lubowitz bietet mir immer die Möglichkeit, den schlesischen Geist wirklich zu fühlen, es ist eine Mischung aus schlesischer, deutscher und polnischer Kultur und das sieht man hier dank Eichendorff wunderbar.* (OS 6, 2011: 1)

(46) *Obwohl Joseph Freiherr von Eichendorff seit vielen Jahren tot ist, inspiriert er durch seine Werke noch immer viele Menschen. Einer der Gäste sagt: „Eichendorff war* ***ein wunderbarer Dichter*** *und* ***seine Werke sind zeitlos****, ich kann sagen,* ***Eichendorff ist mir sehr ans Herz gewachsen****.* (OS 5, 2015: 1)

Aus dem Angeführten ergibt sich, dass Eichendorff in Oberschlesien nicht nur als Heimatdichter, sondern als einer der größten Dichter überhaupt verehrt wird. Jedes Jahr sind der Geburts- und Todestag Eichendorffs mit großen Veranstaltungen und Feierlichkeiten verbunden: Es finden traditionell eine Heilige Messe in der Lubowitzer Kirche und eine feierliche Kranzniederlegung auf dem Friedhof statt. Die Kraft der Erinnerung spiegelt sich auch in zahlreichen Initiativen der deutschen Minderheit wider. Im Jahr 1994 wurde das Denkmal des Schriftstellers in Ratibor neu enthüllt. Viele Schulen und Straßen in der Region wurden inzwischen nach ihm benannt. Der erste Chor der deutschen Minderheit, der auch den Namen von Joseph von Eichendorff trägt, ist noch immer aktiv. Außerdem gibt es das Joseph-von-Eichendorff-Konversatorium in Oppeln, das Eichendorff-Kultur- und Begegnungszentrum in Lubowitz und ein jährliches Eichendorff-Liederfestival. Für Kinder und Jugendliche werden auch Wissenswettbewerbe veranstaltet, die ihnen das Leben und Werk des Dichters näherbringen sollen. Bis heute tragen seine Werke dazu bei, die Identität der deutschen Minderheit zu wahren.

(47) *Die Jugendlichen werden unter anderem Eichendorff-Ansichtskarten in deutscher und polnischer Sprache entwerfen. Durch die Feierlichkeiten wollen die Organisatoren Eichendorff vermehrt in die Öffentlichkeit bringen und den Menschen klar machen, was Eichendorff und seine Werke eigentlich für die Region bedeuten.* (OS 4, 2013: 2)

(48) *Joseph Freiherr von Eichendorff ist ein romantischer Dichter, auf den die Schlesier besonders stolz sind. Wenn man den Namen hört, denkt man an Rezitation, Gesang oder Inszenierung. Anders ist es im Schulkomplex der Grundschule und des Gymnasiums Kranowitz (Krzanowice) bei Ratibor. Dort werden Gedichte von Eichendorff malerisch interpretiert. In diesem Jahr wurde schon der 9. Internationale Eichendorffmalwettbewerb organisiert und auch das neunte Gedicht malerisch dargestellt.* (OS 12, 2014: 1)

(49) *Dank dem Einsatz der deutschen Minderheit in der Woiwodschaft Schlesien, der Eichendorff am Herzen liegt, soll der Bevölkerung, vor allem auch der Jugend, klar gemacht werden, dass **Eichendorff eine Bereicherung für die Region ist**.* (OS 1, 2014: 2)

Es ist zu bemerken, dass die deutsche Minderheit Sprache, Kultur und Tradition mit dem Namen dieses Vertreters der Romantik verbindet (vgl. OS 5, 2012: 1).

4 Schlussbemerkungen

Die durchgeführte Analyse der Topoi, die in der „Oberschlesischen Stimme“ am meisten vorkommen, ermöglichte es, über die ermittelten Argumente an die Denkweise, an das diskursive Weltbild und somit an die Sichtweise einer Diskursgemeinschaft (hier: der deutschen Minderheit in Oberschlesien) zu gelangen.

Die anvisierten Topoi, die meistens unter einem thematischen Aspekt zusammengefasst sind, lassen erkennen, dass Oberschlesien ohne die deutsche Kultur und deren Gründer sowie Träger nicht zu dem uns überlieferten und heute noch bekannten Oberschlesien geworden wäre. Es war für die deutsche Minderheit bestimmt sehr schwierig, sich zurechtzufinden, und auch für die Mehrheitsgesellschaft, um den gebliebenen Deutschen eine Heimat zu geben, in der sie weiter ihre Identität, ihre Sprache und ihre Kultur pflegen konnten. Zu den wichtigsten Zielen der kulturellen Arbeit der deutschen Minderheit gehören daher die Erinnerung an deutsch-polnische (regionale) Kultur, die Pflege ihrer Traditionen sowie die Etablierung und Bewahrung der Lehre der deutschen Sprache in Kindergärten und Schulen. Die Presse für die deutsche Minderheit, wie die „Oberschlesische Stimme“, wurde zum Spiegelbild des Minderheitenlebens, Ausdrucksmittel aller ihrer Wünsche und war „nicht zuletzt Mittlerin und Lenkerin des deutschen Geisteslebens in die Herzen der deutschen Minderheit" (OS 21, 2012: 3).

Da Deutsche in Mittel- und Osteuropa als eine menschliche und sprachliche Brücke zwischen ihrer Heimat und dem Land ihrer Vorfahren, Deutschland, fungieren, sind ihre Identität, Kultur und Sprache sowohl von normalen Bürgern als auch von den politischen Eliten zu achten. Dafür sollte die Tatsache sprechen, dass der Umgang mit Minderheiten in einem europäischen offenen Geist als ein Gradmesser für die Europareife eines Staates und einer Nation anzusehen ist.

Literaturverzeichnis

Assmann, Aleida (2006): *Soziales und kollektives Gedächtnis*, 1–8. https://www.bpb.de/system/files/pdf/0FW1JZ.pdf (letzter Zugriff 15.06.2022).

Czachur, Waldemar (2011): *Diskursive Weltbilder im Kontrast. Linguistische Konzeption und Methode der kontrastiven Diskursanalyse deutscher und polnischer Medien*. Wrocław: ATUT.

Czachur, Waldemar (2015): Texte machen kollektives Gedächtnis wahrnehmbar! Zum Text und kollektiven Gedächtnis aus Sicht der kultursensitiven Linguistik. In: Czachur, Waldemar und Roman Opiłowski (Hrsg.), *Sprache – Wissen – Medien. Festschrift für Professor Gerd Antos* (Breslauer Studien zur Medienlinguistik 4), 55–69. Wrocław, Dresden: ATUT und Neisse.

Pelka, Daniela (2011): Was ein Titelkopf verraten kann oder: Zur Entwicklung des Titelkopfes dreier Minderheitszeitschriften. *Acta Facultatis Philosophicae Universitatis Ostraviensis. Studia Germanistica* 8, 29–41.

Pelka, Daniela (2012): Schrift – Bild – Zeichen: Zum Titelkopf in der deutschen Minderheitspresse in Polen nach 1989. *Roczniki Humanistyczne* 60 (5), 113–128.

Pelka, Daniela (2016): Die Kinderseiten im *Schlesischen Wochenblatt* und die Herausbildung der deutschen Identität. *Studia Niemcoznawcze – Studien zur Deutschkunde* 57, 81–94.

Szulc-Brzozowska, Magdalena (2018): Argumentationstopoi – vermittelt durch Schlüsselkonzepte in Metaphern aus dem Diskurs über den Umweltschutz und die Energiepolitik. Eine framebasierte Analyse. *tekst i dyskurs – text und diskurs* 11, 137–174.

Warnke, Ingo H. (2009): Die sprachliche Konstituierung von geteiltem Wissen in Diskursen. In: Felder, Ekkehard und Marcus Müller (Hrsg.), *Wissen durch Sprache. Theorie, Praxis und Erkenntnisinteresse des Forschungsnetzwerks „Sprache und Wissen"* (Sprache und Wissen 3), 113–140. Berlin, New York: De Gruyter.

Wengeler, Martin (2003): Argumentationstopos als sprachwissenschaftlicher Gegenstand. Für eine Erweiterung linguistischer Methoden bei der Analyse öffentlicher Diskurse. In: Geideck, Susann und Wolf-Andreas Liebert (Hrsg.), *Sinnformeln. Linguistische und soziologische Analysen von Leitbildern, Metaphern und anderen kollektiven Orientierungsmustern* (Linguistik – Impulse & Tendenzen 2), 59–82. Berlin, New York: De Gruyter.

Wengeler, Martin (2007): Topos und Diskurs – Möglichkeiten der topologischen Analyse gesellschaftlicher Debatten. In: Warnke, Ingo H. (Hrsg.), *Diskurslinguistik nach Foucault.*

Theorie und Gegenstände (Linguistik – Impulse & Tendenzen 25), 165–186. Berlin, New York: De Gruyter.
Wengeler, Martin (2017): Diskursorientierte Argumentationsanalyse. In: Niehr, Thomas, Kilian, Jörg und Martin Wengeler (Hrsg.), *Handbuch Sprache und Politik*, 261–281. Bremen: Hempen.
Wolff-Powęska, Anna (2011): *Pamięć – brzemię i uwolnienie. Niemcy wobec nazistowskiej przeszłości (1945–2010)*. Poznań: Zysk i S-ka.

Quellenmaterial

Informations- und Kultur-Bulletin, Nr. 9, 2003.
Informations- und Kultur-Bulletin, Nr. 6/7, 2005.
Kultur-Bulletin, Nr. 1, 1989.
Oberschlesische Stimme, Nr. 5, 2007.
Oberschlesische Stimme, Nr. 2, 2011.
Oberschlesische Stimme, Nr. 3, 2011.
Oberschlesische Stimme, Nr. 4, 2011.
Oberschlesische Stimme, Nr. 6, 2011.
Oberschlesische Stimme, Nr. 7, 2011.
Oberschlesische Stimme, Nr. 9, 2011.
Oberschlesische Stimme, Nr. 13, 2011.
Oberschlesische Stimme, Nr. 3, 2012.
Oberschlesische Stimme, Nr. 5, 2012.
Oberschlesische Stimme, Nr. 6, 2012.
Oberschlesische Stimme, Nr. 16, 2012.
Oberschlesische Stimme, Nr. 17, 2012.
Oberschlesische Stimme, Nr. 19, 2012.
Oberschlesische Stimme, Nr. 21, 2012.
Oberschlesische Stimme, Nr. 1, 2013.
Oberschlesische Stimme, Nr. 2, 2013.
Oberschlesische Stimme, Nr. 3, 2013.
Oberschlesische Stimme, Nr. 4, 2013.
Oberschlesische Stimme, Nr. 5, 2013.
Oberschlesische Stimme, Nr. 6, 2013.
Oberschlesische Stimme, Nr. 10, 2013.
Oberschlesische Stimme, Nr. 14, 2013.
Oberschlesische Stimme, Nr. 20, 2013.
Oberschlesische Stimme, Nr. 1, 2014.
Oberschlesische Stimme, Nr. 2, 2014.
Oberschlesische Stimme, Nr. 4, 2014.
Oberschlesische Stimme, Nr. 10, 2014.
Oberschlesische Stimme, Nr. 11, 2014.
Oberschlesische Stimme, Nr. 12, 2014.
Oberschlesische Stimme, Nr. 21, 2014.
Oberschlesische Stimme, Nr. 2, 2015.
Oberschlesische Stimme, Nr. 5, 2015.

Oberschlesische Stimme, Nr. 16, 2015.
Oberschlesische Stimme, Nr. 21, 2015.

Gesetz vom 6. Januar 2005 über nationale und ethnische Minderheiten und über die Regionalsprache (Gesetzblatt aus dem Jahre 2005 Nr. 17, Pos. 141, Nr. 62, Pos. 550). https://www.gov.pl/web/mniejszosci-narodowe-i-etniczne/ustawa-o-mniejszosciach-narodowych-i-etnicznych-oraz-o-jezyku-regionalnym (letzter Zugriff 20.06.2022).

http://www.polska-niemcy-interakcje.pl/articles/show/24 (letzter Zugriff 20.06.2022).
https://adz.ro/meinung-und-bericht/artikel-meinung-und-bericht/artikel/viele-nach-dem-krieg-geborene-kannten-die-sprache-nicht (letzter Zugriff 20.06.2022).
https://mittendrin.pl/de/uber-uns.html (letzter Zugriff 16.06.2022).
https://www.silesia-news.de/2021/03/11/schilder-des-anstosses/ (letzter Zugriff 25.06.2022).

Deutsche Pressesprache in Ungarn

Csaba Földes

Sprache der ungarndeutschen Lokalpresse: vergleichende Betrachtungen anhand der „Batschkaer Spuren“ und der „Bonnharder Nachrichten“

Zusammenfassung: Diese explorative Studie stellt einige Beobachtungen und Befunde aus dem Projekt „Deutsche Mediensprache im Ausland – am Beispiel der deutschen Minderheitenpresse in Mittel- und Osteuropa“ vor und arbeitet vor allem paradigmatische Sprachgebrauchsmerkmale zweier ungarndeutscher Minderheitenzeitungen vergleichend heraus. Die Untersuchung ergab ein breites Spektrum minderheitenspezifischer kommunikativer Konfigurationen und sprachlicher Gestaltungsformen mit verschiedenen Variationsphänomenen des Deutschen. Es konnte in erster Linie eine Vielzahl mehrsprachigkeits- bzw. kontaktinduzierter Sprachmanifestationen auf verschiedenen Ebenen vom Wort bis zum Text/Diskurs erschlossen werden. Das Gesamtbild ist weitgehend durch Heterogenität, Uneinheitlichkeit und Eklektizismus – durch eine Mixtur an Sprach- und Stilformen – gekennzeichnet. Die Betrachtungen deckten eher signifikante Ähnlichkeiten und Parallelitäten als Unterschiede zwischen den beiden untersuchten ungarndeutschen Medienformaten hinsichtlich ihrer journalistischen Programme und sprachkommunikativen Grundmuster auf. Gleichwohl zeigte sich insgesamt auch, dass eines der Blätter (die „Bonnharder Nachrichten“) eher lokal orientiert zu sein scheint, dabei aber weniger Auffälligkeiten aufweist und in sprachlicher Hinsicht weniger spezifisch ungarndeutsch geprägt ist, wohingegen das andere (die „Batschkaer Spuren“) eher (klein-)regional operiert und sprachlich deutlicher eine raumbezogene ungarndeutsche Färbung hat.

Csaba Földes, Erfurt, Deutschland, E-Mail: csaba.foeldes@uni-erfurt.de

https://doi.org/10.1515/9783111247694-005

1 Hintergrund und Ziele

Auf Basis der Erkenntnis, dass die zahlenmäßig doch nicht unbedeutenden auslandsdeutschen Zeitungen[1] in der sprachwissenschaftlichen Forschung bisher kaum ins Blickfeld gerückt sind, widmet sich das variationslinguistische Projekt „Deutsche Mediensprache im Ausland – am Material der deutschen Minderheitenpresse in Mittel- und Osteuropa" gezielt der Erforschung der aktuellen Sprachverwendung in diesem Medientyp. Das Forschungsvorhaben wird vom Verfasser dieses Beitrags an der Universität Erfurt geleitet unter Mitwirkung einer projekteigenen wissenschaftlichen Mitarbeiterin, zweier wissenschaftlicher Assistentinnen sowie von Germanisten[2] in Polen, Ungarn, Rumänien, Russland, Kasachstan, der Slowakei und der Ukraine. Die Auswahl dieser Länder erklärt sich damit, dass in diesen Staaten noch eine – wenn auch schrumpfende – deutsche Presselandschaft existiert.[3]

Der vorliegende explorative Beitrag ist im Rahmen dieses Projekts entstanden und stellt einige Beobachtungen und Ergebnisse vor, indem er vor allem zwei Ziele verfolgt: Auf allgemeiner Ebene wird ein theoriegestützter empirischer Beitrag zur sprachwissenschaftlichen Beschreibung der deutschen Mediensprache im nicht-deutschsprachigen Ausland angestrebt, während im Einzelnen zwei ungarndeutsche Regionalzeitungen im Hinblick auf ihre signifikanten Sprachgebrauchs-Charakteristika vergleichend untersucht werden. Dabei fällt auch dem Makrophänomen Kultur eine Bedeutung zu, nämlich, wie es sich bei lokal-regionaler Medienproduktion von Minderheiten auf die journalistischen Handlungssysteme und -formen auswirkt.

---

1 Im bibliographischen Handbuch von Akstinat (2012/2013) konnte eine von mir durchgeführte Auszählung 1.285 aktuelle deutschsprachige Periodika identifizieren, vgl. Földes (2022a: 124).

2 Das im Beitrag verwendete generische Maskulinum schließt sämtliche Personen verschiedener Geschlechtsidentitäten ein.

3 Ausführlichere Angaben über Konzept, Struktur und Ergebnisse finden sich in der Projektpräsenz im Internet unter www.pressesprache.de. Die finanzielle Grundlage stammt dankenswerterweise aus der Förderung durch die Beauftragte der Bundesregierung für Kultur und Medien.

2 Forschungsobjekt und -methoden

Die Untersuchung erfasst zwei Vertreter des Medientyps deutschsprachiges minderheitenbezogenes Regional- bzw. Lokalblatt[4] aus Ungarn, die in Anlage und Inhaltskonzept ein relativ hohes Maß an Vergleichbarkeit aufweisen.[5]

Die „Bonnharder Nachrichten" (im Weiteren: BN) mit dem Untertitel „Aus dem Leben der Ungarndeutschen in und um Bonnhard" sind ein ungarndeutsches Blatt im Kleingebiet Bonnhard/Bonyhád.[6] Die Zeitung veröffentlichte im Mai 2007 ihre erste Ausgabe und erscheint nun dreimal im Jahr (im Januar, Juni und September/Oktober) im A4-Format auf 16 bis 20 Seiten. Herausgeberin ist im Auftrag der Deutschen Minderheitenselbstverwaltung Ilona Köhler-Koch; die Funktion der Chefredakteurin (ferner der Journalistin, Lektorin und Übersetzerin) übt die im Ort gebürtige Ungarndeutsche Susanna Lohn aus. Sie ist ausgebildete Gymnasiallehrerin für das Fach Deutsch und arbeitete nach verschiedenen Stationen im Schulwesen in der ungarndeutschen Verbandsarbeit, dann beim Deutschen Dienst des Ungarischen Rundfunks und bis zu ihrer Pensionierung in der Ausbildung von ungarndeutschen Kindergartenpädagogen und Lehrern für die Primarstufe. Die Auflagenhöhe der BN beträgt 1.000, außerdem ist die Zeitung kostenlos im Internet abrufbar.

Die „Batschkaer Spuren" (im Weiteren: BS) tragen den Untertitel „Ungarndeutsche Nachrichten aus Baje/Baja".[7] Die 2005 gegründete Zeitung wird von der „Gemeinnützigen Stiftung für die Ungarndeutschen in der Batschka"[8] herausge-

4 Die beiden berücksichtigten Zeitungen sind typologisch eigentlich Grenzfälle und können sowohl als Regional- wie auch als Lokalblätter angesehen werden. Auch z.B. Kretzschmar, Möhring und Timmermann (2009: 31) weisen darauf hin, dass „die Grenzen des lokalen Kommunikationsraums eher fließend sind". Straßner (1999: 19) führt aus, dass bei Presseerzeugnissen mit kleinem Verbreitungsgebiet auch „von standortgebundenen Zeitungen oder von Heimatpresse gesprochen" wird.

5 Aufgrund der derzeit recht geringen Zahl von Presseprodukten dieses Typs war der Auswahlspielraum begrenzt.

6 Das auch – und früher zu einem erheblichen Maße – von sog. Donauschwaben bewohnte Kleingebiet Bonnhard (ungarisch: Bonyhádi kistérség) besteht aus 21 Ortschaften innerhalb des Komitats Tolnau/Tolna in Südtransdanubien.

7 Speziell den BS wurde bereits ein eigenständiger Aufsatz gewidmet, siehe Földes (2022b), dessen Erkenntnisse auch in diesen Beitrag eingeflossen sind.

8 Die Batschka ist ein traditionell donauschwäbischer Siedlungsschwerpunkt in Mittel- bzw. Südosteuropa, wobei der südliche (und größte) Teil seit 1920 zu Serbien gehört und sich in drei Bezirke der autonomen Provinz Wojwodina (serbisch: Vojvodina) unterteilt, während der nördliche Teil in Ungarn, im Komitat Batsch-Kleinkumanien (ungarisch: Bács-Kiskun) verblieb. Baje

geben und erscheint vierteljährlich im A4-Format in einem Umfang von 40 bis 50 Seiten. Die Auflagenhöhe beträgt 450, überdies sind die BS im weltweiten Netz gratis herunterladbar. Das Redaktionsteam besteht auch hier aus ehrenamtlich engagierten Lokalpatrioten der deutschen Minderheit. Für sämtliche inhaltliche Redaktionsentscheidungen und logistische Produktionsschritte ist Alfred Manz, Gymnasiallehrer am Ungarndeutschen Bildungszentrum in Baje/Baja, an dem er deutsche Sprache und Literatur sowie Volkskunde unterrichtet, mit Unterstützung seiner Gattin, der Hochschullehrerin Dr. Monika Jäger-Manz, zuständig (vgl. Földes 2022b: 3).

Aufgrund von Erfahrungen im bisherigen Umgang mit auslandsdeutschen Mediensprache ist davon auszugehen, dass es sich hinsichtlich der Leserschaft nach der Typologie von Hafez (2007: 134–135) grundsätzlich um „Bikultur-Nutzer" handelt, die Medien sowohl in der Mehrheitssprache wie auch in der Minderheitensprache konsumieren, im Gegensatz zu den „Transkultur-Nutzern" (Verbrauchern, die vorwiegend spezifische ungarndeutsche Medienangebote nutzen) und den „Assimilations-Nutzern" (Verbrauchern, die nur Medien in der Mehrheitssprache verwenden).

Die induktiv ausgerichtete theoriebasierte Untersuchung ist konzeptionell grundsätzlich dem variationistischen Paradigma (im Sinne von Poplack 2021: 46–47) verpflichtet. Methodisch wurde bei der Herausarbeitung von Ausprägungen einer transkulturellen Schreib- bzw. Textkultur die Salienz als analytischer Leitbegriff mit Berücksichtigung des Prinzips der Interrater-Reliabilität eingesetzt.[9] Das Salienz-Konzept wird im Allgemeinen als Aufmerksamkeit erzeugende Eigenschaft von Objekten, also als subjektiv-attitudinale Größe begriffen (vgl. Parkinson 2014: 92), wobei Boswijk und Coler (2020) ihre spezifisch sprachwissenschaftlichen Applikationen ausführen.[10] In der vorliegenden Studie geht es um physiologische (visuelle), kognitive und soziolinguistische Auffälligkeiten, die die ungarndeutsche Minderheitenpresse von der „Deutschland-deutschen" Pressesprache unterscheiden.[11] Diese analytische Kategorie führt jedoch – wegen einer nicht ganz auszuschließenden Subjektivität – nicht immer zu eindeutigen und trennscharfen Interpretationen. Die Untersuchung findet mithin auf heuris-

(auch Frankenstadt genannt, ungarisch: Baja), eine Stadt an der Donau mit ca. 37.000 Einwohnern, ist das kulturelle Zentrum der Nordbatschka.

9 Zur Interrater-Reliabilität vgl. Lange (2011: 1203).

10 Vereinfachend könnte man auch von „Auffälligkeiten" sprechen. Unter fremdheitswissenschaftlichem Blickwinkel lassen sich viele Salienzfälle als „Xenismen" explizieren (siehe Földes 2021: 94).

11 Der Deutschland-deutsche Gebrauchsstandard dient also als Bezugsgröße, nicht aber als Wertprämisse.

tische Weise statt: Operational wird, wie z.B. bei Rácz (2013: 23 und 43), etwas als salient eingestuft, was so stark von einer Gebrauchsnorm (oder von einer Vergleichsvarietät) abweicht, dass es – hier: für den Explorator – überraschend ist. Ergänzend zum sprachlichen und kulturellen Kompetenzhorizont des Verfassers wurden als Korrektiv mehrere Gewährspersonen mit Deutsch (aus der Bundesrepublik) und Ungarisch (aus Ungarn) als Erstsprache befragt.

Neben der textinternen Analyse wurden zumindest teilweise auch textexterne Faktoren berücksichtigt. Als zentrale methodische Verfahren dienten dazu (1) die fragestellungsbezogene Kollektion[12] (Sammlung von Vorkommen eines bestimmten Phänomens), (2) die Typenbildung und (3) die Sequenzanalyse.[13] Die Untersuchung verortet sich grundsätzlich auf einer diskursorientierten Mikroebene, ohne die Makroebene (z.B. Akteure und Netzwerke) ausführlicher einzubeziehen. Die Korpusarbeit stützt sich auf das Prinzip des sog. „Analyseparadigmas", bei dem, Steyer (2004: 93) folgend, Pressetexte als authentische Sprachausschnitte systematisch auf der Suche vor allem nach raumspezifischen und mehrsprachigkeits- bzw. kontaktbezogenen sprachlichen Phänomenen gesichtet werden. Diese Vorgehensweise stimmt etwa mit dem sog. korpusgesteuerten („corpus-driven") Ansatz (vgl. Lu, Ali und Ghani 2021) überein.

Die Materialgrundlage für diese Studie bilden sämtliche Ausgaben beider Zeitungen zwischen 2013 und 2021.[14] Das sind im Falle der BN 25 Hefte mit einem Gesamtumfang von 472 Seiten (aus dem Jahrgang 2013 waren nicht alle Ausgaben verfügbar). Bei den BS handelt es sich um 33 Hefte mit einem Gesamtvolumen von 1.714 Seiten (der Jahrgang 2018 bestand ausnahmsweise nicht nur aus vier Heften, sondern enthielt auch eine „Jubiläumsausgabe Nr. 50").

3 Salienzen

3.1 Salienzen im Hinblick auf Sprache und Kultur

Die phänomenorientierte Analyse konnte eine Fülle von Salienz-Manifestationen ermitteln, die in der folgenden Übersicht systematisiert, strukturiert und inter-

12 „Kollektion" wird als Strategie und Werkzeug wie z.B. in der Konversationsanalyse verwendet (vgl. Deppermann 2020: 656).

13 Hier liegen, anders als z.B. bei der Konversationsanalyse, keine Gespräche o.Ä., sondern Zeitungstexte vor. Dementsprechend sind mit „Sequenzen" Textfragmente gemeint.

14 Die Auswahl dieses Zeitintervalls erklärt sich damit, dass die PDFs der BN erst seit 2013 vorliegen.

pretiert werden. Dabei ließen sich zwei paradigmatische Typen ausdifferenzieren: Durch eine analytische Fokussierung auf die Sprache kamen primär sprachbezogene und mittels einer Konzentration auf die Kultur primär kulturbezogene Auffälligkeiten ans Licht.

3.2 Salienzen primär sprachbezogener Natur

Diese Großklasse setzt sich aus den folgenden Typen und Subtypen zusammen:

3.2.1 Regionalismen und Archaismen

Den sprach- und kulturgeschichtlichen Settings und in diesem Zusammenhang den sog. „Sprachinsel"-Konstellationen entspringt das Vorkommen einer Reihe von Austriazismen, Dialektismen und Archaismen. Manche kommen in beiden Zeitungen vor, wie die Austriazismen *Jänner*[15] (Beleg 1, BN 10/5–6, 13[16] zweimal, 12/1–2, 3; 15/1–2, 2 und BS 30/3[17] zweimal; 38/8, 27 zweimal; 55/24 zweimal) ‚Januar' sowie das Substantiv *Matura*[18] (Beleg 2, BN 11/1–2, 6; 13/1–3, 24; 14/5–6, 16 und BS 40/14 zweimal; 54/22) ‚Abitur', samt dem daraus abgeleiteten Verb *maturieren* (Beleg 3, BN 11/5–6, 16; 15/1–2, 3 und BS 53/34) ‚das Abitur ablegen'. Für einen hohen Grad an Variabilität spricht, dass auch die Formen *Januar* (in den BN 91-mal; in den BS 166-mal) und *Abitur* (in den BN 23-mal; in den BS sechsmal) auftauchen. Andere Belege waren jeweils nur in einer der Zeitungen vertreten wie die Austriazismen *Jusstudien* (Beleg 4, BN 7/4–5, 6) ‚Jurastudien' und *Bäckerei* (Beleg 5, BS 63/23) in der Bedeutung ‚(süßes) Kleingebäck'.

Außerdem treten – wahrscheinlich infolge der Sprach(lern)biographien[19] der Textproduzenten – Lexeme auf, die u.U. auch als DDR-spezifisch oder -typisch betrachtet werden können, wie *LPG* (Beleg 6, BN viermal, z.B. 10/3–4 und BS neunmal, z.B. 48/40) ‚Landwirtschaftliche Produktionsgenossenschaft' oder

---

15 Seltener auch in Süddeutschland und in der Schweiz gebräuchlich (Dudenredaktion 2019: 960).

16 Bei den BN verweist die erste Ziffer auf den Jahrgang, die zweite markiert die Ausgabe und dann folgt die Seitenangabe.

17 Bei den BS bezieht sich die erste Ziffer auf die Ausgabe und die zweite auf die betreffende Seite.

18 Nach der Dudenredaktion (2019: 1193) auch in der Schweiz üblich.

19 Dazu gehören z.B. DDR-bezogene Deutschlehrbücher, Gastlehrer und Lektoren aus der DDR und vielfältiger Austausch mit der DDR in der Zeit bis zur Wende.

Traktorist (Beleg 7, BS viermal, z.B. 35/24) ‚Traktorfahrer'. Es ist allerdings nicht eindeutig, ob hier tatsächlich ein genuiner Einfluss des DDR-Sprachgebrauchs den Ausschlag gab oder auch das Ungarische hineinspielt, da die sowjetisch-sozialistisch bestimmte Wirklichkeit in der DDR und in Ungarn ähnliche Züge aufwies. Ein Beleg ist aber zweifelsfrei als lexikalisches DDR-Typikum (angloamerikanischen Ursprungs) einzustufen, da dieses Wort im Ungarischen nicht existiert: *Broiler*[20] (Beleg 8, BS 32/33) ‚Brathähnchen, gegrilltes Hähnchen', obwohl sein Verbreitungsareal nicht ganz mit dem Territorium der DDR übereinstimmt.

Zu den diatopisch definierbaren Einheiten gehört ferner in beiden Zeitungskorpora das Substantiv *Hotter* (Beleg 9, BN zweimal, z.B. 13/1–3, 8 bzw. BS 22-mal, z.B. 63/23) ‚Gemeindeflur'.[21] Einige weitere landschaftlich markierte Lexeme, die jeweils nur in einer der Zeitungen vorkommen, sind: *Traktament* (Beleg 10, BN 15/1–2, 7), im Text selbst in Klammern mit „kleiner Imbiss, Bewirtung" erklärt, *Hinkelstall* (Beleg 11, BN 14/5–6, 10) ‚Hühnerstall' bzw. *Jupe* (Beleg 12, BS 46/28) ‚Rock' und *Kracherl* (Beleg 13, BS 35/26), im Artikel als ‚Limonade' erläutert.

Die BN bieten gelegentlich als archaisch und/oder dialektal interpretierbare Formen wie die Anrede in zweiter Person Plural: *Mutter, was denkt Ihr* (Beleg 14, 13/1–3, 11). In den BS besteht ferner eine als diatopisch deutbare Eigenheit in der Perfektbildung der Vollverben *stehen, liegen* und *sitzen* mit dem temporalen Auxiliarverb *sein*, z.B. *sind gestanden* (Beleg 15, fünfmal, z.B. 46/23, wobei auch *haben*-Formen reichlich auftreten: 33/16; 40/4; 41/10; 45/17; 48/41; 49/23; 54/10 zweimal und 58/32).

Zwei verschiedene Manifestationsarten der sog. *tun*-Periphrase sind in der Datenbasis ebenfalls zu registrieren. Ein Typ besteht in einer Kombination des Hilfsverbs *tun* mit einem deutschen Vollverb und bleibt somit innerhalb des deutschen Sprachsystems (Beleg 16). Das Vollverb im Infinitiv steht nicht im Vorfeld, sondern bildet die rechte Satzklammer. Diese Konstruktionsweise wird in normativen Grammatiken als „umgangssprachlich" bewertet; ihr Verbreitungsgebiet

20 Zur Etymologie und Entwicklungsgeschichte des Wortes vgl. Carstensen und Busse (1993: 176–177) und Nail (1994: 100–103).

21 Ebner (2019: 250) belegt das Wort für das Burgenland sowie die Oststeiermark und Gehl (2005: 452) für donauschwäbische Siedlungsgebiete in Ostmittel- und Südosteuropa und bezieht sich dabei in etymologischer Hinsicht auch auf ungarisch *határ* und rumänisch *hotar* (‚Grenze').

liegt – wie es das Grammis (2021)[22] nachweist – eher im Süden des deutschen Sprachraums (Földes 2022b: 5).

(16) *Ti jungi Madli* ***tien*** *tie Kalorie ausrechne, weil sie Ängschte hen, tass sie zu viel zu sich nehme.* (BS 65/39)

Der zweite Typ operiert mit derselben Struktur zweisprachig-hybrid, indem das deutsche *tun* eine Verbindung mit einem ungarischen Vollverb eingeht, siehe (17):[23]

(17) *Mich* ***tót*** *tész néd* ***izgul****, nédamal, wann kniechóch tés Plut láft!* (BS 35/38), d.h. ‚Mich tut das nicht „izgul" [aufregen], nicht einmal, wenn kniehoch das Blut läuft!'

An diesem Beispiel wird ferner ersichtlich, dass die Notation dialektaler Sprachformen, die im regionalen Minderheitenkontext einen Bezugsrahmen für die Identität darstellen, in den BS nicht immer fachkundig geschieht. In Beleg (17) steht z.B. einmal *tész* und einmal *tés*, sodass unklar ist, ob den einzelnen Buchstaben – sogar innerhalb ein und desselben Wortes – der im Deutschen oder im Ungarischen übliche Lautwert zuzuordnen ist.

3.2.2 Sprachkontaktinduzierte Salienzen

Dieser Komplex besteht aus Belegen, die mutmaßlich aus arealen Sprachkontakten (Transfer oder Nachahmung von Elementen, Strukturen und Modellen der Referenzsprache Ungarisch) resultieren.

3.2.2.1 Sprachkontaktphänomene explizit

Die sprachkontaktbezogenen Salienzen dieser Subgruppe stellen einen materiellen Transfer des Zeichenkörpers (des Signifikanten) aus der Kontaktsprache Ungarisch dar,[24] in der Regel mit der sog. *minimal insertion strategy* (vgl. Auer 2021: 157), bei welcher der Wortstamm (ohne die Suffixe) übernommen wird. Dabei

22 Siehe https://grammis.ids-mannheim.de/fragen/103 (letzter Zugriff 06.06.2022).

23 Diese Schreibpraxis (Einsatz von Dialekt mit oder ohne Sprachmischung) kann nicht zuletzt als „Enregisterment" (Terminus nach Johnstone 2016) – als semiotischer Prozess mit sozialen Bedeutungen – gedeutet werden.

24 „MAT-borrowings" im Sinne von Sakel (2007: 15).

sind zwei prototypische Fälle zu unterscheiden: (a) Die Transfers werden quasi mit Zitatcharakter eingesetzt, wenn dem Textproduzenten keine oder kaum eine andere Möglichkeit zur Verfügung steht (beispielsweise bei Realienbezeichnungen, z.B. Beleg 18 im folgenden Absatz)[25] oder (b) durch die Transfers wird eine indexikalische Funktion angestrebt, es sollen also Funktionen wie ortsbezogene Authentizität (z.B. Beleg 22 im übernächsten Absatz) oder – noch eklatanter – eine mediale Inszenierung von Zwei- bzw. Mehrsprachigkeit erfüllt werden (z.B. Beleg 27).

Das Untersuchungskorpus enthält u.a. Einzellexeme, die meist der Generierung eines ungarisch geprägten (donauschwäbischen) Kolorits dienen sollen. Dabei fällt auf, dass einige Substantive mit orthographischer Adaption mit großem Anfangsbuchstaben stehen, wie *Pörkölt* (Beleg 18, BN 8/5–6, 10) ‚Gulasch aus Rind- oder Schweinefleisch', während bei anderen die ungarische Substantivkleinschreibung praktiziert wird, wie *kolbász* (Beleg 19, BN 14/1–2, 22) ‚(Brat-) Wurst'. Ein Indikator für Variabilität ist z.B. die Großschreibung desselben Wortes in den BS: *Kolbász* (Beleg 20, 59/23). Ein weiteres Beispiel aus den BS ist das transferierte Lexem *Macska* (Beleg 21, 60/25) ‚Katze'.

Mit hoher Nennstärke finden sich im Datenmaterial beider Zeitungen auch Wortgruppen, beispielsweise in Bezug auf Anreden und Titulierung: *Erzsike néni* (Beleg 22, BN 7/4–5, 10) ‚Tante[26] Erzsike' sowie 24 weitere Belege mit dem Modell *[Vorname] néni* und ein Beleg mit *[Nachname] néni* sowie analog in den BS *Ica néni* (Beleg 23, 36/43) sowie 22 weitere Belege mit *[Vorname] néni*. Die Nominalphrase *Malenkij Robot* (Beleg 24, z.B. 14/1–2, 3 und BS z.B. 66/32) tritt durch eine enorme Vorkommenshäufigkeit hervor: in den BN mit 20 und in den BS sogar mit 30 Belegen. Als grundlegender Bestandteil des kollektiven Gedächtnisses gehört sie zu den identitätssensiblen kulturellen Schlüsselwörtern der Ungarndeutschen (und könnte daher typologisch auch den kulturbezogenen Salienzen, siehe

25 Aus der Forschungsliteratur ist bekannt, dass Sprachzeichen mit spezifischer Bedeutung anfälliger für Transferprozesse sind als Lexeme mit allgemeiner Bedeutung („the specifity hypothesis", vgl. Adamou und Matras 2021: 244) und Wörter, die stark mit bestimmten Prozessen, Handlungen oder Institutionen in bestimmten Kontexten aus der Quellensprache assoziiert werden („unique referents"), disponierter für Transferenzen sind („the utilitatian motivation", vgl. Adamou und Matras 2021: 245). Aber auch die Verwendungshäufigkeit („usage frequency") spielt eine Rolle, da ein Element weniger häufig transferiert wird, je höher die Häufigkeit und je informeller sein Gebrauch in der Quellsprache ist (Adamou und Matras 2021: 245).

26 *Tante* wird unter Ungarndeutschen und Ungarn auch außerhalb der Verwandtschaftsverhältnisse in Bezug auf eine beliebige ältere Frau verwendet.

Abschnitt 3.3, zugerechnet werden).[27] Dieser nominale Phraseologismus russischer Provenienz (normgerecht: *маленькая работа*, transliteriert: *malen'kaja rabota*) ist in namenkundlicher Hinsicht als Praxonym einzustufen. Er stammt aus der Zeit nach dem Zweiten Weltkrieg, bedeutet auf Deutsch ‚kleine Arbeit' und umschreibt die Deportation von Hunderttausenden Donauschwaben, die mit Gewalt aus dem Karpatenbecken in die Sowjetunion zur Zwangsarbeit in Gulag-typische Straf- und Arbeitslager verschleppt wurden; also eine Nachwirkung transgenerational vermittelter, verschleppungs- und unterdrückungsbedingter Traumata (siehe Földes 2020: 39).

(25) *Im Rahmen dieser Feier wurde auch die Gedenktafel enthüllt, auf der die Namen der 73 Kleindoroger Opfer von* ***Malenkij Robot*** *stehen.* (BN 10/5–6, 21)[28]

Hinzu kommen die Formvarianten *Malenkij robot, malenkij robot, malenki Robot, malenkij rabot, malenki-robot* und *Malenkij Frondienst* – dieser letztere Beleg gehört allerdings schon in die Gruppe der semi-expliziten Kontaktphänomene (vgl. Abschnitt 3.2.2.2).

In beiden Blättern, aber vor allem in den BS, finden sich gelegentlich umfangreichere, sogar satzwertige Konstruktionen oder noch längere Segmente aus dem Ungarischen innerhalb deutscher Texte, die auch als funktionale Kode-Umschaltungs-Phänomene[29] expliziert werden können, vgl. die Belege (26) und (27). Im Dialekt-Beleg (27) beruht der sprachliche Humor auf der karikiert-inkorrekten ungarischen Aussprache der Großmutter.

(26) ***„Gyia! Ne!"***[30] *befiel*[31] *Boldizsár dem Pferd zu gehen, und die beiden Menschen fuhren in Richtung Lendl los.* (BN 12/1–2, 14)

---

27 Zwischen den Salienzen sprachbezogener und kulturbezogener Natur kann man nicht immer eine trennscharfe Grenze ziehen, da die Sprache tief in die Kultur eingebettet ist, vgl. die Belege (25), (28), (31) und (66).

28 Die Hervorhebungen in Fettdruck auch im Folgenden stammen von mir – C.F.

29 Zum Konstrukt ‚funktionales Code-Switching' vgl. Riehl (2014: 101–103).

30 Fuhrkommando für Pferde, auf Deutsch etwa: *Hüh! Marsch!*

31 Hier dürfte ein Tippfehler vorliegen: Gemeint war wahrscheinlich die Präteritumsform *befahl.*

(27) *An ama Frájtág hat ihre ungarischi Nachparin, ti a Séklerin wár, ti Ómama kfrógt:* ***„Náni néni hajja-e! mit főz máma?“***[32] *– Sie hat wéle Pohne koche, un hat kságt:* ***„Ên főzök papot.“***[33] (BS 35/38)

3.2.2.2 Sprachkontaktphänomene semi-explizit

In diese Objektkategorie gehören deutsch-ungarische Hybridkonstruktionen, vgl. die Belege (28) bis (31).

(28) ***Tarka****-Fest* (BN 7-mal, z.B. 8/3–4, 12), weitere, z.T. orthographisch falsch geschriebene, Formen: ***Tarka****-Festival* (BN 6-mal, z.B. 13/5–6, 2), ***Tarka*** *Festival* (BN 2-mal, z.B. 13/5–6, 2), ***Tarkamarha****-Festival* (BN 11/5–6, 1), ***Tarka Marha*** *Festival* (BN 2-mal, z.B. 9/5–6, 10). Diese Lexeme rekurrieren sprachspielerisch auf ein seit 2001 in Bonnhard veranstaltetes buntes Wochenende: Das doppeldeutige ungarische Wort *tarka* (‚bunt‘) verweist einerseits auf das buntscheckige Rind (auf Ungarisch: *tarka marha*), andererseits auf die Vielgestaltigkeit und den Abwechslungsreichtum des Events, bei dem z.B. Kinderprogramme und ein Agrar-Forum stattfinden und tatsächlich Rindergerichte serviert werden.[34]

Weitere Illustrationsbeispiele sind:

(29) *Hühner****paprikasch*** (BN 13/1–3, 7) Paprikasch, eigentlich *paprikás* ‚mit rotem, gemahlenem Paprika, wenig Wasser, Zwiebeln und Salz gekochtes Fleisch‘

(30) ***Panel****wohnung* (BS 35/38) ‚Plattenbauwohnung‘

(31) ***Telepes****familien* (BS 34/8), analog: ***Telepes****jungen* (BS 38/1) und die Schreibvariante ***Telepes****-Jungen* (BS 41/6) ungarisch *telepes* heißt ‚Siedler‘; mit diesem Wort werden meist die von jenseits der Staatsgrenzen in die ungarndeutschen Dörfer übersiedelten Ungarn bezeichnet.

3.2.2.3 Sprachkontaktphänomene implizit

In dieser Phänomenklasse wird nicht das Sprachmaterial (etwa die sprachliche Form), sondern lediglich das Konzept transferiert. Dementsprechend handelt es sich um coverte Transferenzerscheinungen, bei denen im Wesentlichen Muster (Inhalte) der Bezugssprache Ungarisch mit Redemitteln der deutschen Sprache

---

32 Auf Deutsch: *Tante Náni, hören Sie! Was kochen Sie heute?*

33 Auf Deutsch: *Ich koche einen Priester* [gemeint war: *Bohnen*; wegen der fast gleichen Lautung von *bab* = ‚Bohne‘ und *pap* = ‚Priester‘].

34 In Deutschland werden Feste, Festivals u.Ä. auch oft bunt genannt, um damit Weltoffenheit, Interkulturalität und/oder Diversität anzuzeigen. Bei der Bonnharder Veranstaltung scheint eine andere Motivation zu dominieren, *bunt* dürfte auf die Vielfältigkeit der Programmangebote verweisen.

zum Ausdruck kommen.[35] Denn bilinguale Kommunikation (*bilingual encounters*) und bilinguale Kognition sorgen dafür, dass Sprachelemente, -strukturen und -modelle angepasst, verändert oder transferiert werden. Diese – meist zufällig, gelegentlich aber intentional eingesetzte – bilinguale Praktik erscheint zwei- bzw. mehrsprachigen Personen häufig als effizient und ökonomisch, da sie ein bereits vorhandenes Bezeichnungsmuster der einen Sprache einfach auf die andere übertragen (vgl. Földes: 2005: 190 und 2021: 88). Dieser Typ steht im Belegkorpus quantitativ mit einem Anteil von über 90 Prozent mit Abstand an erster Stelle.

3.2.2.3.1 Lexik

Die hierher gehörenden monolexikalischen Kontaktprodukte sind zahlenmäßig stark und ergeben eine große Vielfalt.

Manche Transferenzübersetzungen aus der Kontaktsprache Ungarisch sind in einem deutschsprachigen Kontext kaum verständlich, wie im folgenden Beleg:

(32) *Auch die **Leistungstour** „Gugelhupf-Suche“, organisiert von dem Touristenverein Völgység, startete an diesem Tag.* (BN 7/4–5, 12)

Leistungstour geht offensichtlich auf das gleichartige ungarische Kompositum *teljesítménytúra* zurück: ‚eine Wanderung auf einer vorgegebenen Route, bei der die Strecke innerhalb einer bestimmten Zeit zurückgelegt werden muss‘.

Für manche Salienzen ist die disparate semantische Struktur, meist der ungleiche Bedeutungsumfang, verantwortlich. In Beleg (33) überrascht das Wort *verabreichen*, dessen Wahl möglicherweise durch das ungarische Verb *ad* (oder *nyújt*) beeinflusst wurde, welches u.a. tatsächlich auch ein Übersetzungsäquivalent von *verabreichen* sein kann.

(33) *Der Band **verabreicht** den Lesern ein allgemeines Bild übers Deutschtum des Komitats in einer allgemein verständlichen Sprache.* (BN 8/1–2, 18)

Ein Textproduzent im deutschen Sprachraum hätte sich wohl für das Verb *vermitteln* entschieden.

Die BN und die BS bedienen sich, wie übrigens auch viele andere ungarndeutsche Texte (vgl. Földes 2022a: 132), des Lexems *Bewerbung* in unterschiedli-

35 Das entspricht etwa den „PAT-borrowings“ in der Terminologie von Sakel (2007: 15).

chen Bedeutungen wie ‚(Projekt-)Ausschreibung', ‚Antragstellung (z.B. auf Fördermittel)' usw.:

(34) *Die Csávolyer Deutsche Selbstverwaltung hat durch die LdU an der* ***Bewerbung*** *BMI Präventionspakete, einen Defibrilator und ein 24-Stunden-Blutdruckmessgerät (ABPM) für das* ***Sprechzimmer*** [gemeint: die Arztpraxis] in Csávoly im Wert von etwa halb Millionen [gemeint: einer halben Million] Forint gewonnen. (BS 35/31)

Das Datenkorpus stellt allein aus den BS 38 Items dieser Art bereit;[36] aber auch in den BN finden sich mehrere solche Vorkommen, z.B. BN 8/1–2, 3. Diese Belege dürften als eine Art Bedeutungstransferenz zu explizieren sein, denn das Deutsche zeichnet sich auch hier, verglichen mit dem Ungarischen als Kontaktsprache, durch eine Überspezifizierung aus, indem das ungarische Substantiv *pályázat*, wie oben angedeutet, eine deutlich umfassendere Bedeutung hat als das deutsche Teiläquivalent *Bewerbung*. In ähnlicher Weise kann man den Einsatz von *Sprechzimmer* deuten: Das ungarische Pendant *rendelő* kann sowohl mit *Sprechzimmer* als auch mit *Arztpraxis* übersetzt werden.[37]

In Beleg (35) würde die unauffälligere Wortwahl *(das Programm) bereichert* lauten:

(35) *Das Programm haben die Lieder des Chors aus Érsekhalma* ***beschönigt****, dann haben die Schulkinder Verse rezitiert.* (BS 46/23)

Im Hintergrund dieser kontaktsprachlich geprägten Formulierung scheint ungarisch *széppé tették* gestanden zu haben. Das deutsche Verb *beschönigen* und der ungarische Ausdruck *széppé tesz* verfügen grundsätzlich über denselben deskriptiven Gehalt, wobei aber eine Bedeutungsnuance – infolge der Verwobenheit sprachlicher, kognitiver und kultureller Faktoren – divergiert und das deutsche Lexem nach dem semantisch-pragmatischen Vorbild des Ungarischen (‚etw. schön machen', verschönen') verwendet wird.

36 Allerdings findet man auch unauffälligere Verwendungen wie Bewerbung im Zusammenhang mit einem Stipendium (BS 31/34; 53/13; 58/40), einer Arbeitsstelle (BS 37/29 zweimal; 45/15; 56/4) oder einem Studienplatz (BS 40/33 zweimal; 55/22; 62/26).

37 Denselben Verwendungsmodus von *Sprechzimmer* im Sinne von ‚Arztpraxis' findet man auch in den BS (35/11).

3.2.2.3.2 Ausdruck

Hinsichtlich des Ausdrucks bzw. Prägungsmusters bieten die analysierten Blätter ebenfalls zahlreiche und mannigfaltige Erscheinungsformen des Sprachkontakts, vgl. Beleg (36) als Transferenzübersetzung:

(36) *Wir hoffen, dass wir am gleichen Ort noch weiteren Lebensgeschichten von unseren* ***näheren-weiteren*** *Nachbarn, Dorfbewohnern, lauschen können.* (BN 8/1–2, 9)

Aus Deutschland-deutscher Sicht unmarkiert wäre wohl z.B. [...] *von nahen und entfernten Nachbarn und Dorfbewohnern* [...].

Im nächsten kontaktsprachlich induzierten Äußerungsfragment war offenbar *viele Menschen mit unseren Traditionen bekannt machen* oder *bei vielen Menschen bekannt machen*[38] gemeint:

(37) *Wir möchten unsere Traditionen pflegen und* ***sie mit vielen Menschen*** *bekannt machen* (BS 35/36).

3.2.2.3.3 Formelhafte Sprache

In Bezug auf den figurativen bzw. formelhaften Sprachgebrauch fallen unterschiedliche Prägungstypen auf. Ein frequentes Beispiel ist in beiden Zeitungen die Verbalphrase *etw. auf die Bühne stellen* (im Deutschland-Deutschen: *etw. auf die Bühne bringen*):

(38) *Sie gründeten auch einen Zirkel*[39] *für schwäbische Volkslieder und Kinderspiele, wo die Kinder mit Herz und Seele Sitten und Bräuche kennen lernen konnten, und dann auf die Bühne* ***gestellt*** *haben.* (BN 8/1–2, 16 und weitere sieben Vorkommen)

(39) *Der Höhepunkt des Programms war die Aufführung der 1963 zuerst und 2014 erneut auf die Bühne* ***gestellten*** *„Spinnstube“, die Choreographie von Marta Czifra.* (BS 36/16 und weitere sieben Vorkommen)

---

38 Dieses Beispiel könnte u.U. auch als formelhafte Sprache (vgl. Abschnitt 3.2.2.3.3) – hinsichtlich der Präposition – als grammatische Auffälligkeit (vgl. Abschnitt 3.2.2.3.5) gelten: Manche der ermittelten Sprachkontaktphänomene lassen sich zwei oder mehr Kategorien zuordnen.

39 *Zirkel* wird in einer DDR-bezogenen Bedeutung verwendet als ‚Arbeitsgemeinschaft (in der Schule)‘, siehe Duden 1999: 4639). Vgl. auch Abschnitt 3.2.1. Dieses Lexem kommt mit dieser Bedeutung in beiden Teilkorpora an mehreren Stellen vor: BN 8/1–2, 16; 8/3–4, 7; 8/3–4, 9; 8/3–4, 13 bzw. BS 43/7; 47/25 und 65/4.

Modellgeber scheint der Komponente für Komponente übereinstimmende ungarische Prototyp *színpadra állít vmit* gewesen zu sein. Für eine weitgehende Variabilität spricht, dass auch die Form *etw. auf die Bühne bringen* sowohl in den BN (13/1–3, 18) als auch in den BS (55/3 und 56/6) vorkommt. Es ist schwierig zu eruieren, hinsichtlich welcher Variable die beiden Formen variieren (selbst in Texten ein und desselben Schreibers); wahrscheinlich hängt das mit dessen instabiler Sprachkompetenz zusammen.

Es gibt ebenfalls Belege für Wendungen mit komplexeren syntaktischen Strukturen:

(40) *Prof. Dr. Péter Csermely betonte in seinem Brief „wir haben von dir Hochschätzung der Kollegen und der Schüler gelernt, und dass* ***im gesunden Körper eine heile Seele wohnen*** *kann* [...] (BN 7/4–5, 13)

Hier liegt eine Transferenzprägung der im Ungarischen gängigen Redensart *ép testben ép lélek (lakozik)* vor – wörtlich: „in einem heilen Körper (wohnt) eine heile Seele" in der Bedeutung ‚eine gesunde Lebensweise wirkt sich positiv auf den Geist aus'. Es handelt sich letzten Endes um lateinisch *Mens sana in corpore sano*, also um ein verkürztes Zitat aus den Satiren des römischen Dichters Juvenal (damals noch in einem etwas anderen Sinn), das im deutschen Sprachraum in der Form *In einem gesunden Körper wohnt ein gesunder Geist* oder kurz *gesunder Geist in gesundem Körper* geläufig ist.

(41) *Das Schicksal der deutschen Nationalität im Dorf* ***liegt sehr an ihrem Herzen,*** *sie arbeitet fest daran, dass die Bräuche und Sitten der Nadwarer erhalten bleiben.* (BS 65/5)

Beim Kontaktprodukt *liegt an ihrem Herzen* kann man eine Einwirkung der ungarischen Form *szívükön van/szívükön viselik* vermuten, während die deutsche normorientierte Form *liegt ihr sehr am Herzen* lautet.[40]

3.2.2.3.4 Wortbildung

Diese Gruppe beinhaltet einige im Standarddeutschen nicht vorgesehene Wortbildungskonstruktionen, die ungarische Muster wiedergeben.

---

40 Außerdem fällt im behandelten Beleg die Komponentenfolge bei der Paarformel *Bräuche und Sitten* (und nicht *Sitten und Bräuche*) auf, die allerdings nicht als Kontaktphänomen zu explizieren ist.

In beiden Zeitungen fallen diesbezüglich etwa Determinativkomposita mit dem Bestimmungswort *Diamant* auf, wo im Deutschland-Deutschen adjektivische Wortverbindungen üblich sind, z.B. *Diamantenhochzeit* (Beleg 42, BN 12 Items, z.B. 9/5–6, 20 und BS 56/35 – nach ungarisch *gyémántlakodalom*) oder analog *Diamantendiplom* (Beleg 43, BN 15/5–6, 19 – nach ungarisch *gyémántoklevél* ‚eine Ehrenurkunde zum 60-jährigen Jubiläum des Erwerbs des Hochschuldiploms').

Aus den BN kann man weiterhin z.B. die Konstruktion *mit Wein* ***ab****gespült werden* (Beleg 44, 13/3–4, 13 ‚mit Wein runtergespült werden' nach ungarisch *borral leöblít*) und aus den BS die Nominalphrase mit attributiven Adjektiv ***umsonste*** *Tode* nennen, das im Standarddeutschen nicht flektierbar ist (Beleg 45, 58/19 ‚Tode, die umsonst waren' – aufgrund von ungarisch *hiábavaló halálok*).

3.2.2.3.5 Morphologie und Syntax

Der Komplex ‚Grammatik' konstituiert sich im untersuchten Datenkorpus aus einer Vielzahl kontaktinduzierter Erscheinungsformen.

Neben Besonderheiten in der Artikelverwendung und dem Umgang mit dem Numerus bilden der Präpositionsgebrauch (vgl. Beleg 46) und die Verbrektionen (vgl. Beleg 47) in beiden Blättern die größte Salienzgruppe.

(46) ***An*** *der Veranstaltung hielt Dr. Krisztina Zsalakó Studer, Leiterin des Bezirksamtes Bonnhard, die Festrede, und Zoltán Barcsik, evangelischer Pfarrer, die Andacht.* (BN 15/5–6, 7)

Die aus Deutschland-deutscher Sicht unmarkierte Version wäre: *auf* (oder *bei*) *der Veranstaltung.*

(47) *Ich bin stolz darauf, dass ich mich* ***als*** *Studentin dieser Hochschule nennen kann* (BS 56/4, analog auch 30/6 und 35/23).

Das Verb *nennen* verlangt eigentlich ein reines Kasusobjekt im Akkusativ und nicht ein Präpositionalobjekt mit *als.*

Im Satzbau finden sich oft strukturelle Muster des Ungarischen wieder, sodass in vielen Belegen (z.B. 48 und 49) die Satzgliedstellung auffällt:

(48) *Die Regierungen nach dem Friedensdiktat von Trianon/Versailles betrachteten als ihr wichtigstes Ziel, einen Nationalstaat zu schaffen und die Grenzen zu revidieren* (BN 15/1–2, 3).

Das Vorfeld ist hier mit zwei Konstituenten überbesetzt. Unmarkierter wäre z.B. eine Variante, in der nur das Temporaladverbial ins Vorfeld geschoben wird: *Nach dem Friedensdiktat von Trianon/Versailles betrachteten es die Regierungen als ihr wichtigstes Ziel, einen Nationalstaat zu schaffen und die Grenzen zu revidieren.* Die mit der Satzgliedstellung in Beleg (48) übereinstimmende Version wäre im Ungarischen angemessen, sodass hier externer Sprachkontakt anzunehmen ist: *A kormányok a trianoni/versailles-i békediktátumot követően azt tartották legfontosabb céljulnak, hogy nemzetállamot hozzanak létre és a határokat revideálják.*

Ebenfalls in der Satzgliedstellung liegt die Besonderheit des folgenden Belegs:

(49) *Hiermit möchte ich unseren Dank* ***der Deutschen Selbstverwaltung*** *für die Unterstützung äußern.* (BS 35/36)

Dieser Satz ist eigentlich missverständlich, denn auf den ersten Blick ist unklar, ob es sich um einen Dank der Deutschen Selbstverwaltung handelt oder ob Dank an die Deutsche Selbstverwaltung gehen soll – Letzteres war intendiert. Die Normgrammatiken schreiben in diesen Fällen die Positionierung des Dativobjekts vor dem Akkusativobjekt vor: *Hiermit möchte ich der Deutschen Selbstverwaltung unseren Dank für die Unterstützung aussprechen.*

3.2.2.3.6 Stilgestaltung

In diesem Bereich kann man in erster Linie Schwankungen stilistisch-pragmatischer Art sowie eine wenig ausgeprägte Differenzierung der Textsorten und Textsortenvarianten als Medienformate konstatieren. Infolge der bescheidenen Produktionsbedingungen können sich die Beiträge selten durch Formulierungsbravour hervortun; manche Texte erinnern stellenweise gleichsam an Schulaufsätze. Insgesamt kann man den BN und den BS eine wenig abwechslungsreiche Stilgestaltung mit einer z.T. kaum journalismustypischen Ausdrucksweise bescheinigen. Überdies stößt man auf verschiedene punktuelle Auffälligkeiten beispielsweise in der Wortsemantik bzw. hinsichtlich des stilistisch-pragmatischen Wertes einzelner Lexeme in der Wortstilistik; beispielsweise begegnen dem Leser in einem seriösen Bericht über die „Lange Nacht der Museen" stark umgangssprachliche Wörter, d.h., es liegt Unsicherheit bei der Wahl des Registers vor:

(50) *Es war eine* ***super Idee****, die Puppenhäuser in die Stadt zu bringen, dies war bereits bei der gut besuchten Ausstellungseröffnung, bei der auch der Chor des*

Bonnharder Deutschen Nationalitäten-Kulturvereins mitwirkte, sichtbar. (BN 13/3–4, 2)

Ein anderes Charakteristikum liegt im Umgang mit dem Relativadverb *wo*. Seine Verwendungsweise als Konjunktion in temporalem Sinne ist jedoch, wie auch Pittner (2004: 357) anmerkt, sonst grundsätzlich der mündlichen Sprachvarietät zuzurechnen:

(51) *Wir veranstalten die Verteilung der Kleider an einem Sonntag vor Weihnachten, **wo** jeder frei von den Sachen wählen konnte.* (BS 30/31)

Dem Standard würde eher entsprechen z.B.: *An einem Sonntag vor Weihnachten veranstalten wir die Verteilung der Kleider, bei der jeder frei von den Sachen wählen konnte.*

In beiden Teilkorpora finden sich in verschiedenen Darstellungsformen Beispiele für Emotionalität, Subjektivität und Informalität:

(52) *Leider konnten in diesem Jahr nur noch zwei der Überlebenden anwesend sein (ihre Zahl ist – **Gott sei Dank** – noch etwas höher).* (BN 14/1–2, 2)
(53) [Laudatio auf eine Preisträgerin:] *Damals wusste sie noch selber nicht, dass die ungarndeutsche Redaktion schon bald und für eine ganz lange Zeit ihr Arbeitsplatz sein wird. Sie arbeitet nämlich seit 1984 als Redakteurin und Moderatorin der ungarndeutschen Fernsehsendung „Unser Bildschirm".* (BS 55/4)

Bei dieser Beleggruppe sind Sprachkontaktszenarien nur indirekt anzunehmen: Die Auffälligkeiten dürften auf die eher ungarisch geprägten Textsortenkompetenzen bzw. -routinen (die Textschreiber erleben ja ihre Alltagsnarrative in ungarischer Sprache) und ihre wenig ausgeprägte Praxis im Verfassen (standard-) deutscher Medienprodukte zurückzuführen sein. Denn dieses Pressedeutsch ist eigentlich nicht die genuine Sprache der vorrangig deutsch-dialektal und ungarisch sozialisierten Ungarndeutschen (vgl. Földes 2022b: 11). Beispielsweise klingt Beleg (53) nicht wie eine formelle Laudation, vielmehr wirkt er eher umgangssprachlich, als würde jemand in einem informellen mündlichen Gespräch den Lebensweg einer Person spontan zusammenfassen.

3.2.2.3.7 Text und Diskurs

In beiden Blättern überwiegen assertive Textsorten mit deskriptiv-narrativer Themenentfaltung, bei denen auf dem Feld der Textbildung bzw. -gestaltung komplexe – mehr oder weniger verfestigte – kommunikative Musterbildungen der

Kontaktsprache Ungarisch und entsprechende Mischformen zu konstatieren sind. Vielfach werden in den Texten beispielsweise Ereignisse additiv aneinandergereiht und es treten nach dem Modell des Ungarischen z.B. unverbundene parataktische Strukturen auf (siehe Beleg 54). Es zeigte sich, dass kontaktbasierte sprachliche und kommunikative Einflüsse nicht nur als semantische oder morphosyntaktische Mikrophänomene, sondern auch auf der Ebene der Makrostruktur und der kommunikativen Grundhaltung auftreten. Denn Diskurstraditionen sind als kulturelles und sprachliches Wissen tief verwurzelt.

(54) *An der Emporen-Brüstung sind zwischen Pilastern gerahmte Rokoko-Tafeln, ihre ursprüngliche Bemalung ist verschwunden.* (BN 9/1–2, 3)[41]

Ein anderer Textausschnitt aus den BS:

(55) *Die Gäste – vorwiegend Frauen – hatten eine Volkstracht auf dem Schwabenball an. Den Ball eröffnete László Rideg und die Bürgermeisterin Frau Judit Takács-Stalter. Sie übernahm von der Deutschen Nationalitäten-Selbstverwaltung eine Ulmer Schachtel aus Lebkuchen.* (BS 55/9)

Intrasentenzielle Aufzählungen werden meist asyndetisch durch einfache Kommata verknüpft (beispielsweise Beleg 56 BN 17/1–2, 4 und Beleg 57 BS 57/15–16), wobei an dieser Stelle von einer Zitierung der ganzen Passagen aus Umfangsgründen abgesehen wird.

Textbelege (58) und (59) sollen die wenig professionell, eher unbeholfen wirkende, Textgestaltung illustrieren; sie sind fast nur bei Kenntnis der ungarischen Sprache verständlich.

(58) *Vertreten war von Lehrern der Grundschule bis zur Hochschule jede Stufe, und alle konnten gut miteinander, aber auch Vieles voneinander lernen.* (BN 7/4–5, 8)

Alternative: *Vertreten waren Lehrkräften jeder Schulform: von der Grundschule bis zur Hochschule, alle verstanden sich gut und konnten viel(es) voneinander lernen.*

(59) *Man darf sich an die Geschehnisse vor 70 Jahren ohne Gefühle nicht zurückerinnern, aber man kann feststellen, dass sich die Menschen der Gegenwart da-*

41 Man hätte auch schreiben können: [...] *Rokoko-Tafeln, deren ursprüngliche Bemalung verschwunden ist.*

für einsetzen, dass die Grausamkeiten des 20. Jahrhunderts nie wieder vorkommen sollen. (BS 46/23)

Eine optimierte Version könnte lauten: *Wir können kaum ohne Emotionen an die Zeit vor 70 Jahren zurückdenken, können aber auch sehen, dass sich die Menschen heute dafür einsetzen, dass die Grausamkeiten des 20. Jahrhunderts nie wieder vorkommen.*[42]

3.2.2.3.8 Graphie

Kontaktbedingte Einflüsse konnten sogar auf der Ebene der Orthographie belegt werden. Zu den Beispielen gehört die durchgehende Kommasetzung vor der koordinierenden Konjunktion *sowie* (Beleg 60 BN 15/1–2, 4; Beleg 61 BS 31/23) – analog zum ungarischen Pendant *valamint*. Der Gebrauch von Bindestrichen – statt der Präposition *bis* – (a) in Konstruktionen wie *mit 4-6 Lehrern* (Beleg 62 BN 15/5–6, 16) oder *bei 4-6% der Bevölkerung* (Beleg 63 BS 50/11), (b) aber auch statt Kommata, z.B. *sehr-sehr schön geworden, vielen-vielen Dank* (Beleg 64 BN 10/3–4, 9) oder *viele-viele gemeinsame Jahre* (Beleg 65 BS 60/43) scheint ebenfalls einer ungarischen Schreibpraxis zu folgen.

3.2.2.3.9 Gebrauchsfrequenz

Hierher sind vom Deutschland-Deutschen abweichende Frequenzmuster zu zählen, also Bevorzugungen einer bestimmten Variante unter mehreren möglichen, die durch das Ungarische motiviert sein dürften. Diese Beispiele sind für sich genommen nicht oder kaum auffällig, was aber ins Auge springt, ist ihre Vorkommenshäufigkeit.

Hochfrequent (im Vergleich zur bundesdeutschen Pressesprache) erscheint in den Texten z.B. das Substantivlexem *Pädagoge/Pädagogin*[43] (Beleg 66) im Sinne von ‚Lehrer/Lehrerin' im BN-Korpus mit 47 (z.B. 7/4–5, 14) und im BS-Material mit nicht weniger als 254 Items (z.B. 66/36). Das dürfte an einer zwischensprachlichen semantischen Asymmetrie – am unterschiedlichen Bedeutungsumfang dieses Wortes im Deutschen und im Ungarischen – liegen. Während im Deutschen die Berufsbezeichnung *Lehrer* allgemein auf eine Person referiert, die

---

42 Oder: *Wer sie selbst (noch) erlebt hat, der kann sich an die Geschehnisse vor 70 Jahren nicht ohne Emotionen zurückerinnern, kann aber auch in der Gegenwart sehen, dass/wie sehr die Menschen sich dafür einsetzen, dass die Grausamkeiten des 20. Jahrhunderts nie wieder vorkommen/sich niemals wiederholen werden.*

43 Auch Komposita wie *Pädagogentag* ‚Lehrertag', ‚Tag des Lehrers' usw. sind eingeschlossen.

an einer Schule unterrichtet, geht man im Ungarischen differenzierter vor: Lehrer in der Primarstufe heißen *tanító* und die in der Sekundarstufe *tanár*. Um die Komplikation dieser Unterscheidung zu vermeiden, greift man häufig auf *pedagógus* ‚Pädagoge' als gemeinsamen Nenner zurück.

Augenscheinlich aus Sprachkontaktgründen wird auch das Wort *Programm* (Beleg 67) in der Bedeutung ‚Vorstellung', ‚Aufführung', ‚Darbietung', ‚Angebot' usw. sowohl in den BN (mit 478 Vorkommen, z.B. 14/1–2, 19) als auch in den BS (mit 282 Vorkommen, z.B. 64/32) eingesetzt.

Ein Beleg syntaktischer Art besteht darin, dass Sätze mit einer *w*-Frage plus *auch* (*immer*) und oft noch einem Nebensatz (als indirekte Fragesätze) im Korpus nicht vorkommen; vielmehr bevorzugen die Textproduzenten ganz eindeutig die auch im Ungarischen analog üblichen Strukturen mit *egal, was/wie* etc.:

(68) ***Egal, für welche** Spendenhöhe Sie sich entscheiden, Sie leisten einen wichtigen und hochgeschätzten Beitrag zur Einrichtung und Instandhaltung der Ulmer Schachtel in Baja.* (BS 62/36)

Alternative Satzbaupläne wie *für welche Spendenhöhe Sie sich auch entscheiden*, ... sind nicht belegt.

Die zwischensprachlich motivierte Gebrauchsfrequenz kann auch zu umgekehrten Ergebnissen führen: In den BN und den BS treten z.B. Anglizismen deutlich seltener auf als in bundesdeutschen Zeitungen, wahrscheinlich, weil die Häufigkeit anglo-amerikanischen Sprachguts in Ungarn generell nicht annähernd so hoch ist wie im deutschen Sprachraum. Ein einschlägiges Beispiel ist Beleg (69), in dem das Fremdwort *Trailer* für die Leser in Klammern erklärt wird:

(69) *Im Moment arbeitet das Team an einem **Trailer** (einer **Filmvorschau**).* (BN 12/5–6, 14)

In anderen Fällen wird versucht, statt der im Deutschen sonst geläufigen Anglizismen deutschsprachige Pendants zu kreieren:

(70) *In der Bibliothek wurde ein **„Befreiungszimmer"** eingerichtet und unsere Schüler mussten verschiedene Aufgaben im Zusammenhang mit der Reformation lösen, um sich zu befreien.* (BN 14/1–2, 6)

Im deutschen Sprachraum ist dafür die Bezeichnung *Escape Room* bekannt.

Die Unsicherheit mit Anglizismen offenbart sich auch in falschen Schreibungen (Belege 71 und 72):

(71) *Am ersten Morgen hatten wir einen kurzen Sportunterricht mit Herrn Lemke, dann wurde der Tag mit der* ***Stadtralley*** *fortgesetzt.* (BN 8/3–4, 7)

(72) *Das bedeutete nicht nur Erklärungen zu den Objekten, es ging vielmehr um interessante Fragen, kreative Aufgaben, die die Kinder mithilfe von* ***Tabletts*** *lösen konnten* (BN 15/1–2, 6), analog auch *Tablett im Unterricht.* (BS 56/29)

Die rechtschreibkonformen Versionen wären *Rallye* bzw. *Tablet* gewesen.

Eine interessante orthographische Eindeutschung ist *Trenschkoat* im folgenden Beleg:

(73) *Als Übergangsmantel hatte man einen* ***Trenschkoat.*** (BS 62/30)

Bei Anglizismen findet gelegentlich auch ein metakommunikativer Umgang, eine Kommentierung, statt, was von der Sprachbewusstheit des Textproduzenten zeugt, wie im folgenden Dialektbeleg:

(74) *Manche reta, dass Corona iwar Makkaroni iwrtroga werd, awr des is sichar nur* ***»Fake News« – wie schreibt man tes eigentlich uf Schwowisch?*** (BS 63/32)

3.2.3 Verfremdungen

Diesen Typ bilden Verfremdungsprozesse (z.B. Kontrastverschiebung oder -übertreibung, die aus einem unsicheren Umgang mit der deutschen Standardsprache resultieren, etwa Übergeneralisierung von Gebrauchsnormen bzw. -konventionen des Sprachsystems), die sich nicht mit Sprachkontaktmechanismen erklären lassen. Die einschlägigen Ausprägungen bewegen sich auf einer breiten Palette und betreffen sämtliche Sprachebenen. Hier seien jedoch exemplarisch nur einige wenige Beispiele zitiert:

(75) *für die organisatorische Arbeiten* (BN 10/3–4, 4)[44]

44 Dieser Beleg wird hier als grammatische Fehlleistung auf dem Gebiet der Adjektivflexion expliziert, indes ist nicht auszuschließen, dass es sich lediglich um einen Tippfehler handelt.

Der nächste BN-Beleg ist nahezu unverständlich:

(76) *„Wie ging es nach der Schule weiter? – Zu den Andenken sammelte ich Kinder um mich herum. Und auch einen Mann“.* (BN 8/1–2, 6)

Im Falle des BS-Belegs (77) hieße die kanonisch präfigierte Form *umschwärmt*:

(77) *Das ist eindeutig der Kaiser Franz Joseph, wessen Statue von den Gästen* ***rumge****schwärmt wird, da jeder ein gemeinsames Foto mit Franz haben will.* (BS 46/32)

3.2.4 Flüchtigkeitsfehler

Dieser Block vereint sprachliche Fehler, die nicht auf mangelndes Wissen oder Können, sondern vielmehr auf Unachtsamkeit zurückgehen und auch in Presseprodukten im deutschen Sprachraum vorkommen können. Als Illustration soll aus den beiden Zeitungen jeweils nur ein Beleg dienen:

(78) *Vertreter de**s** Wirtschaftsszene* (BN 15/3–4, 5)
(79) ***Nach dem*** *alle Zimmer begutachtet waren, gab es Abendessen* [...] (BS 35/23).

3.3 Salienzen primär kulturbezogener Natur

3.3.1 Xenismus als Beschreibungsinstrument

Durch die Integration von Inhalt und Kultur in die Betrachtungsperspektive konnte auch eine Bandbreite von Salienzen aufgedeckt werden, die nicht direkt sprachbezogen sind. Diese primär kulturbezogenen Auffälligkeiten lassen sich mit analytischer Hilfe des Konstrukts „Xenismus“ konzeptualisieren.[45]

45 Darunter wird im vorliegenden Beitrag als Nominaldefinition verbale, visuelle oder akustische sprachliche und/oder kulturelle – intendierte oder ungewollte – synchron interpretierte ‚Fremdartigkeit‘ im Sinne von Fremdheitssignalen verstanden. Ihr Verstehen setzt ein Zusammenspiel von Äußerungsinformation und Kontextinformation voraus (vgl. Földes 2022a: 137).

3.3.2 Kulturelle Realienbezeichnungen

Die analysierten Medientexte präsentieren ein breites Reservoir kulturspezifischer Wörter und Ausdrücke, also von Realienbezeichnungen verschiedener Art, aber auch raumspezifische Strukturen und Rituale des Alltags, historische Begebenheiten und Traditionen reflektieren sich in vielen Artikeln. Die kulturbezogenen Wörter und Ausdrücke werden meist unkommentiert eingesetzt, was eine Verständlichkeit für nicht-ungarndeutsche Rezipienten behindert oder zumindest erschwert, z.B. *Patschker* (Beleg 80 BN 83-mal, z.B. 14/5–6 und BS 53-mal, z.B. 31/10) ‚traditionelle Wollschuhe', *Doktorschule* (Beleg 81 BN 14/1–2, 1) ‚Promotionskolleg' oder das System der Benotung in der Schule:

(82) *Die Durchschnittsnote beträgt in Hartau* ***4,12*** *und in Nadwar* ***4,03****.* (BS 46/20)

Das adäquate Verständnis setzt das Hintergrundwissen voraus, dass in der ungarischen Notenskala die Fünf die beste Zensur ist und Dezimalstellen hinter dem Komma genau mitberechnet werden.

Ebenso überraschend wirkt für bundesdeutsche Leser u.U. folgender Beleg, denn in Deutschland können nur Professoren Lehrstuhlinhaber sein:

(83) *Festredner der Gedenkfeier war* ***Universitätsdozent*** *Dr. Zalán Bognár,* ***Lehrstuhlleiter*** *der Károli Gáspár Reformierten Universität, Präsident der Internationalen Gesellschaft der Gulag- und Gupvi-Forscher.* (BN 14/1–2, 3)

Noch spektakulärer dürfte in den beiden Zeitungen die mehrfach vorkommende Verwendung des Toponyms *Oberungarn* für das Gebiet der Slowakei sein (in den BN mit acht und in den BS mit 5 Tokens):

(84) *In die Häuser der vertriebenen Lutheraner wurden hauptsächlich katholische Ungarn gesetzt, evangelische Ungarn aus* ***Oberungarn*** *wurden überwiegend in Dörfern angesiedelt, wo früher keine Lutheraner gewohnt hatten.* (BN 11/3–4, 5)

(85) *Dies ist laut Herrn Bugarszki aus mehreren Ortschaften Siebenbürgens, aber auch aus* ***Oberungarn*** *wie aus der Umgebung der südungarischen Stadt Schelle/Sellye belegt.* (BS 49/21)

Ein weiteres Beispiel ist die in den BS vorkommende historische Funktionsbezeichnung *Kleinrichter* (Beleg 86 BS 33/8), die ‚einen Angestellten (meist Dienstboten) einer Gemeinde' bedeutete.

3.3.3 Geschlechtersensible Ausdrucksweise

Ungeachtet der (Streit-)Frage, ob man in Pressetexten gendern sollte oder nicht, ist festzustellen, dass sich beide Blätter durch einen kunterbunten Gendermix auszeichnen: einen Mix aus Nicht-Gendern (oft), konsequentem Gendern (eher selten) und uneinheitlichem Gendern (hin und wieder). Dieses niedrige Maß an Sensibilität für sprachbezogene Geschlechterfragen dürfte in sprachlicher Hinsicht nicht zuletzt damit zusammenhängen, dass die Kontaktsprache Ungarisch kein Nominalgenus-System hat, und in kultureller Hinsicht damit, dass in der Öffentlichkeit in Ungarn das Thema der „Gleichstellung" keinen so prominenten Platz einnimmt wie im aktuellen bundesdeutschen Diskurs (vgl. Földes 2022b: 15–16). Beispielsweise erwähnt ein BN-Artikel *Schülerinnen und Schüler*, aber wenige Zeilen weiter im generischen Maskulinum nur *Schüler* (Beleg 87 BN 10/5–6, 8) und in einem anderen Text *MitarbeiterInnen*, aber auch *Schülerinnen und Schüler* (Beleg 88 BN 8/3–4, 14). Auch in den BS findet man ähnliche Inkonsequenzen innerhalb ein und desselben Artikels: *Schüler/innen*, aber *Pädagogen* (Beleg 89 BS 52/31) und *Schüler*, aber *Tänzerinnen und Tänzer* (Beleg 90 BS 42/17).

3.3.4 Kontextualisierung und Perspektivierung

In vielen Artikeln der beiden Blätter kommt auch eine spezifische Standortgebundenheit zum Ausdruck, da textuelle Manifestationen zuweilen Blickrichtungen auf Realitäten und deren Einordnung nahelegen bzw. reflektieren. Denn jeder Sprachträger ist fester Teil seiner eigenen Diskurskultur, er sammelt Erfahrungsstrukturen und gewinnt entsprechende Wissensbestände, die dann – oft unreflektiert – in den Schreibkonventionen, Formulierungsroutinen und den Bedeutungen ihren Niederschlag finden. Beispielsweise zeigt sich eine besondere Perspektivierung darin, dass Ungarndeutsche mit *Vaterland* (Beleg 91, in den BN zwei Items, z.B. 10/5–6, 3 und in den BS 17 Items, z.B. 34/11) regulär Ungarn meinen, während sie unter *Mutterland* (Beleg 92, BS zehn Items, z.B. 44/16) Deutschland bzw. den deutschen Sprachraum verstehen. Denn zum Erschließen des kommunikativen Sinnes sprachbasierter Äußerungen ist, wie bereits z.B. Ducrot (1972: 21–24) ausführte, neben dem Gesagten (*posé*) auch das Vorausgesetzte/Mitverstandene/Mitzuverstehende (*présupposé*) und vor allem das Gemeinte von Bedeutung, was einen geteilten Bestand an soziokulturellem Alltagswissen voraussetzt.

3.4 Komplexphänomen Intertextualität

Die Unterscheidung zwischen sprach- und kulturbezogenen Salienzen ist gleichsam idealtypisch, denn die beiden Typen gehören mehr oder weniger zusammen. So lassen sich manche Ausprägungsformen nicht eindeutig in die eine oder andere Gruppe einteilen. Zum Beispiel liegt das Komplexphänomen Interkulturalität an der Schnittstelle der beiden Kategorien.

Die Textwelt der BN und der BS ist in verschiedenem und variablem Maße sowohl mit dem deutschsprachigen als auch mit dem ungarischen Kulturraum transtextuell vernetzt. Da kein Bedeutungselement – so auch kein Text – innerhalb einer kulturellen Struktur ohne Bezug zur Gesamtheit der anderen Bedeutungselemente (Texte) denkbar ist, kann man am Material der untersuchten Pressebeiträge mannigfaltige Erscheinungsformen der horizontalen und vertikalen Intertextualität identifizieren. Je nach der Distanz des Textbezugs kann man nach Fix (2000: 449) typologisch drei Arten differenzieren: (a) Text-Text-Beziehung, z.B. Zitate. (b) Text-Textmuster-Beziehung, da Personen, die einen Text produzieren, dabei bewusst oder unbewusst ihr Wissen über verschiedene Textmuster (also die kulturell geregelten Konventionen des Schreibens und Sprechens) konsultieren. (c) Text-Textwelt-Beziehung: Verbindung eines Textes zu allen vorherigen (für diese Art von Text relevanten) Texten, da ein Text immer vor dem Hintergrund anderer Texte zu sehen ist.[46] Unter Berücksichtigung der Mehrsprachigkeitsaspekte treten Intertextualitätsphänomene (1) zum einen intralingual, also innerhalb der deutschen Sprache auf, wobei sie (a) intrakulturell[47] und (b) interkulturell[48] sein können, und zum anderen (2) interlingual, also zwischen Deutsch und Ungarisch – mit ihren drei Subtypen (a) intrakulturell, (b) interkulturell und (c) transkulturell (Földes 2022b: 16–17). Ein interlinguales interkulturelles ungarisch-deutsches Intertextualitätsexemplar, vom Typ deiktische Intertextualität, kann man z.B. in folgenden Diskursfragmenten entdecken:

(93) *In der Wiege geschaukelt, **mit einem Bündel** rausgeworfen.* (BN 10/3–4, 1)

(94) *Die Hajoscher Tanzgruppe führte beim Vertreibungsdenkmal eine Choreographie auf mit dem Titel **„Mit einem Bündel…“***. (BS 30/10)

46 Diese Beziehung basiert auf einer weiten Auffassung von Intertextualität, geht über die Ebene der Sprache hinaus und kann bis hin zu der Annahme reichen, dass im Grunde genommen die gesamte Welt Text ist (vgl. Fix 2000: 454).

47 Referenz auf einen anderen deutschsprachigen Text aus der eigenen deutschen (Minderheiten-)Kultur.

48 Referenz auf einen deutschsprachigen Text aus einer anderen – in diesem Fall: der ungarischen – Kultur.

Das symbolträchtige *Bündel* ist eines der wichtigsten kulturellen Schlüsselwörter der Ungarndeutschen. Daher ist diese – im jeweiligen Artikel nicht erklärte – Manifestation von Intertextualität ohne die Kenntnis des inhaltlich-kulturellen Hintergrundes wohl kaum verständlich, denn nicht-ungarndeutschen Textrezipienten fehlt die entsprechende „intertextuelle Enzyklopädie" (Terminus in Anlehnung an Eco 1995: 81). Konstruktives Textverhalten setzt jedoch das Nachvollziehen vorhandener intertextueller Bezüge für das Verständnis voraus. Als Prätext dient hier ein berüchtigt gewordener Ausspruch von Imre Kovács, einem Politiker der Nationalen Bauernpartei, in der Ausgabe vom 10. April 1945 der Zeitung „Szabad Szó": Kovács forderte die radikale Vertreibung der Ungarndeutschen nach Deutschland mit vollständiger Vermögenskonfiszierung im Sinne der in den Phänotexten (93) und (94) angedeuteten *Bündel*-Metapher „Die Schwaben kamen mit einem Bündel hierher, sie sollen ebenso mit einem Bündel weggehen!" (vgl. Földes 2022a: 139).

4 Sachfehler, Widersprüche und Lapsus

Die Sichtung der Pressetexte förderte schließlich ein breites Spektrum von inhaltlichen Irrtümern und redaktionellen sowie typographischen Inkonsequenzen zutage. Zur Illustration soll aus den beiden Blättern jeweils ein Beleg angeführt werden.

(95) *Seine Tätigkeit wurde mit zahlreichen bedeutenden Auszeichnungen und Preisen anerkannt, 2014 wurde er mit der* ***höchsten ungarischen Auszeichnung, dem Kossuth-Preis*** *gewürdigt.* (BN 11/5–6, 17)

Dazu sei angemerkt, dass in Ungarn nicht der Kossuth-Preis, sondern der „Ungarische St. Stephans-Orden" (*Magyar Szent István-rend*) als die höchste Auszeichnung gilt.

(96) *Miklós Voigt, Professor der* ***Fakultät für Folklore*** *der Eötvös-Loránd-Universität Budapest* (BS 33/28)

Die erwähnte Universität hatte und hat nicht eine *Fakultät*, sondern einen *Lehrstuhl* für Folklore.

Auf eine ausführliche Darlegung der registrierten redaktionellen und typographischen Auffälligkeiten in beiden Zeitungen wie uneinheitliche Transkription der Dialekttexte, inkonsequenter Einsatz kurzer und langer Bindestriche auch innerhalb eines Textes, der uneinheitliche Umgang mit der Reihenfolge der Vor- und Nachnamen, Inkonsequenzen in Orthographie und Zeichensetzung, falsche Worttrennungen am Zeilenende, fehlende ungarische Sonderzeichen etc. wird an dieser Stelle nicht eingegangen.

5 Fazit und Ausblick

Die durchgeführte Untersuchung offenbarte eine Bandbreite minderheitenspezifischer kommunikativer Grundmuster und sprachlicher Praxisformen mit verschiedenen Variationsphänomenen des Deutschen, vor allem mit Mikroprozessen der Varianz. Somit sind die Sprachgebrauchsstrukturen in den BN und den BS weder wie die bundesdeutsche noch wie die ungarische Pressekommunikation: Die abweichenden Produktionsvoraussetzungen und Einflussfaktoren (etwa die spezifischen journalistisch-kommunikativen Ziele bzw. Aufgaben) und Rezeptionssettings haben einen anderen linguistischen Zuschnitt zur Folge, der auch z.B. spezifische Handlungs- bzw. Bewertungserwartungen und -konventionen mit einschließt.[49] Denn es gibt ja immer eine Konnektivität zwischen den Mediensystemen wie auch eine Systeminterdependenz zwischen Medien und anderen gesellschaftlichen Teilsystemen (vgl. allgemein Hafez 2007: 9 und 21–22). In einem komplexen und dynamischen interkulturellen Spannungsfeld entstehen somit interkulturelle Texte: Ihre Sprache ist zwar Deutsch, die sozio-kulturelle Umwelt ist jedoch ungarisch bzw. spezifisch ungarndeutsch geprägt (mit entsprechenden Kulturmustern und Rahmungen). Folglich sind die BN und die BS als eine Art kulturasymmetrische „Grenzgänger"-Blätter mit einem (interkulturellen) Interdiskurs zu betrachten (vgl. Földes 2022a: 140).

Zusammenfassend kann man die wichtigsten Profilelemente der BN- und der BS-Kommunikation wie folgt kurz charakterisieren. Die Untersuchung konnte vor allem zahlreiche mehrsprachigkeits- bzw. sprachkontaktinduzierte Phänomene auf verschiedenen Ebenen identifizieren: vom Wort bis zum Text/Diskurs (die Textroutinen sind z.T. ungarisch beeinflusst). Es handelt sich um – auch Emergenzen generierende – Kontaktprozesse, die eine Vielfalt sowohl overter

49 Im gegebenen Kontext sind doch die Medientexte nicht nur kommunikative Instrumente sowie kognitive Ressourcen, sondern sie erfüllen zugleich eine konstitutive soziale Orientierungsleistung: Vor allem dienen sie beispielsweise als wichtige soziale Katalysatoren der kontinuierlichen Vertiefung von ethnisch-kultureller Minderheiten-Identität (vgl. allgemein Toggenburg und Rautz 2010: 168 sowie Papp Z. 2014: 17 und spezifisch für das gegebene Gegenstandsfeld Földes 2022a: 142).

(z.B. Beleg 26) als auch coverter (z.B. Beleg 34) Kontaktprodukte hervorbringen: Diese sind teilweise usuelle (z.B. Beleg 45) und teilweise okkasionelle (z.B. Beleg 27) Kontaktergebnisse. Texte figurieren ja als „Träger" von Diskursen und Diskurse werden schließlich in Texten materialisiert. Folglich ist deren Machart durch die Diskursformation, in der sie entstanden sind, geformt. Im Sinne einer etwas radikaleren Auffassung des Intertextualitätsbegriffs ist eine Art Systemreferenz (typologische Intertextualität) in Form einer Textmusterreferenz etc. anzunehmen. Nicht zuletzt infolge der Salienzen erwecken viele Texte den Eindruck einer „quasi Korrektheit",[50] genauer: den einer Translationese (vgl. zum Begriff Yueyueming und Sun 2021) oder – um auf ein weniger normativ anmutendes Konzept zurückzugreifen – den eines dritten Kodes (*third code*, vgl. Granger 2018: 185).

Das Gesamtbild ist weitgehend durch Heterogenität, Uneinheitlichkeit sowie Eklektizismus gekennzeichnet, durch eine Mixtur an Sprach-, Stil- und Diskursformen. So stößt man z.B. einerseits auf überlange Sätze (z.B. BN 15/5–6, 1: zehn Zeilen; BS 30/5: 14 Zeilen lang), andererseits auf minimalistische Formulierungen, die mitunter so wirken, als wären sie in „Leichter Sprache" verfasst (z.B. BN 15/3–4, 14; BS 57/7); oft treten Auffälligkeiten hinsichtlich situativer und textfunktionaler Passung hinzu. Die BN- und die BS-Textwelt zeigen eine gewisse Ambivalenz selbst innerhalb einer Ausgabe: Auf der Mikroebene (punktuell, besonders im Wortschatz) sind sie recht heterogen, auf der Makroebene (global, hinsichtlich der Texte) wirken sie hingegen oft relativ einförmig. Dabei gestalten sich Textsorten um, was oft eine Textsortenverschmelzung ergibt, sodass gelegentlich keine klare Unterscheidung zwischen informations- und meinungsbetonten Texten – insbesondere zwischen Bericht und Kommentar – besteht; häufig ist dabei viel Wertung festzustellen.

Ein weiteres Merkmal besteht in der Emotionalisierung (etwa narrative thematische Entfaltung, emotionalisierende Metaphorik, frame-evozierende Elemente). Dazu trägt auch z.B. eine sog. journalistische Basisstrategie (vgl. Klein 1998: 377–378) bei, etwa durch häufige Verwendung von Wörtern wie *unser*, *wir* etc.[51]

---

50 Sie liegt vor, wenn ein Text als Ganzes insgesamt nicht den typischen Erwartungen eines einsprachigen Deutschsprechenden an einen bestimmten Texttyp entspricht, obschon der Text grammatisch durchaus korrekt ist und die Sätze eigentlich logisch miteinander verbunden sind (vgl. Papp 1972: 27–30).

51 Diese Phänomene können auch mit dem sog. *involvement* als Position des Textverfassers gegenüber dem Material bzw. den Lesern interpretiert werden (Tannen 1982: 17): Es geht um die Involviertheit des Schreibers in das, was er schreibt; er agiert sozusagen affektiv (vgl. Földes 2022b: 19).

Eine wichtige Ursache für die ermittelten Auffälligkeiten dürften Aspekte der im gegebenen mehrsprachigen Kontext auftretenden Zwei- bzw. Mehrschriftlichkeit[52] der Textemittenten liefern. Das Konzept Mehrschriftlichkeit wird etwa in der angelsächsischen Forschungsliteratur mitunter genauer ausdifferenziert (z.B. Stavans und Lindgren 2021: 265 und 278), indem zwischen *multiliteracy* („the different literacies that the individual masters in one or many languages"), *multiple literacy* („the multiple literacies multilinguals have to negotiate when using their languages") und *multilingual literacy* unterschieden wird, wobei letztere auf die literale Fertigkeit verweist, wenn mehrsprachige Menschen fähig sind, den Gebrauch ihrer Sprachen an verschiedene Situationen und Modalitäten anzupassen (z.B. durch Wechsel zwischen den Sprachen).[53] Man kann das grundsätzliche Dilemma von Maas (2008: 478) für das vorliegende Material adaptieren, nämlich, ob derartige Textprodukte tatsächlich von mehrfacher Literalität zeugen oder lediglich einen literaten Ausbau in unterschiedlichen Sprachen verkörpern. Im Rahmen der besonderen Zwei- bzw. Mehrschriftlichkeit der Schreiber, die von ihren mehrsprachigkeits- und dialektgeprägten sprachbiographischen Aneignungskonstellationen herrührt, liegt eine spezifische Sprach- und Text(sorten)kompetenz in Hinsicht konzeptual-schriftlicher Fähigkeiten in der deutschen Standardsprache vor. Die literale Kompetenz ungarndeutscher Textemittenten ist also, zumal in Bezug auf bestimmte (mediale) Textmuster bzw. Textsorten und Domänen, aus einleuchtenden Gründen meist nicht vergleichbar mit der von bundesdeutschen Journalisten: Einerseits sind die lexikalischen, morphosyntaktischen und diskursiven Ressourcen ungarndeutscher Textschreiber in der (standard-)deutschen Pressesprache begrenzter als die bundesdeutscher Redakteure, andererseits, infolge ihrer Zwei- bzw. Mehrsprachigkeit, insgesamt umfangreicher. Als Folge von Omnipräsenz, Ausstrahlung und Prägekraft der Umgebungs-

52 Zum Terminus Mehrschriftlichkeit vgl. Yılmaz Woerfel und Riehl (2016). Eine Variante ist *Mehrschriftigkeit*, für die es verschiedene Inhaltsbeschreibungen gibt: Nach Maas (2008: 385 und 478) hat man mit Mehrschriftigkeit zu tun, wenn unterschiedliche Schriftsysteme interagieren, wobei ein Sonderfall deren der *Biliteralismus* ist. Böhm und Roll (2022: 49–50) – und implizit auch Erfurt (2021: 237 und 239) – unterscheiden dagegen Mehrschriftigkeit im engeren Sinne (Alphabetisierung und Umgang mit verschiedenen Schriftsystemen) und Mehrschriftigkeit im weiteren Sinne (sprachenübergreifende Textkompetenz).

53 Beim Verfassen ungarndeutscher Pressetexte werden demnach alle drei *literacies* verlangt, da erstens die kulturellen und sozialen Faktoren beider Länder und Sprachen bekannt sein und angewendet werden müssen (*multiple literacies*), der Unterschied zwischen dem Modus gesprochener und geschriebener Sprache bekannt sein muss (*multiliteracies*) und der Gebrauch der Sprache an die jeweilige Situation in der jeweiligen Sprache angepasst werden muss (*multilingual literacy*).

sprache Ungarisch, die vom Wort bis zur pragmatisch-diskursiven Sphäre auf verschiedenen Ebenen zur Geltung kommen, entsteht eine Art Literalitätshybridität.

Aufgrund dieser Sprach- und Kompetenzfaktoren tritt ein besonderes Spannungsfeld von Mündlichkeit und Schriftlichkeit bzw. von Nähe- und Distanzkommunikation auf. Somit operieren die BN- und die BS-Beiträge oft mit Formen und Strukturen geschriebener Alltagssprache, die metaphorisch als „Parlando-Texte" bezeichnet werden können, also als ein „textuelles Strickmuster zwischen Mündlichkeit und Schriftlichkeit" (Nussbaumer und Sieber 1994: 320) oder in vielen Fällen sogar als verschriftlichte Mündlichkeit: Die Texte weisen in nicht unwesentlichem Umfang Merkmale der gesprochenen Sprache (wie Dialogizität, Vertrautheit mit dem Partner, Sprunghaftigkeit, Parataxen, freie Themenentwicklung und Affektivität) auf.[54]

Die vergleichenden Betrachtungen haben zahlreiche signifikante Ähnlichkeiten und Parallelitäten zwischen den beiden ungarndeutschen Medien hinsichtlich ihrer journalistischen Programme und sprachkommunikativen Grundmuster aufgedeckt. Gleichwohl ist insgesamt auch festzustellen, dass die BN thematisch-inhaltlich eher lokal orientiert zu sein scheinen, dabei aber weniger Auffälligkeiten zeigen und sprachlich-kulturell weniger spezifisch ungarndeutsche Züge aufweisen, wohingegen die BS eher (klein-)regional ausgerichtet sind und sowohl sprachlich als auch kulturell deutlicher eine raumbezogene ungarndeutsche Färbung haben.

Literaturverzeichnis

Adamou, Evangelia und Yaron Matras (2021): Borrowing. In: Adamou, Evangelia und Yaron Matras (Hrsg.): *The Routledge Handbook of Language Contact* (Routledge Handbook in Linguistics), 237–251. London, New York: Routledge.

Akstinat, Björn (und Arbeitsgemeinschaft Internationaler Medienhilfe) (Hrsg.) (2012–2013): *Handbuch der deutschsprachigen Presse im Ausland: Verzeichnis deutschsprachiger Zei-*

54 Nach Sieber (1998: 191) soll Parlando als textuelles Phänomen grundsätzlich ein Gefühl von Vertrautheit generieren, eine entsprechende Grundstimmung vermitteln und auf die affektive Verhaltenskomponente bei den Rezipienten abzielen. Hinsichtlich der Frage, ob im untersuchten Mediendiskurs eher intendierte Parlando-Phänomene überwiegen oder ob sich diese vielmehr aus den thematisierten Kompetenzaspekten bzw. der mangelnden Routine im Verfassen standarddeutscher Texte in verschiedenen journalistischen Textsorten seitens der ungarndeutschen Textproduzenten ergeben, scheint Letzteres wahrscheinlicher zu sein (vgl. auch Földes 2022b: 19–20).

tungen, Zeitschriften, Mitteilungsblätter und Jahrbücher außerhalb Deutschlands, Österreichs, Luxemburgs, Liechtensteins und der Schweiz. Berlin: IMH.

Auer, Peter (2021): Language contact. Pragmatic factors. In: Adamou, Evangelia und Yaron Matras (Hrsg.): *The Routledge Handbook of Language Contact* (Routledge Handbook in Linguistics), 147–167. London, New York: Routledge.

Böhm, Manuela und Heike Roll (2022): Nicht nur mehrsprachig, sondern auch mehrschriftig! Argumente für eine mehrsprachige Literalität in der Migrationsgesellschaft. *Osnabrücker Beiträge zur Sprachtheorie* 100, 43–64.

Boswijk, Vincent und Matt Coler (2020): What is Salience? *Open Linguistics* 6, 713–722.

Carstensen, Broder und Ulrich Busse (1993): *Anglizismen-Wörterbuch. Der Einfluß des Englischen auf den deutschen Wortschatz nach 1945.* Band 1: *A–E.* Berlin, New York: De Gruyter.

Deppermann, Arnulf (2020): Konversationsanalyse und diskursive Psychologie. In: Mey, Günter und Katja Mruck (Hrsg.): *Handbuch Qualitative Forschung in der Psychologie* (Designs und Verfahren 2), 649–672. 2., erw. und überarb. Aufl. Wiesbaden: Springer.

Ducrot, Oswald (1972): *Dire et ne pas dire. Principes de sémantique linguistique* (Collection Savoir: Sciences). Paris: Hermans.

Duden (1999). *Das große Wörterbuch der deutschen Sprache in zehn Bänden.* Hrsg. vom Wissenschaftlichen Rat der Dudenredaktion. 3., völlig neu bearb. u. erw. Aufl. Mannheim u.a.: Dudenverlag.

Dudenredaktion (Hrsg.) (2019): *Duden. Deutsches Universalwörterbuch.* 9., vollst. überarb. u. erw. Aufl. Berlin: Dudenverlag.

Ebner, Jakob (2019): *Duden – Österreichisches Deutsch. Wörterbuch der Gegenwartssprache in Österreich.* 5., völlig neu überarb. und erw. Aufl. Berlin: Dudenverlag.

Eco, Umberto (1995): *Lector in fabula. La cooperazione interpretativa nei testi narrative* (Saggi Tascabili 27). 3. ed. Milano: Bompiani.

Erfurt, Jürgen (2021): *Transkulturalität – Prozesse und Perspektiven* (UTB 5542). Tübingen: Narr Francke Attempto.

Fix, Ulla (2000): Aspekte der Intertextualität. In: Brinker, Klaus, Antos, Gerd, Heinemann, Wolfgang und Sven F. Sager (Hrsg.). *Text- und Gesprächslinguistik. Ein internationales Handbuch zeitgenössischer Forschung.* 1. Halbband (Handbücher zur Sprach- und Kommunikationswissenschaft 16.1), 449–457. Berlin, New York: De Gruyter.

Földes, Csaba (2005): *Kontaktdeutsch. Zur Theorie eines Varietätentyps unter transkulturellen Bedingungen von Mehrsprachigkeit.* Tübingen: Narr.

Földes, Csaba (2020): Figuratives in der auslandsdeutschen Pressesprache. *Kalbotyra (Vilnius)* 73, 31–60.

Földes, Csaba (2021): Phraseologische Sprachkontaktprozesse und -phänomene in einem ungarndeutschen Vereinsblatt. *Schnittstelle Germanistik* 1 (2), 81–98.

Földes, Csaba (2022a): Auslandsdeutsche Mediendiskurse: sprachliche und interkulturelle Aspekte von Minderheitenzeitungen. *Zeitschrift für Literaturwissenschaft und Linguistik (LiLi)* 52, 123–145.

Földes, Csaba (2022b): Deutschsprachige Regionalpresse im Ausland. Fallstudie am Beispiel der „Batschkaer Spuren". *Dialectologia et Geolinguistica* 30, 1–22.

Gehl, Hans (2005): *Wörterbuch der donauschwäbischen Lebensformen* (Schriftenreihe des Instituts für donauschwäbische Geschichte und Landeskunde 14). Stuttgart: Steiner.

Grammis (2021): *Grammatisches Informationssystem „grammis".* Mannheim: Leibniz-Institut für Deutsche Sprache. http://grammis.ids-mannheim.de. doi: 10.14618/grammis (letzter Zugriff 06.06.2022).

Granger, Sylviane (2018): Tracking the third code: A cross-linguistic corpus-driven approach to metadiscoursive markers. In: Čermáková, Anna und Michaela Mahlberg (Hrsg.): *The Corpus Linguistics Discourse. In Honour of Wolfgang Teubert* (Studies in Corpus Linguistics 87), 185–204. Amsterdam, Philadelphia: Benjamins.

Hafez, Kai (2007): *The Myth of Media Globalization*. Cambridge: Polity Press.

Johnstone, Barbara (2016): Enregisterment: How linguistic items become linked with ways of speaking. *Language and Linguistics Compass* 10 (11), 632–643.

Klein, Josef (1998): Politische Kommunikation als Sprachstrategie. In: Jarren, Otfried, Sarcinelli, Ulrich und Ulrich Saxer (Hrsg.): *Politische Kommunikation in der demokratischen Gesellschaft. Ein Handbuch mit Lexikonteil*, 376–395. Opladen, Wiesbaden: Westdeutscher Verlag.

Kretzschmar, Sonja, Möhring, Wiebke und Lutz Timmermann (2009): *Lokaljournalismus* (Kompaktwissen Journalismus). Wiesbaden: VS, Verl. für Sozialwiss.

Lange, Rael T. (2011): Inter-rater Reliability. In: Kreutzer, Jeffrey S., DeLuca, John und Bruce Caplan (Hrsg.): *Encyclopedia of Clinical Neuropsychology*, 1203. New York: Springer.

Lu, Rong, Ali, Afida Mohamad und Che An Abdul Ghani (2021): A comparative study of corpus-based and corpus-driven approaches. *Linguistics International Journal* 15 (2), 119–132.

Maas, Utz (2008): *Sprache und Sprachen in der Migrationsgesellschaft. Die schriftkulturelle Dimension* (IMIS-Schriften 15). Göttingen: V & R Unipress/Universitätsverlag Osnabrück.

Nail, Norbert (1994): „Broiler" – gegrillt und ungegrillt. Nachbemerkungen zu einem „DDR-Wort". *Der Sprachdienst* 37 (3–4), 100–103.

Nussbaumer, Markus und Peter Sieber (1994): Parlando: Schreiben zwischen Mündlichkeit und Schriftlichkeit. In: Sieber, Peter und Edgar R. Brütsch (Hrsg.), *Sprachfähigkeiten – besser als ihr Ruf und nötiger denn je! Ergebnisse und Folgerungen aus einem Forschungsprojekt* (Sprachlandschaft 12), 318–332. Aarau: Sauerländer.

Papp, Ferenc (1972): Okončateľnaja redakcija tekstovych edinic, dlinnee predloženij ili kvazipraviľnosť reči lic, osvoivšich inostrannyj jazyk. *Slavica. Annales Inst. Phil. Slavicae Univ. Debreceniensis* 12, 27–41.

Papp Z., Attila (2014): A kisebbségi média és identitástermelés viszonyrendszere. In: Apró, István (Hrsg.): *Média és identitás. Tanulmányok* (Médiatudományi Könyvtár), 11–37. Budapest: Médiatudományi Intézet.

Parkinson, Brian (2014): Soziale Wahrnehmung und Attribution. In: Jonas, Klaus, Stroebe, Wolfgang und Miles Hewstone (Hrsg.): *Sozialpsychologie* (Springer-Lehrbuch), 65–106. 6., vollst. überarb. Aufl. Berlin, Heidelberg: Springer.

Pittner, Karin (2004): *Wo* in Relativsätzen – eine korpusbasierte Untersuchung. *Zeitschrift für Germanistische Linguistik* 32 (3), 357–375.

Poplack, Shana (2021): A variationist perspective on language contact. In: Adamou, Evangelina und Yaron Matras (Hrsg.): *The Routledge Handbook of Language Contact* (Routledge Handbook in Linguistics), 46–62. London, New York: Routledge.

Rácz, Péter (2013): *Salience in Sociolinguistics. A Quantitative Approach*. Berlin, Boston: De Gruyter Mouton.

Riehl, Claudia Maria (2014): *Mehrsprachigkeit. Eine Einführung* (Einführung Germanistik). Darmstadt: Wiss. Buchgesellsch.

Sakel, Jeanette (2007): Types of loan: Matter and pattern. In: Matras, Yaron und Janet Sakel (Hrsg.): *Grammatical Borrowing in Cross-linguistic Perspective* (Empirical Aproaches to Language Typology 38), 15–29. Berlin, Boston: De Gruyter.

Sieber, Peter (1998): *Parlando in Texten. Zur Veränderung kommunikativer Grundmuster in der Schriftlichkeit* (Reihe Germanistische Linguistik 191). Tübingen: Niemeyer.

Stavans, Anat und Eva Lindgren (2021): Building the multilingual literacy bridge. In: Breuer, Esther Odilia, Lindgren, Eva, Stavans, Anat und Elke van Steendam (Hrsg.): *Multilingual literacy* (New Perspectives on Language Education 85), 260–286. Bristol, Blue Ridge Summit: Multilingual Matters.

Steyer, Kathrin (2004): Kookkurrenz. Korpusmethodik, linguistisches Modell, lexikografische Perspektiven. In: Steyer, Kathrin (Hrsg.): *Wortverbindungen – mehr oder weniger fest* (Jahrbuch des Instituts für deutsche Sprache 2003), 87–116. Berlin, New York: De Gruyter.

Straßner, Erich (1999): *Zeitung* (Grundlagen der Medienkommunikation 2). 2., veränd. Aufl. Tübingen: Niemeyer.

Tannen, Deborah (1982): Oral and literate strategies in spoken and written narratives. *Language* 58 (1), 1–21.

Toggenburg, Gabriel N. und Günther Rautz (2010): *ABC des Minderheitenschutzes in Europa* (UTB 3269). Wien u.a.: Böhlau.

Yılmaz Woerfel, Seda und Claudia Maria Riehl (2016): Mehrschriftlichkeit: Wechselseitige Einflüsse von Textkompetenz, Sprachbewusstheit und außersprachlichen Faktoren. In: Rosenberg, Peter und Christoph Schroeder (Hrsg.): *Mehrsprachigkeit als Ressource in der Schriftlichkeit* (DaZ-Forschung 10), 305–336. Berlin, Boston: De Gruyter Mouton.

Yueyueming, Ming und Boyang Sun (2021): Translationese and interlanguage in inverse translation: A case study. *Across Languages and Cultures* 22 (1), 45–63.

Zsuzsanna Adrigán

Sprachwahl und Themen der Berichterstattung der deutschen Minderheit in der lokalen Presse von Sankt Iwan bei Ofen/Pilisszentiván von 1990 bis 2019

Zusammenfassung: Im Beitrag werden der Sprachgebrauch und die Berichterstattung in den Periodika von Sankt Iwan bei Ofen untersucht, wobei das Korpus zehn sprachlichen Kategorien und sechs minderheitenrelevanten Themenkreisen zugeordnet wird. Während der untersuchten Zeiträume ist eine deutliche Veränderung des Sprachgebrauchs und der Themen[1] zu beobachten: In der ersten Periode (1990–1995) wird der größte Wert auf den Gebrauch der deutschen Standardsprache und des Dialektes gelegt. Zu den häufigsten Inhalten gehören die Bewusstmachung der ungarndeutschen Abstammung und die Bewahrung des Ortsdialektes. Diese Thematik bekommt in der zweiten (2002–2007) und in der dritten Periode (2014–2019) eine geringere Bedeutung. In der zweiten Periode geht die Zahl der in deutscher Standardsprache und im Dialekt verfassten Artikel zurück, im dritten Zeitraum wurden fast ausschließlich ungarischsprachige Pressetexte veröffentlicht. Die Identifikation mit der ungarndeutschen Volksgruppe zeigt sich in der zweiten und der dritten Periode in der Pflege und der Weitergabe der kulturellen Werte.

1 Problemstellung und Forschungsfragen

Im Zeitraum von 1990 bis 2019 änderte sich der juristische Hintergrund der Minderheitenpolitik und des gesellschaftlichen Kontextes in Ungarn grundlegend, wodurch der Sprachgebrauch und die Themen der Berichterstattung in den Medien beeinflusst wurden. In der Untersuchung wird der Frage nachgegangen, was für ein Potential die Sprache für die deutsche Minderheit im Zeitraum von

1 Modifizierte Kategorien von Adrigán (2021: 491).

Zsuzsanna Adrigán, Győr/Raab, Ungarn, E-Mail: adrigan.zsuzsanna@sze.hu

https://doi.org/10.1515/9783111247694-006

1990 bis 2019 hatte, in welcher Weise sich die Verbundenheit mit der deutschen Sprache in den untersuchten Inhalten widerspiegelt und wie sich die Pressetexte über die Ungarndeutschen und die Identitätsmarker in den drei Zeiträumen bezüglich der Inhalte veränderten. Diesen Forschungsschwerpunkten wird durch ein Leitfadeninterview und die quantitative Analyse der Sprache der relevanten Pressetexte in drei Perioden innerhalb des dreißigjährigen Zeitraums nachgegangen.

2 Theoretischer Hintergrund der Forschung

2.1 Berichterstattung in den lokalen Presseorganen der Minderheiten

2.1.1 Presse der Minderheiten

Der Untersuchung liegt die Ansicht von Toggenburg und Rautz (2010: 168) zugrunde, nach der für den Spracherwerb, die Identität und den Spracherhalt „die in den Minderheitensprachen selbst produzierten eigenen Medienberichte von zentraler Bedeutung“ sind. Altmeppen (2016: 47, 64–65) ist der Meinung, dass die Medien einerseits konstitutiv für den gesellschaftlichen Kommunikationsprozess sind, andererseits von ihnen gesellschaftliche Entwicklungen reproduziert werden, sie also Organisationen der Gesellschaft sind. Durch sie kann (vgl. McQual 2003: 70) die Entwicklung der Identität und die Integration der Individuen in eine Gemeinschaft gefördert werden. In der Presse einer Minderheit wird wegen ihrer Funktion nach Papp (2014) ein besonderer Medienrahmen bestimmt, da sie über die Informationsvermittlung hinaus auch eine kulturelle, identitätsvermittelnde und -stärkende Funktion hat; aus diesem Grund ist bei der Interpretation der Pressemitteilungen auch die Analyse des breiteren gesellschaftlich-politischen Umfeldes von Bedeutung (Papp 2014: 17). Wie Bohlen (2014: 36–37) ausführt, bilden die von den Minderheiten herausgegebenen Medien eine Art sozialer Vernetzung innerhalb einer Gruppe, die aufgrund der zum Verstehen erforderlichen Sprachkenntnisse nur für bestimmte Personen zugänglich ist. Im Vergleich zu den Mainstream-Medien waren die Verfasser der Artikel und die Redakteure der Presseorgane der deutschen Minderheit in der ersten Hälfte des Untersuchungszeitraumes nicht immer ausgebildete, hauptbeschäftigte Journalisten, sondern freiwillige, engagierte Vertreter der Volksgruppe.

2.1.2 Lokaljournalismus

Lokaljournalismus ist eine besondere Form der Journalistik, die eine andere Funktion als die der Landeszeitungen hat. Dieser Form „alternativer" Kommunikation als Bürgerinitiativzeitungen kommt nach Eurich (1983: 15–16) eine „Sprachrohr-Funktion für bestimmte Personen und Gruppen" zu. Kepplinger und Hartung (1997: 24–25) meinen, dass die lokale und regionale Berichterstattung eine immer größere Bedeutung hat, weil die Ausdifferenzierung der Lebensstile und die wachsende Mobilität mit steigendem Orientierungsbedarf verbunden sind. Nach Kretzschmar, Möhring und Timmermann (2009: 31) sind die Grenzen des lokalen Kommunikationsraums fließend, da auch Ereignisse außerhalb des Verbreitungsgebietes auf lokaler Ebene thematisiert werden sollen. Die lokale Lebenswelt hat nach Herrmann (1993: 216–233) die identifikatorischen Bezugsebenen wie Region, Heimat und Dialekt. Nach Faulstich (2002: 279) hat sich der Lokaljournalist den im Ort herrschenden gesellschaftlichen Faktoren unterzuordnen; so besteht seine Hauptaufgabe in der „Schaffung eines insertionsfreundlichen Textumfeldes". Aus diesem Grund werden wenig Pressetexte auf Eigeninitiative verfasst. Keldenich (2019: 22) sieht diese Situation kritisch und geht davon aus, dass das Geflecht aus regionaler, sozialer und wirtschaftlicher Nähe die qualitativen Normen lokaler Berichterstattung nachteilig beeinflussen kann. Nach Eurich (1983: 26–27) zeigt sich der größte Unterschied zwischen den landesweit erscheinenden und den lokalen Presseorganen in der Reichweite der Inhalte.

2.2 Sprache als identitätsstiftender Faktor

In der vorliegenden Untersuchung wird davon ausgegangen, dass die Identität der deutschen Minderheit in Ungarn wesentlich von ihrem Sprachverhalten geprägt wird. Földes (2005: 45) ist der Meinung, dass Deutsch als Minderheitensprache in Ungarn eine besondere Sprachvarietät ist, die weder mit der binnendeutschen Standardvarietät noch mit den binnendeutschen Dialekten der Gegenwart identisch ist. Nach Komlósi-Knipf (1996: 129–130) gilt für die deutsche Minderheit ab der dritten Generation Ungarisch als die Sprache der primären Sozialisation, wobei der Erwerb und der Erhalt der deutschen Sprache nur eine referentielle Funktion hat; es besteht jedoch die Möglichkeit, dass Deutsch später zur Identifikationssprache wird, „weil die emotionale Bindung zu der Tradition so eng mit der Sprache verbunden werden kann." In Anlehnung an Gerner (2006: 161–163) kann die sprachliche Komponente der Identität durch neue identitätsbildende Faktoren wie Sprach- und Ortsloyalität ersetzt und ein neues Wir-Gefühl konzipiert werden. Die Assimilation der Ungarndeutschen befindet sich nach Heinek

(2016: 8) in einem fortgeschrittenen Stadium; aus diesem Grund müssen neben dem Elternhaus auch die Erziehungs- und Bildungseinrichtungen bei der Weitergabe der Sprache und Identität eine Rolle übernehmen.

In Anlehnung an Isajiw (1993) wird zwischen externen und internen Aspekten der ethnischen Identität unterschieden: Zu den externen Aspekten gehören der Gebrauch der Sprache der ethnischen Gruppe, die Pflege von deren Traditionen, die Mitgliedschaft in personalen Netzwerken der Ethnie sowie in einer institutionellen Organisation der ethnischen Gruppe, die freiwillige Tätigkeit in einem Verein oder einer Jugendorganisation und die Teilnahme an den von der ethnischen Gruppe geförderten Veranstaltungen. Als interne Aspekte gelten die Vorstellungen, Gedanken, Attitüden und Gefühle des Individuums. Innerhalb der internen Aspekte unterscheidet Isajiw kognitive, moralische und emotionale Aspekte. Die kognitiven Aspekte seien das Selbstbild und das Bild von der ethnischen Gruppe, ihrem Erbe und ihrer Geschichte; die moralischen Aspekte das Verhalten und die Verpflichtung der ethnischen Gruppe gegenüber, wie die Endogamie und die Weitergabe der Sprache der Ethnie an die nächsten Generationen. Zu den affektiven Aspekten der ethischen Identität gehören das Zugehörigkeitsgefühl zu der Gruppe sowie das Gefühl der Behaglichkeit innerhalb der Gruppe (Isajiw 1993: 3–9).[2]

2.3 Juristischer Hintergrund, Untersuchungszeiträume

Als erste Untersuchungsperiode gilt der Zeitabschnitt zwischen Dezember 1990 und Januar 1995 bis zur Gründung der ersten Deutschen Minderheitenselbstverwaltungen[3], die durch das Erlassen des „Gesetzes Nr. LXXVII/1993 über die Rechte der nationalen und ethnischen Minderheiten im Jahre 1993“[4] ermöglicht wurde.

2 Die Ausführungen zu Altmeppen (2016), Bohlen (2014), Eurich (1983), Faulstich (2002), Herrmann (1993), Keldenich (2019), Kepplinger und Hartung (1997), Kretzschmar, Möhring und Timmermann (2009), McQual 2003), Papp (2014) und Toggenburg und Rautz (2010) sind der Dissertation Adrigán (2022: 56–58), die Ausführungen zu Gerner (2006), Heinek (2016) und Isajiw (1993) sind der Dissertation Adrigán (2022: 44–52) entnommen.

3 Im Weiteren für die Begriffe Deutsche Minderheitenselbstverwaltung und Deutsche Nationalitätenselbstverwaltung: Deutsche NSV.

4 Vergleiche 1993. évi LXXVII. törvény a nemzeti és etnikai kisebbségek jogairól. I. fejezet 5 § (1–3) [Kap. 1 § 5 (1–3) des Gesetzes Nr. LXXVII/1993 über die Rechte der nationalen und ethnischen Minderheiten]. http://mkogy.jogtar.hu/?page=show&docid=99300077.TV (letzter Zugriff 07.06.2022).

Vom „Gesetz Nr. CXIV des Jahres 2005 über die Wahl der Vertreter der Minderheitenselbstverwaltungen sowie über die Modifizierung der Gesetze über die nationalen und ethnischen Minderheiten“[5] werden wesentliche Änderungen bezüglich der Minderheitenwahlen festgelegt, nach denen Wahlberechtigte sich in Bezug auf ihre ethnische Zugehörigkeit öffentlich zu bekennen und sich auf den Wählerlisten zu registrieren haben. Aus diesem Grund wurde als nächster Zeitraum die Periode von Dezember 2002 bis Januar 2007 ausgewählt.

Die dritte untersuchte Periode umfasst die Epoche von Dezember 2014 bis Januar 2019. Die Rechtslage der Ungarndeutschen änderte sich nach der Verabschiedung des „Gesetzes Nr. CLXXIX/2011 über die Rechte der Nationalitäten in Ungarn“[6], nach dem jeder ungarische Staatsangehörige das Recht hat, sich zu einer anderen Nationalität zu bekennen. Nach dem Gesetz dürfen die Nationalitätenselbstverwaltungen im rechtlichen Rahmen Institute gründen, sie von anderen Organen zu übernehmen.[7] Die Begriffe Minderheit und Nationalität werden im Beitrag als vollständige Synonyme verwendet.

3 Erforschung der Presseorgane

3.1 Presselandschaft von Sankt Iwan bei Ofen

3.1.1 „Szentiváni újság: Pilisszentiván havilapja – Sanktiwaner Zeitung“

In der seit Dezember 1990[8] bis heute in Sankt Iwan bei Ofen/Pilisszentiván monatlich herausgegebenen Zeitung „Szentiváni Újság: Pilisszentiván havilapja – Sanktiwaner Zeitung“ (Rózsa 2006: 461) (im Weiteren: SZ) werden Kurzmeldun-

5 Vergleiche 2005. évi CXIV törvény a kisebbségi önkormányzati képviselők választásáról, valamint a nemzeti és etnikai kisebbségekre vonatkozó egyes törvények módosításáról I. fejezet 2 § (1 a, d) [Kap. I § 2 (1 a, d) des Gesetzes Nr. CXIV des Jahres 2005 über die Wahl der Vertreter der Minderheitenselbstverwaltungen sowie über die Modifizierung der Gesetze über die nationalen und ethnischen Minderheiten]. https://mkogy.jogtar.hu/jogszabaly?docid=a0500114.TV (letzter Zugriff 07.06.2022).

6 Vergleiche 2011. évi CLXXIX törvény a nemzetiségek jogairól. 2011. évi CLXXIX törvény a nemzetiségek jogairól. Bevezető. [Einführung des Gesetzes Nr. CLXXIX/2011 über die Rechte der Nationalitäten in Ungarn]. https://net.jogtar.hu/jogszabaly?docid=a1100179.tv (letzter Zugriff 07.06.2022).

7 Ebenda Kapitel IV § 19 Absatz a).

8 Januar 1991 (nach Rózsa 2006: 461), laut eigener Forschung erschien im Dezember 1990 eine Probeausgabe der Zeitung.

gen, Berichte und Interviews zu den Themen Nachrichten der Selbstverwaltung, aktuelle Angelegenheiten, Wahlen, Vergangenheit der Gemeinde, Traditionsbewahrung sowie Neuigkeiten aus der Grundschule und dem Kindergarten veröffentlicht. Mária Mirk, die von der Verf. am 23. Mai 2018 interviewt wurde, nahm seit der Zeitungsgründung an der redaktionellen Arbeit teil. Redakteure der Zeitung waren Dezső Szabó (1990–1995), Germánné Klencsák Veronika (1995–1996), György Richolm (1996–1997), Melinda Sólyom (1998–2000), Ádám Sódor (2000–2002), Mária Klotz (2002–2003) und László Kleer (2003–2004). Von 2004 bis 2009 wurde die Herausgabe der Zeitung eingestellt. Seit dem 1. März 2010 wird das Gemeindeblatt wieder herausgegeben. Chefredakteur war bis Oktober 2019 András Hegedűs. Die Pressetexte über die Ungarndeutschen wurden von Georg Bauer (aus Marktleugast), Michael Fogarasy-Fetter, Ilona Geréné Zachar, András Hegedűs, Mária Klotz, Mária Mirk, Piroska Neubrandt, Katalin Osztheimerné László, Béláné Stattner, Dezső Szabó und Károly Szabó verfasst. Nach Mirk (2018) ist bei der Veröffentlichung und beim Sprachgebrauch in den Artikeln die Wirtschaftlichkeit ein wichtiger Faktor, da sie in einer Sprache verfasst werden müssen, die von allen Lesern verstanden wird. Die SZ hat ihre Existenzberechtigung, da sie solche Themen bringt, zu denen sich die Leserschaft hingezogen fühlt. Das landesweit erscheinende Periodikum der Ungarndeutschen, die „Neue Zeitung“ (im Weiteren: NZ) wird in Sankt Iwan bei Ofen von sehr wenigen gelesen. Doch auch die SZ trägt immer weniger zur Förderung der Zweisprachigkeit und zur Stärkung der Identität der Ungarndeutschen bei, weil ihre Sprache heute vorwiegend Ungarisch geworden ist (Mirk 2018).[9]

3.1.2 „Szentiváni Kisbíró – Sanktiwaner Kleinrichter“

Vom 17. Juni 2004 bis Februar 2009 wurde das Monatsblatt „Szentiváni Kisbíró – Sanktiwaner Kleinrichter“ (im Weiteren: SK) von der Pilisszentiváni Kulturális Közalapítvány[10] unter der redaktionellen Leitung von Márta Balogh mit den Nachrichten der Gemeinde in ungarischer Sprache herausgegeben.[11] Ständige Rubriken der 8 bis 12-seitigen hauptsächlich ungarischsprachigen Zeitung waren Zivilorganisationen, Nachrichten der Gemeinde, Kultur- und Freizeitprogramme im Ofner Bergland, die Deutsche Nationalitätengrundschule Pilisszentiván und

9 Zusammenfassung und Übersetzung des am 23. Mai 2018 mit Mária Mirk in Sankt Iwan bei Ofen geführten Interviews von Zsuzsanna Adrigán.

10 [Öffentliche Stiftung für die Kultur von Sankt Iwan bei Ofen].

11 Siehe http://nektar.oszk.hu/ida/index.php?id=1373 (letzter Zugriff 19.01.2022).

der Deutsche Nationalitätenkindergarten, ab Januar 2007 auch Mitteilungen der Deutschen NSV.

3.1.3 „Szentiváni Tükör – Sanktiwaner Spiegel"

Von Juni 2003 bis 2010 wurde von Mária Klotz das unabhängige private Gemeindeblatt „Szentiváni Tükör – Sanktiwaner Spiegel" in einem Umfang von 32–36 Seiten herausgegeben,[12] das außer deutscher Literatur viel Lesestoff über das Deutschtum und über die Traditionen der Ungarndeutschen von Sankt Iwan bei Ofen auch in deutscher Sprache enthielt.[13] Die Zeitung ist in keiner Bibliothek in Ungarn verfügbar.

3.1.4 Exkurs: „OPUS"

Die im Jahre 1993 vierteljährlich in ungarischer, deutscher und slowakischer Sprache erschienene Zeitschrift „OPUS a Pilisi-medence irodalmi – kulturális folyóirata, literarische und kulturelle Zeitschrift des Pilischer-Beckens, literárny a kulturny časopis pilišskej kotling" wurde von der Stiftung Pilisi-medence Kulturális Alapítvány[14] herausgegeben.[15] Verantwortlicher Redakteur der drei Ausgaben der Zeitschrift war Attila Fogarasy; Károly Pető Tóth fungierte als literarischer Redakteur und Mária Mirk als Nationalitätenredakteurin (I/1: 4, I/2: 4, I/3: 4). Ständige Rubriken der Zeitschrift waren: Belletristik; Kunst; Brunnen der Vergangenheit; Volkskunde, Ortsgeschichte; Nation und Nationalität; Unterricht, öffentliche Bildung und Nachrichten der Stiftung. Jede Ausgabe hatte 75 Seiten; zu den Themen der Pressetexte gehörten die Besiedlung einer Gemeinde im Ofner Bergland (I/3: 58–59), Deutsch als Minderheitensprache in Ungarn (I/1: 62–65), die Rosenjungfrauen (I/3: 60–62), der Sanktiwaner-Tag (I/2: 37), der Fasching und die Faschingsbräuche (I/1: 51–53), die Volkstracht (I/1: 54–55), die Hochzeit (I/2: 45–50), die Hochzeitsbräuche in Sanktiwan (I/1: 56–57), die Errichtung des Ungarndeutschen Bildungszentrums in Werischwar (I/1: 68), schwäbische Gedichte, Sprüche und Abzählreime (I/2: 51–53) im Dialekt, in standarddeutscher sowie in ungarischer Sprache.

12 „Szentiváni újság: Pilisszentiván havilapja – Sanktiwaner Zeitung" (2015/12: 10–11).
13 „Szentiváni Tükör – Sanktiwaner Spiegel".
14 [Stiftung für die Kultur des Pilischer Beckens].
15 Siehe http://nektar.oszk.hu/ida/index.php?id=46454 (letzter Zugriff 04.03.2022).

3.2 Datengewinnung, Korpus

Auf die Zeitungen SZ und SK kann online nicht zugegriffen werden, die Zusammenstellung des Korpus erfolgte von 2017 bis 2022 in der Nationalbibliothek Széchényi in Budapest. Die Grundlage der Inhaltsanalyse ist eine Erhebung von allen relevanten Pressetexten der SZ und der SK aus den drei untersuchten Perioden (dreimal 50 Monate), insgesamt 520 Artikel (SZ: 437, SK: 83). Zum Sample gehören alle in den untersuchten drei Perioden in deutscher Sprache verfassten Artikel, diejenigen ungarischsprachigen Artikel, die Bezug zur deutschen Minderheit in Ungarn haben sowie aus den Zeitungen der Partnergemeinden in Deutschland und aus der NZ übernommene Pressetexte. Ein Artikel, der in beiden Sprachen lehnübersetzt veröffentlicht wurde, wurde als ein zweisprachiger Artikel in das Sample aufgenommen. Der Textumfang beinhaltet auch die Namen der Verfasser, die Überschriften und die Teilüberschriften.

Tab. 1: Artikelzahl und Wortanzahl der minderheitenrelevanten Beiträge in den drei Untersuchungszeiträumen

Dezember 1990 – Januar 1995		Dezember 2002 – Januar 2007		Dezember 2014 – Januar 2019	
SZ:	75.463 Artikel 193 Wörter	SZ:	19.608 Artikel 76 Wörter	SZ:	114.744 Artikel 168 Wörter
		SK:	11.369 Artikel 83 Wörter		
Gesamt:	75. 463 Artikel 193 Wörter	Gesamt:	30.977 Artikel 159 Wörter	Gesamt:	114.744 Artikel 168 Wörter

3.3 Variablen, Analysekategorien

Im Korpus erfasst wurden der Name der Zeitung, der Name des Verfassers, der Titel des Artikels, der Jahrgang, das Erscheinungsdatum, die Seitenzahl und die Wortanzahl. Die Beiträge wurden hinsichtlich der Sprache(n), in denen die Texte verfasst waren, nach einer induktiven Vorgehensweise folgenden Kategorien zugeordnet:

1. Standarddeutsch: In der deutschen Standardsprache verfasste Pressetexte, einschließlich Artikel, in denen es zu funktionalem oder nicht-funktionalem Code-Switching (Riehl 2009: 23–27) in die ungarische Sprache oder in Dialekt kommt.

2. Dialekt: Im deutschen Ortsdialekt verfasste Artikel und Pressetexte im Dialekt mit Überschriften in standarddeutscher oder ungarischer Sprache.
3. Standarddeutsch, Dialekt: In der Standardsprache und im Dialekt verfasste Artikel; als dominante Sprache gilt die deutsche Standardsprache.
4. Standarddeutsch, Dialekt; Lehnübersetzung (LÜ): Im Beitrag wurde der gleiche Text (zur Gänze oder fast vollständig) lehnübersetzt in der deutschen Standardsprache und im Dialekt veröffentlicht.
5. Dialekt, Standarddeutsch: Der Pressetext wurde (zur Gänze oder fast vollständig) im Dialekt und in der standardsprachlichen Varietät verfasst; der Gebrauch des Dialektes dominiert.
6. Standarddeutsch, Ungarisch: Der Artikel wurde in zwei Sprachen verfasst; die dominante Sprache ist die deutsche Standardsprache.
7. Standarddeutsch, Ungarisch; Lehnübersetzung (LÜ): Im Beitrag wurde der Text lehnübersetzt in der standardsprachlichen Varietät und in ungarischer Sprache oder im gleichen Umfang in geänderter Reihenfolge der Textteile veröffentlicht.
8. Ungarisch, Standarddeutsch: Der Artikel wurde in ungarischer und standarddeutscher Sprache verfasst; der Gebrauch der ungarischen Sprache dominiert.
9. Ungarisch, deutscher Ortsdialekt: Der Artikel wurde in ungarischer Sprache und im deutschen Ortsdialekt verfasst, die dominante Sprache ist Ungarisch.
10. Ungarisch: Artikel in ungarischer Sprache sowie Artikel in ungarischer Sprache mit funktionalem Codewechsel ins Deutsche.[16]

16 Die Ausführungen zu den Kategorien der Sprache sind der Dissertation Adrigán (2022: 69–71) entnommen.

4 Forschungsergebnisse

4.1 Forschungsergebnisse bezüglich des Sprachgebrauchs

4.1.1 Die erste Periode

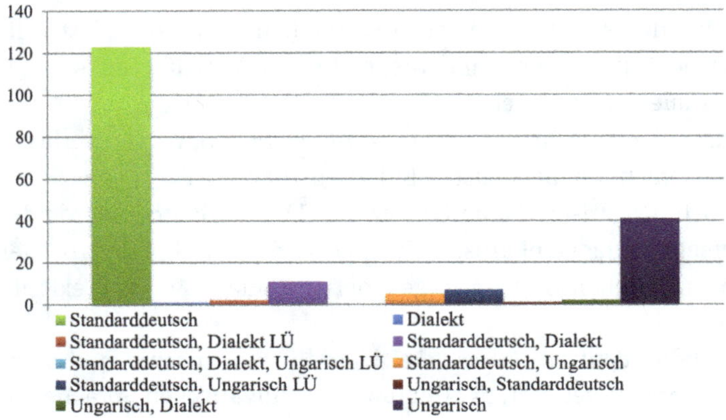

Abb. 1: Sprache und Zahl der Artikel über die deutsche Minderheit im Periodikum „Szentiváni újság – Sanktiwaner Zeitung“ in der Stichprobe Dezember 1990 bis Januar 1995

In den untersuchten 50 Monaten wurden 193 Artikel (75.550 Wörter) der SZ analysiert, von denen 123 Artikel (24.325 Wörter) in Standarddeutsch, 41 Artikel (12.805 Wörter) in ungarischer Sprache, elf Pressetexte (5.989 Wörter) in Standarddeutsch und im Dialekt, sieben Beiträge (4.490 Wörter) in Standarddeutsch und in Ungarisch LÜ, fünf in Standarddeutsch und in Ungarisch, je zwei Artikel (2.187 Wörter) in Standarddeutsch und im Dialekt LÜ bzw. in Ungarisch und im Dialekt (873 Wörter), ein Pressetext (120 Wörter) im Dialekt und ein Beitrag (598 Wörter) in Ungarisch und in Standarddeutsch verfasst wurden. Die durchschnittliche Länge der Artikel beträgt 391,5 Wörter.

4.1.2 Die zweite Periode

4.1.2.1 „Szentiváni Újság – Sanktiwaner Zeitung"

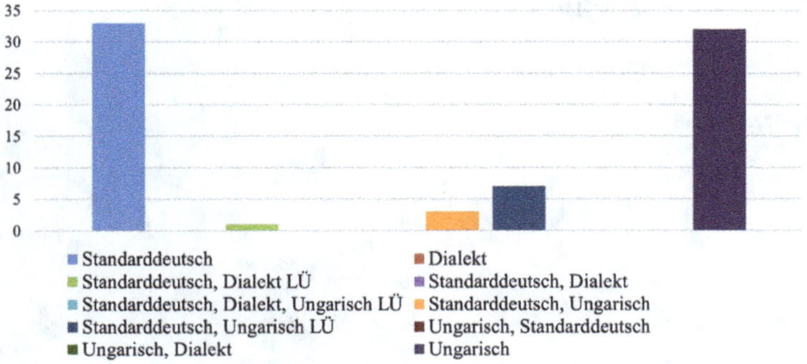

Abb. 2: Sprache und Zahl der Artikel über die deutsche Minderheit im Periodikum „Szentiváni Újság – Sanktiwaner Zeitung" in der Stichprobe Dezember 2002 bis Januar 2007

In der Stichprobe Dezember 2002 bis Januar 2007 erschienen in der SZ insgesamt 76 Artikel (21.351 Wörter) über die deutsche Minderheit, von denen 33 Artikel in standarddeutscher (5.501 Wörter) und 32 in ungarischer Sprache (11.548 Wörter), sieben Artikel (2.811 Wörter) in Standarddeutsch und in Ungarisch LÜ, drei Pressetexte (1.491 Wörter) in Standarddeutsch und in Ungarisch sowie ein Beitrag (84 Wörter) in Standarddeutsch und im Dialekt LÜ verfasst wurden. Die durchschnittliche Länge der Artikel beträgt 258,4 Wörter.

4.1.2.2 „Szentiváni Kisbíró – Sanktiwaner Kleinrichter"

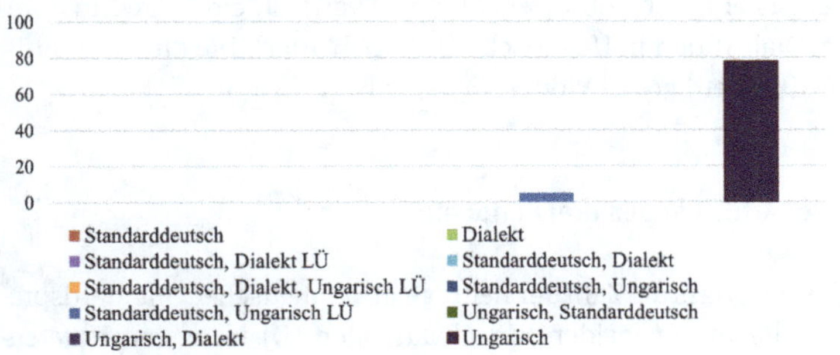

Abb. 3: Sprache und Zahl der Artikel über die deutsche Minderheit im Periodikum „Szentiváni Kisbíró – Sanktiwaner Kleinrichter" in der Stichprobe Dezember 2002 bis Januar 2007

In der Stichprobe Dezember 2002 bis Januar 2007 erschienen im SK insgesamt 83 Pressetexte (11.370 Wörter) über die deutsche Minderheit, von denen 78 Beiträge (9.986 Wörter) in ungarischer Sprache bzw. fünf Pressetexte (1.384 Wörter) in Standarddeutsch und Ungarisch LÜ veröffentlicht wurden. Die durchschnittliche Länge der Artikel beträgt 137 Wörter.

4.1.3 Die dritte Periode

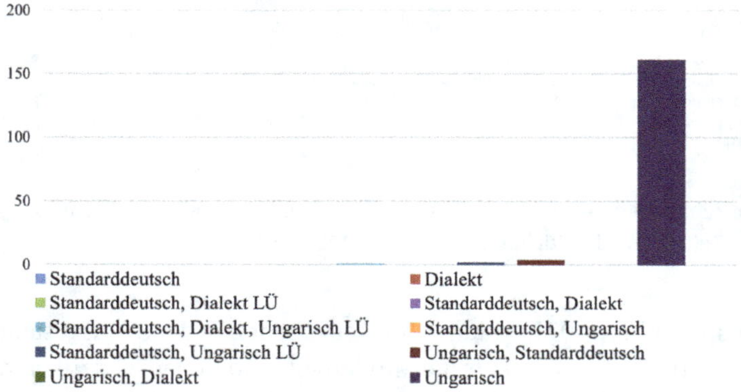

Abb. 4: Sprache und Zahl der Artikel über die deutsche Minderheit im Periodikum „Szentiváni újság – Sanktiwaner Zeitung" in der Stichprobe Dezember 2014 bis Januar 2019

In der Stichprobe Dezember 2014 bis Januar 2019 erschienen in der SZ insgesamt 168 Beiträge (114.749 Wörter) zu minderheitenrelevanten Themen. Die Sprache von 161 Artikeln (105.316 Wörter) ist Ungarisch, die von vier Pressetexten Ungarisch und Standarddeutsch (4.463 Wörter). Zwei Beiträge wurden in ungarischer und standarddeutscher Sprache LÜ (3.753 Wörter) verfasst, ein Artikel in Standarddeutsch, im Dialekt und in Ungarisch LÜ (1.217 Wörter). Die durchschnittliche Länge der Artikel beträgt 683 Wörter.

4.1.4 Sprache der Artikel in den drei Perioden

Die Ergebnisse zeigen, dass die Zahl der Beiträge in der deutschen Standardsprache, im Dialekt oder in den beiden Sprachvarietäten (D) im ersten Untersuchungszeitraum am höchsten war; mehr als dreimal so viele deutschsprachige (D) Pressetexte als ungarischsprachige (U) wurden veröffentlicht. Zu dieser Zeit war die Zahl der Dialektsprecher höher. Die Periodika von Sankt Iwan bei Ofen boten durch die Verwendung der deutschen Sprache die Möglichkeit, den Kontakt zu den Landsleuten in der Partnergemeinde Marktleugast zu halten, wodurch sie sich ihre gemeinsame Herkunft und Sprache bewusst machen konnten. Die deutschen Sprachkenntnisse waren Anfang der 1990er Jahre Bedingung der ungarndeutschen ethnischen Identität; aus diesem Grund wurde der Muttersprachverein gegründet und in der Zeitung von seiner Tätigkeit berichtet (SZ I/3: 9, I/5: 9, I/9: 9, III/12: 16, IV/5: 14, IV/12: 12).

Aus den Ergebnissen ist ersichtlich, dass in der zweiten Periode die Bemühungen zum Erhalt der deutschen Muttersprache zurückgehen. Die Zahl der in deutscher (D) sowie in deutscher und in ungarischer Sprache (DU) verfassten Artikel schrumpft. In der zweiten Periode erschienen mehr als dreimal so viele Beiträge in ungarischer Sprache (108 Artikel) als in deutscher (31 Artikel).

In der dritten Periode rückt die Verwendung der ungarischen Sprache in den Vordergrund, 162 Artikel erscheinen in ungarischer Sprache, sechs in deutscher und ungarischer Sprache, es wurden keine Pressetexte in ausschließlich deutscher Sprache veröffentlicht.

4.2 Forschungsergebnisse bezüglich der Inhalte der Pressetexte

Zur Untersuchung der Inhalte wurden die Hauptthemenkreise Geschichte, Abstammung; Kontakthaltung mit der Mutternation; Pflege der Muttersprache; Pflege der Traditionen; Minderheitenpolitik und Nachwuchsförderung festgelegt.

Tab. 2: Themen der Pressetexte in den drei Untersuchungsperioden und Zahl der aus anderen Periodika übernommenen Beiträge

	Dezember 1990 – Januar 1995	Dezember 2002 – Januar 2007	Dezember 2014 – Januar 2019
Geschichte, Abstammung	1 Artikel	3 Artikel (SZ) 2 Artikel (SK)	40 Artikel
Kontakthaltung mit der Mutternation	42 Artikel	5 Artikel (SZ) 4 Artikel (SK)	
Pflege der Muttersprache	21 Artikel	2 Artikel (SZ) 12 Artikel (SK)	14 Artikel
Pflege der Traditionen	39 Artikel	29 Artikel (SZ) 58 Artikel (SK)	108 Artikel

	Dezember 1990 – Januar 1995	Dezember 2002 – Januar 2007	Dezember 2014 – Januar 2019
Minderheitenpolitik	11 Artikel	5 Artikel (SZ)	12 Artikel
Nachwuchsförderung	23 Artikel	12 Artikel (SZ) 7 Artikel (SK)	
Literarische Texte, Artikelreihe *Handwerker*	14 Artikel[17] 6 Artikel	15 Artikel (SZ) 0 Artikel (SK)	0 Artikel
Pressetexte aus der NZ	5 Artikel	0 Artikel (SZ) 0 Artikel (SK)	0 Artikel
Pressetexte aus deutschen Zeitungen (aus „Marktleugaster Zeitung", „Bayrische Rundschau", „Frankenpost")	11 Artikel	0 Artikel (SZ)	2 Artikel (aus „Frankenpost")

Aus Tab. 2 ist ersichtlich, dass sich die deutsche Minderheit von Anfang der 1990er Jahre bis 2019 in den Zeitungen von Sankt Iwan bei Ofen sehr stark präsentiert, wobei sich bei den Themenschwerpunkten deutliche Unterschiede zeigen.

4.2.1 Themen der Pressetexte von Dezember 1990 bis Januar 1995 in „Szentiváni Újság: Pilisszentiván havilapja – Sanktiwaner Zeitung"

Zu den häufigsten Themen gehörten von 1990 bis 1995 die Suche nach den Wurzeln sowie die Pflege und Weitergabe der deutschen Sprache.

Eine sehr wichtige Rolle spielte die **Kontakthaltung mit der Mutternation**[18] (42 Artikel), vor allem die Partnerschaft mit Marktleugast in den Pressetexten *Maria Mirk: Partnerschaft – Wissen Sie schon, dass zwischen Marktleugast und Sanktiwan eine offizielle Partnerschaft besteht?* (I/2: 8–11), *Maria Mirk: Interview mit Herrn Manfred Huhs, dem Bürgermeister von Marktleugast* (I/4: 8–9), *Piroska Neubrandt: Froh sein mit Freunden* (I/5: 8), *Frau Piroska Neubrandt: Gaeste aus Marktleugast zum Sanktiwaner Tag* (I/7: 8), *Maria Mirk: Besuch des Musikvereins Marktleugast* (II/5: 8–9) und *Gábor Pénzes Bürgermeister: Partnerschaft II.* (III/10: 9) sowie Beiträge aus der Zeitung *Bayerische Rundschau Marktleugast: Rauschendes*

17 Standarddeutsch: 5.677 Wörter, Dialekt: 120 Wörter.

18 Unter Mutternation der deutschen Minderheit in Ungarn wird Deutschland verstanden.

Jubiläumfest mit dem Partner aus Ungarn „Eine Beziehung auf Lebenszeit" – Fünfjähriges Bestehen der Partnerschaft Marktleugast-Pilisszentiván gefeiert (IV/9: 4–5), *Aus Begeisterung füreinander Musikverein Marktleugast übernimmt Patenschaft für Chor* (IV/9: 5–6). Zahlreiche Artikel werden von dem aus Sankt Iwan bei Ofen stammenden und in Marktleugast lebenden Georg Bauer verfasst. In der SZ erscheinen auch Beiträge über die Partnerschaft mit Bordesholm, wie *Georg Bauer: Marktleugast – Bordesholm – Sanktiwan* (I/4: 10) und *Nikoletta Stattner: Meine Erlebnisse in Bordesholm* (I/7: 9).

In den Pressetexten wird viel Wert auf die **Pflege der Traditionen** (39 Artikel) gelegt. Häufig vorkommende Themen sind Bräuche an Feiertagen und Bauernregeln wie *Am Mattheistag (24. Februar)* (I/2: 1), *Maria Mirk: Sauetaunzliad* (I/2: 11), *Maria Mirk: Grossmutter, wie waren Ostern früher?* (I/3: 8–9), *Bauernsprüche im April* (IV/4: 4), *Erster Mai* (I/5: 1), *Maria Mirk: Der Martinstag (11. November)* (I/11: 9), *Scheller Henrikné: Szentiváni farsang*[19] (II/2: 1), *Frau Maria Engert: Unsere Osterbräuche* (II/4: 7), *Szabó Dezső: Die Rosenhochzeit in Sanktiwan, Werischwar und Schaumar* (II/7: 9), *Frau Anna Gátas: Advents- und Weihnachtsbräuche in unserem Dorf* (II/12: 8) sowie die Auftritte der Blasmusikkapelle, des Sanktiwaner Gemischten Chors unter der Leitung von Ferenc und Piroska Neubrandt sowie der im April 1994 gegründeten Deutschen Nationalitäten-Tanzgruppe, u.a. in den Artikeln *Dezső Szabó: Das Musikleben in dem alten Sankt-Iwan* (II/3: 8–9), *Maria Mirk: Eine Volksliedsammlung wird geboren...* (II/4: 8–9), *Telek Franciska: Táncoslábúak – Riport a szentiváni sváb néptáncosokkal*[20] (IV/9: 11), *A Vegyeskórus nevében Richolm György: Kóruskrónika '94*[21] (IV/8: 9).

In 23 Artikeln handelt es sich um die **Nachwuchsförderung** durch Teilnahme der Jugendlichen an Ereignissen in den Partnergemeinden Marktleugast und Bordesholm (II/5: 9, III/7: 11, III/8: 4, III/8: 5), den Sprachunterricht und Deutschwettbewerbe in den Beiträgen *Szilvássy László igazgató:* [...] *oktatni a nemzetiségi kultúra értékeit*[22] [...] (III/8: 9), *Szabó Károly: Sprachunterricht und Nationalitätsbewußtsein* (III/11: 5), *Maria Mirk: Gedanken anhand eines Schülerwettbewerbs* (IV/5: 4) sowie um die Tätigkeit der Sanktiwaner Schüler in der Gemeinschaft Junger Ungarndeutscher (IV/3: 5, IV/12: 5, V/1: 9).

Die **Pflege der Muttersprache** und die sprachliche Identität gelten in der SZ als wichtige Fragestellungen; 21 Artikel befassen sich nämlich mit deren Bewah-

19 [Sanktiwaner Fasching].

20 [Tanzende Beine – Interview mit der schwäbischen Volkstanzgruppe aus Sankt Iwan bei Ofen].

21 [Im Namen des Gemischten Chors György Richolm: Chorchronik '94].

22 [Schuldirektor László Szilvássy: [...] Die Werte der Kultur der Minderheit unterrichten [...]].

rung und Weitergabe, u.a. die Beiträge *Dezső Szabó: Ein Gastlehrer bei uns* (I/3: 6–7), *Maria Mirk: Was gibt's im Muttersprachverein?* (I/9: 9), *Maria Klotz: Positive Initiativen* (I/11: 8), *Maria Mirk: Sprachgebrauch in Sanktiwan 2.* (II/12: 16), *Maria Mirk: Deutsch als Minderheitensprache in Ungarn* (III/2: 7), *Elisabeth Marlok Marlok Gyuláné: Unsere Identität – wer sind wir?* (IV/5: 14) und *Frau Maria Mecseki/ Mecseki Györgyné/Kindergärtnerin: Sprachseminar in Werischwar* (IV/7: 14), der Artikel *Mirk Mária: Zurückerworbene Identität Anderssein ist Wert* aus der NZ (IV/2: 8–9).

Elf Pressetexte befassen sich mit **Minderheitenpolitik**, u.a. mit den Themen Entschädigung, Vorbereitung der Wahlen und Gründung der ersten Deutschen NSV im Jahre 1994; diese sind u.a. *Auszüge aus dem Gesetz über die Rechte der nationalen und ethnischen Minderheiten.* (III/12: 10), *Maria Mirk: Vollversammlung der Ungarndeutschen (10–11. Dezember 1993, Budapest)* (IV/1: 12–13) und *Maria Mirk: Konstituierende Sitzung* (V/1: 4–5).

In dieser Periode wurden in der SZ 14 **literarische Texte** veröffentlicht, wie *Johann Wolfgang von Goethe: Erlkönig* (III/11: 1), *Wolfgang Borchert: Das Brot* (III/7: 7), *Rainer Maria Rilke: Advent* (III/12: 1), *Marie Luise Kaschnitz: Wie wäre es, wenn...* (III/11: 14), *Josef Mikonya: Wie du mir, so ich dir* (IV/2: 14), *Eleanor Farjeon: St. Martin und der Bettler* (I/11: 9), *Erich Kästner: Felix kam wieder* (III/12: 8), *James Turber: Der tragische Tausendfüßler* (III/10: 15) sowie Maria Mirks Artikelreihe *Sanktiwaner Handwerker* mit den Beiträgen *Der Bäcker* (IV/7: 8, IV/8: 6), *Der Schuster* (IV/9: 10), *Der Zimmermann* (IV/10: 9), *Der Bergmann* (IV/11: 14–15) und *Der Schlachter* (IV/12: 12–13).

4.2.2 Themen der Pressetexte von Dezember 2002 bis Januar 2007

4.2.2.1 „Szentiváni Újság: Pilisszentiván havilapja – Sanktiwaner Zeitung“

In der Stichprobe von Dezember 2002 bis Januar 2007 sind die häufigsten Themen der Artikel der SZ die Pflege der kulturellen Traditionen, die Vereinstätigkeit und die Partnerschaft mit Gemeinden in den deutschsprachigen Ländern.

In 29 Artikeln handelt es sich um die **Traditionspflege**, wie in *Maria Mirk: „Ehrennadel in Gold für das Ungarndeutschtum“ für Piroska und Franz Neubrandt – Kitüntették a Neubrandt házaspárt*[23] (XIV/1: 6–7), *Kleer: 30 éves a Pilisszentiváni Vegyeskórus*[24] (XIII/10: 10–11), *Wild, K.: Sitten und Bräuche im Jahreslauf – Fogarassy-Fetter, M.: Die Geschichte und Volkskunde der Gemeinde Werischwar: Schwei-*

23 [Das Ehepaar Neubrandt hat eine Auszeichnung erhalten].
24 [Der gemischte Chor ist 30 Jahre alt].

neschlachten (XII/9: 9), *mk Lit.: Anna Wild – Katharina Wild: Großmutters Küche (Ungarndeutsche Rezepte)* (I/1: 12)[25], *Das Christkindlsingen (in Sanktiwan bei Ofen)* (XII/9: 11), *Neujahrssprüche* (XII/9: 11), *Selbstverwaltung der Deutschen Minderheit Sanktiwan Német Kisebbségi Önkormányzat Pilisszentiván: Gesangkreis Dalkör* (XII/9: 11).

Elf Pressetexte erscheinen zum Thema **Nachwuchsförderung**, wie *Maria Mirk: Wieder Sommerlager in der Begegnungsstätte* (XIII/7: 9) *Renáta Pethő, István Peller: Interview mit Martin* (XII/9: 17) und die Rubrik *Kinderecke* (XIII/3: 6, XIII/4: 7).

Das Thema von je fünf Beiträgen ist die **Kontakthaltung mit der Mutternation** wie *Maria Mirk: A partnerkapcsolat 15 éve a kisebbségi önkormányzat szemével – 15 Jahre Partnerschaft, aus Sicht der Minderheitenselbstverwaltung* (XIII/9: 8–9), *Elisabeth Marlok Marlok Gyuláné: 16. Strassenfest in Marktleugast – A 16. falunap Marktleugastban* (XIII/8: 10) sowie **Minderheitenpolitik** wie *Maria Mirk: Erste Sitzung der neuen Deutschen Minderheitenselbstverwaltung* (XII/9: 10).

In den Artikeln *Fogarasy-Fetter Mihály: Weihnachten im Schützengraben – Karácsony a lövészárokban* (XIV/1: 13), *Georg Bauer, Marktleugast: Sehr geehrte Damen und Herren, liebe Sanktiwaner!* (XIII/2: 9) und *Megyeri Zsuzsanna: Pilisszentiván a számok tükrében* (XIII/5: 6) werden die Themen **Geschichte und Abstammung** behandelt.

In den Beiträgen *K.L.: Kihalófélben a szentiváni nyelvjárás*[26] (XIII/6: 6), *Selbstverwaltung der Deutschen Minderheit Sanktiwan – Német Kisebbségi Önkormányzat Pilisszentiván: Gesangkreis* (XII/9: 11) geht es um die **Pflege der Muttersprache.**

In der zweiten Periode werden in der SZ 15 **literarische Texte** veröffentlicht, u.a. *Heinrich Heine: Du bist wie eine Blume* (XIII/2: 11), *Theodor Fontane: Frühling* (XIII/3: 7), *Valeria Koch: Ungarndeutsch* (XIII/1: 15) und *Nikolaus Lenau: Winternacht* (XIII/1: 15).

4.2.2.2 „Szentiváni Kisbíró – Sanktiwaner Kleinrichter"

Das am häufigsten vorkommende Thema des Periodikums (58 Artikel) ist die **Pflege der Traditionen**, wie *Pilisszentiváni Vegyeskórus*[27] (I/1: 5, I/5: 8, II/12: 5, III/1: 5, III/3: 4, III/5. 9, III/6: 7), *Pilisszentiváni Táncegyüttes*[28] (I/4: 5, I/7: 3), *Né-*

25 Falsche Nummerierung in der Zeitung, der richtige Jahrgang ist XIII (XIII/1: 12).

26 [Der Sanktiwaner Dialekt ist am Aussterben].

27 [Der Gemischte Chor von Sankt Iwan bei Ofen].

28 [Tanzgruppe von Sankt Iwan bei Ofen].

met Nemzetiségi Tánccsoport[29] (I/5: 8, II/5: 7), *Dalkör*[30] (III/11:5), *Sváb táncház a Tájházban*[31] (III/1: 5), *Hagyományos disznóölés a Tájházban*[32] (IV/ 1: 5), *A Pilisszentiváni templom búcsúja*[33] (I/6: 4), *Kiemelt napok a szentiváni naptárban*[34] (II/5: 8, II/6: 5) und *Marlokné Somogyi Ildikó: Borbála kápolna*[35] (II/10: 12).

Zwölf Mitteilungen haben die **Pflege der Muttersprache** als Thema, wie *Kisebbségi Önkormányzat: Sváb dalkör a Tájházban*[36] (II/2: 8) und *Sváb nyelvtanfolyam*[37] (IV/ 1: 5). In elf Pressetexten geht es um **Minderheitenpolitik**, u.a. *Mirk Maria: Német kisebbségi önkormányzati választás eredménye*[38] (III/10: 4).

Die **Nachwuchsförderung** ist Thema von sieben Artikeln, die sich mit den Themen Nationalitätengrundschule (II/4: 5, III/1: 5) und Schwäbischer Volkstanz für Jugendliche (II/2: 8) befassen.

In vier Artikeln geht es um die **Kontakthaltung mit der Mutternation**, an erster Stelle um Besuche in und aus der Partnergemeinde Marktleugast (II/6: 8).

In den Pressetexten *Magyar tragédia III. Németsors Európában – Svábsors Magyarországon (Készítette: Dr. B. Szabó Dezső)*[39] (III/6: 10) und *A magyarországi németek elűzéséről*[40] (III/7–8: 1–3) werden Auszüge aus der **Geschichte** der Ungarndeutschen vorgestellt. In der Ausgabe von Juli bis August 2007 wird der Artikel Elisabeth von Thüringen in ungarischer und deutscher Sprache lehnübersetzt (IV/7–8: 5–7) veröffentlicht. Im Oktober 2007 erschien der Artikel *A partnerkapcsolat nagy napja* (*Der große Tag der Partnerschaft*) aus dem „Mitteilungsblatt Marktleugast" in ungarischer Sprache, in dem über die Auszeichnung von Georg Bauer und Gábor Pénzes mit dem silbernen Ordenskreuz berichtet wurde sowie die Tätigkeit des Gemischten Chors, insbesondere die Arbeit von Piroska Neubrandt, Ferenc Neubrandt, Erzsébet Marlok und Gyula Marlok, gewürdigt wurde, da sie bei der Aufrechterhaltung der seit dem 21. Oktober 1988 existierenden Part-

29 [Deutsche Nationalitäten-Tanzgruppe].
30 [Singkreis].
31 [Schwäbisches Tanzhaus in der Begegnungsstätte].
32 [Traditionelles Schweineschlachten in der Begegnungsstätte].
33 [Kirchtag der Sanktiwaner Kirche].
34 [Besondere Tage im Sanktiwaner Kalender].
35 [St. Barbara Kapelle].
36 [Minderheitenselbstverwaltung: Schwäbischer Singkreis in der Begegnungsstätte].
37 [Schwäbischer Mundartkurs].
38 [Ergebnis der Wahlen der Deutschen Minderheitenselbstverwaltungen].
39 [Ungarische Tragödie III. Schicksal der Deutschen in Europa – Schicksal der Schwaben in Ungarn (angefertigt von: Dr. B. Szabó Dezső)].
40 [Über die Vertreibung der Ungarndeutschen].

nerschaft zwischen Sanktiwan und Marktleugast eine bedeutende Rolle spielen (IV/10: 8–9).

4.2.3 Themen der Pressetexte von Dezember 2014 bis Januar 2019 in „Szentiváni Újság: Pilisszentiván havilapja – Sanktiwaner Zeitung"

Im Zeitraum von Dezember 2014 bis Januar 2019 steht bei den Themen die **Pflege der Traditionen** an erster Stelle (108 Beiträge). In neun Artikeln wird über den von Andrásné Wippelhauser und Jánosné Brandhuber geführten schwäbischen Kochkurs in Sanktiwan und über Rezepte wie *Eiergraupensuppe* (2016/4: 16), *Griebenpogatschen*, *Germknödel* und *Tungedli* (2016/1: 12), *Schmerkropfe*, *Schmerkipferl* (2014/12: 12), *Wiener Kaiserschmarren*, *Kartoffelschmarren* und *Khipfüsmarn* (2015/4: 13) berichtet. Weitere Themen sind die 30 Jahre lange Tätigkeit des Gemischten Chors von Sanktiwan (2015/12: 12), das 20-jährige Jubiläum der Deutschen Nationalitäten Tanzgruppe (2014/12: 8), der 24. April, der Tag der ungarndeutschen Tracht (2015/4: 12), *Új könyv a régi szentiváni miseénekekről*[41] (2015/10: 15), eine Sammlung schwäbischer Volkslieder (2018/3: 12), ein Rezeptbuch mit Sanktiwaner Speisen (2018/5: 12), der Kalender *Blickpunkt* mit Fotos von ungarndeutschen Gemeinden und die Pflege der ungarndeutschen Traditionen (2014/12: 12, 2015/10: 16, 2015/10: 16), die Anekdote *Weihwosse Weihwasser Szenteltvíz* (2017/8: 12–13), die Eröffnung der Ungarndeutschen Begegnungsstätte in Schaumar (2016/7: 13), Veranstaltungen wie die 16. Kulturelle Gala der Ungarndeutschen in Tschepel mit Auftritt von Chören, Blasmusikkapellen, Tanzgruppen und einem Rezitierenden im deutschen Dialekt des Banats (2016/1: 12), das Blasmusikfest (2017/5: 1, 19), *Hütten Gaudi*, ein Treffen von Tanzgruppen des Ofner Berglandes in Sanktiwan (2015/12: 13), die Kontakhaltung mit Kulturgruppen von Tarian und Edeck (2018/11: 14), Kumlau (2018/11: 13), Baje und Tschasartet (2017/11: 14). Das Thema der am 12. Juni 2016 in Sanktiwan errichteten Lehrpfades kommt in zahlreichen Pressetexten (2016/7: 12, 2016/7: 13, 2016/8: 13, 2016/12: 12) vor. Laut der Unterrichtsstrategie der LdU im Jahre 2010 sollten die Jugendlichen durch die Errichtung Ungarndeutscher Lehrpfade die Geschichte, die Bräuche und die Werte ungarndeutscher Siedlungen auf eine andere Art und Weise kennenlernen (2016/7: 12).

In 40 Pressetexten kommen die Themen **Geschichte und Abstammung** vor, wie in den Beiträgen *Tuschek Franciska: Ki építette meg az első házat Szent Ivánon? Wer baute das erste Haus in Sant Ivan?* (2016/4: 15), *Fogarasy Attila 1689 –*

41 [Neues Buch über die Psalmen].

A sváb telepesek balladája[42] (2017/5: 12), *Tuschek Franciska: A Zöldfa (Grüner Baum) dűlőnévről*[43] (2015/3: 15), *Tuschek Franciska: Panasznap és fegyelmezés 1728-ban*[44] (2015/1: 14), *Tuschek Franziska: Kiegészítés a Robot 1736-ban c. cikkhez* Ergänzung zum Artikel Robbath 1736.* (2015/9: 13), das Ortsfamilienbuch 1724–1895 von Sanktiwan (2017/9: 11, 2017/11: 14, 2018/2: 14), *Tuschek Franciska: 1944 karácsonya Pilisszentivánon (egy magánszülésznő családjában)*[45] (2016/1: 10), *H.A.: 70 éve indult a magyarországi németek kitelepítése*[46] (2016/1: 11), *Végleg kitiltva Sváb sorsokról készült Gábeli Tamás új dokumentumfilmje*[47] (2018/6: 12), *Megjelent DVD-n Gábeli Tamás kitelepítési filmje*[48] (2018/11: 16), *Miért nem volt kitelepítés, ahol nem volt?*[49] (2018/2: 13) und *Buda környéki elűzött svábok levelezése egy német néprajzi intézetben*[50] (2017/1: 14).

33 Artikel erschienen über die **Kontakthaltung mit der Mutternation**, die sich mit der seit 30 Jahren existierenden Partnerschaft zwischen Sanktiwan und Marktleugast (2015/6: 12, 2016/7: 3, 2016/10: 12, 2018/3: 10–11, 2018/4: 14, 2018/5: 10, 2018/6: 10–11, 2018/7: 10–11, 2018/8: 10–11, 2018/10: 18, 2018/11: 3–5) und dem Besuch in Bad Friedrichshall (2017/11: 13) befassen. In ebenso vielen Beiträgen wird die **Nachwuchsförderung** thematisiert, u.a. in *Kinkáné D. Hariklia: Márton-napi felvonulás*[51] (2018/12: 16), *Hatodikosként lett a felsősök országos legjobbja Radnai Tamás*[52] (2017/6: 13), *Arany minősítést kaptak a szentiváni énekes kislányok*[53] (2018/4: 15), *Richolm Erik Német Nemzetiségi Önkormányzat: Sikeresen ért véget a Német Nemzetiségi Önkormányzat 18. nyári tábora*[54] (2018/8: 6) und *Hetedik színdarabjára készül a sváb amatőr színtársulat*[55] (2017/7: 13).

42 [Ballade der schwäbischen Ansiedler].
43 [Über den Flurnamen Grüner Baum].
44 [Gerichtstag und Zügelung im Jahre 1728].
45 [Weihnachten 1944 in Sankt Iwan bei Ofen (in der Familie einer privaten Hebamme)].
46 [Vor 70 Jahren begann die Vertreibung der Ungarndeutschen].
47 [Endgültig ausgewiesen Neuer Dokumentarfilm von Tamás Gábeli über Schicksale der Schwaben].
48 [Der Film von Tamás Gábeli über die Vertreibung auf DVD erschienen].
49 [Warum gab es keine Vertreibung, wo es keine gab?].
50 [Briefwechsel von Vertriebenen aus dem Ofner Bergland in einem Institut für Volkskunde in Deutschland].
51 [Umzug am Martinstag].
52 [Tamás Radnai belegte als Sechstklässler den ersten Platz beim Landesrezitationswettbewerb].
53 [Die singenden Mädchen aus Sankt Iwan bei Ofen wurden mit Gold ausgezeichnet].
54 [Das erfolgreiche 18. Ferienlager der Deutschen Minderheitenselbstverwaltung ging zu Ende].
55 [Die schwäbische Laientheatergruppe bereitet sich auf ihr siebtes Theaterstück vor].

Die **Pflege der Muttersprache** ist das Thema von 14 Artikeln, wie das 15-jährige Schüleraustauschprogramm mit Mönchengladbach zwecks Deutschlernens (2017/4: 12), Rezitationswettbewerbe in der Kategorie Mundart (2017/3: 12, 2017/6: 13), Intensivierung der Partnerschaften mit Deutschland durch die Deutsche NSV (2017/1: 12) und das Ferienlager in der Begegnungsstätte (2017/8: 12).

Der **Minderheitenpolitik** kommt eine geringere Bedeutung zu; in zwölf Beiträgen geht es u.a. um das Thema öffentliche Anhörung der Deutschen NSV in Sanktiwan am 21. Dezember 2014, wo sich die neuen Vertreter der Ungarndeutschen vorstellten und Maria Mirk feststellte, dass sich bei diesen Wahlen nur 140 Wähler registrierten, wobei sich deren Zahl bei den Wahlen 2010 noch auf 327 Personen belief (2015/1: 13). Im Pressetext *H.A.: Regionális találkozó a német nemzetiség jövőjéért*[56] (2015/3: 13) geht es um das Treffen der Vertreter von acht Deutschen NSV aus der Region Nord. Thema des Artikels *Lehet-e parlamenti képviselője a hazai németségnek?*[57] ist die Fragestellung, ob das Ungarndeutschtum ab 2018 einen Landtagsabgeordneten haben kann. Aus diesem Grund wurde in Schaumar ein Forum abgehalten, wo Emmerich Ritter – von 2014 bis 2017 Sprecher der Ungarndeutschen im Parlament – über die Bedingungen, wonach sich 38.000–40.000 Wähler im Nationalitätenverzeichnis registrieren lassen sollen, eine Rede hielt (2017/12: 16).

In dieser Periode werden in der SZ **keine literarischen Texte** veröffentlicht.

5 Fazit und Ausblick

Lokalzeitungen können eine identitätsformende Funktion übernehmen, indem sie für die Bewohner der betroffenen Gemeinde einen größeren Wirkungsgrad als die Landeszeitungen haben. Die SZ versteht sich von Anfang an auch als ungarndeutsche Zeitung, da sehr viele Informationen in der deutschen Standardsprache und im Dialekt für die deutschsprachige Bevölkerung der Gemeinde veröffentlicht werden. Eines der Ziele der Herausgabe des Periodikums in der ersten Untersuchungsperiode war die Stärkung der sprachlichen Identität. Für die drei Untersuchungszeiträume sind verschiedene Sprachverhaltensweisen und Identitätsmarker charakteristisch. Während in den Jahren unmittelbar nach der politischen Wende die Kenntnis des Dialektes eine Bedingung der Zugehörigkeit zu der deutschen Minderheit war, identifizierte man sich in der zweiten Periode

56 [Regionales Treffen für die Zukunft der deutschen Nationalität].
57 [Kann das Ungarndeutschtum einen Landtagsabgeordneten haben?].

nicht mehr damit, und in der Gegenwart kann man sich auch ohne die Kenntnis der deutschen Sprache zum Ungarndeutschtum bekennen. In der zweiten und der dritten Periode gelten weder der Dialekt noch die deutsche Standardsprache als Identitätsmarker; statt der subjektiven sind die objektiven Komponenten überwiegend vertreten. Die Themen der Pressetexte werden in allen drei Perioden auch von den jeweiligen gesellschafts- und bildungspolitischen Rahmenbedingungen beeinflusst. Von 1990 bis 1995 wurden die Selbstbestimmung und die aktive Verwendung des Dialektes am häufigsten thematisiert. In der Berichterstattung von 2002 bis 2007 wird der deutschen Nationalität ein deutlich geringerer Anteil gewidmet. In den Inhalten von 2014 bis 2019 wird den Bemühungen um den Erhalt des Nationalitätenunterrichts in den Bildungsinstitutionen, der Pflege der Bräuche und der Weitergabe der Traditionen viel Platz eingeräumt. Der Stellenwert der sprachlichen Identifikation ändert sich: einerseits ist die ungarische Sprache vorherrschend, andererseits sind durch die Einführung der Mundartkurse für Kindergartenkinder die Bemühungen um einen Revitalisierungsprozess der lokalen deutschen Varietät zu beobachten. Die Beiträge über die Ungarndeutschen enthalten mehr zukunftsorientierte Themen als in den früheren zwei Epochen.

Literaturverzeichnis

Adrigán, Zsuzsanna (2021): Die Selbstrepräsentation der Ungarndeutschen in den lokalen Presseorganen im Ofner Bergland. In: Philipp, Hannes, Stangl, Theresa, Weber, Bernadette und Johann Wellner (Hrsg.): *Deutsch in Mittel-, Ost und Südosteuropa* (DiMOS-Füllhorn 5, Tagungsband Regensburg 2018), 482–513. Regensburg: Open Access Schriftenreihe der Universität Regensburg.

Adrigán, Zsuzsanna (2022): Zur sprachlichen Verfasstheit von Identität. Sprachgebrauch als Abdruck ethnischer Identität der deutschen Minderheit in den lokalen Presseorganen von Sankt Iwan bei Ofen von 1990 bis 2019. Dissertation. Pécs: Pécsi Tudományegyetem. https://pea.lib.pte.hu/bitstream/handle/pea/34870/adrigan-zsuzsanna-phd-2022.pdf?sequence=1&isAllowed=y (letzter Zugriff 06.11.2023).

Altmeppen, Klaus-Dieter, Greck, Regina und Tanja Evers (2016): Journalismus und Medien – organisationstheoretisch betrachtet. In: Meier, Klaus und Christoph Neuberger (Hrsg.): *Journalismusforschung: Stand und Perspektiven*, 47–68. Baden-Baden: Nomos.

Bohlen, Lou (2014). Identität und Hybridität – am Beispiel der Medien der deutschen Minderheiten in den Ländern Mittel- und Osteuropas (MOE) als Identitätsstifter. Stuttgart, Berlin: ifa. https://www.ssoar.info/ssoar/bitstream/handle/document/51207/ssoar-2014-bohlen-Identitat_und_Hybriditat_Am_Beispiel.pdf?sequence=1&isAllowed=y&lnkname=ssoar-2014-bohlen-Identitat_und_Hybriditat_Am_Beispiel.pdf (letzter Zugriff 16.05.2022).

Eurich, Claus (1983): Gegen- oder Komplementär-Medien? In: Jarren, Otfried (Hrsg.): *Stadtteilzeitung und lokale Kommunikation*, 13–37. 2. Aufl. München u.a.: Saur.

Faulstich, Werner (1991): *Medientheorien. Einführung und Überblick.* Göttingen: Vandenhoeck & Ruprecht.

Földes, Csaba (2005): *Kontaktdeutsch. Zur Theorie eines Varietätentyps unter transkulturellen Bedingungen von Mehrsprachigkeit.* Tübingen: Narr.

Gerner, Zsuzsanna (2006): Identität – soziales Netzwerk – nationale Stereotype. Zur Identitätsbildung und Identitätsforschung in den deutschen Sprachinseln in Ungarn. In: Berend, Nina und Elisabeth Knipf-Komlósi, (Hrsg.): *Sprachinselwelten – The World of Language Islands.*, 149–173. Frankfurt a.M.: Peter Lang.

Heinek, Otto – Landesselbstverwaltung der Ungarndeutschen (2016): *Steh dazu! Strategie der Landesselbstverwaltung der Ungarndeutschen bis 2020.* Budapest. http://www.ldu.hu/page/391 (letzter Zugriff 08.09.2019).

Herrmann, Carolin (1993): *Im Dienste der örtlichen Lebenswelt. Lokale Presse im ländlichen Raum* (Studien zur Sozialwissenschaft 135). Opladen: Westdeutscher Verlag.

Isajiw, Wsewolod W. (1993): *Definition and Dimensions of Ethnicity: A Theoretical Framework.* https://tspace.library.utoronto.ca/bitstream/1807/68/2/Def_DimofEthnicity.pdf (letzter Zugriff 25.05.2022)

Keldenich, Felix (2019): *Lokaler Journalismus und Wirtschafts-PR. Wahrnehmung und Wirkung der Pressearbeit lokaler Wirtschaftsakteure* (Aktuell. Studien zum Journalismus 18). Baden-Baden: Nomos.

Kepplinger, Matthias Hans und Uwe Hartung (1997): *Die Lokal- und Regionalberichterstattung des Hörfunks und der Presse in Rheinland-Pfalz. Untersuchungsbericht* (LPR Schriftenreihe 15). Ludwigshafen: Landeszentrale für Private Rundfunkveranstalter.

Komlósi-Knipf, Elisabeth (1996): Bemerkungen zur Zweisprachigekiet und Identität der Ungarndeutschen. *Südostdeutsche Vierteljahresblätter* 45 (2), 127–131.

Kretzschmar, Sonja, Möhring, Wiebke und Lutz Timmermann (2009): *Lokaljournalismus.* Wiesbaden: VS, Verlag für Sozialwissenschaften.

McQual, Denis (2003) [1983]: *A tömegkommunikáció elmélete.* Budapest: Osiris.

Papp, Z. Attila (2014): A kisebbségi média és identitástermelés viszonyrendszere. In: Média és identitás. Budapest: Médiatudományi Intézet. https://www.academia.edu/8378565/A_kisebbs%C3%A9gi_m%C3%A9dia_%C3%A9s_identit%C3%A1stermel%C3%A9s_viszonyrendszere?auto=download&email_work_card=download-paper (letzter Zugriff 16.05.2022).

Riehl, Claudia Maria (2009): *Sprachkontaktforschung. Eine Einführung* (Narr Studienbücher). 2., überarb. Aufl. Tübingen: Narr Francke Attempto.

Rózsa Mária (2006): *Deutschsprachige Presse in Ungarn – Magyarországi német nyelvű sajtó 1921–2000. Bibliographie – Bibliográfia.* Budapest: Országos Széchenyi Könyvtár/Gondolat Kiadó.

Toggenburg, Gabriel N. und Günther Rautz (2010): *ABC des Minderheitenschutzes in Europa.* Wien u.a.: Böhlau.

Quellenmaterial

OPUS:
I/1, I/2, I/3
Szentiváni Kisbíró – Sanktiwaner Kleinrichter:
I/1, I/4, I/5, I/6, I/7
II/2, II/4, II/5, II/6, II/10, II/12,
III/1, III/3, III/5, III/6, III/7–8, III/10, III/11
IV/1, IV/ 7–8, IV/10
Szentiváni Újság: Pilisszentiván havilapja – Sanktiwaner Zeitung:
I/2, I/3, I/4, I/5, I/6, I/7, I/9, I/11,
II/2, II/3, II/4, II/5, II/6, II/7, II/12,
III/2, III/7, III/8, III/10, III/11, III/12,
IV/2, IV/3, IV/4, IV/5, IV/7, IV/8, IV/9, IV/10, IV/11, IV/12,
V/1,
XII/9,
XIII/1, XIII/2, XIII/3, XIII/4, XIII/6, XIII/7, XIII/8, XIII/9, XIII/10,
XIV/1,
2014/12,
2015/1, 2015/3, 2015/4, 2015/6, 2015/9, 2015/10, 2015/12,
2016/1, 2016/4, 2016/7, 2016/8, 2016/10, 2016/12
2017/1, 2017/3, 2017/4, 2017/5, 2017/6, 2017/7, 2017/8, 2017/9, 2017/11, 2017/12
2018/2, 2018/3, 2018/4, 2018/5, 2018/6, 2018/7, 2018/8, 2018/10, 2018/11

Gesetz Nr. LXXVII des Jahres 1993 über die Rechte der nationalen und ethnischen Minderheiten. 1993. évi LXXVII. törvény a nemzeti és etnikai kisebbségek jogairól. https://mkogy.jogtar.hu/jogszabaly?docid=99300077.TV (letzter Zugriff 14.02.2022).

Gesetz Nr. CXIV des Jahres 2005 über die Wahl der Vertreter der Minderheiten-selbstverwaltungen sowie über die Modifizierung der Gesetze über die nationalen und ethnischen Minderheiten. 2005. évi CXIV. törvény a kisebbségi önkormányzati képviselők választásáról, valamint a nemzeti és etnikai kisebbségekre vonatkozó egyes törvények módosításáról. https://mkogy.jogtar.hu/jogszabaly?docid=A0500114.TV (letzter Zugriff 29.05.2019).

Gesetz Nr. CLXXIX. des Jahres 2011 über die Rechte der Nationalitäten in Ungarn. 2011. évi CLXXIX törvény a nemzetiségek jogairól. https://mkogy.jogtar.hu/jogszabaly?docid=a1100179.TV (letzter Zugriff 14.02.2022), https://pilisszentivan.hu/hirek/pilisszentivan-a-xxi-szazadban (letzter Zugriff 30.05.2022).

Interview am 23. Mai 2018 mit Mária Mirk in Sankt Iwan bei Ofen/Pilisszentiván

Deutsche Pressesprache in Rumänien

Bianca Bican

Überlagerung der Chronotopoi in der Jubiläumsausgabe des „Siebenbürgisch-Deutschen Tageblatts“ (1924)

Zusammenfassung: Der Beitrag erforscht Pressetexte, die im 19. und 20. Jahrhundert in der deutschsprachigen Tageszeitung „Siebenbürgisch-Deutsches Tageblatt“ erschienen sind. Untersucht werden der Leitartikel der Gründungsausgabe aus dem Jahr 1874 sowie weitere Artikel aus der Jubiläumsausgabe von 1924. Die Analyse der Zeitungstexte geht von Bachtins Begriff des Chronotopos aus und identifiziert in den ausgewählten Texten drei unterschiedliche Chronotopoi, die sich innerhalb der Jubiläumsausgabe überlagern. Des Weiteren werden diese Chronotopoi in Bezug zu der vom Medium postulierten Kontinuität gesetzt, die gleichermaßen als Voraussetzung des feierlichen Anlasses und als Umkehrschluss ausformuliert wird, der von der Geschichte der Leserschaft auf jene des Tageblatts übertragen wird. Dadurch werden logische Brüche in der Argumentation aufgezeigt, welche die mediale Selbstdarstellung der Zeitung im 20. Jahrhundert langfristig geprägt haben.

1 Zielsetzungen und Quellenmaterial

Das Ziel des Beitrags ist die kritische Untersuchung der öffentlichen Selbstrepräsentation des „Siebenbürgisch-Deutschen Tageblatts“, einer der bedeutenden deutschsprachigen Tageszeitungen in Transsilvanien, in Presseartikeln, die zu feierlichen Anlässen im imperialen und postimperialen Kontext verfasst wurden.

Zum Quellenmaterial der intramedialen Analyse zählt die Sonderausgabe (im Folgenden: Jubiläumsausgabe), die am 1. Januar 1924 aus Anlass des 50-jährigen Bestehens des „Siebenbürgisch-Deutschen Tageblatts“ erschienen ist. Diese Sonderausgabe wird mit der Gründungsausgabe des Tageblatts vom 1. Januar 1874 parallel betrachtet, da letztere des Öfteren als historischer Bezugstext innerhalb der ersteren erwähnt und zitiert wird, wodurch die Zeitungsgeschichte als

Bianca Bican, Cluj-Napoca/Klausenburg, Rumänien, E-Mail: biancabican@yahoo.com

https://doi.org/10.1515/9783111247694-007

Kontinuum aufgezeichnet wird. Die Jubiläumsausgabe erwirkt eine Überlagerung von mehreren raum-zeitlichen Bezügen, die mit Bachtins Begriff des Chronotopos (Bachtin 2008) beschrieben und erläutert werden.

Die Untersuchung stellt meinungsbetonte Textsorten wie Leitartikel und Rede in den Mittelpunkt, denn diese

> zeichnen sich in unterschiedlichem Umfang durch eine persönliche Stellungnahme des Verfassers, die Bewertung und Einordnung eines Sachverhalts aus, ihre Funktion ist also von Grund auf persuasiv. Der Autor intendiert, den Rezipienten zu einer gewissen Meinung zu bewegen und seine Haltung zu beeinflussen. Die sprachliche Umsetzung dieser Textklasse zeichnet sich typischerweise durch expressive, konnotierte Lexik, rhetorische Mittel und persuasive Argumentation aus [...]. (Heyne und Vollmer 2016: 37)

Dank dieser Auswahl werden jene Hauptbegriffe identifiziert, die Rückschlüsse auf die Intentionen der Zeitung und ihre Positionierung im deutschsprachigen Kulturfeld Transsilvaniens zulassen (Bican 2013: 9–15). In diesem Zusammenhang stellt die Analyse auch den Topos der Kontinuität in Frage, den die Tageszeitung als Postulat entwirft und der sich trotz dieser Festlegung als kritikwürdig erweist.

2 Das „Siebenbürgisch-Deutsche Tageblatt" als mediale Vorlage

Das „Siebenbürgisch-Deutsche Tageblatt" (Sibiu/Hermannstadt, 1874–1944) ist sowohl für die Region Transsilvanien als auch für ihren Erscheinungsort ein in mehrfacher Hinsicht repräsentatives Presseorgan, das sich in der Zwischenkriegszeit, nach scharfen Auseinandersetzungen mit anderen Medien, als politischer Meinungsträger der Siebenbürger Sachsen und der Deutschen in Rumänien konstituiert hat (vgl. Ciobanu 2001: 337–362). Die Bedeutung des Tageblatts für die zeitgenössische Presselandschaft und die damalige Leserschaft lässt sich daran ermessen, dass diese Zeitung mehrere Aufgaben übernimmt, die ihr medientypologisches Spezifikum bestimmen. Sie ist in erster Linie, wie auch ihre Benennung unterstreicht, eine deutschsprachige Zeitung mit dem Anspruch, auf regionaler Ebene ihre Wirksamkeit auszuüben und im Namen ihrer Leser (der Siebenbürger Sachsen) bzw. stellvertretend für diese in der Öffentlichkeit aufzutreten. Demzufolge orientiert sich die Tageszeitung dahingehend, Informationen zu übernehmen, zu bearbeiten, zu kommentieren und weiterzuleiten, die für die deutschsprachige Leserschaft der Region von Interesse sind. Neben seiner (namentlich explizierten) regionalen Ausrichtung ist das Tageblatt auch für den

Erscheinungsort Sibiu/Hermannstadt von Belang und bezeugt durch verschiedene Rubriken die Etablierung des urbanen Kulturlebens. Das Erscheinungsbild der Tageszeitung entspricht der von Thomas Schröder festgestellten „qualitativen Erweiterung und Differenzierung" (Schröder 2017: 171) der Presseinhalte während des 19. Jahrhunderts, die der Autor folgendermaßen beschreibt:

> Neue Themenbereiche werden erschlossen, etwa Lokalberichterstattung, Wirtschaft, Feuilletonistisches und auch Unterhaltungsangebote wie Romane oder Reiseberichte in Fortsetzungsform. Auf die neuen Formen der Nachrichtenübermittlung verweisen die telegraphischen Berichte. Nicht zu vergessen ist natürlich auch das Aufkommen von Illustrationen und Grafiken. (Schröder 2017: 171)

3 Vorüberlegungen

Im Zusammenhang mit der Jubiläumsausgabe soll die Bedeutung des Jahres 1924 für die Geschichte des Tageblatts kurz erläutert werden. Die 1874 gegründete Zeitung blickt auf ein halbes Jahrhundert fast kontinuierlicher Erscheinung zurück, eine unter den damaligen Umständen beachtliche Leistung. Das feierlich begangene 50. Gedenkjahr der Zeitungsgründung ist nicht bloß auf faktischer, sondern vor allem auf symbolischer Ebene bedeutsam, da es der Zeitung einen Anlass dafür bietet, über das vergangene halbe Jahrhundert zu reflektieren. Im Zusammenhang damit ist die von Bergmann (2009) vorgeschlagene Definition der Gedenkjahre anzuführen. Bergmann behauptet, Gedenkjahre seien „Formen einer öffentlichen Erinnerung an Ereignisse, Personen oder datierbare Sachverhalte, denen eine gesellschaftliche, nationale, übernationale oder gar universalhistorische Bedeutung zugemessen wird" (2009: 24). In diesem Sinn ist hervorzuheben, dass in der Sonderausgabe zum Jahresbeginn 1924 nicht nur die Gründung und Etablierung des „Siebenbürgisch-Deutschen Tageblatts" gefeiert wird, sondern auch die Repräsentationsrolle dieses Mediums für die von ihr angesprochene und vertretene Leserschaft der Siebenbürger Sachsen in vielfacher Form belegt wird.

Die medial erfolgte Rückblende auf die Zeit- bzw. die Zeitungsgeschichte in der Jubiläumsausgabe des Tageblatts verbindet objektive Daten mit persönlichen Interpretationen und versucht, Deutungsraster und Identifikationsmuster für die damalige Leserschaft und für die Nachwelt zu etablieren. Ähnliches hatte die Zeitung Ende des 19. Jahrhunderts unternommen, wie etwa in der Herausarbeitung einer nationalen Bedrohung und eines antizipierten Untergangs der Deutschen im Osten Europas (vgl. Bican 2014: 83–96). Doch jene Tendenz wird hier nicht fortgeführt; im Gegenteil, die Jubiläumsausgabe bietet dem Medium eine Gelegenheit zur Selbstbestätigung seiner Hauptmission, der publizistischen Abbildung regionaler Verhältnisse.

Für die Zeitung ist es wichtig, Kontinuität zu betonen und diese gegebenenfalls auch zu konstruieren. Das Fallbeispiel der Jubiläumsausgabe macht deutlich, dass sich die Mediumsgeschichte zwar vorrangig vor dem Hintergrund der regionalen Geschichte abgespielt hat, jedoch ohne den weiteren Rahmen des imperialen Kontextes nicht vorstellbar gewesen wäre. Desgleichen ist bei der Analyse zu bedenken, dass sich der feierliche Moment des Jahres 1924 in einem postimperialen Zusammenhang abspielt. Diese Unterscheidungen werden im Folgenden anhand mehrerer Chronotopoi verdeutlicht.

4 Die Jubiläumsausgabe im Schnittpunkt mehrerer Chronotopoi

Die Beiträge aus der Jubiläumsausgabe entwerfen ein idealtypisches Konstrukt der zeitungsgeschichtlichen Kontinuität, das für das öffentliche Profil des „Siebenbürgisch-Deutschen Tageblatts" ein definitorisches Merkmal darstellt und aus Anlass seines fünfzigjährigen Fortbestands intensiv ausgearbeitet wird. Dadurch will die Tageszeitung beweisen, dass sie eine konstante Begleiterin der politischen, sozialen und kulturellen Ereignisse der Region Transsilvanien und ihres Erscheinungsortes Hermannstadt (Sibiu) während des vergangenen halben Jahrhunderts war.

Diese Kontinuität dürfte, laut Ansicht Deáks, unmittelbar nach 1918 eine allgemeine Annahme gewesen sein und sei auch von Historikern festgestellt worden: „At the beginning, it looked as if the collapse of the monarchy and the redrawing of the political frontiers had failed to alter social and economic relationships in any meaningful way" (Deák 1997: 135). Als Erklärungsmuster für die Selbstprojektion der Tageszeitung innerhalb der Jubiläumsausgabe ist das obige Zitat Deáks mit der einleitend zitierten Bemerkung Bergmanns (2009: 24) zur Verflechtung der Ereignisse auf Makro- und Mikroebenen in Bezug zu setzen. Die Erscheinungsdauer der Zeitung dient somit dem Tageblatt als Hauptargument dafür, seine eigene Geschichte mit jener der Region im imperialen und postimperialen Kontext zu verbinden und aus der Überwindung von Provinzialität und Marginalität Relevanz zu gewinnen.

Darüber hinaus umreißen die Beiträge, die hier analysiert werden, ein Kontinuitätsideal, das drei Chronotopoi miteinander verbindet. Bachtin (2008) bestimmt den Begriff des Chronotopos wie folgt:

> Den grundlegenden wechselseitigen Zusammenhang der in der Literatur künstlerisch erfaßten Zeit-und-Raum-Beziehungen wollen wir als *Chronotopos* („Raumzeit" müßte die wörtliche Übersetzung lauten) bezeichnen. [...] Für uns ist wichtig, dass sich in ihm der untrennbare Zusammenhang von Raum und Zeit (die Zeit als vierte Dimension des Raumes) ausdrückt. (Bachtin 2008: 7)

Im Zusammenhang mit der Untersuchung, die zeitlich auseinander liegende Zeitungsbeiträge einbezieht, die auf denselben Raum der Region Transsilvanien in verschiedenen geopolitischen Zusammenhängen rekurrieren, kann durch den Begriff des Chronotopos die komplexe Bezugssetzung, die von der Tageszeitung durchgeführt wird, näher beleuchtet werden. Deswegen werden Bachtins Ausführungen zum literarischen Chronotopos innerhalb dieses Beitrags auf die historische Presse übertragen:

> Im künstlerisch-literarischen Chronotopos verschmelzen räumliche und zeitliche Merkmale zu einem sinnvollen und konkreten Ganzen. Die Zeit verdichtet sich hierbei, sie zieht sich zusammen und wird auf künstlerische Weise sichtbar; der Raum gewinnt Intensität, er wird in die Bewegung der Zeit, des Sujets, der Geschichte hineingezogen. (Bachtin 2008: 7)

Die von Bachtin beschriebene Komprimierung der Zeit, die in der Jubiläumsausgabe durch die gleichzeitige Wahrnehmung und die daraus erfolgte Überlagerung verschiedener Epochen der Zeitungsgeschichte zum Ausdruck gebracht wird, führt dazu, dass das Gründungsjahr 1874 und das Jubiläumsjahr 1924 gemeinsam evoziert werden, wobei auch die einprägsame Zeit des Ersten Weltkrieges deutlich erkennbare Spuren in den Texten hinterlässt.

Im Rahmen dieses Beitrags wird zwischen den folgenden drei Chronotopoi unterschieden: der imperiale Chronotopos, der Übergangschronotopos des Ersten Weltkrieges und der postimperiale Chronotopos. Die einzelnen Chronotopoi und die lexikalischen Konsequenzen ihrer Überlagerung innerhalb der Jubiläumsausgabe werden im nächsten Teil des Beitrags beschrieben. Zu diesem Zweck werden die untersuchten Zeitungsbeiträge je einem der drei Chronotopoi zugeordnet und in Zusammenhang damit analysiert.

4.1 Der imperiale Chronotopos: Der Leitartikel der Gründungsausgabe

In diesem Teil wird die Rolle der Tageszeitung ab ihrer Gründung in der zweiten Hälfte des 19. Jahrhunderts umrissen. Dafür werden die Festlegungen des Historikers Charles Tilly (1997) übernommen, der die strukturellen Spezifika eines Imperiums folgendermaßen erläutert:

> An empire is a large composite polity linked to a central power by indirect rule. The central power exercises some military and fiscal control in each major segment of its imperial domain, but tolerates the two major elements of indirect rule: (1) retention or establishment of particular, distinct compacts for the government of each segment; and (2) exercise of power through intermediaries who enjoy considerable autonomy within their own domains in return for the delivery of compliance, tribute, and military collaboration with the center. (Tilly 1997: 3)

Ergänzend dazu folgt eine weitere Begriffsfestlegung Tillys, die für die obige Definition bedeutend ist: „Polity: the set of relations among agents of the state and all major political actors within the delimited territory“ (Tilly 1997: 7).

Im Zusammenhang mit den obigen Ausführungen, die für den Erscheinungsmoment der Zeitung im Jahr 1874 relevant sind, steht der Leitartikel der Gründungsausgabe des „Siebenbürgisch-Deutschen Tageblatts“. Carl Wolff (1849–1929; Schuller 1902: 506–513) legt darin die Grundsätze der Zeitung dar und betont dabei vor allem die Befolgung der staatstragenden politischen Leitlinien. Der Hauptbegriff, der im Text mehrfach wiederholt wird, ist jener der Treue:

> Um so mehr ist es in dieser bedrängnißvollen Zeit unsere Pflicht, dem Staatswesen gegenüber, welchem wir angehören, die Treue zu bewahren und in musterhafter Weise das Gesetz zu befolgen, auf das wir den Beruf erfüllen, welchen der größte ungarische König den Deutschen an den Ostmarken des Reiches mit den Worten in die Seele geschrieben hat: „Auf euch ruht die Sicherheit der Grenzen wie auf erhabenen Säulen!“ Daher Treue dem angestammten Monarchen, Treue dem Staate, Treue dem Gesetze! (Wolff 1874: 1)

Dieses Zitat verdeutlicht, dass die Zeitung von Anbeginn eine Mittlerrolle zwischen dem Zentrum und der von ihr publizistisch repräsentierten Region Transsilvanien und somit vor allem die politische Interessenvertretung der Siebenbürger Sachsen übernimmt. Dadurch etabliert sich das Tageblatt als Medium mit einem relativen Grad an Autonomie, das jedoch die Interessen des Zentrums nicht untergräbt oder hinterfragt, sondern in die deutschsprachige regionale Öffentlichkeit überträgt. Ebenfalls im Sinne von Tillys (1997) zitierten Definitionen ist auch der Einsatz des neuen Mediums für den Fortbestand eines gewissen Maßes an Selbständigkeit sowie für die Rechte anderer Nationen zu verstehen (vgl. Wolff 1874: 1), wodurch die Zeitung ihren Themenbereich erweitert und mit ihren wichtigsten Zielsetzungen abgleicht.

4.2 Der postimperiale Chronotopos: Der Leitartikel der Jubiläumsausgabe

Der Vergleich der beiden Leitartikel aus den Jahren 1874 und 1924 macht deutlich, dass das zentrale Stichwort der Treue aus der Gründungsausgabe zurückgestellt wird und, in Abgrenzung zum imperialen Chronotopos, in der Jubiläumsausgabe durch den Fokus auf den Begriff des Volkes ersetzt wird. Somit verschiebt sich innerhalb der Zeitungsgeschichte der relationale Bezug des Mediums von der imperialen Makroebene zur postimperialen Mikroebene, d.h. in Richtung der eigenen Leserschaft, wie aus dem folgenden Beispiel ersichtlich wird.

Der Leitartikel der Redaktion bzw. Hermann Plattners (1885–1965; Hienz 2004: 413–416) vom 1. Januar 1924 erfasst für die damals gegenwärtigen Leser der Tageszeitung die Rolle, welche diese seit ihrer Gründung 1874 für die Siebenbürger Sachsen erfüllt hat. Die aussagekräftige Überschrift „50 Jahre völkischer Arbeit!" (Pl.[attner] 1924: 1) enthält das Grundprinzip, das dieses Presseorgan für sich zum Leitsatz bestimmt hat: Eine Zeitschrift zu sein, die als Vertreterin und Wortführerin einer Gemeinschaft und somit als individuelle Repräsentantin eines übergeordneten kollektiven Interesses agiert. Der feierliche Anlass diene, laut Redaktion, als „Rückschau und Gelöbnis zugleich" (Pl.[attner] 1924: 1). In der Jubiläumsausgabe werden deswegen ausschlaggebende Momente und bedeutende Persönlichkeiten aus der Geschichte der Zeitung aufgerufen, so dass auf diese Weise eine Traditionslinie erschaffen und für die aktuelle Leserschaft bewusst gemacht wird, um das Publikum dessen zu vergewissern, dass die Zeitung ihre Rolle auch weiterhin befolgen wird. In salbungsvollem Ton versichert dies die Redaktion ihren Lesern:

> Wie wir uns bewußt sind, für unser Volk stets unser Bestes aus allen unseren Kräften getan zu haben, so soll es auch in Zukunft sein. [...] Wir sind gewillt, die Verantwortung zu tragen und auch weiterhin das zu tun, was wir unserm Volke schuldig sind. [...] Treu und ehrlich wie bisher, eingedenk der Pflichten, die wir dem Staat und der Heimat gegenüber zu erfüllen haben, wollen wir weiter arbeiten für unser heißgeliebtes Volk, auf daß ihm eine glückliche, freie und gesegnete Zukunft beschieden sei! (Pl.[attner] 1924: 1)

Die Redaktion interpretiert die Gründung des „Siebenbürgisch-Deutschen Tageblatts" als politischen Akt, da die Tageszeitung in erster Linie die Bekanntmachung politischer Entscheidungen für die Leserschaft gewährleisten sollte. Dadurch referiert der Leitartikel der Jubiläumsausgabe jenen der Gründungsausgabe und ruft den imperialen Chronotopos auf, der auf den postimperialen Chronotopos der unmittelbaren Gegenwart des Jahres 1924 projiziert wird und auf diese Weise einen symbolischen Akt der Kontinuität markiert. Darüber hinaus sieht sich das Tageblatt auch als Vertreter jener Politik, die von seinen Schriftleitern und Redakteuren öffentlich betrieben wurde. Diese doppelte Aufgabe habe die Zeitung in den 50 Jahren ihres Bestehens zielstrebig erfüllt, stellt die Redaktion einleitend fest (Pl.[attner] 1924: 1).

Um die sinkende politische Bedeutung der Sachsen in Ungarn zu kompensieren, habe sich das Blatt zum Ziel gesetzt, die „ideellen Ringmauern kirchlicher, kultureller und wirtschaftlicher Volksgemeinschaft“ (Pl.[attner] 1924: 1) zu errichten und auf diese Weise dazu beizutragen, das kollektive „Kolonistenschicksal“ (Pl.[attner] 1924: 1) der Siebenbürger Sachsen, „eines vom Muttervolke abgetrennten Stammes“ (Pl.[attner] 1924: 1), zu beleuchten.

Der Leitartikel unterstreicht auch die gegensätzliche Struktur von Individuum und Gemeinschaft und gibt naturgemäß der letzteren den Vorrang, weil die Zeitschrift ihre Geschichte vor allem im Zusammenhang mit kollektiver Repräsentanz erstellt:

> Denn anders vollzieht sich das Wirken einer Volksgemeinschaft als das des einzelnen Menschen. Für den Mann stellt die Erreichung des 50. Lebensjahres die Höhe der Schaffenskraft dar, von der er in absteigender Bahn seinem Lebensabend entgegengeht. Im Volke aber erneuern sich stetig die Kräfte, und indem ein Lebensalter dem andern die Hand zur Nachfolge reicht, ist die Kraft des Volkes ewig jung, und ewig neu vorgezeichnet ist ihm das Ziel, das unverrückbar und vererbt ist von unsern Vätern. (Pl.[attner] 1924: 1)

4.3 Der Übergangschronotopos des Ersten Weltkrieges

Einen weitschweifigen Rückblick auf die Publikationsgeschichte führt Gmeiner (1868–1934; Hienz 1998: 206–207), „Vorsitzender des Direktionsrates der Siebenbürgisch-Deutschen Verlags-Aktiengesellschaft“ (Gmeiner 1924: 2), in derselben Jubiläumsausgabe vom 1. Januar 1924 den Lesern vor. Sein Beitrag, eine „Festrede, gehalten bei dem geselligen Abend aus Anlaß des 50-jährigen Bestehens des Siebenbürgisch-Deutschen Tageblattes“ (Gmeiner 1924: 2), erinnert die Anwesenden bzw. die Leserschaft an die Gründungsphase, an die damals Beteiligten und an die erste Ausgabe der Zeitung, aus welcher der Redner ausgiebig zitiert und somit zur Überlagerung der imperialen und postimperialen Chronotopoi beiträgt.

Die nach Jahrzehnten aufgerollte Publikationsgeschichte des Tageblatts verläuft nach einem simplen Grundmuster, welches sich in der polemischen Gegenüberstellung ‚wir vs. die Anderen‘ wiederholt, die derartigen feierlichen Anlässen eigen ist (vgl. Bergmann 2009: 29). Es ist deswegen auch verständlich, dass die Entwicklung des Blattes nur als zyklische Reproduzierung schon durchgestandener Etappen zusammengefasst werden kann, denn laut Redner „wiederholen sich auf allen Gebieten dieselben Kämpfe, von denen die Geschichte unseres Volkes voll ist, Kämpfe, in denen das sächsische Volk solcher erprobter Kampfmittel, wie das Siebenbürgisch-Deutsche Tageblatt eines ist, mehr als jemals bedarf" (Gmeiner 1924: 3).

Folgerichtig wird auch die Lexik des gesamten Beitrages dem semantischen Feld „Kampf" untergeordnet; Gmeiner wird nicht müde, von „heftigen Kämpfen" (Gmeiner 1924: 2) zu sprechen, „der ununterbrochene Kampf" (Gmeiner 1924: 3) „Fehden" (Gmeiner 1924: 3) und „Auseinandersetzungen" (Gmeiner 1924: 3), „Angriffe" (Gmeiner 1924: 3) sind nur einige hyponyme Beispiele dafür. Gleichermaßen finden sich im Artikel Ausdrücke wie: das Blatt werde „die Fahne [...] hochhalten" (Gmeiner 1924: 3), der Kampf werde mit „Waffen des Geistes" (Gmeiner 1924: 3) ausgetragen. Gegenübergestellt werden die „Taktik der Draufgängerei und des Elan's" (Gmeiner 1924: 3) die „Taktik des Kleinmutes und der Resignation" (Gmeiner 1924: 3) oder das „Ausharren auf seinem Posten" (Gmeiner 1924: 3) als politische Optionen. Schließlich mutet dieser historische Aufriss stellenweise eher wie ein Kriegsbericht und nicht wie die Geschichte einer Publikation oder einer Leserschaft an: „Eine solche Taktik wird ein Führer nur dann anwenden, wenn er wohlgeschulte, disziplinierte und ihrer Aufgabe bewußte Truppen unter sich hat, die zur Erfüllung ihrer Pflicht nicht besonderer Aufstachelung bedürfen" (Gmeiner 1924: 3).

Auch Plattners festlicher Leitartikel bezeichnet die Publikation als „Kampforgan" (Plattner 1924: 1), „Bannerträger" (Plattner 1924: 1), „Rufer im Streite" (Plattner 1924: 1) bzw. „Heerrufer zum Urteilsspruch des eigenen Volksgewissens" (Plattner 1924: 1) und gibt den Lesern die beiden Richtungen bekannt, in denen das Tageblatt bei politischen Auseinandersetzungen mitgewirkt habe: als Vermittler zur Überwindung der internen politischen Spaltung zwischen Alt- und Jungsachsen und als nationaler Wortführer der sächsischen Gemeinschaft nach dem österreichisch-ungarischen Ausgleich. In aufwallenden Worten wird der Gründerjahre gedacht: „Wie heller Schwerterschlag tönt es in dieser Zeit mit stählernem Klang aus den Spalten des Tageblattes, und dieser Klang bleibt durch alle die Jahre, wo die sächsische Volkspolitik auf den Kampfgedanken eingestellt war" (Plattner 1924: 1).

Zwar seien die Streitigkeiten der Anfangsjahre überwunden, meint der Verfasser Plattner weiterhin, doch habe anschließend „der Kleinkrieg der Tagespolitik" (Plattner 1924: 1) das öffentliche Leben und somit auch die Inhalte der Tageszeitung beeinflusst.

4.4 Konsequenzen der Überlagerung mehrerer Chronotopoi. Logische und rhetorische Brüche

Das Postulat der Kontinuität wirkt sich auf zwei Deutungsebenen aus. Einerseits werden damit die Dauer und Gesinnungsbeständigkeit der Tageszeitung in den Vordergrund gerückt. Da deren Geschichte mit jener ihrer regionalen Leserschaft gleichgesetzt wird, wird in den Beiträgen der Jubiläumsausgabe – durch eine logische Umkehrung – aus der Geschichte der Siebenbürger Sachsen auf die Zeitungsgeschichte gefolgert.

Beispielhaft für diesen logischen Kunstgriff ist Gmeiners oben erwähnte Rede. Sein Anliegen sei es nicht,

> die fünfzigjährige Geschichte des Siebenbürgisch-Deutschen Tageblattes darzustellen, denn das wäre gleichbedeutend mit der Darstellung der Geschichte nicht nur der sächsischen Politik, sondern der ganzen Entwicklung des sächsischen Volkes auf allen Lebensgebieten in den letzten fünfzig Jahren [...] (Gmeiner 1924: 2)

Die von ihm gebotene Rückschau auf die nach Jahrzehnten gruppierten Entwicklungsetappen des Tageblatts soll in der Absicht des Redners vor allem als Vergewisserung und Bestätigung dessen nutzbar gemacht werden, dass das konsequent befolgte Programm des Blattes auch nach einem halben Jahrhundert dieselbe Gültigkeit habe wie zur Gründungszeit. Das statische, unveränderte Weltbild, das in dem Artikel beschrieben wird, steht im deutlichen Kontrast zu den anderen Ausführungen im Text, aber dieses logischen Bruches war sich der Verfasser offensichtlich nicht bewusst:

> Das Programm, welches dem Tageblatt seine Gründer in die Wiege gelegt haben, ist fünfzig Jahre lang der tragfähige Boden gewesen, auf dem das Tageblatt wurzeln und zum Wohl unseres Volkes wirken und wachsen konnte. Daß dieses Programm auch heute geradeso aktuell ist, wie vor fünfzig Jahren, das ist ein Beweis dafür, daß es nicht auf vergängliche Interessen einzelner Personen oder Klassen, sondern auf die bleibenden [sic!] Lebensbedingungen eines ganzen Volkes eingestellt ist, und daß wir es unternehmen können, das Tageblatt mit unverändertem Programm weiterzuführen, ist ein Beweis für unser Vertrauen darauf, daß das sächsische Volk seiner Volksidee die Treue auch fernerhin bewahren wird. (Gmeiner 1924: 4)

An den Erhalt der Leserschaft knüpft Gmeiner auch die Funktion der Tageszeitung. Deren Aufgabe sieht er nicht in der Vermittlung von Informationen an die Leser, sondern „in der Verteidigung und Erhaltung des sächsischen Volkstums" (Gmeiner 1924: 4). Die Publikation soll, nach Ansicht des Redners, als politisches Medium genutzt und auf diese Weise auch zur Manipulation des Publikums dienstbar gemacht werden. Unmissverständlich wird nämlich auch auf diese Rolle der Zeitung hingewiesen, die u.a. „in der Vorbereitung der öffentlichen Meinung für die von der politischen Leitung gewünschte Stellungnahme" (Gmeiner 1924: 3) zu bestehen habe. Somit reduziert sich eigentlich die Funktion der Tageszeitung, die vom Vorsitzenden Gmeiner zwar hochtrabend und irreführend auch „Volksorgan" (Gmeiner 1924: 3) genannt wird, auf jene der Vermittlung auf der hierarchischen und sozialen Vertikalen innerhalb derselben Gemeinschaft anstelle einer tatsächlichen Interessenvertretung für die Gesamtheit der Siebenbürger Sachsen. Auch der Lobgesang des Redners auf eine „unabhängige und freie völkische Presse" (Gmeiner 1924: 4) oder die nur flüchtige Nennung der „Literaten" (Gmeiner 1924: 4) als Träger der Publizistik erweisen sich, bei einer genauen Lektüre, als rhetorische Floskeln, welche die Absichten des Verfassers geschickt verhüllen.

5 Schlussfolgerung

Anhand der Beispieluntersuchung spezifischer Zeitungsartikel aus dem „Siebenbürgisch-Deutschen Tageblatt" wird ersichtlich, dass sich diese Texte mehreren Chronotopoi zuordnen lassen, die durch zentrale Begriffe – Treue, Volk und Kampf – bestimmt werden. Trotz der ausdrücklichen Betonung von Kontinuität signalisieren die analysierten Beiträge Kursänderungen im Vergleich zur ursprünglich formulierten Position der Zeitung und zeigen ebenfalls die Einwirkung des Ersten Weltkriegs auf die Bildhaftigkeit der Ausdrucksweise (vgl. Bösch 2015: 109–113). Für die öffentliche Selbstdarstellung der Tageszeitung im Gründungsjahr bzw. 50 Jahre danach ist des Weiteren festzustellen, dass die Meinungsbildung zum Hauptziel wird. Abschließend kann festgestellt werden, dass die Tageszeitung zu Beginn der Zwischenkriegszeit die von Schröder beschriebenen Traditionslinien der Publizistik des 19. Jahrhunderts weiterführt:

> Information und Meinung sind in der Meinungspresse des 19. Jahrhunderts keine Gegensätze. Information steht vielmehr zunehmend im Dienste von Meinung. Leitbild für die Presse des 19. Jahrhunderts ist nicht die Unparteilichkeit, sondern das Beziehen von Positionen. (Schröder 2017: 172)

Literaturverzeichnis

Bachtin, Michail M. (2008): *Chronotopos*. Frankfurt a.M.: Suhrkamp.

Bergmann, Klaus (2009): Gedenktage, Gedenkjahre und historische Vernunft. In: Horn, Sabine und Michael Sauer (Hrsg.), *Geschichte und Öffentlichkeit. Orte – Medien – Institutionen*, 24–31. Göttingen: Vandenhoeck & Ruprecht.

Bican, Bianca (2013): *Deutschsprachige kulturelle Presse Transsilvaniens. Einblicke in die zweite Hälfte des 19. Jahrhunderts und in die Zwischenkriegszeit*. Wien, Berlin: LIT.

Bican, Bianca (2014): Szenarien des Untergangs in der deutschsprachigen Tagespresse Transsilvaniens. In: Szendi, Zoltán (Hrsg.), *Medialisierung des Zerfalls der Doppelmonarchie in deutschsprachigen Regionalperiodika zwischen 1880 und 1914*, 83–96. Wien, Berlin: LIT.

Bösch, Frank (2015): *Mass Media and Historical Change: Germany in International Perspective. 1400 to the Present*, 109–113. New York, Oxford: Berghahn.

Ciobanu, Vasile (2001): *Contribuţii la cunoaşterea istoriei saşilor transilvăneni 1918–1944*. Sibiu: Hora.

Deák, István (1997): The Habsburg Empire. In: Barkey, Karen und Mark von Hagen (Hrsg.), *After Empire. Multiethnic Societies and Nation-Building: The Soviet Union and the Russian, Ottoman, and Habsburg Empires*, 129–141. Boulder: Westview.

Heyne, Sabine und Bastian A. Vollmer (2016): *Innovation und Persuasion in der Presse. Eine komparative Korpusanalyse zur Form und Funktion von Neologismen*. Wiesbaden: Springer.

Hienz, Hermann A. (1998): *Schriftsteller-Lexikon der Siebenbürger Deutschen. Bio-bibliographisches Handbuch für Wissenschaft, Dichtung und Publizistik*. Band 6. Köln u.a.: Böhlau.

Hienz, Hermann A. (2004): *Schriftsteller-Lexikon der Siebenbürger Deutschen. Bio-bibliographisches Handbuch für Wissenschaft, Dichtung und Publizistik*. Band 9. Köln u.a.: Böhlau.

Schröder, Thomas (2017): Information und Meinung. Pressetextsorten vor der Trennungsnorm. In: Pfefferkorn, Oliver, Riecke, Jörg und Britt-Marie Schuster (Hrsg.), *Die Zeitung als Medium in der neueren Sprachgeschichte. Korpora – Analyse – Wirkung*, 165–175. Berlin, Boston: De Gruyter.

Schuller, Friedrich (1902): *Schriftsteller-Lexikon der Siebenbürger Deutschen*. 4. Band. Hermannstadt: W. Krafft.

Tilly, Charles (1997): How Empires End. In: Barkey, Karen und Mark von Hagen (Hrsg.), *After Empire. Multiethnic Societies and Nation-Building: The Soviet Union and the Russian, Ottoman, and Habsburg Empires*, 1–11. Boulder: Westview.

Quellenmaterial

Gmeiner, August (1924): Das Siebenbürgisch–Deutsche Tageblatt in Vergangenheit und Gegenwart. In: *Siebenbürgisch–Deutsches Tageblatt (Hermannstadt)*. 1. Januar, 2–5.

Pl.[attner], H.[ermann] (1924): 50 Jahre völkischer Arbeit! In: *Siebenbürgisch–Deutsches Tageblatt (Hermannstadt)*. 1. Januar, 1.

Wolff, Carl (1874): An unsere Leser! In: *Siebenbürgisch–Deutsches Tageblatt (Hermannstadt)*. Nr. 1. 1. Januar, 1.

Alois-Richard Kommer

Zeitenwende – Sprachenwende. Rumäniendeutsche Pressesprache im Jahr 1990 am Beispiel der Aussiedlung der Rumäniendeutschen

Zusammenfassung: Der vorliegende Aufsatz behandelt mehrere Aspekte der rumäniendeutschen Pressesprache anhand einer Auswahl von Beiträgen aus der Bukarester deutschsprachigen Tageszeitung „Neuer Weg“ – die einzige Tageszeitung des Landes, die zu diesem Zeitpunkt in einer Weltsprache veröffentlicht wurde. Es werden Ausgaben im Zeitraum Januar bis Juni 1990 untersucht. Ausgewählt wurden Zeitungsbeiträge rund um das Thema der Aussiedlung der Rumäniendeutschen. Auf der einen Seite wird anhand der Artikel untersucht, wie der Diskurs und die Terminologie der Auswanderung (während der kommunistischen Diktatur ein absolutes Tabuthema) in die Zeitungssprache eingebaut wurden; auf der anderen Seite soll erörtert werden, ob und wie die Redakteure und Journalisten, die jahrzehntelang die Systemsprache verwendet haben, sich von dieser Sprache lossagen konnten. Näher betrachtet wird die Haltung der bundesdeutschen Entscheidungsträger, der rumänischen Politik, der rumäniendeutschen Minderheitenvertretung und der evangelischen Kirche zur Massenaussiedlung der deutschen Minderheit.

1 Einleitung

Das Jahr 1990 stellt in vielen Ländern Südosteuropas eine Zäsur dar. Ähnliches gilt auch für Rumänien, ganz besonders aus Sicht der deutschen Minderheit im Land. Die Zeitenwende nach dem Umbruch Ende 1989 stellte die Siebenbürger Sachsen, Banater und Sathmarer Schwaben und andere deutsche Volksgruppen des Landes vor neue Herausforderungen: Einerseits bot die Demokratisierung des Landes neue Chancen, andererseits zeichnete sich im Laufe des Jahres 1990

Alois-Richard Kommer, Târgu-Mureş/Neumarkt am Mieresch, Rumänien,
E-Mail: alois.kommer@ms.sapientia.ro

https://doi.org/10.1515/9783111247694-008

eine Beschleunigung des seit längerer Zeit begonnenen Zerfalls der Minderheitenstrukturen ab, was schließlich zum Exodus der rumäniendeutschen Minderheit aus der alten Heimat führte.

In den ersten Monaten des Jahres 1990 bedeutete die Aufbruchstimmung jedoch nicht unbedingt, dass diejenigen, die auf den vielbeschworenen gepackten Koffern saßen, nun die Passämter stürmten, um das Land schnellstmöglich verlassen zu können. Die Aufbruchstimmung war auch in den Seiten der Tageszeitung „Neuer Weg" bemerkbar. Die Redaktion konnte nun losgelöst von den Reden des Diktators, die die Titelseiten dominierten, frei von Zwängen, Zensur und Autozensur schreiben – auch über das Thema der Aussiedlung, das in der Diktatur jahrzehntelang tabuisiert war. Die Zeitung musste – ähnlich, wie alle anderen Presseerzeugnisse des Landes – nach der Zeitenwende nun auch diese Sprachenwende vollziehen und meistern.

2 Problemstellung und methodische Überlegungen

Im vorliegenden Beitrag soll untersucht werden, ob und wie sich der erwähnte Wandel in der Zeitungssprache bemerkbar machte. Anhand von Textbeispielen aus ausgewählten Artikeln soll erörtert werden, ob sich im Diskurs der Zeitung diese Sprachenwende vollzog und wie sie sich manifestierte. Am Beispiel der Thematik rund um die Auswanderung der Rumäniendeutschen wird auf der einen Seite erörtert, ob die Redakteure und Journalisten, die jahrzehntelang die Systemsprache verwendet haben, sich davon lösen konnten. Auf der anderen Seite soll dargestellt werden, ob und wie sich der Diskurs und die Terminologie der Auswanderung in die freie Presse nach der Wende 1989 „eingeschlichen" hat, denn die Aussiedlung war jahrzehntelang ein Tabuthema. Diesbezüglich berichtet der ehemalige Chefredakteur der „Hermannstädter Zeitung" (später: „Die Woche") und Chefreporter der Zeitung „Neuer Weg", Ewalt Zweyer von Listen der Direktion mit „nicht erlaubten Themen", geht dabei explizit auf die Aussiedlung ein und bemerkt, dass man über das Thema „nur eine kurze Zeit schreiben [durfte], und dann eben nur über ‚Heimkehrer' und solche, die nur für kurze Zeit zu Besuch in Deutschland waren" (Zweyer 2018: 134). Die Zeitungssprache der Aussiedlung im Jahr 1990 müsste demnach eine Sprache frei von den Floskeln und Spuren der Mediensprache aus der Zeit der kommunistischen Diktatur sein.

In der vorliegenden Arbeit wird von einem konstruktivistischen Ansatz ausgegangen, wonach Medien als Mittel der Realitätskonstruktion angesehen werden. In diesem Sinne wird eine synchrone, quantitativ geprägte Untersuchung von Zeitungstexten durchgeführt. In Bezug auf das Verhältnis von Medieninhalten und Realität vertritt der Leipziger Professor Günter Bentele (2008: 257) einerseits eine realistische Position, in der „Tatsachen, Sachverhalte, die zusammen die Realität ausmachen, unabhängig von irgendwelchen Beobachtern existieren" und von Journalisten abgebildet werden können. Andererseits charakterisiert Bentele dieses Verhältnis als eine konstruktivistische Position: Realität werde „von den Journalisten erst geschaffen" (2008: 261). Diese Realität wird mittels „sprachlicher Manifestationen" oder in „vertexteter" Form von den Rezipienten wahrgenommen und interpretiert (siehe dazu Felder 2012: 116 und Herdeanu 2014: 66). Nicht nur die Textproduzenten, auch die Rezipienten würden demnach durch Sprache (ihre) Realität konstruieren.

In diesem Beitrag soll nicht die Aussiedlung an sich als historischer Prozess untersucht werden, das Ziel sei vielmehr, die sprachliche Realisierung des (historischen) Diskurses aufzuzeigen. Der Diskursbegriff wird hierbei in Anlehnung an Gloy – zitiert bei Reisigl (2013: 256) – verwendet. Der Diskurs wird „als historisch und politisch situierte[r] Supertext betrachtet der sich strukturell, d. h. inhaltlich ebenso wie formal, als Vernetzung von aufeinander bezogenen Texten bildet". Für die Analyse dieses – medial abgebildeten – Diskurses wird die Themenspezifikation auf Basis der Methodentrias von Felder (2012: 132) herangezogen: die Benennung des Diskursthemas, Generierung von Subthemen und die Bestimmung agonaler Zentren.

Für die Analyse wurden Daten aus den Ausgaben der Bukarester deutscher Tageszeitung „Neuer Weg" erhoben, aus der Zeitspanne Januar bis Juni 1990 (Jahrgang 42, Ausgaben 12.623 bis 12.761). Um das Korpus der Untersuchung besser einschränken zu können, wurde als Anhaltspunkt die Berichterstattung über das Thema der Auswanderung der Rumäniendeutschen genommen. Auch hier werden die untersuchten Beiträge nach einigen thematischen Schwerpunkten gebündelt. Aufgrund des abgegrenzten thematischen Schwerpunktes der Auswanderung, aber auch weil es sich um eine etablierte, von den Angehörigen der deutschen Minderheit anerkannte, überregionale Tageszeitung handelt, schien der „Neue Weg" als beste Option für die Untersuchung.

Die bereits im Titel erwähnte **Sprachenwende** konnte kaum gleich schnell vonstattengehen, als die politisch-gesellschaftlichen Veränderungen. Deshalb wird angenommen, dass dieser Prozess kein Automatismus war, sondern das Ergebnis bewusster und harter Arbeit in den Redaktionen des Landes. Auch wenn es ab 1977 in Rumänien keine „offizielle Zensur" gab, blieb nach Angaben von Galon (2008: 41) eine „Pressekontrolle" erhalten, eine Pflicht, den Inhalt der jeweiligen Zeitungsausgabe der zuständigen Propagandaabteilung vorzulegen. So stellt sich für die Untersuchung die Frage, wie schnell die Abkehr von den kommunistischen Einprägungen vollzogen werden konnte?

Ein weiterer Aspekt, der die Zeitungssprache ohne Zweifel beeinflusste, war das gestiegene Volumen an Redaktionsarbeit – die Redakteure mussten **mehr Zeitung** schreiben – von einem Tag auf den anderen brachen die vorgegebenen Texte, meist Übersetzungen aus dem Rumänischen, weg. Zeitungsmacher, aber auch die Mitarbeiter der Druckereien mussten mit dem erhöhten Druck klarkommen. Ebenfalls anzunehmen ist, dass die explodierende Zahl an Publikationen nach den Ereignissen vom Dezember 1989 unweigerlich zu satztechnischen Fehlern und dadurch zu mehr Rechtschreibfehlern in der Zeitung führte.

Ebenfalls zu beachten sind die möglichen Einflüsse der rumänischen Sprache. Auf die Vielschichtigkeit und Komplexität dieses Aspektes wird in der vorliegenden Arbeit eingegangen. Aber auch ein direkter Einfluss auf die deutsche Pressesprache der Zeitung ist zu vermuten: Ein wesentlicher Teil der Artikel in den Zeitungsausgaben vor dem 22. Dezember 1989 waren Übersetzungen aus der rumänischen „Scânteia". Es ist anzunehmen, dass diese „Symbiose" Spuren hinterlassen hat.

3 Zur Lage der deutschen Minderheit in Rumänien

Auf dem Gebiet des heutigen Rumäniens haben sich im Laufe der Geschichte mehrere Gruppen aus dem deutschsprachigen Raum niedergelassen. Ihre Siedlungszeiten reichen vom 12. Jahrhundert (im Falle der Siebenbürger Sachsen) bis ins 18. Jahrhundert (mit der Ansiedlung der Schwaben, einer weiteren, zahlenmäßig bedeutenden Gruppe).

Aus Sicht der vorliegenden Arbeit sind die Erwähnung einiger Aspekte zur Situation der Deutschen im Rumänien der Nachkriegszeit sowie die Darlegung der zahlenmäßigen Veränderungen wichtig, weil dadurch Aufschlüsse über relevante Zusammenhänge in Bezug auf die deutschsprachige Presse und die Zeitung „Neuer Weg" ersichtlich werden.

Scheinbar erfreuten sich die ethnischen Minderheiten im kommunistischen Rumänien der gleichen Rechte wie die Mehrheitsbevölkerung. Kendi (1992: 121) fasst die Situation treffend zusammen: Zwischen „Anspruch und Wirklichkeit, zwischen Theorie und Praxis [existierte] eine frappierende Diskrepanz". Die Tendenz zur Assimilierung der Minderheiten wurde im Laufe der Zeit immer stärker; hinzu kam ein weiteres, für Rumänien spezifisches Phänomen: der Freikauf.

Die höchste Zahl der Deutschen in Rumänien wurde nach Daten von Völkl (1995: 222) 1930 im damaligen Groß-Rumänien mit rund 745.000 Personen verzeichnet. Aufgrund von Krieg, Flucht und Vertreibung hat sich diese Zahl bis in die 1950er Jahre halbiert – basierend auf Daten, vorzufinden bei Völkl (1995: 241) aus dem Jahr 1948 oder bei Weber anhand von Daten aus dem Jahr 1956 (1991: 13). Auch während des kommunistischen Regimes nahm die Zahl der Rumäniendeutschen kontinuierlich ab – ganz eindeutig wird die Schrumpfung zwischen den offiziellen Volkszählungen 1977 und 1992: Wurden beim letzten offiziellen Referendum vor der Wende 359.000 Deutsche gezählt, so bekannten sich 15 Jahre später, 1992 nach offiziellen Angaben lediglich 119.462 Personen zum Deutschtum – hier werden offiziell auch die Sachsen und Schwaben hinzugezählt.[1]

Dieser spektakuläre Schwund ist mit der intensiveren Aussiedlung, die ab 1978 in reglementierten Bahnen ablief, zu erklären. Obwohl die Vereinbarungen zwischen der Bundesrepublik Deutschland und Rumänien strenger Geheimhaltung unterlagen, gab es ziemlich detaillierte und genaue Informationen zum „Auskauf" (Schwab 1990: 92) der Rumäniendeutschen.

1990 siedelten mehr als 111.000 Rumäniendeutsche über – fast zehnmal so viele, wie in einem „normalen" Quotenjahr (Kroner und Göbbel 1995: 73). Ähnliche Angaben über die Aussiedlerzahlen aus Rumänien finden wir auch bei Bade und Oltmer (1999: 23–24). Sie beziffern die Zahl der Rumäniendeutschen, die das Land zwischen 1950 und 1993 verlassen haben auf insgesamt 406.000 Personen. Davon seien bis 1987 etwa 206.000 und zwischen 1988 und 1993 um die 200.000 Menschen in die Bundesrepublik ausgewandert.

Die mit Abstand höchsten Aussiedlerzahlen wurden demnach im Jahr 1990 registriert. Das ist mit der wichtigste Grund, weshalb die vorliegende Untersuchung auf dieses Jahr Bezug nimmt.

4 Die rumäniendeutsche Medienlandschaft

Die erste überregionale deutschsprachige Tageszeitung in Rumänien der Nachkriegszeit erschien am 13. März 1949 unter dem Namen „Neuer Weg". Die Zeitung sollte zur damaligen Zeit als „Sprachrohr" des Deutschen Antifaschistischen Komitees dienen. Anfangs war sie beim rumäniendeutschen Publikum nicht sonderlich beliebt, doch mit der Zeit schaffte es die Redaktion, eine „leserfreundlichere" Publikation zu präsentieren (Weber 2010: 85–94).

1 Daten aus dem Statistischen Jahrbuch für Rumänien für das Jahr 1994.

Regionale Zeitungen gab es ab der zweiten Hälfte der 1950er Jahre: Die „Banater Zeitung“ startete als Wochenzeitung 1957 mit dem Namen „Die Wahrheit“. Seit 1968 hieß sie „Neue Banater Zeitung“ und wurde zur Tageszeitung. Ebenfalls 1968 wurde die „Hermannstädter Zeitung“ gegründet; diese wurde jedoch nicht zur Tageszeitung, erhielt aber wenige Jahre später einen neuen Namen: „Die Woche“ – erst nach der Wende 1989 erschien sie wieder als „Hermannstädter Zeitung“. Die in Kronstadt verfasste „Karpatenrundschau“ erschien zunächst seit 1968 als überregionale Wochenzeitung unter dem Titel „Volkszeitung“.

Rumäniendeutsche Presseerzeugnisse erschienen kurz vor dem Ende der Ceaușescu-Diktatur in einer Auflage von rund 55.000 Exemplaren. Zu ihrer Blütezeit betrug die Gesamtauflage fast das Doppelte (Frick 1995: 290). Im Vergleich dazu erscheint heute die „Neuer Weg“-Nachfolgerin, die „Allgemeine Deutsche Zeitung für Rumänien“ in etwa 3.000 Exemplaren.[2] Durch ihre beeindruckende Reichweite wurde diesen Publikationen im kommunistischen Rumänien eine vielseitige Rolle zugeschrieben: Der Journalist Frick (1995: 285) behauptet, dass sie „ein Stück der verlorenen Heimat und Identität, des eingebüßten Selbstbewußtseins (sic!)“ zurückgaben. Weber (2010: 89) sah die Tageszeitung „Neuer Weg“ mit einer doppelten Rolle belegt. Zum einen war sie ein „politisches Informations- und Propagandablatt“ der Partei, zum anderen sollte sie der Umerziehung der Rumäniendeutschen dienen. Die Zeitung hätte aber neben ihrer „dienenden“ Rolle auch eine „einmalige Machtposition“ gehabt (Weber 2010: 89), denn sie konnte sich als Interessenvertretung der Deutschen gegenüber der Partei positionieren.

Den Lesern wurden all diese Rollen durch die Sprache der rumäniendeutschen Zeitungen vermittelt. Kroner geht dabei einen Schritt weiter, und definiert die Tageszeitung „Neuer Weg“ als eine Publikation, die sich als inoffizielles Sprachrohr der deutschen Minderheit verstanden haben wollte. Die Zeitung „ging damit weit über den ihr zugestandenen Aufgabenbereich hinaus und fehlte kaum in einem deutschen Haus“ (Kroner 1998: 54).

Der Sturz des Diktators im Dezember 1989 bedeutete aber auch das Ende der Zensur (und Selbstzensur), der „hölzernen Sprache“, der totalitären Sprache der Diktatur (Kommer 2019: 167–169).

---

2 Offizielle Angabe der Zeitung, verfügbar unter https://adz.ro/fileadmin/user_upload/pdfs/ADZ-Anzeigenpreise-Mediadaten_2019.pdf (Zugriff am 28.02.2023).

5 Zur Situation der deutschen Sprache und der deutschen Pressesprache in Rumänien

Die einzelnen Siedlungsgruppen, die sich im Laufe der Zeit hier niedergelassen haben und die heute als Rumäniendeutsche bezeichnet werden, haben ihre eigene Geschichte, ihre eigenen Herkunftsgebiete und so hat natürlich auch ihre Sprache ihre eigene, regionale Färbung. Die Hochsprache der deutschen Minderheit, die in Rumänien gesprochene und geschriebene deutsche Inselsprache wird in der Fachliteratur einschlägig als **Rumäniendeutsch** bezeichnet. So auch bei der Klausenburger Sprachwissenschaftlerin Viorel, die bemerkt, dass Rumäniendeutsch nicht nur von den rumäniendeutschen Muttersprachlern, sondern auch von Deutsch sprechenden Rumänen verwendet werde (Viorel 1999: 269).

In einem Beitrag von Sava (2018: 472) wird festgestellt, dass „eine für Rumänien spezifische Standardvariante des Deutschen erkennbar ist, wodurch dieser Varietät der Anspruch auf Standardsprachlichkeit gegeben“ sei, auch wenn es keine deutsche Amtssprache in Rumänien gebe. Diese in Rumänien überregional verwendete deutsche Sprache könne als eine eigenständige Varietät der deutschen Sprache angesehen werden, wird Lăzărescu bei Fierbințeanu (2018: 150) zitiert. Bei Sava finden wir den wichtigen Hinweis, dass diese Sprache als eine „relativ einheitliche Verkehrssprache, zugleich auch Schrift, Kirchen- und Unterrichtssprache der regional getrennt lebenden deutschsprachigen Minderheiten“ (2018: 472) gelte. Die Deutschen wurden in den ersten Nachkriegsjahren „als Personen minderen Rechtes behandelt“ (Völkl 1995: 241), die grausame Verschleppung in die sowjetischen Arbeitslager und in die Bărăgan-Steppe darf ebenso wenig vergessen werden wie die Enteignungen, die Verstaatlichung der konfessionellen Schulen oder die Repressalien, denen die Deutschen ausgesetzt waren. Die grundlegenden Strukturen der Deutschen in Rumänien – die Schule, die Kirche sowie Buch- und Presseerzeugnisse – blieben aber auch während der kommunistischen Diktatur intakt und trugen dazu bei, dass die deutschen Gemeinschaften ihre Sprache erhalten und pflegen konnten. Hierbei muss darauf hingewiesen werden, dass es „eine sprachsoziologische Schichtung zwischen (Regional- und Orts-) Mundart(en), der städtischen Umgangssprache und der durch die deutschsprachigen Schulen, Medien, kulturellen Einrichtungen sowie durch die deutschsprachige Literatur gepflegten ‚Hochsprache‘“ gebe (Stănescu 2003: 172). Und auch, wenn – wie Stănescu bemerkt – die Schule als Normträger galt und gilt, sind die Einflüsse der rumänischen Sprache in der Bildungs-, in der Alltags- oder in der Pressesprache selbstverständlich präsent. Viorel weist z.B. darauf hin, dass die rumäniendeutsche Sprachvarietät „typische rumäniendeutsche Aussprache, Satzmelodie oder die für diese typischen lexikalischen und grammatikalischen Eigenheiten übernimmt“ (Viorel 1999: 269).

Selbstverständlich waren die Zeitungen in dieser Periode das Sprachrohr der kommunistischen Partei und der Nomenklatur. Es gab sprachlich aber auch thematisch nur wenig Spielraum, um die Zensur zu umgehen. Zumindest der „offizielle Teil“ der Zeitung war, wie bereits erwähnt, mit der rumänischsprachigen Parteizeitung „Scânteia“ gleichgeschaltet. (Zweyer 2018: 129) In Verbindung mit der Sprache der rumäniendeutschen Publikationen tauchen immer wieder zwei Ausdrücke auf: *zwischen den Zeilen schreiben* und *zwischen den Zeilen lesen*. Auch bei Mucundorfeanu (2015: 138) wird dieser Aspekt erwähnt und dabei festgestellt, dass, obwohl Redakteure, aber auch die langjährige Mitarbeiterin und spätere Chefredakteurin der „ADZ“, Rothraut Wittstock das *zwischen den Zeilen Schreiben* erwähnt haben, „kein einziges Beispiel“ für das Phänomen aufzuzeigen war. Bei anderen Autoren wurde diese Fähigkeit oft als eine Gabe der Leser gepriesen, und auch bei Galon (2008: 42) wird auf die sogenannte **Zwischenzeilentechnik** eingegangen und als einfachstes Beispiel für diese die Umgehung des Verbots der Verwendung deutscher Ortsnamen angegeben: Aus Hermannstadt wurde z.B. die Stadt am Zibin.

Frick (1995: 288–289) weist in Bezug auf die Zeitung auf einen überaus interessanten Aspekt hin. Der „Neue Weg“ war die einzige Tageszeitung des Landes, die in einer Weltsprache veröffentlicht wurde. Einerseits bedeutete das ein breiteres Publikum für die Parteipropaganda, andererseits war es auch für die Macher der Zeitung eine Chance. So wurden die Redakteure der Zeitungen notgedrungen zu „Journalisten der halben Wahrheit“, wie Zweyer nach eigenen Angaben in einem Artikel nach dem Sturz des Diktators Nicolae Ceaușescu formulierte. In einem späteren Interview darauf angesprochen, erklärte er die Aussage folgenderweise: Zum einen waren die Redakteure der Zeitung bemüht, „eine lesbare Zeitung zu liefern – zumindest in dem Teil, der im Gegensatz zu dem offiziellen Verlautbarungsteil noch als Zeitung anzusprechen war“, zum anderen konnten sie „durch Vorschriften, Zensur und – nachdem diese aufgehoben wurde – Selbstzensur nie die ‚ganze‘ Wahrheit“ schreiben. Themen, wie die Russlanddeportation oder die Aussiedlung waren Tabu.[3]

3 Zitat aus dem Interview von Hans-Werner Schuster mit dem pensionierten Chefredakteur der Hermannstädter Zeitung und Mitarbeiter des „Neuen Wegs“ Ewalt Zweyer. Das Interview erschien unter dem Titel „Macher, Kümmerer und Journalist – über den Tag und die Zeitung hinaus. Ewalt Zweyer zum achtzigsten Geburtstag“ in der Ausgabe 3/2012 der „Siebenbürgischen Zeitung“ auf S. 7.

So gesehen, bot sich nach der Wende eine hervorragende Möglichkeit für die Journalisten, „ein Sprachrohr der Rumäniendeutschen zu sein" (Mucundorfeanu 2015: 115), alte Gewohnheiten abzulegen und losgelöst von den alten Fesseln, Tabus und Vorgaben eine freie Zeitung zu gestalten.

6 Diskurs der Auswanderung in der Tageszeitung „Neuer Weg"

Die bereits erwähnte Methodentrias von Felder (2012: 132) soll durch die Themenspezifikation dabei helfen, die Rahmen dieser Untersuchung aufzuzeigen: In unserem Fall stellt die **Aussiedlung der Rumäniendeutschen** das Diskursthema dar. Unter diesem Aspekt soll ermittelt werden, ob die Zeitung beide Perspektiven, die der Befürworter und die der Gegner der Auswanderung beachtet hat. Die Auswahl der ausgewählten Texte erfolgte anhand von Schlüssellexemen: *Rumäniendeutsche, Deutsche in Rumänien, Ausreise, Auswanderung, auswandern, evangelische Kirche, Antrag, Pass*. Als agonales Zentrum der Themenspezifikation dient in unserem Fall die vorherrschende Frage unter den Rumäniendeutschen: Bleiben oder Gehen?

Die sprachliche Realisierung des Diskurses soll auf den folgenden Seiten anhand eines Themenkomplexes untersucht werden, über den Jahre, sogar Jahrzehnte lang überhaupt nicht berichtet werden durfte: die Auswanderung. Es stellt sich die Frage, ob wir von einem gänzlich fehlenden Begriffssystem ausgehen können? Betrachten wir die Zeitungsausgaben gleich nach dem Sturz des Diktators, wird schnell klar, dass die Frage überflüssig ist. Die Aussiedlung war in der deutschen Gemeinschaft ein allgegenwärtiges Thema, und die geläufige Terminologie der Auswanderung musste nur ihren Weg aus dem kollektiven Sprachgebrauch in die Ausgaben der Zeitung finden. Bemerkenswert ist jedoch die Wucht, mit der dieses Thema auf den Zeitungsseiten sofort an die Öffentlichkeit getragen wurde. Dies hatte sicherlich auch damit zu tun, dass die bundesdeutsche Politik gleich großes Interesse für die Belange der Deutschen in Rumänien zeigte. Den Redakteuren der Zeitung fehlte es also an sprachlichen Mitteln für die Darstellung eines der größten Tabuthemen der Vorwendezeit, der Aussiedlung, sicherlich nicht. Auf der anderen Seite ist zu beobachten, dass bundesdeutschen Politikern die adäquate Terminologie in Hinblick auf die Deutschen in Rumänien fehlte. Dies wird u.a. aus einem Schreiben von Carl Göllner[4] ersicht-

4 Sind wir Deutschstämmige? In: Neuer Weg, 9. Januar 1990: 1.

lich, der sich über die falsche Benennung der rumäniendeutschen Minderheit seitens der bundesdeutschen Politik beschwert. Das Phänomen war keinesfalls neu, und es sorgte immer wieder für Unmut, wenn die Deutschen in Rumänien wiederholt als deutschstämmige Rumänen oder gar als Rumänen deutscher Zunge bezeichnet wurden – dies war auf die sprachlich-inhaltlichen Zwänge und den Sprachgebrauch in der kommunistischen Diktatur zurückzuführen.

Eine weitere zentrale Frage, die sich aufgrund der rasch vollzogenen Veränderungen stellt, ist die nach der Fähigkeit der Redakteure, sich von den sprachlichen Zwängen der kommunistischen Presse befreien zu können. Dieser Prozess konnte nicht innerhalb von wenigen Tagen oder Wochen vollzogen werden; Spuren der alten Strukturen waren auch in den untersuchten Artikeln zu finden, worauf hier später noch eingegangen wird. Die Problematik beschäftigte aber auch die Elite der Deutschen in Rumänien, wie aus einem Brief des damaligen Hermannstädter Stadtpfarrers Wolfgang Rehner ersichtlich wird. Das Schreiben erschien in der Ausgabe vom 16. Januar. Der Verfasser ruft Journalisten generell dazu auf, mit der Propaganda aufzuhören: „Sie haben noch viel zu lernen, um die Bezeichnung ‚Journalisten' zu verdienen! Prüfen Sie, ob Sie nicht immer noch Propagandisten geblieben sind.“[5]

Den Auswanderungsdiskurs der Zeitung betreffend wird schnell ersichtlich, dass die Journalisten bemüht waren, die Meinungen aller Seiten darzustellen. Aus den ausgewählten Artikeln lässt sich auf die Bestrebung nach einer Berichterstattung ohne Parteinahme schließen. Die Zeitung bot sowohl den Befürwortern als auch den Gegnern der Aussiedlung Platz auf ihren Seiten. Die Rubrik „Der Leser meint“ war zu dieser Zeit ein Austragungsort der Auswanderungsdebatte. Um nur zwei Beispiele zu nennen: In einem am 9. Februar abgedruckten Brief nimmt der Hermannstädter Hochschulassistent Livius Modran zum Verbleib der Siebenbürger Sachsen Stellung. In der Ausgabe vom 8. März erschien in der Rubrik ein Schreiben von Friedrich Brenner, der sich darüber beschwert, dass die Thematik der Aussiedlung zu stark in den Vordergrund geraten ist. „Gibt es für uns Deutschen denn kein anderes Thema als Auswanderung?“ – so die Frage des Lesers, der dazu aufruft, das Thema endlich ruhen zu lassen, denn weder könnten Auswanderungswillige von ihrer Entscheidung abgebracht werden, noch sollte die Zeitung zur Auswanderung beitragen. Es ist ebenfalls interessant zu beobachten, dass immer wieder auch Beiträge rumänischer Leser zu finden sind, in der sie die Aspekte der Auswanderungsdebatte darstellen.[6] Einen etwas außergewöhnlichen Beitrag finden wir in der Ausgabe von 26. Januar 1990. Es ist

5 Wort, Einstellung und Tat. In: Neuer Weg, 16. Januar 1990: 6.

6 Was lässt sich für das Hierbleiben tun? In: Neuer Weg, 14. Januar 1990: 1.

ein Bekenntnis der Redakteurin Hannelore Baier[7], die das Schreiben „als Privatperson" verfasst hat und sehr nüchtern versucht, die zwei Seiten der Medaille darzustellen. So lässt sich aufgrund der eingesehenen Ausgaben trotz aller Bemühungen eine Tendenz der Zeitung vermuten, die dazu führte, dass sie – vielleicht ohne Absicht – die Position der Auswanderungsgegner gestärkt hat. Eine gewisse Logik lässt sich hier erkennen, denn, ähnlich wie in anderen Bereichen, blieben auch in der Zeitungsredaktion nach einer Zeit nur diejenigen, die keine Absicht hatten, auszuwandern.

Weiterhin soll kurz auf die veröffentlichten Diskurse der Entscheidungsträger und der Meinungsbilder zum Thema der Auswanderung eingegangen werden. Die Frage der Aussiedlung war eine höchst politische, die sowohl in Rumänien als auch in der Bundesrepublik die Akteure der Politik beschäftigte. Die Zeitung „Neuer Weg" war von der Reichweite her vielleicht der wichtigste Kanal für Vertreter der deutschen Bundesregierung und der rumänischen Politik, für die neu entstandenen Strukturen der rumäniendeutschen Interessenvertretung und für die evangelische Kirche A.(ugsburgischen) B.(ekenntnisses) in Rumänien, um ihre Botschaft an das deutschsprachige Publikum heranzutragen.

Der Diskurs der Vertreter der Bundesrepublik hat sich währen des Untersuchungszeitraums kaum geändert; man war sichtlich bemüht, beiden Seiten helfen zu wollen, also den Auswanderungswilligen, aber auch denen, die im Lande bleiben wollten. Dies führte jedoch zu einer bemerkbaren Dissonanz im Diskurs bundesdeutscher Politiker. Die grundlegende Botschaft der Vertreter der deutschen Bundesregierung war Mitte Januar 1990 vom damaligen Bundesaußenminister Hans-Dietrich Genscher verkündet worden: „Kein Tor wird verschlossen, keine Türe zugeschlagen".[8] Die Haltung der Bundesregierung, die vermittelt werden sollte: Es muss nicht befürchtet werden, dass die Aufnahme der Aussiedler gestoppt werde, alle können die Situation in Ruhe abwägen und diese freie und persönliche Entscheidung überdenken. Diese Haltung wurde einige Monate später in der Zeitung ebenfalls bekräftigt.[9] Keine gegensätzliche, aber eine doch andere Position gegenüber der Auswanderung nahm der damalige FDP-Chef Otto Graf Lambsdorff ein, der bereits in den ersten Tagen des neuen Jahres 1990 Rumänien einen Besuch abstattete: Er habe „die Politik der Auswanderung immer mit großem Zweifel verfolgt und bedauert", denn es sei ihm bewusst gewesen, dass „hier eine Insel deutscher Kultur zerstört" werde.[10] An dieser „Gratwande-

7 Mein Bekenntnis. In: Neuer Weg, 26. Januar 1990: 4.
8 Kein Tor wird verschlossen, keine Türe zugeschlagen. In: Neuer Weg, 18. Januar 1990: 1 und 6.
9 „Das Tor bleibt offen". In: Neuer Weg, 31. Mai/1. Juni 1990: 1 und 2.
10 Respekt für Freiheitswillen des rumänischen Volkes. In: Neuer Weg, 6. Januar 1990: 1 und 2.

rung" der Bundesrepublik hat sich im ersten Halbjahr 1990 grundsätzlich nichts verändert. Das bezeugen auch die untersuchten Artikel: beim Besuch einer Regierungsdelegation Ende Januar[11] oder durch Aussagen des Botschafters der Bundesrepublik Deutschland in Bukarest Dr. Klaus Terfloth, er habe „nicht den Eindruck, dass man, wie man so in den ersten Tagen meinte, von einer panikartigen Bewegung sprechen" könne. Man sei „sehr froh, wenn es gelänge, dass die deutsche Minderheit, die deutsche Gemeinschaft hier in Rumänien lebensfähig erhalten bliebe und prosperiert".[12] Auf der anderen Seite wurde im Mai in Hermannstadt eine Konsularagentur eröffnet mit der Absicht, „den Menschen [zu] helfen, sowohl jenen, die ausreisen, als auch jenen, die hierbleiben."[13]

Nicht weniger zwiespältig war die Situation des Demokratischen Forums der Deutschen, der neu entstandenen Interessenvertretung der deutschen Minderheit, was sich im Diskurs der Vertreter der deutschen Minderheit und späteren Forumsvertreter widerspiegelt. Zu den ersten Artikeln, die sich mit dem Schicksal der Rumäniendeutschen befassen, zählt der Beitrag von Hermann Fabini. Ihn beschäftigt u.a. die Frage, ob es „für die Deutschen in Rumänien eine Zukunft [gebe] oder soll man die neuerworbene Freiheit des Landes dazu ausnutzen, den Auswanderungsprozess möglichst schnell [...] zu Ende zu führen."[14] Die Antwort auf die Frage hänge davon ab, ob es gelingen kann, die Rumäniendeutschen am wirtschaftlichen Aufbau des Landes teilhaben zu lassen, so der Verfasser. Angebracht sei, sich „Gedanken zu machen, wie dem ‚panikartigen Auswanderungsschub' entgegengewirkt werden kann". Ein ähnlicher Gedankengang zeichnet sich auch bei anderen Vertretern der Minderheit ab, die zu dieser Zeit an der Gestaltung der Forumsstrukturen mitgewirkt haben. Ihr Diskurs zeigt aber ebenfalls eine Tendenz zum Verbleib in Rumänien. Auch hier kann diese Beobachtung ganz simpel begründet werden. Größtenteils engagierten sich für die Forumstätigkeit Personen, die ihre Entscheidung getroffen und sich gegen die Auswanderung entschieden hatten. Ihnen schmerzte „das rapide Abbröckeln" der Gemeinschaften, die „Unsicherheit über die Zahl der hierzulande noch anwesenden Deutschen" am meisten. Ihre Reihen stärkte auch der Vorsitzende des Demokratischen Forums der Banater Deutschen, Erich Pfaff. Die Stimmung sei „zwischen Abwarten und Bedrücktsein", stellt der Zeitungsreporter bei der Tagung deut-

11 Durch Hilfe zur Selbsthilfe. In: Neuer Weg, 27. Januar 1990: 1 und 3.

12 Aufnahmebereitschaft besteht fort. Interesse an deutscher Gemeinschaft. In: Neuer Weg, 6. April 1990: 1 und 2.

13 Deutsche Konsularagentur. In: Neuer Weg, 30. Mai 1990: 1.

14 Gedanken über die Zukunft der Deutschen in Rumänien. In: Neuer Weg, 11. Januar 1990: 1 und 3.

scher Ortsforen im Banat fest.[15] Und obwohl beim Heimattag in Dinkelsbühl, an dem 1990 auch das neu entstandene Demokratische Forum vertreten war, der Forumsvorsitzende Thomas Nägler postulierte, die „freie Entscheidung über das Gehen oder Bleiben [...] jedem Einzelnen"[16] zu überlassen, waren sehr oft der Frust und die Enttäuschung präsent.

Ein gewisser Kontrast zu dieser Resignation der im Land gebliebenen Deutschen ist in der Haltung der rumänischen Politik sichtbar. Etwas zugespitzt könnte diese Haltung sogar als etwas realitätsfremd bezeichnet werden, wenn man z.B. die Aussagen des späteren Staatspräsidenten Ion Iliescu im Januar 1990 näher betrachtet: In einem Bericht vom 11. Januar äußerte Iliescu seine Überzeugung, dass „unsere Mitbürger das Land nicht mehr endgültig verlassen wollen, einige der Ausgewanderten werden nach Rumänien zurückkehren."[17] Im Diskurs der rumänischen Machthaber ist ohne Zweifel die deklarierte Absicht zur Zusammenarbeit sichtbar, immer wieder auch die Aufforderung zur Rückkehr. Inwieweit es sich hierbei um Versuche handelte, politisches Kapital in der Wahlkampagne zu schlagen, sei dahingestellt. Präsidentschaftskandidat Ion Ratiu antwortete auf einer Pressekonferenz auf den „Auswanderungsrausch" der Deutschen angesprochen, dass er als Präsident alles tun werde, um „den Strom umzukehren."[18] Der Premierminister der rumänischen Übergangsregierung, Petre Roman warb wenige Tage vor der Wahl mit einem „Projekt für das Verbleiben der Rumäniendeutschen in Rumänien"[19] um die Gunst der rumäniendeutschen Wähler.

Die massenhafte Aussiedlung betraf eine weitere Prestigeinstitution der Deutschen, insbesondere der Siebenbürger Sachsen: die evangelische Kirche A.B. Dementsprechend wurde auch über die wichtigsten Ereignisse der Kirche im „Neuen Weg" berichtet. Dabei wurde das Bild des Fortbestandes vermittelt. „und siehe, wir leben" – mit diesem Titel erschien der Bericht über den ersten evangelischen Kirchentag nach der Wende.[20] Nach dem Tod seines Vorgängers Albert Klein wurde im Mai 1990 Christoph Klein zum Bischof der evangelischen Kirche gewählt. „Wir müssen uns auf die neue Dimension unserer Kirche besinnen"[21],

---

15 Banater deutsche Foren tagten. In: Neuer Weg, 27. Juni 1990: 1 und 6.

16 Trachten und Tränen in Dinkelsbühl. In: Neuer Weg, 13. Juni 1990: 1 und 5.

17 Ion Iliescu fordert Sachsen und Schwaben auf heimzukehren. In: Neuer Weg, 11. Januar 1990: 1.

18 Schwaben und Sachsen moralisch und materiell entschädigen. In: Neuer Weg, 28. April 1990: 1.

19 Überraschende Erklärung zum Verbleiben der Rumäniendeutschen. In: Neuer Weg, 18. Mai 1990: 1.

20 „und siehe, wir leben". In: Neuer Weg, 20. Juni 1990: 2.

21 Das Morgen ist ein neues Heute. In: Neuer Weg, 28. Juni 1990: 1 und 3.

so ein Gedanke bei der feierlichen Amtseinführung. Diese neue Dimension bedeutete auch, wie in einem Bericht über die Feierlichkeit zu lesen, „Wenig Volk und viele Redner“[22] und dass die „Althergebrachte[n], vertraute[n] Bindungen und Werte [...] zu verfallen“ drohten. Auch im Falle der Kirche ist also ein ernüchternder Diskurs in der Zeitung zu beobachten.

7 Fazit und Ausblick

Ohne Zweifel bedeutete das Ende der kommunistischen Diktatur auch in Rumänien eine Zeitenwende. Für die deutsche Minderheit im Land war es ein schwerer Einschnitt, denn die neu gewonnene Freiheit ging mit einer beschleunigten Auswanderung einher. Die Sprachenwende, die in diesem Aufsatz anhand der Ausgaben der Tageszeitung „Neuer Weg“ betrachtet wurde, ließ in mancher Perspektive etwas länger auf sich warten. Ohne Zweifel bedeutete die Aufnahme von tabuisierten Themen, wie z.B. die Aussiedlung, in den Zeitungsdiskurs einen grundlegenden Wandel. Diese Frage beschäftigte alle Schichten der rumäniendeutschen Gemeinschaft und wurde so zu einem Thema, das den Diskurs dieser Zeit wesentlich bestimmte. Es konnte aufgezeigt werden, dass die Redaktion der Zeitung stets bemüht war, in dieser Frage ein Gleichgewicht zu wahren, da aber Journalisten, Vertreter des Deutschen Forums und der Kirche größtenteils zu denen gehörten, die sich für einen Verbleib in Rumänien entschieden hatten, ist sinngemäß eine Tendenz in dieser Richtung spürbar. Die Abkehr von der Sprache der Diktatur gestaltete sich schwierig, alt eingeprägte Schreibgewohnheiten wichen nur langsam. Im untersuchten Korpus finden sich weiterhin floskelhafte, schwer verständliche Satzperioden, die wenig Inhalt tragen und an die totalitäre Sprache der Diktatur erinnern. Anhand der untersuchten Zeitungstexten lassen sich die anfangs formulierten Annahmen (dass der Wegfall der Übersetzungen und die Überlastung der Druckereien zusätzlichen Druck aufbauten und zum Anstieg der Rechtschreibfehler in der Zeitung führten) nicht bestätigen.

In den eingesehenen Artikeln gab es zahlreiche Beispiele für sprachliche Kontakterscheinungen. Dieser Einfluss ist weniger auf die jahrelange Übersetzungsarbeit zurückzuführen als auf die normalen Kontakterscheinungen. Eine Analyse in diese Richtung hätte den Rahmen dieses Aufsatzes gesprengt; eine weiterführende, detaillierte sprachwissenschaftliche Untersuchung und Klassifizierung der Interferenzen liegt jedoch auf der Hand. Zur Veranschaulichung sol-

22 Wenig Volk und viele Redner. In: Neuer Weg, 26. Juni 1990: 1 und 4.

len hier nur einige Beispiele aus den untersuchten Zeitungsausgaben stehen: *Minderheitler*[23] steht als Spiegelübersetzung des rumänischen Ausdrucks *minoritar.* Ebenso sind die Ursprünge der Zusammensetzung *Minoritätenproblem*[24] in der rumänischen Sprache (*minoritate* bedeutet „Minderheit") zu suchen. Ähnliches lässt sich im nächsten Beispiel feststellen: Das Wort *antidiktatiorial* – statt *antidiktatorisch* – ist eine Bildung nach dem Muster des Rumänischen *antidictatorial.* Ebenfalls zu untersuchen wäre die Platzierung der jeweiligen Artikel, in welchem Maß dadurch eine Priorisierung beabsichtigt war. In den ersten Monaten nach der Wende behielt die Zeitung aus formaler Hinsicht ihre alte, bewährte Struktur der Seitengestaltung, sodass keine Aufschlüsse auf eine etwaige beabsichtigte Hervorhebung von Themen und Inhalten gezogen werden können.

Ebenfalls von Interesse wäre eine Ausweitung der Erhebung auf die Regionalzeitungen („Neue Banater Zeitung", „Hermannstädter Zeitung", „Karpatenrundschau"). Dadurch könnte z.B. untersucht werden, ob die im Falle der Zentralzeitung beobachtete angestrebte Ausgewogenheit auch bei den regionalen Publikationen anvisiert wird.

Literaturverzeichnis

Bade, Klaus J. und Jochen Oltmer (1999): Einführung. Aussiedlerzuwanderung und Aussiedlerintegration. Historische Entwicklung und aktuelle Probleme. In: Bade, Klaus J. und Jochen Oltmer(Hrsg.), *Aussiedler: deutsche Einwanderer aus Osteuropa* (Schriften des Instituts für Migrationsforschung und Interkulturelle Studien (IMIS) der Universität Osnabrück 8), 9–54. Osnabrück: Vandenhoeck & Ruprecht.

Comisia Naţională pentru Statistică (1995): *Anuarul statistic al României 1994*. Bucureşti: o.V.

Felder, Ekkehard (2012): Pragma-semiotische Textarbeit und der hermeneutische Nutzen von Korpusanalysen für die linguistische Mediendiskursanalyse. In: Felder, Ekkehard, Müller, Marcus und Friedemann Vogel (Hrsg.), *Korpuspragmatik: thematische Korpora als Basis diskurslinguistischer Analysen* (Linguistik – Impulse & Tendenzen 44), 21–44. Berlin, Boston: De Gruyter.

Fierbinţeanu, Ioana Hermine (2018): Einige gesprochensprachliche Elemente in der rumäniendeutschen Zeitung ADZ (Allgemeine Deutsche Zeitung für Rumänien). In: Philipp, Hannes, Stangl, Theresa, Weber, Bernadette und Johann Wellner (Hrsg.), *Deutsch in Mittel-, Ost- und Südosteuropa* (Forschungen zur deutschen Sprache in Mittel-, Ost- und Südosteuropa FzDiMOS 2), 148–158. Regensburg. https://epub.uni-regensburg.de/45204/1/DiMOS-Tagungsband%20Regensburg%2018.pdf (Zugriff am 28.02.2023).

23 Wir wollen einen Neubeginn wagen. In: Neuer Weg, 10. Mai 1990: 1.

24 Neue Kontakte knüpfen. In: Neuer Weg, 5. April 1990: 1.

Frick, Hans (1995): Deutschsprachige Medien in Rumänien. In: Olt, Reinhard (Hrsg.), *Der Riese erwacht: Osteuropa nach 1989. Facetten aus Gesellschaft, Politik und Medien* (Kommunikation heute und morgen 17), 285–295. Frankfurt a.M.: Institut für Medienentwicklung und Kommunikation.

Galon, Anna (2008): *Zwischen Pflicht und Kür: die Hermannstädter Zeitung und die Siebenbürger Sachsen im kommunistischen Rumänien und nach der Wende.* Hermannstadt, Bonn: Schiller.

Herdeanu, Clara (2014): *Sprache – Macht – Revolution. Die Revolution vom Dezember 1989 in deutschsprachigen Zeitungen Rumäniens. Eine linguistische Mediendiskursanalyse.* Heidelberg: Winter.

Kendi, Erich (1992): *Minderheitenschutz in Rumänien. Die rechtliche Normierung des Schutzes der ethnischen Minderheiten in Rumänien* (Untersuchungen zur Gegenwartskunde Südosteuropas 30). München: R. Oldenbourg.

Kommer, Erika (2019): *„Elindultak szeptemberben...". Ifjúságnevelés a kisebbségi szocialista sajtóban: A Neue Banater Zeitung és a Szabad Szó gyermek- és ifjúsági rovatai (1968–1990).* Kolozsvár, Cluj-Napoca: Scientia.

Kroner, Michael (1995): *Niedergang und Auflösung eines 850jährigen Gemeinwesens. Die Siebenbürger Sachsen in der Zeit des Nationalsozialismus, Kommunismus und Postkommunismus 1940 bis 1999* (Geschichte der Siebenbürger Sachsen und ihrer wirtschaftlich-kulturellen Leistungen 4). Nürnberg: Schobert.

Kroner, Michael und Horst Göbbel (1995): *Rumänien und seine Deutschen 1948–1995.* Nürnberg: Landsmannschaft der Siebenbürger Sachsen in Deutschland, Kreisgruppe Nürnberg-Fürth-Erlangen.

Kühne, Rinaldo (2014): Emotionale Wirkungen von Kommunikatoren- und Journalisten-Frames. In: Loosen, Wiebke und Marco Dohle (Hrsg.), *Journalismus und (sein) Publikum. Schnittstellen zwischen Journalismusforschung und Rezeptions- und Wirkungsforschung*, 301–316. Wiesbaden: Springer VS.

Mucundorfeanu, Meda (2015): *Die deutschsprachige Presse in Rumänien während der kommunistischen Zeit. Fallstudie: die Zeitung „Neuer Weg".* Mittweida: Hochschulverlag.

Reisigl, Martin (2013): Die Stellung der historischen Diskurssemantik in der linguistischen Diskursforschung. In: Busse, Dietrich und Wolfgang Teubert (Hrsg.), *Linguistische Diskursanalyse: neue Perspektiven.* Wiesbaden: Springer.

Sava, Doris (2018): Das Rumäniendeutsche in der Neuauflage (2016) des Variantenwörterbuchs des Deutschen. Ioan Lăzărescu zum 65. Geburtstag gewidmet. *Lexikos* 28, 465–485. https://lexikos.journals.ac.za/pub/article/view/1476/896 (Zugriff am 28.02.2023).

Schuster, Hans-Werner (2012): Macher, Kümmerer und Journalist – über den Tag und die Zeitung hinaus. Ewalt Zweyer zum achtzigsten Geburtstag. *Siebenbürgische Zeitung* 3, 7.

Schwab, Siegfried (1990): *Deutsche unter Deutschen. Aus- und Übersiedler in der Bundesrepublik Deutschland.* Pfaffenweiler: Centaurus.

Stănescu, Speranța (2003): Rumänische Germanistik: der Blick aufs Deutsche von innen und außen. In: Stickel, Gerhard (Hrsg.), *Deutsch von außen* (Jahrbuch des Instituts für Deutsche Sprache 2002), 171–190. Berlin, Boston: De Gruyter.

Sutter, Tilmann (2010): *Medienanalyse und Medienkritik. Forschungsfelder einer konstruktivistischen Soziologie der Medien.* Wiesbaden: VS, Verlag für Sozialwissenschaften.

Viorel, Elena (1999): Sprachinterferenzen in der rumäniendeutschen Presse nach 1989. In: Förster, Horst und Horst Fassel (Hrsg.), *Kulturdialog und akzeptierte Vielfalt? Rumänien*

und rumänische Sprachgebiete nach 1918 (Schriftenreihe des Instituts für Donauschwäbische Geschichte und Landeskunde 8), 267–277. Stuttgart: Franz Steiner.
Völkl, Ekkehard (1995): Rumänien: vom 19. Jahrhundert bis in die Gegenwart. Regensburg: Pustet.
Weber, Annemarie (2010): *Rumäniendeutsche? Diskurse zur Gruppenidentität einer Minderheit (1944–1971)* (Studia Transylvanica 40). Köln: Böhlau.
Weber, Horst (1991): Die Rumäniendeutschen – gestern, heute und vielleicht morgen. In: Weber, Horst (Hrsg.), *Nachdenken über die Zukunft*, 13–27. Hermannstadt: Demokratisches Forum der Deutschen in Rumänien.
Zweyer, Ewalt (2018): Was erlaubt war. Presse in deutscher Muttersprache in Rumänien 1944 bis 1990. Erinnerungen eines Journalisten. In: Köber, Berthold W. (Hrsg.), *Seit 100 Jahren zu Rumänien gehörig. Die Siebenbürger Sachsen und der Anschluss Siebenbürgens an Rumänien* (Siebenbürgisch-Sächsischer Hauskalender 63), 127–137. Hermannstadt, Bonn: Schiller.

Deutsche Pressesprache in der Slowakei

Tomáš Godiš

Das „Karpatenblatt" – Überlegungen zur Pressesprache in der Zeitschrift der karpatendeutschen Minderheit in der Slowakei

Zusammenfassung: Das „Karpatenblatt" ist das einzige Presseorgan der deutschen Minderheit in der Slowakei. Seit dem Gründungsjahr 1992 hat das Medium verschiedene Veränderungen erfahren, die Einfluss auf seinen Aufbau, seine Themenstruktur und Sprache nahmen. Der folgende Beitrag versucht, die Sprache des „Karpatenblattes" näher darzustellen, und fokussiert auf die typische lexikalisch-stilistische Struktur – das Vorkommen der Wörter aus karpatendeutschen Mundarten, Entlehnungen und Rückentlehnungen aus dem Slowakischen, kreative Wortbildung und Wortschöpfung sowie Stilfärbung. Das Augenmerk liegt aber auch auf morphosyntaktischer Ebene der Sprache – der Sprachökonomie (Satzlänge) sowie der Satzstruktur. Alle im Beitrag präsentierten Fakten werden anhand konkreter Beispiele aus der Zeitschrift demonstriert.

1 Die Karpatendeutschen

Der Begriff „Karpatendeutsche" wurde das erste Mal vom österreichischen Historiker Raimund Friedrich Kaindl genutzt. Er bezeichnete damit die Deutschen, die in Kroatien, Ungarn, Bukowina sowie Galizien lebten (vgl. Kaindl 1917: 9). Nach dem Ende des ersten Weltkriegs und der Gründung der Tschechoslowakischen Republik im Jahr 1918 mussten die auf dem slowakischen und transkarpatischen Teil der Republik lebenden Deutschen von den Deutschen in der Region Tschechien, Mähren aber auch in Polen oder Rumänien unterschieden werden. So wurde zuerst der Name „die slowakischen Deutschen" später die Benennung „Karpatendeutsche" etabliert (vgl. Horváthová 2002: 9).

Die Geschichte der Deutschen auf dem Gebiet der heutigen Slowakei reicht bis ins 12. Jahrhundert zurück, als die ersten von ihnen das Gebiet besiedelten

---

Tomáš Godiš, Trnava/Tyrnau, Slowakei, E-Mail: tomasgodis@gmail.com

https://doi.org/10.1515/9783111247694-009

(vgl. Horváthová 2002: 9). Die intensivste deutsche Besiedlung geht jedoch auf das 13. Jahrhundert zurück, als der ungarische König Béla IV. deutsche Handwerker, Bergleute, Gelehrte und Geistliche in das Land einlud mit dem Ziel, es wirtschaftlich, geistig und intellektuell zu reformieren (vgl. Kučera 2011: 152). Nach Angaben des Historikers Mazúr (1974: 13) lebten auf dem Gebiet der heutigen Slowakei vor dem Jahr 1720 schätzungsweise 250.000 Deutsche. Noch vor dem Zweiten Weltkrieg im Jahr 1939 waren es 128.000 (Štatistický úrad SR, online: URL 1). In der Nachkriegszeit sank die Zahl der deutschen Minderheit sehr sprunghaft. Bei der Volkszählung im Jahr 1991 gaben 5.414 (Štatistický úrad SR, online: URL 2) und bei der Volkszählung 2021 8.573 Einwohner an, der deutschen Nationalität anzugehören (Štatistický úrad SR, online: URL 3).

In der Slowakei gibt es drei Hauptsiedlungsgebiete von Deutschen: das Hauerland (mit den Städten Kremnica/Kremnitz und Nitrianske Pravno/Deutsch Proben); das Pressburger Land (mit den Städten Bratislava/Pressburg und Stupava/Stampfen) und die Zips mit Abov (Oberzips mit den Städten Poprad/Deutschendorf, Levoča/Leutschau; Unterzips mit der Stadt Medzev/Metzenseifen; Abov mit der Stadt Košice/Kaschau). Die Gebiete werden auf der folgenden Landkarte (Abb. 1) abgebildet:

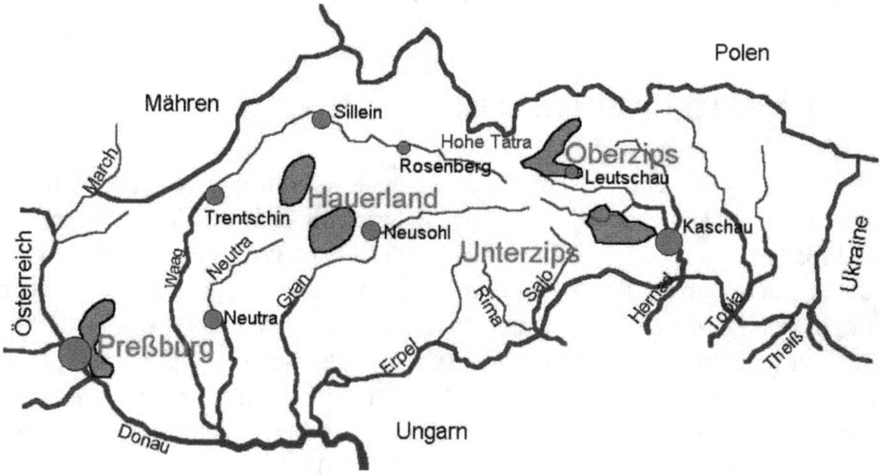

Abb. 1: Deutsche Siedlungsgebiete in der Slowakei (online: URL 4)

Die Minderheiten in der Slowakei werden von unterschiedlichen Kulturinstitutionen unterstützt – diese werden im nächsten Kapitel näher vorgestellt.

2 Kulturinstitutionen der Karpatendeutschen in der Slowakei

Die Slowakische Republik ist ein multinationales Land mit mehreren Minderheitengruppen. In der Struktur der Gesamtbevölkerung stellt die ungarische Minderheit die größte Minderheitengruppe mit einem Anteil von 7,75 % (422.000 Einw.), gefolgt von der Minderheit der Sinti und Roma mit einem Anteil von 1,23 % (67.000 Einw.) und der russinischen Minderheit mit 0,5 % (24.000 Einw.) (Štatistický úrad, online: URL 5).

Die Minderheiten werden von staatlichen Institutionen (wie z.B. dem Kulturministerium, dem Bildungsministerium oder dem Ministerium für regionale Entwicklung) kulturell und finanziell unterstützt mit dem Ziel, ihr Kulturgut (also ihre Traditionen, Bräuche, Sprache, Literatur, interkulturellen Dialog usw.) nicht nur zu sichern und zu bewahren, sondern auch fortzuentwickeln. Zu diesem Zweck wurde im Jahr 2017 auch der unabhängige staatliche Fonds „Kult-Minor“ gegründet.

Die deutsche Minderheit wird – neben den schon genannten staatlichen Organen – auch von deutschen oder österreichischen Kulturinstituten unterstützt. Das Goethe-Institut, das Institut für Auslandbeziehungen oder das Österreich-Institut sind nur einige davon. Zu den bedeutendsten Kulturinstitutionen der deutschen Minderheit in oder aus der Slowakei zählen: der Karpatendeutsche Verein (KDV), das Museum der Karpatendeutschen in Bratislava, das Karpatendeutsche Kulturwerk mit dem Sitz in Karlsruhe und die Zeitschrift „Karpatenblatt“ als einziges Presseorgan der Karpatendeutschen in der Slowakei (siehe Abb. 2).

Abb. 2: Kulturinstitutionen der Karpatendeutschen (www.karpatendeutsche.de)

Das „Karpatenblatt“ wird in den folgenden Kapiteln näher vorgestellt und seine Sprache analysiert.

3 Zeitschrift „Karpatenblatt“

Ein Minderheitenmedium ist nicht nur als Presseorgan einer konkreten – in diesem Falle der deutschen – Minderheit zu verstehen, sondern auch als Vermittler zwischen Kulturen (und Ländern) aber auch als Bindeglied zwischen Deutschsprachigen im fremden Land (vgl. Földes 2022: 124).

Das einzige Medium der Deutschen in der Slowakei, das „Karpatenblatt“, erschien erstmals im Juli 1992. Damals wie heute erscheint das Medium in monatlicher Periodizität und seine gedruckte Auflage beträgt 2.000 Exemplare. Bis 2014 hatte das „Karpatenblatt“ das strukturelle Format einer Zeitung. Das ursprüngliche Ziel des Herausgebers (des Karpatendeutschen Vereins) war es, eine deutsche Zeitung (und keine Zeitschrift) zu schaffen, was auch der damalige Landesvorsitzende des KDV Wilhelm Gedeon in der ersten Ausgabe der Zeitung betonte: „Endlich [...] kann eine deutsche Zeitung erscheinen. Es ist unsere Zeitung, die Zeitung der Karpatendeutschen“ (vgl. Gedeon im Karpatenblatt 1992, Nr. 0: 1). Die Transformation zu einer Zeitschrift erfolgte im Jahr 2014, als das Medium graphisch und strukturell verändert wurde. So wurde der Vier-Spalten-Satz in zwei bzw. drei Spalten umgewandelt (siehe Abb. 3) und einige journalistische Darstellungsformen – vor allem die Meldung und Kurznachricht – verschwanden aus der Zeitschrift, was Einfluss auch auf ihre Sprache (vor allem im Bereich der Satzökonomie) nahm.

„Karpatenblatt“ von März 2014		„Karpatenblatt“ von Juni 2014	
Titelseite	Seite 2	Titelseite	Seite 2

Abb. 3: Transformation des „Karpatenblattes“ (KB 2014, Nr. 3: 1–2; KB 2014, Nr. 6: 1–2)

Zu den heutigen Darstellungsformen zählen vor allem der Bericht, die weiterführende Nachricht, die Reportage, die Kolumne, der Kommentar, das Interview, das

Feature sowie die (offiziellen und privaten) Kleinanzeigen. Die erste teilfarbige Ausgabe erschien im Januar 1995 (d.h., der Name der Zeitschrift in Grün und farbige Bilder auf der ersten Seite) und eine vollfarbige erst im April 2014. Seit September 2014 steht die Zeitschrift für ihre Leser kostenlos zur Verfügung und wird auch elektronisch in E-Paper-Form herausgegeben.

Ausgabe von

Juli 1992	Juli 2012	Oktober 2014	Mai 2022

Abb. 4: Titelblatt des „Karpatenblattes" im Wandel der Zeit (KB 1992, Nr. 0: 1; KB 2012, Nr. 7: 1; KB 2014, Nr. 10: 1; KB 2022, Nr. 5: 1)

In der ersten Ausgabe definierten die Herausgeber (vertreten durch Dipl.-Ing. Wilhelm Gedeon – den Vorsitzenden des Karpatendeutschen Vereins) das Ziel des Presseorgans, nämlich: „[...] alle interessierten Leser über die derzeitige Lage und das kulturelle Leben der Deutschen in der Slowakei zu informieren" (Gedeon in KB 1992, Nr. 0: 1). In dem Medium sehen sie auch einen wichtigen gesellschaftlichen Beitrag: „Die Zeitung soll eine Brücke der Verständigung und Annäherung der Deutschen und der anderen Nationen und Nationalitäten in der Tschechoslowakischen Föderativen Republik (ČSFR) bilden" (Gedeon in KB 1992, Nr. 0: 1). Die Inhaltsstruktur des „Karpatenblattes" besteht aus neun Rubriken; dies sind: „Infoservice", „Aus den Regionen", „Kultur", „Deutsche Sprache", „Berühmte Zipser", „Kolumne", „Gedanken zur Zeit", „Nachrichten aus Heim und Familie" und „Kaleidoskop". Seit 2014 erscheint auch die regelmäßige Beilage „Das Jugendblatt", welche für die Karpatendeutsche Jugend bestimmt ist.

4 Besonderheiten der Pressesprache im „Karpatenblatt“

Das „Karpatenblatt“ wird in deutscher Standardsprache herausgegeben. Für seine Sprache sind einige Besonderheiten insbesondere auf der lexikalischen, stilistischen sowie morphosyntaktischen Ebene charakteristisch. Gemeint sind vor allem der Einsatz von Wörtern aus karpatendeutschen Mundarten, von Slowakismen, Bohemismen sowie Hungarismen, kreative Wortschöpfungen und Wortbildungen, zweisprachige orthographische Benennungen, aber auch die Sprachökonomie sowie Satzstruktur. In folgenden Absätzen werden einige davon näher vorgestellt und an konkreten Beispielen aus der Zeitschrift erläutert.

Alle unten vorgelegen Daten wurden aus der Analyse der Sprache deutscher Minderheit in der Slowakei gewonnen. Diese Analyse ist Teil eines umfassenderen Projekts, welches die Sprachen mehrerer Minderheitengruppen im osteuropäischen Raum (Slowakei, Polen, Ukraine) erforscht und an der Universität Trnava realisiert wird. Das Analysematerial bestand aus 65 Zeitungsausgaben des „Karpatenblattes“. Aus jedem Jahrgang des Mediums (1992–2021) wurde mindestens eine Ausgabe nach dem journalistischen Prinzip einer neuralen Ereigniszeit gewählt – also aus der Zeit, wo keine besonderen politisch-gesellschaftlichen Ereignisse vorkamen (meistens also Ausgaben der Sommermonate). Unterschiedliche Hypothesen wurden durch quantitative und auch qualitative Forschungsmethoden verifiziert. In diesem Beitrag werden aber nur einige der gewonnenen Daten präsentiert, weil der Analyseprozess noch nicht komplett abgeschlossen ist.

4.1 Orthographische Namen im „Karpatenblatt“

Die meisten Namen der Städte und Regionen erscheinen zweisprachig auf Deutsch und Slowakisch. Das gilt auch für Benennungen, die die Regionen in Polen, Ungarn, Rumänien oder Tschechien bezeichnen (so z.B. *Morava/Mähren, Sliezsko/Schlesien, Sedmohradsko/Siebenbürgen*). Zweisprachig erscheinen auch die Namen der Flüsse oder Gebirge, wenn es einen deutschen Namen gibt (*Dunaj/Donau, Váh/Waag, Vysoké Tatry/Hohe Tatra*). Einige Beispiele werden in Abb. 5 präsentiert:

Die Schule besuchte Samuel in Deutschendorf/Poprad und dem in der Nähe von Rosenau/Rožňava gelegenen Teplitz/Kunová Teplice. Für das Gymnasium kam er zurück nach Leutschau/Levoča. Es folgte das Jurastudium in Eperies/Prešov (ab 1746). In den Jahren 1754 bis 1757 studierte er Theologie und Naturwissenschaften an den Universitäten Wittenberg, Greifswald und Berlin.

Die Gemeinde Bauschendorf/Bušovce liegt im nördlichen Teil der Oberzips, im Talkessel Popradská kotlina, beim Zusammenfluss des Flüssschens Biela mit dem Fluss Popper/Poprad.

Abb. 5: Orthographische Namen im „Karpatenblatt“ (KB 2021, Nr. 8: 20)

Wird der Einsatz von Namen slowakischer orthografischer Denotate in der bundesdeutschen Presse und im „Karpatenblatt“ verglichen, so ist festzustellen, dass in der bundesdeutschen Presse die orthografische Benennung einsprachig (entweder Slowakisch oder Deutsch) erscheint. Welche Variante mehrheitlich gebraucht wird, wurde im Corpus Cosmas II untersucht. Dabei wurden die Namen der drei bedeutendsten slowakischen Orte (die sowohl über slowakische als auch deutsche Benennungsvarianten verfügen) *Bratislava/Preßburg* (*Pressburg*) (die Hauptstadt der Slowakei), *Vysoké Tatry/Hohe Tatra* (das größte Gebirge der Slowakei) und *Košice/Kaschau* (die zweitgrößte Stadt der Slowakei) untersucht. Zur Datenquelle wurden regionale Tageszeitungen, die „Nürnberger Nachrichten“, „Braunschweiger Zeitung“, und überregionale Zeitungen, „Die Welt“ und „Süddeutsche Zeitung“, die im Korpus Cosmas II zur Verfügung stehen, gewählt.

Aus den erfassten Daten (siehe Tab. 1) kann konstatiert werden, dass die Städtenamen *Bratislava* und *Košice*, in allen analysierten Zeitungen, mehrheitlich in slowakischer Sprachvariante gebraucht werden, die Benennung *Hohe Tatra* jedoch mehrheitlich in der deutschen Namenvariante.

Welche Benennung dominiert, hängt nach Ewald (2018: 426) von zunehmender geographischer Distanz zum deutschsprachigen Raum ab. Verringert sich die Bekanntheit/Gebräuchlichkeit der entsprechenden Ortsnamen, so werden diese mehr in der Ursprungssprache gebraucht. Dieser Begründung könnte man zustimmen, jedoch muss angemerkt werden, dass der slowakische Kontext sehr spezifisch ist und auch andere Erklärungen zulässt. Die Stadt Bratislava liegt direkt an der Grenze zum deutschsprachigen Raum und war zur Zeit der österreichisch-ungarischen Monarchie deren Bestandteil. Auf Deutsch wurde die Stadt als *Preßburg* und auf Ungarisch als *Pozsony* benannt. Trotzdem wird heute mehrheitlich die Bezeichnung *Bratislava* gebraucht. Mit dem Zerfall der Monarchie wurde im Jahre 1918 die Tschechoslowakische Republik gegründet. Die Stadt bekam den offiziellen Namen Bratislava. Diese Benennung beschreibt eine Stadt in einer neuen gesellschaftlich-politischen Realität. Erscheint in den Zeitungen die Bezeichnung *Preßburg* (*Pressburg*), so wird in den meisten Fällen die einstige Stadt im Kontext der Monarchie gemeint. Im „Karpatenblatt“ steht die Benennung jedoch zweisprachig.

Tab. 1: Orthographische Benennungen in deutscher Presse (Cosmas II Korpus, online: URL 6)

Medium → **Ortsname ↓**	**Nürnberger Nachrichten**	**Braunschweiger Nachrichten**	**Süddeutsche Zeitung**	**Die Welt**
Bratislava/Preß(ss)burg	805/76	568/2	3.045/1.046	1.239/41
Vysoke Tatry/Hohe Tatra	3/79.627	1/48.609	9/196.206	7/143.346
Kosice/Kaschau	120/13	1/26	256/74	92/33
			Wörterzahl	

Die Bezeichnung *Hohe Tatra* wird fast immer nur auf Deutsch gebraucht, weil es sich – wie Ewald (2018: 427) den Gebrauch deutscher Übersetzungsvarianten erklärt – um ein im deutschen Sprachraum durchaus bekanntes Gebirge handelt.

4.2 Wörter und Wendungen aus karpatendeutschen Mundarten

Der Begriff Sprachinsel wurde in der früheren Sprachinselforschung im Kontext der sprachlich-ethnisch-kulturellen Isoliertheit der Sprecher einer Minderheitensprache verstanden. Heutzutage ist diese Isoliertheit auch „durch die alle soziale Schichten und Regionen umfassende Modernisierung, die Exogamie, die Mobilität sowie durch den Urbanisierungsdrang der Bevölkerungsgruppen und der weltweiten Globalisierung nicht mehr vorhanden" (Knipf-Komlósi 2011: 34). Daher wird heute synonym zu Sprachinsel auch der Begriff Sprachminderheit oder Minderheitengruppe gebraucht (vgl. Knipf-Komlósi 2011: 36). Die deutsche Sprachminderheit in der Slowakei ist, wie schon früher erwähnt wurde, auf drei Gebiete des Landes verteilt, wo mehrere karpatendeutsche Mundarten – wie z.B.: Habanerisch, Mantakisch, Hauerländisch oder Krickerhauerisch – entstanden sind. Wörter aus diesen Mundarten werden auch in der Pressesprache des „Karpatenblattes" – insbesondere in den Rubriken „Aus den Regionen", „Aus Heim und Familie" oder „Deutsche Sprache" eingesetzt. Man findet sie bei Zitaten, Benennungen kulturspezifischer Denotate (Gerichte, regionale Produkte, Kulturereignisse, Feste), regionalen Redewendungen oder Literatur (Erzählungen, Gedichte usw.). Es ist auch keine Besonderheit, wenn ganze Artikel, in einer bestimmten Mundart erscheinen – immer dann, wenn über traditionelle regionale Kulturereignisse berichtet wird. So auch in der Aprilausgabe des „Karpatenblattes" 2020, in welcher der Artikel „Majales" komplett in Oberzipser Mundart veröffentlicht wurde. Es geht um das Fest des Frühlings – „Majáles“, das in der Nord- und Ostslowakei gefeiert wird (siehe Abb. 5 links).

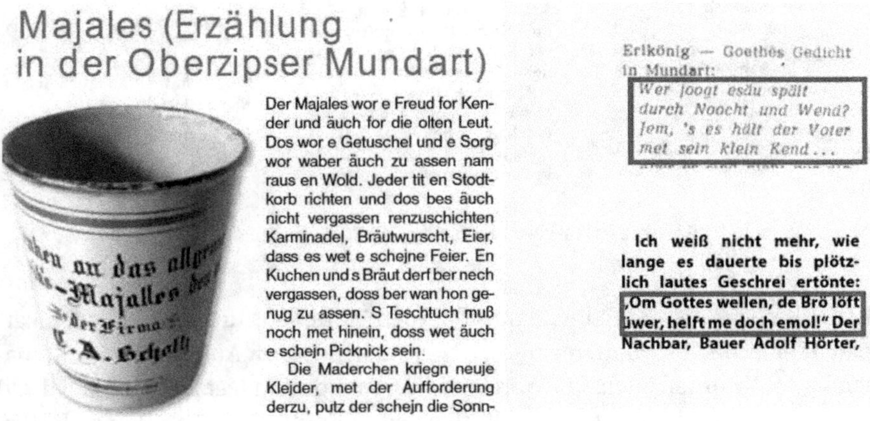

Majales (Erzählung in der Oberzipser Mundart)

Der Majales wor e Freud for Kender und äuch for die olten Leut. Dos wor e Getuschel und e Sorg wor waber äuch zu assen nam raus en Wold. Jeder tit en Stodtkorb richten und dos bes äuch nicht vergassen renzuschichten Karminadel, Bräutwurscht, Eier, dass es wet e schejne Feier. En Kuchen und s Bräut derf ber nech vergassen, doss ber wan hon genug zu assen. S Teschtuch muß noch met hinein, doss wet äuch e schejn Picknick sein.

Die Maderchen kriegn neuje Klejder, met der Aufforderung derzu, putz der schejn die Sonn-

Erlkönig — Goethes Gedicht in Mundart:

Wer joogt esdu spält
durch Noocht und Wend?
Jem, 's es hält der Voter
met sein klein Kend . . .

Ich weiß nicht mehr, wie lange es dauerte bis plötzlich lautes Geschrei ertönte: „Om Gottes wellen, de Brö löft üwer, helft me doch emol!“ Der Nachbar, Bauer Adolf Hörter,

Abb. 6: Majales – Erzählung in Oberzipser Mundart und Erlkönig in Mantakischer Mundart

Zu einer Besonderheit des „Karpatenblattes“ gehört auch der Abdruck von Werken der klassischen deutschen Literatur in der Sprache der Mundarten – so z.B. des „Erlkönigs“ von J.W. von Goethe in karpatendeutscher Mundart (siehe Abb. 6).

Zu typischen kulturspezifischen Denotaten, die im „Karpatenblatt“ beschrieben werden, gehören auch die Namen regionaler Gerichte oder Getränke. Im Artikel der Oktoberausgabe des „Karpatenblattes“ vom 2013 „Gemeindetag des Probnertals“ werden einige davon erwähnt (siehe Abb. 7). So z.B.: *Jepo* (eine Art Bohnensuppe); *Pogatschen* (sk. *pagáčik* – ein salziger Kuchen aus Speck); *Prombei* (der Weinbrand); *Lokettschn* (sk. *lokše* – der Pfannkuchen); *Seife* (*zeifa* – eine Suppe aus saurer Milch – dieser Name wird im Liptauer Dialekt, also als lexikalische Subvariante des Slowakischen gebraucht) oder *Letscho* (sk. *lečo* – ein Gericht aus Paprika, Zwiebeln und Tomaten).

Gemeindetag des Probnertals

dann mit gemahlenem Mohn und Zucker bestreut, und *Prombei* **- Branntwein mit Zucker gesüßt und gebräunt.** *Prombei* **und** *Lokettschn* **wurden vor allem zu Weihnachten am heiligen Abend aufgetragen.**

Aus Deutsch Proben waren noch *Speckuchen*, *Pogatschen* **und** *Seife* **- Suppe aus saurer Milch und Kartoffeln.**

Schmiedshauer hatten Hefekuchen. Zecher kamen mit *Schulamen* **und** *Pflaumkneto*. **Bei Neutratalern duftete es wirklich gut, hier wurde** *Jepo* **gekocht - süße Bohnensuppe mit eingekochtem Pfannkuchen. Man konnte hier sogar frischen Pfannkuchen bekommen, der direkt vor den Augen in der Pfanne gebraten wurde.**

Fundstollen kochte Gulasch, Untermaut *Geriebenesuppe*, **Halbendorf - Krautsuppe, Klein Proben hatte Pfannkuchen und Nickelsdorf Kuchen.**

Abb. 7: Namen der Gerichte im Karpatendeutschen (KB 2013, Nr. 10: 5)

In der Sprache des „Karpatenblattes" werden Wörter aus unterschiedlichen karpatendeutschen Mundarten eingesetzt. In verschiedenen Ausgaben des „Karpatenblattes" wurden auch z.B. Wörter aus der Mundart in Metzenseifen (Medzev) gefunden. Es sind folgende: *Kip* (dt. *Hagebutte*) *Hörn* (dt. *Gurke*), *Halpe* (dt. *Heidelbeere*) oder *Kraspe* (dt. *Brombeere*), *Jeme* (dt. *Hefe*). Alle genannten Wörter wurden auch im Wörterbuch der deutschen Mundart in Metzenseifen verifiziert (vgl. Schleusener und Schleusener 2013: 115–118).

4.3 Wörter und Wendungen aus der slowakischen (und der tschechischen) Sprache

Wörter und Wendungen aus slowakischer (und tschechischer) Sprache erscheinen in der Sprache des „Karpatenblattes" immer dann, wenn kulturspezifische Denotate, die es in der deutschen Kultur nicht gibt oder die nur wenig bekannt sind, benannt werden müssen. Logischerweise findet sich solcher Wortschatz mehrheitlich in Rubriken, in denen Themen wie regionale Ereignisse oder Kultur behandelt werden – also: „Aus Heim und Familie" (Bericht und Reportage), „Kaleidoskop" (Kommentar) oder „Schmidts Kater Lojzl" (Kolumne).

Den Einfluss des Slowakischen auf karpatendeutsche Mundarten kann man im Vorkommen slowakischer Wörter in ihrem Wortbestand sehen. Auch in der Pressesprache des „Karpatenblattes" kommen slowakische aber auch tschechische Wörter in unterschiedlichen Funktionen vor. In den Beispielsätzen: *Deshalb nenne ich die kluge* [...] *Zuzana gern eine pěkná kočka* oder *Čauky mňauky allerseits!* steht die Nominalphrase *pěkná kočka* (dt. *hübsche Frau*) und das Wort *čauky* (dt. *hallo*) in familiär-salopper Stilfärbung. Die Nominalphrase *pěkná kočka* setzt sich aus dem tschechischen Wort *pěkná* (dt. *schön*) und dem tschechischen Wort *kočka* (dt. *Katze*) zusammen. In der slowakischen Umgangssprache bezeichnet das Wort *kočka* jedoch eine fesche, attraktive junge Frau, hat eine andere semantische Struktur und ist auch emotional beladen (vgl. Balážová und Jarošová 2015: 629). Der Autor drückt in seiner Aussage genau dieses Semem aus. Warum er das tschechische Wort *pěkná* und nicht das slowakische Äquivalent *pekná* benutzt hat, ist jedoch nicht klar. Beide Wörter sind nämlich semantisch deckungsgleich. Bei dem Wort *čauky* handelt es sich um ein Modewort, welches heute auch in der slowakischen Umgangssprache oft gebraucht wird.

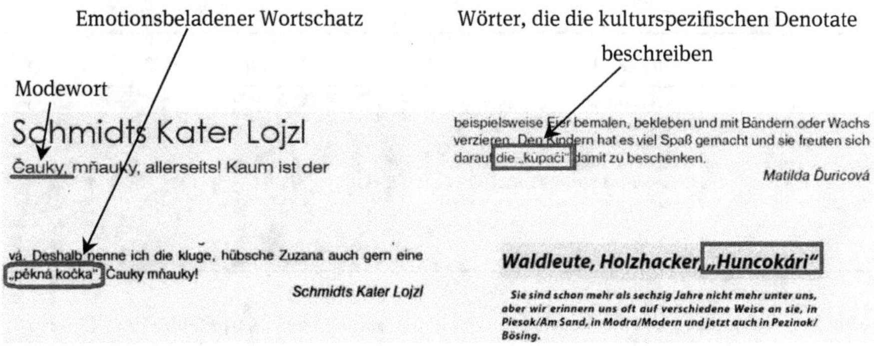

Abb. 8: Wörter fremder Herkunft in der Sprache des „Karpatenblattes" (KB 2020, Nr. 10: 15)

Wie schon erwähnt, können slowakische Lexeme auch Denotate präsentieren, die regionalspezifischen Charakter haben und z.B. Traditionen beschreiben. So bezeichnet das Wort *kúpači* (Pl.) im Satz: *Den Kindern hat es viel Spaß gemacht und sie freuten sich darauf die kúpači damit zu beschenken* Männer, die die Frauen am Ostermontag mit Wasser begießen, damit diese das ganze Jahr über von Krankheiten verschont bleiben. Für viele slawische Nationen ist diese Ostertradition typisch. (Siehe auch weitere Beispiele in der Abb. 8.)

Alle erwähnten Entlehnungen übernehmen auch ihr ursprüngliches Genus, also Femininum – *die kočka* – und Maskulinum – *der kúpač* –, aus der Ursprungssprache. Obwohl die Wörter *kočka* und *kúpači* Nomen sind, werden sie in der Zeitschrift mit einem kleinen Anfangsbuchstaben gebraucht, was für das Deutsche eine orthographische Besonderheit darstellt. Slowakische Wörter werden auch dann eingesetzt, wenn sie gewisse Denotate semantisch exakter beschreiben als ihr deutsches Äquivalent. So werden im Kommentar des „Karpatenblattes" in der Oktoberausgabe 2020 die Wörter *Chalupa* und *Chata* statt des deutschen Wortes *Hütte* (siehe Abb. 9) verwendet. Laut dem slowakischen Wörterbuch bezeichnet eine *Chata* ein kleines Haus auf dem Lande oder in den Bergen, welches zur gelegentlichen Erholung genutzt wird. Eine *Chalupa* jedoch ist ein größeres Haus auf dem Lande, das nicht nur zur Entspannung, sondern auch zum ganzjährigen

Wohnen genutzt wird (vgl. Balážová und Jarošová 2015: 259). Das Wörterbuch von Wahrig beschreibt das Wort *Hütte* als kleines, primitives Haus mit einem Zimmer für einen vorübergehenden Aufenthalt (vgl. Wahrig-Burfeind 2018: 769). Mit dem Einsatz der slowakischen Wörter *chalupa* und *chata* werden also Sememe benannt, die das deutsche Wort *Hütte* nicht beinhaltet.

In der Sprache des „Karpatenblattes" werden auch Rückentlehnungen verwendet. In diversen Ausgaben wurden u.a. auch folgende Wörter gefunden: *Ksicht* (dt. *Gesicht*), *Jarmok* (dt. *Jahrmarkt*), *Frištik* (dt. *Frühstück*), *Štreka* (dt. *Strecke*).

Entlehnungen

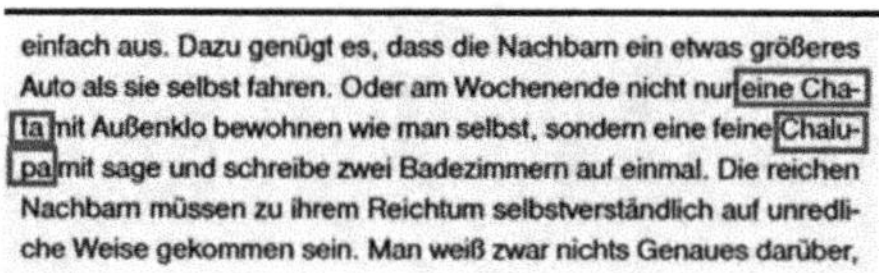

einfach aus. Dazu genügt es, dass die Nachbarn ein etwas größeres Auto als sie selbst fahren. Oder am Wochenende nicht nur eine Chata mit Außenklo bewohnen wie man selbst, sondern eine feine Chalupa mit sage und schreibe zwei Badezimmern auf einmal. Die reichen Nachbarn müssen zu ihrem Reichtum selbstverständlich auf unredliche Weise gekommen sein. Man weiß zwar nichts Genaues darüber,

Rückentlehnungen

Abb. 9: Entlehnungen und Rückentlehnungen in der Sprache des „Karpatenblattes" (KB 2020, Nr. 10: 15)

4.4 Kreative Wortbildung und Wortschöpfung

Kreative Wortbildung und Wortschöpfung sind für die journalistische Sprache eine charakteristische Erscheinung – insbesondere für die Sprache der Boulevardpresse, aber auch in der Qualitätspresse werden kreative Neubildungen (und malerische Sprache) gebraucht (vgl. Landmeier und Daschmann 2011: 178). In der Sprache des „Karpatenblattes" verwendete kreative Neubildungen oder Neuschöpfungen nehmen meistens die Form des Kompositums bzw. Bindestrichkompositums an – einige Komposita sogar mit Morphemen aus karpatendeutschen Mundarten oder Anglizismen wie z.B. *Prombei-Table.* Das Wort bezeichnet einen Tisch (oder eine Stelle) bei einer Feier, wo nur Weinbrand – also Prombei getrunken wird. Einige Komposita wie z.B. das Wort *minderheitWEIT* werden auch mit visuellen Elementen (in diesem Fall der Kombination von Groß- und Kleinschreibung) verbunden. Teile eines Kompositums können auch farblich unterschieden werden. Kreative Wortbildungen werden vor allem in der Kolumne („Schmidts Kater Lojzl") und im Kommentar („Kaleidoskop"), also meinungsäußernden Darstellungsformen der Zeitschrift, eingesetzt. Einige Beispiele: *Bananen-Demokratie-Großmacht* (Bezeichnung für die USA); *Habaner-Keramik*; *Ka-*

Ro-Rus-Minderheit (karpatendeutsche, Roma- und russinische Minderheit) oder *Gedankenstrich-Krieg* (siehe Abb. 10).

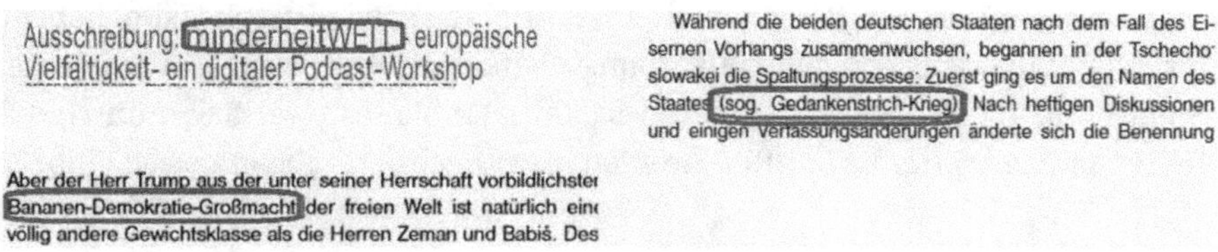
Ausschreibung: minderheitWELT – europäische Vielfältigkeit- ein digitaler Podcast-Workshop

Während die beiden deutschen Staaten nach dem Fall des Eisernen Vorhangs zusammenwuchsen, begannen in der Tschechoslowakei die Spaltungsprozesse: Zuerst ging es um den Namen des Staates (sog. Gedankenstrich-Krieg). Nach heftigen Diskussionen und einigen Verfassungsänderungen änderte sich die Benennung

Aber der Herr Trump aus der unter seiner Herrschaft vorbildlichster Bananen-Demokratie-Großmacht der freien Welt ist natürlich eine völlig andere Gewichtsklasse als die Herren Zeman und Babiš. Des

Abb. 10: Kreative Wortschöpfungen und Wortbildungen (KB 2020 Nr. 9: 20; Nr. 8: 15; Nr. 7: 15; Nr. 6: 9; KB 2022 Nr. 5: III)

In der Zeitschrift findet man auch eine heterogene Farbstruktur sowie Schriftart. Mit diesen Elementen soll die Zeitschrift bunter, moderner und somit auch attraktiver erscheinen.

4.5 Stilfärbung

Die Stilfärbung ist ein wichtiger Faktor des sprachlichen Individualstils. Durch einen konkreten Grad der Stilfärbung lässt sich die vermittelte Information in einen spezifischen sozialen Kontext einordnen. „Bei der Stilfärbung handelt es sich um eine konnotative Zusatzbedeutung einer solchen Äußerung, die sich aufgrund ihrer schicht-, herkunfts- oder frequenzabhängigen Verwendung ergibt" (Sowinski 1999: 80). Die Typologisierung der Stilfärbung ist in der Sprachwissenschaft nicht einheitlich. Klappenbach und Steinitz unterscheiden 11 Grade der semantisch-expressiven Stilfärbung: scherzhaft, vertraulich, verhüllend, altertümelnd, gespreizt, Papierdeutsch, übertrieben, abwertend, spöttisch, Schimpfwörter, derb (Klappenbach und Steinitz 1977: 45). Pötschke unterscheidet fünf Grade der semantisch-expressiven Stilfärbung: gehobene, einfach-literarische (standardsprachliche Norm), umgangssprachliche, salopp-umgangssprachliche, grob-umgangssprachliche (Kurz, Müller, Pötschke, Pöttker und Gehr 2010: 30). Die letztgenannte Typologie wurde bei der Analyse der Stilfärbung in der Sprache des „Karpatenblattes" angewendet.

Die Analyse der typischen Stilfärbungsstruktur in der Sprache des „Karpatenblattes" wurde an 30 Ausgaben des Mediums in der Zeitspanne von 1992 bis 2021 durchgeführt. Neben der einfach-literarischen Stilfärbung wurde auch das Vorkommen der gehobenen, umgangssprachlichen, salopp-umgangssprachlichen, aber auch der grob-umgangssprachlichen Stilfärbung festgestellt. Insbesondere für die Kolumne („Schmidts Kater Lojzl") und den Kommentar („Kaleidoskop") ist umgangssprachliche und salopp-umgangssprachliche Stilfärbung typisch. In der Kolumne kommen auch Lexeme der grob-umgangssprachlichen Stilfärbung vor. In den Berichten oder Nachrichten sowie Porträts ist gehobene bis salopp-umgangssprachliche Färbung charakteristisch. Einige Beispiele der Stilfärbung aus diversen Ausgaben des „Karpatenblattes" (verifiziert durch das Duden-online-Wörterbuch: URL 7) werden in der nächsten Tabelle gezeigt (Tab. 2):

Tab. 2: Beispiele der Stilfärbung aus „Karpatenblatt" (Quelle: KB 2020 Nr. 5: 15; 2021, Nr. 1: 15; 2019, Nr. 5: 14; 2022, Nr. 3: 13)

gehoben	umgangssprachlich	salopp-umgangssprachlich	vulgär-umgangssprachlich
Mögen *sich in* ***unserem Geist*** *nur die schönsten Erlebnisse und Erinnerungen* ***einprägen****.*	*Der Herr Präsident …* ***knipste*** *aber das Licht nicht* ***an****.*	***Der Irre im Moskauer Kreml****, ein gewisser Putin ist* ***völlig verrückt geworden*** *…*	*Weil wir uns so gegenseitig schützen, sollte uns jemand derart verbal* ***anpissen****.*

Stilfärbung

4.6 Sprachökonomie

Aus der Analyse der Satzlänge in der Frankfurter Allgemeinen Zeitung (Qualitätspresse) und in der Bild-Zeitung (Boulevardpresse) wurde festgestellt, dass sich die Durchschnittslänge des Satzes gegenüber der Vorwendezeit (1989) in beiden genannten Zeitungen verkürzt hat. In der Bild-Zeitung betrug 1989 die Satzlänge 11,1 Wörter pro Satz, im Jahr 2013 nur noch 9,9 Wörter pro Satz. Die Verkürzung beträgt also 1,2 Wörter. In der FAZ betrug die Satzlänge im Jahre 1989 14,7 Wörter pro Satz, 2013 nur noch 14,1 Wörter pro Satz. Die Verkürzung beträgt durchschnittlich 0,7 Wörter (vgl. Godiš 2013: 138). Der Trend der Verkürzung dauert weiter an, was auch neuere Analysen bestätigen. Die Satzlänge wurde auch in den Ausgaben des „Karpatenblattes" aus den Jahren 1992 bis 2021 analysiert. Weil es bislang kein Korpus der Sprache des „Karpatenblattes" gibt, wurden die Analysen manuell durchgeführt. Das Analysematerial bestand aus 54 Seiten Text – also 9 Ausgaben von denen die Seiten 2–8 (insg. 6 Seiten) analysiert wurden. Diese Seiten wurden gewählt, weil hier meinungsneutrale Berichte, weiterführende Nachrichten und Interviews – also immer die gleichen Rubriken – stehen.

Die Daten wurden durch statistische Methoden ausgewertet und es wurden folgende Ergebnisse festgestellt:

Im Jahr 1992 umfasste der Durchschnittssatz 13,3; 2003: 14,1; 2013: 16,4 und 2021: 16,5 Wörter. Die Sätze haben sich in der Zeitspanne von dreißig Jahren also um mehr als drei Wörter verlängert. Ausführliche Ergebnisse der Untersuchung werden in der folgenden Grafik zusammengefasst:

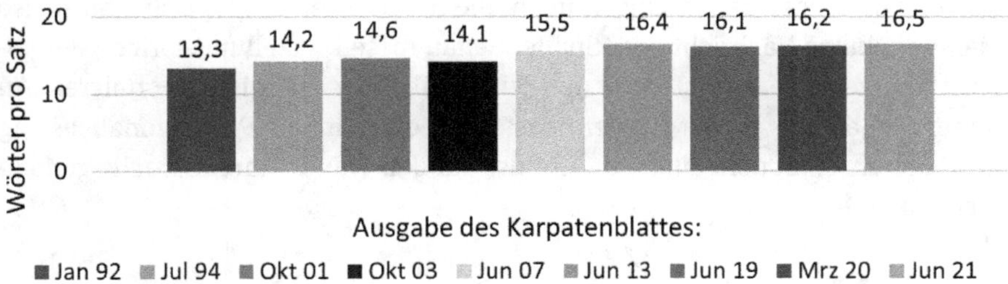

Abb. 11: Satzlänge in der Sprache des Karpatenblattes

Warum gibt es die Tendenz der Satzverlängerung in der Pressesprache des „Karpatenblattes“? In den Tageszeitungen werden immer aktuelle Informationen (meist vom Vortag) verarbeitet. Es ist wichtig, das Lesepublikum schnell und bündig über die Geschehnisse zu informieren. Zu diesem Zweck dienen journalistische Darstellungsformen wie Meldung, weiterführende Nachricht, Spalte, Bericht oder Interview. Das Ziel ist die schnelle Information – also sachliche und bündige Informationsvermittlung. An dieser Stelle muss jedoch bemerkt werden, dass zwischen den Sprachen der Qualitätspresse und der Boulevardpresse gravierende Unterschiede bestehen. In der Boulevardpresse werden nämlich nur Hauptinformationen ohne Hintergründe oder Vorgeschichte präsentiert. Für diesen Zweck werden einfache Satzkonstruktionen – also vor allem einfache Sätze oder zusammengesetzte Sätze des ersten bis zweiten Grades – gebraucht. Logischerweise bestehen solche Sätze auch aus weniger Wörtern. In der Qualitätspresse werden komplexere Satzstrukturen verwendet – also auch zusammengesetzte Sätze höheren Grades oder sogar Satzperioden. Die Qualitätspresse präsentiert Informationen mit Hintergründen und Vorgeschichten – also ausführliche Informationen und keine schnellen Nachrichten. Weil das „Karpatenblatt“ auch ein Medium der Qualitätspresse ist, zeigt es diese Tendenz. Das „Karpatenblatt“ verarbeitet aktuelle Informationen, jedoch nicht vom Vortag, sondern von einem Monat, und diese betreffen eine konkrete Gesellschaftsgruppe. Es werden Informationen über die neuesten Ereignisse in der Gemeinschaft, bei Feierlichkeiten, Gemeinschaftstreffen, bei berühmten Persönlichkeiten (Porträts), Kultur oder Literatur präsentiert. Das Ziel ist es, dem Leser ausführliche Nachrichten samt Hintergründen und Vorgeschichten oder sekundären Details zu vermitteln – mit komplexen Satzkonstruktionen, die längere Sätze (als es bei einer Kurznachricht der Fall ist) enthalten.

Einen weiteren Grund für die Satzverlängerung sehen wir auch in der Veränderung des Formats des Mediums. Das Blatt wurde bis 2014 von einer Zeitung zur Zeitschrift transformiert. Diese Transformation geht Hand in Hand mit dem Verschwinden einiger Darstellungsformen, die für eine Zeitung typisch sind – also Meldung, kurze Nachricht oder Spalte. Genau diese Darstellungsformen enthalten oft kurze Sätze, weil sie kurz und bündig über Geschehnisse informieren. An dieser Stelle muss betont werden, dass auch die ständige Professionalisierung der Autorenschaft der Zeitschrift Einfluss auf den Wandel ihrer Sprache genommen hat.

4.7 Vorkommen von einfachen und zusammengesetzten Sätzen

Mit steigender Satzlänge verändert sich auch die Struktur der Sätze. Auch wegen dieser Tatsache wurde die Struktur der Sätze genauer analysiert. Es wird vermutet, dass im Zeitraum von 1992 bis 2021 die Zahl der zusammengesetzten Sätze (höherer Grade) steigt und der einfachen Sätze sinkt. Das Analysematerial bestand aus 72 Textseiten – immer Seiten 2 bis 10 (die Rubriken „Infoservice", „Aus den Regionen" und „Schmidts Kater Lojzl") – in neun Ausgaben des „Karpatenblattes". Aus den gewonnenen Daten hat sich die oben genannte Vermutung (Hypothese) bestätigt. Der Anteil der zusammengesetzten Sätze (höherer Grade) ist im Zeitraum 1992 bis 2021 angestiegen. Es ist nicht unüblich, dass in den Ausgaben aus den letzten zwei Jahren (2020 und 2021) sogar zusammengesetzte Sätze des 4. und 5. Grades zu finden sind. Das war in den Anfangsjahren des Mediums (Ausgaben 1992 oder 2002) nicht oft der Fall. Die gewonnenen Daten werden in der folgenden Grafik zusammengefasst und dargestellt:

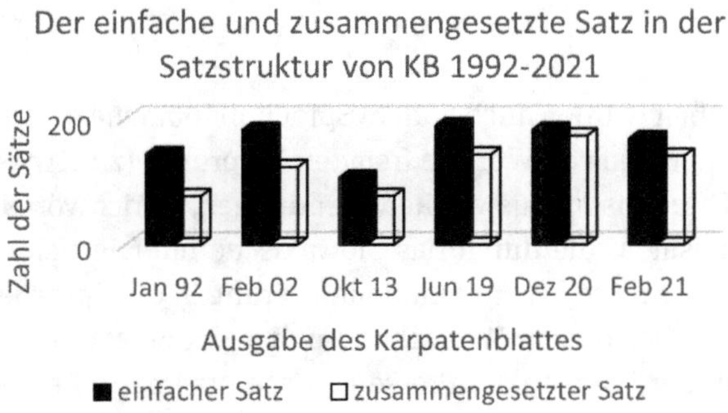

Abb. 12: Der einfache und zusammengesetzte Satz

In der Juli-Ausgabe des „Karpatenblattes“ von 1992 bildeten 223 Sätze die Satzstruktur – davon 65,1 % einfache und 34,9 % zusammengesetzte Sätze. Von 78 zusammengesetzten Sätzen waren 56 des ersten, 15 des zweiten, 6 des dritten und 1 Satz des fünften Grades. In der Ausgabe vom Februar 2020 waren von 357 Sätzen 51,3 % einfache Sätze, 48,7 % zusammengesetzte Sätze, davon 132 des ersten, 27 des zweiten, 10 des dritten, 4 des vierten und 1 des fünften Grades. Die präsentierten Daten aus dem Vergleich dieser zwei Ausgaben werden in den folgenden Grafiken näher dargestellt:

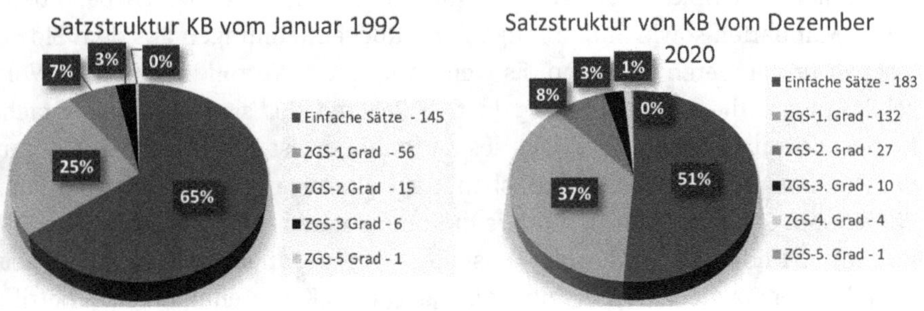

Abb. 13: Satzstrukturen des Karpatenblattes

Es kann also konstatiert werden, dass der Trend zur Verlängerung der Sätze auch den Trend zum Einsatz immer komplexerer Satzstrukturen widerspiegelt.

4.8 Sonstiges

Im Rahmen der Forschungsarbeit wurden auch andere Sprachphänomene untersucht. Dies sind z.B. das Vorkommen von Wörtern fremden Ursprungs (z.B. Anglizismen, Polonismen oder Hungarismen usw.), Redewendungen, Sprichwörter sowie allgemeine Phraseologismen, die durch das Slowakische motiviert sind (z.B. *spadnúť z hrušky – aus einer Birne fallen*), Emotionalisierung in der Sprache (Gebrauch von mit Emotionen beladenem Wortschatz) und nicht zuletzt auch grammatische Brüche, die in der Sprache der Presse gewisse pragmatische Effekte (z.B. Klarheit, Uneindeutigkeit oder Infragestellung der geäußerten Aussage usw.) hervorrufen können. Diese Phänomene werden hier jedoch aus Platzgründen nicht mehr behandelt.

5 Fazit

Die Zeitschrift „Karpatenblatt" verarbeitet Themen rund um Kultur, Traditionen, Geschichte und aktuelle Ereignisse der Deutschen in der Slowakei. Obwohl sie in Standarddeutsch geschrieben wird, gibt es diverse lexikalische, morphosyntaktische und stilistische Besonderheiten, die ihren sprachlichen Individualstil bestimmen. Ihre Sprache ist reich an Wörtern aus verschiedenen karpatendeutschen Mundarten sowie Entlehnungen und Rückentlehnungen aus dem Slowakischen und anderen Sprachen. Es werden kreative Wortbildungen und Wortschöpfungen, die sogar den Weg in den Bestand der slowakischen Sprache finden, gebraucht. Die Stilfärbung des Kartenblattes ist typisch für ein Medium der Qualitätspresse – nämlich gehoben, neutral, umgangssprachlich und familiär-salopp. Selten ist – insbesondere in Kommentaren – auch eine vulgäre Stilfärbung zu finden. Es wurde auch konstatiert, dass der allgemeine Trend der heutigen Pressesprache zur Verkürzung der Sätze, das „Karpatenblatt" nicht betrifft. Die Sätze werden hier nicht kürzer, sondern sogar länger. Vergleicht man die Satzlänge in den Ausgaben von 1992 und 2021 so muss man feststellen, dass sich in dieser Zeitspanne die Sätze um drei Wörter pro Satz von 13,3 (1992) auf 16,5 (2020) verlängert haben. Den Grund sehen wir unter anderem auch im Wandel des Mediums von einer Zeitung zur Zeitschrift. Diese Transformation führte zum Schwund einiger journalistischen Darstellungsformen wie z.B. der Meldung, der kurzen Nachricht oder der Spalte. Genau diese dienen dazu, dem Leser eine schnelle Information zu vermitteln – also in knappen, bündigen und kurzen Sätzen. Schnelle Information ist jedoch nicht das Ziel des „Karpatenblattes" – das Gegenteil ist der Fall. Die Zeitschrift bemüht sich um eine ausführliche Berichterstattung auch mit sekundären Details. Daher dürfte nicht überraschen, dass die typischen Darstellungsformen des „Karpatenblattes", der Bericht, die Reportage, der Kommentar oder die Kolumne sind, in denen oft längere Sätze und komplexere Satzstrukturen eingesetzt werden.

Das „Karpatenblatt" bewahrt das deutsche Kulturgut in der Slowakei nicht nur für die deutsche, sondern auch für die slowakische Gesellschaft. Es ist ein Element der slowakisch-deutschen Identität, welches zugleich auch für die heimische Presselandschaft und das Kulturgut des Landes zweifellos eine Bereicherung darstellt.

Literaturverzeichnis

Balážová, Ľubica und Alexandra Jarošová (2015): *Slovník súčasného slovenského jazyka*. Bratislava: Vydavateľstvo Veda.

Ewald, Petra (2018): Namen im Orthographiewörterbuch. In: Heuser, Rita und Mirjam Schmuck (Hrsg.), *Sonstige Namen – Stiefkinder der Onomastik*, 407–432. Berlin: De Gruyter.

Földes, Csaba (2022): Auslandsdeutsche Mediendiskurse: sprachliche und interkulturelle Aspekte von Minderheitenzeitungen. *Zeitschrift für Literaturwissenschaft und Linguistik* 52, 123–145.

Godiš, Tomáš (2013): *Die Wandlungen des publizistischen Stils nach der Wende 1990 in der deutschen Presse*. Ružomberok: Katolícka univerzita.

Horváthová, Margaréta (2002): *Nemci na Slovensku – Etnokultúrne tradície z aspektu osídlenia, remesiel a odievania*. Komárno: Lilium Aurum.

Kaindl, Raimund Friedrich (1917): *Die Ansiedlung der Deutschen in den Karpathenländern* (Aus Österreichs Vergangenheit. Quellenbücher zur österreichischen Geschichte 4). Wien: Schulwissenschaftlicher Verlag U. Haase. http://digitalna.kniznica.info/zoom/65329/view?page=5&p=separate&tool=info&view=0,1668,1417,546 (letzter Zugriff 20.09.2022).

Klappenbach, Ruth und Wolfgang Steinitz (Hrsg.) (1977): *Wörterbuch der deutschen Gegenwartssprache*. Berlin: Akademie-Verlag.

Knipf-Komlósi, Elisabeth (2011): *Wandel im Wortschatz der Minderheitensprache am Beispiel des Deutschen in Ungarn*. Stuttgart: Steiner.

Kučera, Matúš (2011): *Slovenské dejiny I*. Bratislava: Literárno-informačné centrum.

Kurz, Josef, Müller, Daniel, Pötschke, Joachim, Pöttker, Horst und Martin Gehr (2010): *Stilistik für Journalisten*. Wiesbaden: VS, Verlag für Sozialwissenschaften.

Landmeier, Christine und Gregor Daschmann (2011): Im Seichten kann man nicht ertrinken? Boulevardisierung in der überregionalen deutschen Qualitätspresse. In: Blum, Roger, Bonfadelli, Heinz, Imhof, Kurt und Otfried Jarren (Hrsg.), *Krise der Leuchttürme der öffentlichen Kommunikation*. Wiesbaden: VS, Verlag für Sozialwissenschaften.

Mazúr, Eduard (1974): Národnostné zloženie. In: Plesník, Pavel (Hrsg.), *Slovensko 3: Ľud! – 1. časť*, 10–21. Bratislava: Obzor.

Petrášová, Mária (2005): *Karpatskí Nemci na Slovensku a v oblasti Nitrianskeho Pravna*. Nitra: Univerzita Konštantína Filozofa.

Schleusener, Gabriele und Heinz Schleusener (2013): *Wörterbuch der deutschen Mundart in Metzenseifen*. Aachen: Shaker.
Sowinski, Bernhard (1999): *Stilistik – Stiltheorien und Stilanalysen*. Stuttgart: Metzler.
Wahrig-Burfeind, Renate (2018): *Wahrig – Wörterbuch der deutschen Sprache*. 4. Aufl. München: dtv.

Quellenmaterial

Karpatenblatt 1 (1992), Nr. 0.
Karpatenblatt 10 (2002), Nr. 7.
Karpatenblatt 20 (2012), Nr. 7.
Karpatenblatt 21 (2013), Nr.10.
Karpatenblatt 26 (2018), Nr. 4.
Karpatenblatt 27 (2019), Nr. 1, 4, 5, 7, 8, 9, 12.
Karpatenblatt 28 (2020), Nr. 5, 10.
Karpatenblatt 29 (2021), Nr. 1, 5, 8.
Karpatenblatt 30 (2022), Nr. 3, 5.

URL 1: http://www.muzeumsnp.sk/historia/slovensko-v-rokoch-1938-1945 (letzter Zugriff 10.09.2022).
URL 2: http://sodb.infostat.sk/sodb/sk/1991/format.htm (letzter Zugriff 12.09.2022).
URL 3: https://www.scitanie.sk/obyvatelia/zakladne-vysledky/struktura-obyvatelstva-podla-dalsej-narodnosti/SR/SK0/SR (letzter Zugriff 16.09.2022).
URL 4: www.karpatendeutsche.de/?Geschichte (letzter Zugriff 16.09.2022).
URL 5: https://www.scitanie.sk/obyvatelia/zakladne-vysledky/struktura-obyvatelstva-podla-narodnosti/SR/SK0/SR (letzter Zugriff 11.09.2022).
URL 6: https://cosmas2.ids-mannheim.de:6344/cosmas2-web/general.longActionResults.do (letzter Zugriff 16.09.2022).
URL 7: https://www.duden.de/ (letzter Zugriff 12.09.2022).

Attila Mészáros

Verbalisierungen der karpatendeutschen Identität in der Presse: Vorüberlegungen zu einer diskurslinguistischen Analyse am Beispiel des „Karpatenblattes"

Zusammenfassung: Im vorliegenden Beitrag wird versucht, die Grundlagen eines diskursorientierten Forschungsansatzes zur Ermittlung von Versprachlichungen der karpatendeutschen Identität in Zeitungstexten zu erarbeiten. Die theoretische Basis bildet das wissensbasierte Diskurskonzept Felders (2013), wonach Diskurse als Speicher von Wissen eines Kollektivs betrachtet werden können. Vor diesem Hintergrund wird von der Annahme ausgegangen, dass für einen Diskurs jene spezifischen Wissensbestände einer Sprach- und Kulturgemeinschaft auf der argumentativen Ebene aktiviert werden, die die Basis der Identität dieser Gruppe bilden können. Die Grundlage für die vorgelegten empirischen Analysen bildet ein kleines Korpus von Texten aus dem „Karpatenblatt" (Slowakei), in dessen Fokus die transtextuelle Ebene mit besonderem Blick auf die Ermittlung der zentralen Topoi steht.

1 Einführung

Anfang 2022 wurden die ersten Ergebnisse der Volkszählung von 2021 in der Slowakei veröffentlicht.[1] Diese wurden insbesondere von den Angehörigen der nationalen Minderheiten erwartet, da es zum ersten Mal in der Geschichte des Landes ermöglicht wurde, bei der Option „Nationalität" zwei Antworten anzugeben. Der Grund dafür liegt einerseits darin, dass die meisten Angehörigen von Minderheiten – u.a. Ungarn, Roma und Deutsche – praktisch mindestens zweisprachig sind, d.h. neben ihrer Muttersprache auch die Landessprache – das Slowakische – im Alltag regelmäßig verwenden. Diese Mehrsprachigkeit generiert jedoch ge-

1 Siehe https://www.scitanie.sk/en (letzter Zugriff 17.08.2022).

Attila Mészáros, Komárno/Komorn, Slowakei, E-Mail: meszarosa@ujs.sk

https://doi.org/10.1515/9783111247694-010

rade in Bezug auf die Identität manche Zweifel, vor allem wenn z.B. ungarischsprachige Eltern ihre Kinder absichtlich in Kindergärten bzw. Schulen mit slowakischer Unterrichtssprache schicken.

Die Problematik der Identität bei den genannten Minderheiten zeigt sich daher in der Slowakei besonders aktuell. Es handelt sich um den Nachfolgestaat der ehemaligen Tschechoslowakei, der nach mehreren Versuchen[2] 1993 die lang ersehnte Selbstständigkeit erreicht hat. Obwohl die Trennung zumindest bei der slowakischen Bevölkerung mehrheitlich begrüßt wurde, bedeutete es für die Minderheiten des Landes vielmehr eine Herausforderung, im neuen Staatsgebilde den eigenen Platz und die eigene Identität zu finden und diese aufrecht zu erhalten. Betroffen davon war u.a. auch die deutschsprachige Minderheit in der Slowakei – die Karpatendeutschen. Es handelt sich um eine Volksgruppe, die traditionell in drei Gebieten des Landes angesiedelt war: in der heutigen Hauptstadt Pressburg (slow. Bratislava), in der Region Zips in der Ostslowakei sowie im sog. Hauerland (vgl. Abb. 1).

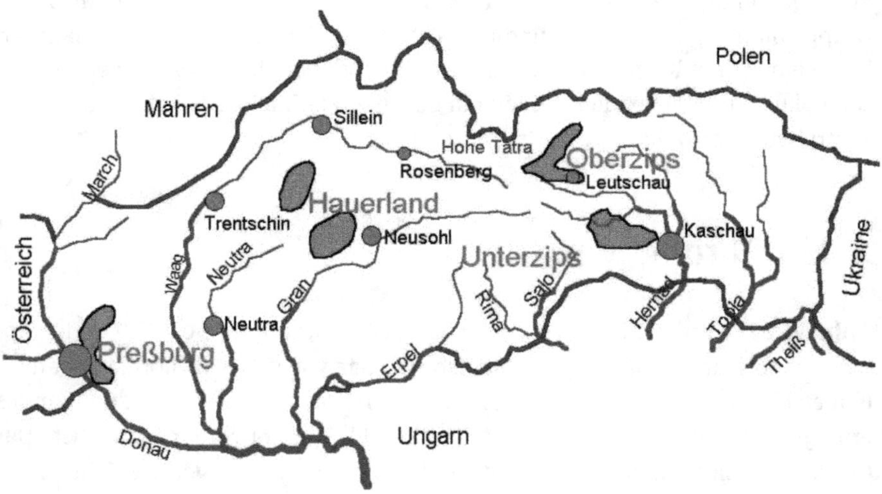

Abb. 1: Deutsche Sprachinseln in der Slowakei[3]

Im turbulenten 20. Jahrhundert zeigte die zahlenmäßige Entwicklung dieser Minderheit extreme Änderungen. Während 1910, also noch in Zeiten der Doppel-

2 Vergleiche den sog. Slowakischen Staat in den Zeiten des II. Weltkrieges.
3 Quelle: https://www.karpatendeutsche.de/?Geschichte (letzter Zugriff 17.08.2022).

monarchie Österreich-Ungarn fast 200.000 Personen auf dem Gebiet der heutigen Slowakei deutschsprachig waren, waren es kurz nach der Gründung der ersten Tschechoslowakischen Republik (1918) nur noch 139.900 und nach dem Zweiten Weltkrieg ging ihre Anzahl auf etwa 24.000 zurück. Die Ergebnisse der Volkszählungen aus den letzten 30 Jahren bestätigen den signifikanten Rückgang der Anzahl der deutschsprachigen Minderheit.[4]

2 Zielsetzung und Fragestellung

Die Ergebnisse der Volkszählung waren im Spiegel der geänderten Methodik in erster Linie für die nationalen Minderheiten des Landes von größter Bedeutung, da ihre „Sonderrechte"[5] und vor allem die finanziellen Unterstützungen seitens des Staates von diesen Zahlen abhängig sind.[6]

Der Verfasser des vorliegenden Beitrags ist am Lehrstuhl für deutsche Sprache und Literatur der J.-Selye-Universität in Komárno (Slowakei) tätig. In dieser Position kommt dem Zensus bzw. dessen Resultaten eine doppelte Relevanz zu. Einerseits ist es als Angehöriger der ungarischen Minderheit in der Slowakei immer von Interesse, wie die Angehörigen von anderen nationalen Minderheiten des Landes ihre Identität erleben bzw. mit welchen Herausforderungen sie konfrontiert werden, um ihr Überleben sowie die Fortsetzung ihrer kulturellen-historischen Traditionen zu sichern. Auf der anderen Seite ist es das spezifische Interesse des Germanisten, die im eigenen Land lebende deutschsprachige Minderheit zu beobachten und ihre Repräsentanz in der Presse in die eigene Forschung einzubeziehen, um auch neue Perspektiven z.B. auf die Rolle der deutschen Sprache in der Slowakei zu eröffnen. Eine weitere Motivation ergab sich daraus, dass, während Untersuchungen in Bezug auf die historische Entwicklung der deutschen Mundarten sowie der deutschsprachigen Presse auf dem Gebiet der heuti-

4 5.629 Einwohner im Jahr 1991, 5.405 Einwohner im Jahr 2001 (Angaben des Statistischen Amtes der Slowakischen Republik, www.statistics.sk, letzter Zugriff 17.08.2022).

5 Etwa Straßenschilder in der Minderheitensprache, Verwendung der Minderheitensprache in der Kommunikation mit den Behörden.

6 Gerade im Falle der deutschsprachigen Minderheit erwiesen sich die Zahlen als hochinteressant: Während 3.318 Bewohner Deutsch als Nationalität an erster Stelle angegeben haben, waren es weitere 5.255 Bewohner, die sich auf Platz 2 zur deutschsprachigen Minderheit bekannten. Sofern das zuständige Statistische Amt der Slowakei diese Zahlen tatsächlich zugunsten der Minderheiten behandeln wird, würde die finale Zahl 8.573 bedeuten und zeigen, dass sich der negative Trend in Bezug auf die Entwicklung der deutschsprachigen Minderheit in der Slowakei gewandelt hat.

gen Slowakei seit Anfang der 1990er Jahre präsent sind,[7] Forschungen, die die karpatendeutsche Minderheit etwa im Kontext der Diskurslinguistik thematisieren würden, eher die Ausnahme darstellen.

Vor diesem Hintergrund ergab sich die Frage, inwieweit die Spuren einer karpatendeutschen Identität für linguistische Untersuchungen thematisiert werden könnten. Eine mögliche Annäherung bietet hierzu meines Erachtens die Diskursanalyse. Den Ausgangspunkt für diese Überlegungen bildet die Auffassung von Identität bei Brubaker und Cooper (2000), die sie als kollektives Phänomen betrachten, das eine fundamentale Gleichheit zwischen Gruppenmitgliedern voraussetzt. Von diesem Gedanken ausgehend lassen sich die gemeinsame Sprache sowie die kollektiven Traditionen und Werte als jene Faktoren bezeichnen, durch die sich die Identität (einer Gruppe) konstituiert. Diese Auffassung zeigt jedoch Überschneidungen mit dem wissensbasierten Diskurskonzept von Felder (2013), nach welchem das kollektive Wissen gerade in Diskursen konstruiert, aktualisiert und rekonstruiert bzw. dann gespeichert wird. Wenn also unter Identität – sehr grob definiert – eine Menge von kollektiv geteilten und über Jahrhunderte überlieferten Werten, Symbolen, Zeichensystemen u.ä. zu verstehen ist, dann ist auch anzunehmen, dass

a) diese im gemeinsamen Wissen des jeweiligen Kollektivs verankert sind, das grundsätzlich in Diskursen entsteht, dort aktualisiert wird und die Basis für neue Wissensbestände bildet und dadurch ermöglichen soll,
b) den Begriff der Identität durch die Lupe der Diskursanalyse zu erfassen und zum Gegenstand von linguistischen Forschungen zu erheben.

Ein solcher Forschungsansatz setzt mindestens zwei Aspekte voraus, die die linguistische Beschäftigung mit dem Diskurs überhaupt ermöglichen. Zum einen ist es die Öffentlichkeit, d.h. die Gesamtheit von Arenen und Schauplätzen, in denen öffentlich relevante Themen diskursiv ausgehandelt werden. Zum anderen sind es die Kanäle, die den Zugang zu diesen Arenen – und somit zum Diskurs selbst – für das breite Publikum primär eröffnen – also die Medien.

Es ist nicht Aufgabe des vorliegenden Beitrags, eine umfassende Analyse über die Beziehung zwischen den Medien und der Öffentlichkeit im Kontext des Diskurses aufzuzeigen. Für das Verständnis der weiteren Ausführungen ist jedoch wichtig, dass

a) den Medien in der jeweiligen Gesellschaft nicht nur eine passive Beobachterrolle zukommt; vielmehr treten sie als aktive Teilnehmer des Diskurses auf,

7 Vergleiche Meier 1993; Piiranen und Meier 1993; Meier 2000; Meier und Ziegler 2003.

die dadurch auch in der Formulierung etwa der nationalen Identität eine wesentliche Rolle spielen, und

b) Öffentlichkeiten grundsätzlich mediengebunden sind und die Versuche etwa von Politikern oder Unternehmern, die Medien zu beeinflussen – in Einklang mit Foucault (1973) – darauf abzielen, eine Vormachtstellung im Diskurs, d.h. in der öffentlichen Debatte zu erreichen.

Vor dem Hintergrund der obigen Überlegungen wird als Forschungsinteresse des vorliegenden Beitrages bestimmt, erstens eine theoretische Basis für die Erforschung von (Gruppen)Identitäten mit dem Instrumentarium der Diskursanalyse zu erarbeiten und zweitens mögliche Zugänge aus der Forschungspraxis zu präsentieren. Als empirische Basis soll dazu die deutschsprachige Minderheit in der Slowakei dienen, deren sog. karpatendeutsche Identität im praktischen Teil des Beitrags im Spiegel von Texten aus der Zeitung „Karpatenblatt" erfasst wird. Dieser Zielsetzung folgend wird vorerst ein theoretisches Fundament mit besonderem Blick auf die Identitätsforschung und die Diskursanalyse erarbeitet und im Anschluss werden einige Fallbeispiele von Diskursanalysen anhand des „Karpatenblattes" dargestellt und analysiert.

Der vorliegende Beitrag möchte in einem ersten Schritt einige Potenziale beleuchten, die ein auf einem umfangreichen digitalisierten Textkorpus basierendes Forschungsprojekt über den Sprachgebrauch der karpatendeutschen Minderheit im Kontext der Diskurslinguistik liefern könnte.[8]

3 Begriffsbestimmungen

3.1 Zur Definierbarkeit von Identität

Identität gehört insbesondere in jenen Ländern zu den meistdiskutierten Begriffen, wo neben dem staatsbildenden Kollektiv auch sprachliche bzw. kulturelle Minderheiten in großer Anzahl leben – etwa in der Slowakei. Während der Duden einige herkömmlichen Definitionen aus dem Bereich der Psychologie oder der Rechtswissenschaften dazu liefert, tauchen immer wieder neue Kontexte auf, die

8 Im Zeitpunkt der Entstehung dieses Beitrags ist am Lehrstuhl für deutsche Sprache und Literatur der J.-Selye-Universität das Projekt „Verbalisierungen der karpatendeutschen Identität. Text- und diskurslinguistische Annäherungen am Beispiel des Karpatenblattes." im Entstehen, das bei der Agentur des slowakischen Bildungsministeriums KEGA eingereicht wird.

nicht nur neue Deutungen erlauben, sondern diese sogar erforderlich machen.[9] Ein weiterer Aspekt von Identität, der sowohl in der Soziologie, in den Geschichtswissenschaften und in der Soziolinguistik bereits in der zweiten Hälfte des 20. Jahrhunderts in den Vordergrund gerückt wurde, sind Fragen zur ethnischen Identität von Minderheitengruppen, insbesondere, wenn der Begriff auf Kollektive, z.B. auf eine Völkergruppe wie etwa die Karpatendeutsche in der Slowakei, bezogen wird.

Bereits dieser kurze Überblick macht deutlich, dass das Bedeutungsspektrum von Identität besonders vielfältig ist und im Laufe der Zeit wesentliche Änderungen erfährt. Während der psychoanalytische Ansatz von Erikson[10] (1994) auf den Identitätserwerb des Individuums als soziales Wesen im Kontext der menschlichen Entwicklung fokussierte, liefern neuere Auffassungen – wie etwa jene von Brubaker und Cooper (2000) – eher ein breiteres Verständnis von Identität, indem diese den Deutungsrahmen auch auf kollektive Identitäten ausdehnen.

Diese Betrachtungsweise von Identität als ein kollektives Phänomen ist auch für den vorliegenden Beitrag von besonderer Relevanz. Sie basiert auf der Annahme, dass die (Gruppen-)Identität der individuellen Identität übergeordnet ist und als solche eine fundamentale Gleichheit der Gruppenmitglieder voraussetzt. Darunter ließen sich etwa das gemeinsam Zeichensystem (Sprache), bestimmte Symbole u.ä. verstehen, die zusammen das kollektive Wissen bzw. das kollektive Gedächtnis dieser Gruppe ausmachen. Es stellt sich die Frage, inwieweit diese „Menge" a) insbesondere im Laufe der Zeit unveränderbar ist und b) welche Komponenten der Identität die Gruppenzugehörigkeit primär bestimmen. Mögliche Antworten lassen sich gerade im Kontext von ethnischen Minderheiten – wie auch bei den Karpatendeutschen – finden, und zwar vor dem Hintergrund der Assimilation. Die oben angeführten Ergebnisse der letzten Volkszählung in der Slowakei in Bezug auf die deutschsprachige Minderheit zeigen deutlich, dass der Sprachverlust bzw. der Sprachwechsel in einer mehrheitlich slowakischen Umgebung – im Spiegel der historischen Entwicklung des Landes – mehr oder weniger ein natürlicher Prozess ist. Obwohl in der slowakischen Öffentlichkeit die Identität grundsätzlich mit der Muttersprache verbunden ist, zeigen die Ergebnisse des Zensus von 2021, dass – im Vergleich zu 2001 – gerade bei der deutschsprachigen Minderheit ein Zuwachs sichtbar ist, zumindest was die deutsche

---

9 Zu erwähnen ist etwa die Gender-Problematik, die u.a. unter professionellen Sportlern heftige Diskussionen generierte.

10 „Man weiß, wer man ist und wie man in diese Gesellschaft passt".

Nationalität angeht[11]. Die deutsche Sprache als Muttersprache wurde von 5.400 Bürgerinnen und Bürgern angegeben, doch kaum die Hälfte davon, 2.679 sind Respondenten, die sich zur deutschen Nationalität (auf dem 1. oder dem 2. Platz) bekannten. Insgesamt haben also 8.573 Personen die deutsche Nationalität als die eigene markiert, ca. 63 % davon bezeichneten Deutsch als Muttersprache.[12]

Die obigen Zahlen können auch als Bestätigung der Annahme betrachtet werden, dass die gemeinsame Sprache zwar eine wichtige, aber nicht unbedingt die entscheidende, alleinige Komponente bei der Bestimmung der Gruppenidentität sei. Sie hängt zwar eng mit der Abstammung zusammen und ließe sich als eindeutiges Zeichen der ethnischen Zugehörigkeit und dadurch evtl. auch der Identität betrachten, doch darf – wie die oben aufgeführte kurze Analyse zeigt – die Identität nicht auf einige Materialisierungen, wie etwa die Sprache, reduziert werden. In Einklang mit Brubaker und Cooper ist darunter vielmehr ein Produkt von „mehreren, miteinander konkurrierenden Diskursen" (Szívós 2021: 79) zu verstehen, die einen unscharfen Rahmen für Gruppenidentität herstellen, in dem auf der Basis von diesen kollektiv verfügbaren und verwendeten Zeichen, Wissensbestände u.ä., auch die individuelle Identität formuliert werden kann.

3.2 Zum Diskursbegriff

Seit Erscheinen des Begriffes Diskurs in der Linguistik findet sich je nach Forschungsinteresse eine ganze Reihe von Definitionen; einen Überblick von diesen bieten u.a. Gardt (2007) und Spitzmüller und Warnke (2011). Selbst Foucaults grundlegende Überlegungen[13] sorgten diesbezüglich eher für eine „Verunklarung", wodurch das Diskurskonzept in den einzelnen wissenschaftlichen Disziplinen besonders mannigfaltig rezipiert wurde. Auch innerhalb der (germanistischen) Linguistik lassen sich mehrere Richtungen unterscheiden, die – in einer groben Aufteilung – einerseits einer semantisch-historisch ausgerichteten Diskurslinguistik (vgl. u.a. Felder 2012a und 2012b), andererseits einer kritischen Diskurslinguistik (Jäger 2015) zugeordnet werden können. Die unterschiedlichen Diskursverständnisse der einzelnen Strömungen bzw. Schulen bieten Raum für

11 Bei der Deutung der Ergebnisse ist eine tiefere Analyse erforderlich, insbesondere in Bezug auf die Nationalität, da bei den möglichen Antworten scheinbar keine eindeutige Trennung zwischen Nationalität und Staatsangehörigkeit gemacht wurde, vgl. z.B. die Optionen „kanadisch" und „ungarisch".

12 Siehe https://karpatenblatt.sk/volkszaehlung-deutsche-minderheit-waechst/ (letzter Zugriff 06.07.2022).

13 *Die Ordnung des Diskurses* (1974) und *Archäologie des Wissens* (1981).

eine Vielfalt von möglichen Interpretationen und somit auch für die Integration unterschiedlicher Aspekte in die Diskursanalyse.

Im vorliegenden Beitrag wird von einem wissensbasierten Diskursverständnis ausgegangen, da – wie oben aufgeführt – gerade ein solcher Ansatz geeignet zu sein scheint, die konkrete Versprachlichung von Identität auf der sprachlichen Oberfläche zu erfassen. Die Grundlage dafür bildet das Konzept von Felder (2012b: 167–197). Somit gilt der Diskurs nicht als eine statische Entität, sondern als ein dynamischer Prozess der Wissenserzeugung, in welchem die (Re-)Konstruktion von Realität mit Hilfe sprachlicher Mittel durch die Sprachbenutzer erfolgt.

Foucault (1981: 156) definiert den Diskurs zwar als eine „Menge von Aussagen, die einem gleichen Formationssystem zugehören", doch dürfen Diskurse nicht auf bloße Anhäufungen sprachlicher Äußerungen zu bestimmten Themen reduziert werden. Vielmehr sind darunter Gegenüberstellungen konkurrierender Meinungen der Diskursakteure zu verstehen, die eine führende Position im Diskurs – und dadurch die Beeinflussung der öffentlichen Meinung – anstreben. Vor diesem Hintergrund ist anzunehmen, dass sich Diskurse entlang bestimmter Streitpunkte entfalten; unter diesem Prozess versteht Felder (2013: 21) einen „sich in Sprachspielen manifestierender Wettkampf um strittige Akzeptanz von Ereignisdeutungen, Handlungsoptionen, Geltungsansprüchen, Orientierungswissen und Werten in Gesellschaften". Die Steuerung der Diskurse erfolgt mittels sprachlicher Zeichen bei der Verwendung von unterschiedlichen diskursiven Strategien. Hierzu gehört sowohl die Argumentation für oder gegen bestimmte Positionen als auch etwa die Nicht-Thematisierung des Unsagbaren. Auf der sprachlichen Oberfläche manifestieren sich diese Streitpunkte in unterschiedlichen idiomatischen Formationen (vgl. Felder 2012a: 407), die als Diskursspuren den Weg zu sprachwissenschaftlichen Forschungen öffnen, indem sie anhand von Textkorpora für diskursanalytische Untersuchungen zugänglich gemacht werden können.

Ähnlich zu den konkurrierenden theoretischen Ansätzen des Diskursbegriffes zeigt sich auch in der Wissenschaft hinsichtlich der praktischen Diskursanalyse keine Einigkeit. In der germanistischen Linguistik bietet das von Spitzmüller und Warnke (2011) erarbeitete diskurslinguistische Mehrebenen-Analysemodell einen gut anwendbaren Ausgangspunkt zur Zusammenstellung des methodischen Instrumentariums der Diskursanalyse. Darunter ist kein Werkzeugkasten mit direkt einsetzbaren Methoden zu verstehen, sondern ein Forschungsprogramm, ein Inventar von wort-, satz- und textsemantischen Methoden, die „eine Vielzahl an möglichen und empirisch ertragreichen Perspektiven auf den Diskurs" (Ullrich 2008: 24) darstellen. Das Ziel einer Diskursanalyse ist in diesem Sinne, zum einen sprachliche Manifestierungen der diskursiven Streitpunkte zu identifizieren, zum anderen durch den Blick über die semantische Oberflächenstruktur der Texte hinaus „verdecktes Wissen [zu] explizieren, [...] latent verhandelte Themen [zu] analysieren, dominante Denkmuster heraus[zu]finden" (Gardt 2007: 30).

Aufgrund des theoretischen Hintergrunds kann davon ausgegangen werden, dass sich in Diskursen ein kollektives Wissen konstituiert, das

a) von den Gruppenmitgliedern unterschiedlich konzeptualisiert werden kann, durch die Medien übermittelt und auch mitgestaltet wird,
b) im Laufe von zeitlichen Epochen entsteht und somit Haltungen und Denkweisen des jeweiligen Kollektivs widerspiegeln kann,
c) die Weltanschauung des Gruppenmitglieds bestimmt (→ Identität) und
d) für (linguistische) Forschungen durch Korpora zugänglich gemacht wird (vgl. Jung 1999: 143–145).

Wenn also unter Identität u.a. der Erwerb eines gemeinsamen Zeichensystems (Sprache), eines Katalogs von Gewohnheiten und Praktiken (Kultur), von über Generationen hinweg überlieferten Kenntnissen über die Geschichte, die Traditionen und die gemeinsamen Werte z.B. einer Minderheit zu verstehen ist, die im jeweiligen Kollektiv von den Gruppenmitgliedern in kontinuierlich gestalteten und erweiterten Diskursen (re-)konstruiert wird, dann soll es auch möglich sein, Ausdrucksformen der Identität auf der diskursiven Ebene durch diskurslinguistische Analysen zu erfassen und aufzuzeigen.

4 Forschungsdesign

Um bei Diskursanalysen aussagekräftige Ergebnisse zu bekommen, empfiehlt es sich, die korpus- und datenbasierte Perspektive zu kombinieren (vgl. Bubenhofer 2008; Scharloth und Bubenhofer 2012; Scharloth, Eugster und Bubenhofer 2013). Durch eine qualitative Auswertung des Sprachmaterials lassen sich Deutungsansätze herstellen, die anschließend durch quantitative Methoden objektiviert werden (vgl. Becker 2015: 37–40). Diese Daten bilden schließlich den Gegenstand von konkreten Analysen.

Das methodische Instrumentarium basiert auf dem Modell DIMEAN[14] (Warnke und Spitzmüller 2008: 3–54), das ein umfangreiches Inventar von Untersuchungsdimensionen zur Verfügung stellt, das dem konkreten Forschungsinter-

14 Diskurslinguistische Mehrebenen-Analyse.

esse entsprechend angepasst werden kann. Ausgehend vom ursprünglichen Modell bietet Spieß (vgl. Spieß 2011; Stein 2012) einen vereinfachten Ansatz, der zwischen Makro- und Mikroebene sowie einer diskursiven Ebene differenziert.

Auf der Makroebene wird der Diskurs vor dem Hintergrund von Kontextfaktoren beschrieben, um diskursive Zusammenhänge zu beleuchten. Auf der Mikroebene gilt das Forschungsinteresse den Phänomenen unterhalb der Textgrenze. Der Zusammenhang zwischen den beiden Ebenen wird durch die diskursive Ebene hergestellt. Im Fokus stehen hier die diskursiven Grundfiguren, um u.a. Denkweisen und Positionen der Akteure zu ermitteln. Gerade diese transtextuelle Ebene ermöglicht es, diskursrelevante sprachliche Mittel zu beschreiben (vgl. Spieß 2007: 202–208).

Der vorliegende Beitrag basiert auf einem kleinen Textkorpus, anhand dessen Größe auch keine weitgehenden Konsequenzen gezogen werden. Daher sollen hier einige Möglichkeiten gezeigt und beleuchtet werden, die die Diskursanalyse in der linguistischen Erforschung von Identität bei Minderheiten leisten kann. Ausgehend vom DIMEAN-Modell bieten sich etwa die folgenden Optionen:

a) wortorientierte Analysen zum Erschließen des Wortschatzes in Bezug auf einen bestimmten Diskurs im Kontext der deutschsprachigen Minderheit;
b) Analysen auf der transtextuellen Ebene mit besonderem Blick auf die Argumentation bzw. die Ermittlung von Topoi.

Bei der Bestimmung des Forschungsgegenstandes im Rahmen der Diskursanalyse kann davon ausgegangen werden, dass im Diskurs unterschiedliche Standpunkte in Bezug auf bestimmte Themen konfrontiert werden. Bei einer diskurslinguistisch ausgerichteten Untersuchung zu Versprachlichungen der karpatendeutschen Identität in der Presse anhand eines Textkorpus ist anzunehmen, dass solche Streitpunkte eher seltener vorkommen. Der Grund dafür könnte sein, dass es sich um ein Presseprodukt der Karpatendeutschen handelt, dessen primäre Aufgabe gerade darin liegt, über das Leben, die Feste, Erinnerungen und Traditionen dieser Minderheit zu berichten und dadurch die Abstraktion karpatendeutsche Identität wach zu halten oder aufzubauen und diese zu pflegen. Im Kontext der Diskurslinguistik ließe sich eine solche homogene Gruppe als Diskurskoalition (vgl. Hajer 1998: 43) bezeichnen. Diese Gruppenzugehörigkeit wird in den folgenden Beispielen explizit ausgedrückt:

> *Das ist das Hauptmotiv, worauf wir (die deutsche Minderheit) am meisten fokussiert sein sollten. Wozu die ganzen Veranstaltungen und Projekte, wenn die deutsche Sprache und auch die Sitten in der Slowakei nicht mehr lebendig sind? Die Sprache macht die Kultur aus und ich bin davon überzeugt, dass es erstmal*

wichtig ist, unsere Sprache auf eine höhere Ebene zu stellen und erst dann kommt alles andere. Es gibt Familien, in denen bis heute Deutsch gesprochen wird – Gott sei Dank. Aber wir sollten das Maximum dafür tun, dass alle Mitglieder oder auch Sympathisanten Deutsch sprechen. (KB 3/2020)
Unser Museum muss in der Slowakei ein Träger der Identität der Karpatendeutschen bleiben. (KB 12/2021)

Während die Wortschatzelemente als Indikatoren „der diskursiven Praxis" (vgl. Bubenhofer 2009: 5) auf der sprachlichen Oberfläche gelten, basieren sie auf vordiskursiven Größen, den sog. Topoi, die gesellschaftlich verankerte Phänomene sind, die auf einem kollektiven Wissen beruhen, welches während der Kommunikation aktiviert wird (vgl. Ziem 2008). Diese zeichnen sich als Grundlage von konkreten Sprachhandlungen aus, wo Diskursfragmente in sog. Sprachgebrauchsmuster überführt werden (vgl. Wengeler 2003: 177–180), die als Bestandteile kollektiven Wissens einer Epoche zu einem bestimmten Themenbereich aufgefasst werden und argumentatives Gewohnheitswissen beschreiben. Toposanalysen zeigen sich daher als optimales Mittel bei der diskurslinguistischen Erforschung von Verbalisierungen der Identität, weil sie jene Argumentationsmuster erfassen können, durch die sich die Zugehörigkeit zur karpatendeutschen Minderheit konstituiert.

Vor diesem Hintergrund wird im empirischen Teil des Beitrags anhand einiger ausgewählten Fallbeispiele dargestellt, welche Themen bzw. Argumentationsmuster den untersuchten Diskurs dominieren und wie diese auf der sprachlichen Oberfläche zum Ausdruck kommen.

5 Datengrundlage

Die Grundlage der Empirie bildet ein Korpus von 30 Texten aus dem „Karpatenblatt", der Zeitung des Karpatendeutschen Vereins, der am 27. August 1990 noch in der damaligen Tschechoslowakei gegründet wurde und sich als „eine gesellschaftliche und kulturelle Vereinigung von Bürgern der Slowakischen Republik" bezeichnet, „die deutscher Nationalität, deutscher Herkunft oder deutscher Muttersprache sind, sowie von Sympathisanten der deutschen Minderheit in der Slowakei und ihrer Kultur."[15] Die erste Ausgabe des „Karpatenblattes" erschien im Juli 1992, kurz vor der Spaltung der Tschechoslowakei. Alle Jahrgänge dieses

15 Siehe https://karpatenblatt.sk/karpatendeutscher-verein/ (letzter Zugriff 07.06.2022).

Blattes sind auf der Webseite der Zeitung online und frei zugänglich.[16] Ab 2018 bekam das Karpatenblatt eine Schwesterzeitschrift – das „Jugendblatt“ –, deren Zielgruppe die jüngeren Generationen der Karpatendeutschen ist. Parallel damit erweiterte sich auch das Online-Angebot, so dass man heute mit „Karpatenblatt“ nicht einfach nur eine Zeitung bekommt, sondern ein vielfältiges Magazin mit einem umfangreichen Webangebot, u.a. mit Podcasts und anderen multimedialen Inhalten.

Obwohl die einzelnen Jahrgänge digital archiviert wurden, war eine automatisierte Korpuserstellung durch das Herunterladen und Bearbeiten aller verfügbaren Texte nicht möglich. Da die ersten 14 Jahrgänge nur als gescannte Versionen zugänglich sind, wäre eine Überführung der Texte in editierbare und suchbare Dokumente mit einem großen Aufwand verbunden, wozu die Möglichkeiten und die Zielsetzungen der diesem Beitrag zugrunde liegenden Untersuchung nicht ausreichend sind. Aus diesem Grund wurden die Texte für das Textkorpus durch eine manuell durchgeführte qualitative Analyse ausgewählt: Im ersten Schritt wurde im Online-Archiv nach solchen Texten gesucht, in denen die Suchwörter *Sprache*, *Identität* oder *Heimat* vorkommen. Die Auswahl der Suchwörter basiert auf der Annahme, dass man mit *Identität* bestimmte Leitbegriffe verbindet, die die Zugehörigkeit z.B. zu einer Gruppe auf der sprachlichen Oberfläche ausdrücken. Bei den Treffern wurde anhand der jeweiligen Überschrift überprüft, ob der zugehörige Text in das Untersuchungskorpus aufgenommen wird oder nicht.[17] Anschließend wurden 30 Artikel ausgewählt, die einer ausführlichen Analyse unterzogen wurden.

6 Empirische Analyse

Als Ausgangspunkt für die empirische Analyse wurde zunächst die allererste Ausgabe des „Karpatenblattes“ (Juli 1992) unter die Lupe genommen. In dieser „Folge 0“ wird nämlich die Botschaft der Zeitung exakt formuliert, d.h. all jene Erwartungen und Zielsetzungen, die der Karpatendeutsche Verein als einzige offizielle Vertretung sowie das „Karpatenblatt“ als einziges Printmedium der kar-

16 Der technische Fortschritt der vergangenen drei Jahrzehnte ist anhand der einzelnen Ausgaben deutlich sichtbar: Während die ersten Jahrgänge nur als gescannte Versionen von Printausgaben online gestellt wurden, sind seit 2006 alle Ausgaben im Digitalformat – und somit als suchbare Dokumente – verfügbar.

17 Wegen der unvollständigen Digitalisierung des Archivs konnten dabei nur die Jahrgänge ab 2006 berücksichtigt werden.

patendeutschen Minderheit in der Slowakei erfüllen soll, um die „fast verlorene deutsche Identität in der Slowakei“ erneut zu entfalten (KB 07/1992).

Im Ausblick von Wilhelm Gedeon (vgl. Abb. 2), dem damaligen Vorsitzenden des Karpatendeutschen Vereins werden eindeutig jene Bereiche markiert, die die deutschsprachige Minderheit in der Slowakei für wichtig hält, um ihre Identität zu schützen: Traditionen und Kultur, Sprache, Schule und Kirche. In Einklang mit dieser Zielsetzung stehen auch die Erwartungen der Leserschaft, die in den ersten Leserbriefen veröffentlicht wurden. Hervorgehoben wird dabei die *Pflege der Muttersprache*, die *Erhaltung des kulturellen Erbes* und die *Vermittlung des Kulturlebens*. Diese korrelieren mit den Überschriften bzw. Themen jener Artikel, die für die Aufnahme in das Untersuchungskorpus ausgewählt wurden. Vor diesem Hintergrund ließen sich anschließend drei Topoi identifizieren, nämlich **Vorbilder/Persönlichkeiten**, **Identität/Sprache** und **Heimat/Orte der Erinnerung.**

Rückblick und Ausblick

Dipl.-Ing. WILHELM GEDEON,
Landesvorsitzender des Karpatendeutschen Vereins in der Slowakei

Endlich, 47 Jahre nach dem 2. Weltkrieg zweieinhalb Jahre nach der „Sanften Revolution“, kann in der Slowakei wieder eine deutsche Zeitung erscheinen. Es ist unsere Zeitung, die Zeitung der Karpatendeutschen. Wir tauften sie „Karpatenblatt“. Sie wird monatlich erscheinen und wird alle interessierten Leser über die derzeitige Lage und das kulturelle Leben [illegible] mieren. Sie soll aber gleichzeitig eine Brücke zur Verständigung und Annäherung der Deutschen und den anderen Nationen und Nationalitäten in der CSFR bilden. Schließlich wird sie auch unseren Landsleuten in der Bundesrepublik Deutschland, Österreich und aller Welt über ihre alte Heimat, über ihre Verwandten und Freunde in der Slowakei berichten.

Unser Karpatendeutscher Verein in der Slowakei gibt das „Karpatenblatt“, jetzt nach den 2. freien Wahlen in der Tschechoslowakei heraus, — auch mit tatkräftiger Unterstützung des Kulturministerium der Slowakischen Republik, — jetzt in einem Zeitabschnitt in dem sich die Slowakei bemüht in Europa sichtbar zu werden, ihre internationale rechtliche Subjektivität zu erreichen und die bisherige Asymetrie in den tschechoslowakischen Beziehungen zu beseitigen. Dabei stehen alle Bürger mitten drinn in einem gesellschaftlichen und wirtschaftlichen Transformationsprozess, ohne geschichtliches Beispiel oder gar Anleitung zu seiner günstigen Lösung.

In dieser schwierigen Umbruchszeit bauen wir hier in der Slowakei unseren Karpatendeutschen Verein auf, wir mußten eine allzulange Durststrecke, einen vielzulangen Assimilationsprozess durchstehen, als daß wir uns erlauben könnten auch die letzten Reste deutscher Identität in der Slowakei untergehen zu lassan.

[illegible] am 30. September 1990, vor 21 Monaten in Metzenseifen

(Fortsetzung Seite 2)

enreichen Weg

annten sich bei der Volkszählung im Dieses Ergebnis ist den meisten von reisen und Orten aus? In Preßburg utschen Nationalität 1513 Einwohner, l, in Priwitz/Prievidza 661, in Zipser Martin und Umg. 378, in Heiligentschendorf/Popcad und Umg. 238, in

Existenz der deutschen Minderheit ismus verlieren? Auf der Konferenz tiava (April 1992) äußerte sich der lburg, Herr Prof. O. Sobek: „Fünf n viele die Situation der deutschen kann man die Uhr zurückstellen.“

(k)

(Fortsetzung von Seite 1)

(Medzev) über 280 delegierte Karpatendeutsche aus der ganzen Slowakei zusammen und legten mit der Gründung des Karpatendeutschen Vereines in der Slowakei, den Grundstein zur Wiederentfaltung der fast verlorenen deutschen Identität in der Slowakei.

D[illegible] der Slowakei ist für alle Deutschen und ihre Sympatisanten da, gleich welcher Religion oder Bewegung sie angehören. Unsere Überparteilichkeit aber können wir nicht gleichsetzen mit totaler Politiklösigkeit, denn die Verteidigung unserer Daseinsfragen und Minderheitenrechte stellt schon ein Politikum dar, für das sich jede ethnische Gruppe einsetzen muß, will sie nicht total assimiliert werden.

Als freiwillige Organisation und als Schwesterverein der Karpatendeutschen Landsmannschaft will unser Verein alle in der Slowakischen Republik noch lebenden Deutschen unter ein gemeinsames kulturelles Dach vereinen, deutsche Tradition, deutsche Kultur und Identität überall dort wieder aufbauen, wo sie das totalitäre Regime vernichtet hat, konkret, im Preßburger Raum, im Hauerland, in der Ober — und Unterzips und im Bodwatal.

Das Hauptziel des Vereines bildet, laut seinen Statuten, die Pflege und Kultivierung der deutschen Muttersprache. Darum organisiert unser Verein schon jetzt, in seinem Entfaltungsstadium, nicht nur deutsche kulturelle und fachliche Programme, sondern fördert auch den Deutschunterricht in Kindergärten, Grund und Mittelschulen und arbeitet aktiv mit der evangelischen und katholischen Kirche zusammen, um die religiösen Traditionen und Bedürfnisse der deutschen Bevölkerung zu wahren.

Im Sinne seiner Statuten pflegt der Karpatendeutsche Verein in der Slowakei, unabhängig von Parteizugehörigkeit, weltanschaulicher und religiöser Überzeugung im Geiste gegenseitigen Verständnisses und der Toleranz, die Beziehungen zwischen den Völkern, Nationalitäten und ethnischen Gruppen, mit dem Ziele gegenseitigen Respektierens der sprachlichen und kulturellen Tradition, im Geiste der Zugehörigkeit zum einheitlichen

watales] und die Entfaltung der Kulturaktivitäten obliegt seit den 16. II. 1991 dem Landesvorsitzenden Wilhelm Gedeon in Košice — Kaschau.

Jede der fünf angeführten Regionen bildet mit dem Reigonsvorsitzenden, Referenten und Buchhalter, die auf freiwilliger, nicht honorierter Basis arbeiten, ein kleines Verwaltungszentrum, dass die Kulturunternehmen, deutsche Weiterbildungskurse, den Aufbau der örtlichen Chöre und Singgruppen in enger Zusammenarbeit mit den Ortsgemeinschaften durchführt.

Nach 40-jähriger Unterdrückung, ein wahrlich schwieriges Unterfangen. Dank unermüdlicher Arbeit, oft auch Überzeugungstätigkeit der Vorsitzenden, Lehrer und Enthusiasten wurden bis März die größten Anlaufsprobleme überwunden, so daß wir bis Jahresende 1991 statistisch an die 40 größere Auftritte unserer Chöre, Veranstaltungen und Gemeinschaftsabende in allen fünf Regionen ausweisen konnten.

Außer unserer eigenen deutschen kulturellen Tätigkeit gibt es in der ganzen Slowakei keine deutsche Kultureinrichtung, wo unsere eigenen kulturellen Bedürfnisse befriedigt werden können. Daher umfaßt das Arbeitskonzept des KDV in der Slowakei für das Jahr 1992 ein breiteres Spektrum.

Mit Hilfe der Staatsdotierung wollen wir unsere Chöre, Sing — und Tanzgruppen in allen fünf Regionen weiter schulen und ausbauen, eine größere Anzahl von Kulturunternehmen und Heimattreffen vorbereiten und auch an Festivals der anderen Minderheiten in der Slowakei teilnehmen.

Besonderes Augenmerk müssen in unseren Regionen auf den bilingualen Unterricht in den Kindergärten, Grund-und einigen Mittelschulen richten. Für dieses Konzept hat das slowakische Schulministerium viel Verständnis, doch es fehlt vor allem an Deutschlehrern und deutschen Lehrmitteln.

Das Problem deutscher Gottesdienste in der Slowakei is für uns derzeit, nach dem Absterben der letzten Pfarrer, die noch einen deutschen Gottesdienst zelebrieren konnten, ohne Hilfe aus den deutschen Ländern derzeit unlösbar. Doch wollen wir

heiten bei der Slowakischen Regierung, das Kulturministerium unterstützt unsere Kulturaktivitäten, das Ministerium für Schulwesen, Jugend und Sport der Slowakischen Republik hat Verständnis für unsere Schulprobleme — aber wir haben als deutsche Minderheit auch nach den 2. Wahlen keine Vertreter im Slowakischen Parlament.

F*r die Restitution des enteigneten Eigentums der Deutschen gilt weiter der 25. II. 1948, als Stichtag. Die rechtliche Benachteiligung der Deutschen in der Slowakei ist weiter offenkundig.

Ein weiteres wichtiges Gebiet bildet der Jugendaustausch und Kindersommerlager mit Deutschunterricht im deutschsprechenden Ausland; hier gelang es uns bisher bloß bescheidene Kontakte aufzunehmen. Mit einigem Neid sehen wir auf die alljährlichen Förderaktionen slowakischer und ungarischer Verbände im Ausland, die jeden Sommer mehrere Schulklassen in ausländischen Ferienlagern unterbringen.

Zur Entfaltung unserer Kultur brauchen wir Versammlungs-und Übungsräume für unsere Chöre, Begegnungsstätten für unsere Mitglieder, Kindergärten und Leseräume. Außer unseren eigenen Möglichkeiten von Raummieten können wir auf diesem Gebiete mit der Hilfe der Bundesregierung Deutschland rechnen.

Unsere sich aufbauenden 34 Ortsvereine brauchen für die Weiterbildung der Mitglieder deutsche Literatur und Zeitschriften. Hier möchte ich anführen, daß unsere Regionen nicht nur Bücherspenden aus privaten Quellen aus der Bundesrepublik Deutschland und Österreich erhalten, aber auch das Auswärtige Amt der BRD sandte schon wertvolle Büchersendungen in unsere Regionen, die bald allen interessierten Lesern zur Verfügung stehen werden.

Als aktuelle geistige Brücke zwischen den Karpatendeutschen in der Bundesrepublik Deutschland und uns hier, erhalten wir monatlich eine kleine Auflage der „Karpatenpost“ aus Stuttgart; nun wollen wir Deutschen in der Slowakei mit der Herausgabe unseres „Karpatenblattes“ nicht nur unsere beiderseitigen Verbindungen wei-

Abb. 2: Aufgaben und Zielsetzungen des Karpatenblattes

Es geht um Strukturen, die im kollektiven Gedächtnis einer Sprach- und Kulturgemeinschaft – hier: der Karpatendeutschen – fest verankert und mit denen über Jahrhunderte hinweg reichende Wissensbestände (Erinnerungen, Traditionen) verbunden sind. Sie bilden eine Art Kernbegriffe, die wiederholt thematisiert und zugleich aktualisiert werden, um a) die Zusammengehörigkeit innerhalb der Gruppe (d.h. der Karpatendeutsche) zu stärken, um b) dieses kollektive Wissen weiterzugeben und c) um möglichst neue Mitglieder für die Gruppe zu gewinnen. Im Kontext des letzten Punktes lässt sich zwar die Frage stellen, inwieweit es möglich ist, jemanden für eine (neue) Identität zu überzeugen, aber gerade die Volkszählung von 2021 hat gezeigt, dass in mehrsprachigen Umgebungen zugleich doppelte Identitäten (z.B. Slowakisch und Karpatendeutsch oder Ungarisch und Slowakisch) möglich sind.

Diese Dreiteilung spiegelt sich auch im aktuellen Layout des „Karpatenblattes" wider, wo die Inhalte seit 2015 übersichtlich, u.a. in die Sparten „Aus den Regionen" und „Kultur" (Kultur, Sitten und Bräuche) bzw. „Berühmte Zipser" (Persönlichkeiten) organisiert werden.

6.1 Vorbilder/Persönlichkeiten

Obwohl der Darstellung von berühmten Persönlichkeiten aus der Region Zips ein separater Teil gewidmet ist (siehe oben), werden in der Regel Gespräche und Reportagen mit Personen, die einen Kontakt zur deutschen Minderheit in der Slowakei haben, auch in anderen Sparten des Blattes veröffentlicht. Es handelt sich um lebende Personen, deren Leben, Karriere und Geschichte als Vorbild für die Leserschaft dienen kann. Für den vorliegenden Beitrag wurden drei Fallbeispiele ausgewählt, die die unterschiedlichsten Lebensbereiche – Politik, Handel und Seefahrt – repräsentieren. Aus dem Bereich der Politik sind es Branislav Hochel, früherer Vize-Oberbürgermeister der slowakischen Hauptstadt Pressburg (Bratislava) und Rudolf Schuster, das ehemalige Staatsoberhaupt der Slowakischen Republik. Bereits diese beiden Interviews liefern zwei völlig unterschiedliche Perspektiven in Bezug auf die Positionen der Karpatendeutschen in der Slowakei, nicht nur wegen des Alters der befragten Personen, sondern auch weil sie zwei unterschiedliche deutschsprachige Regionen des Landes vertreten: Branislav Hochel vertritt das (damals) dreisprachige Pressburg und Rudolf Schuster die Unterzips, ganz genau das sog. Bodwatal und den dort gesprochenen mantakischen Dialekt. Beide verkörpern eine Generation von Politikern, deren aktive Tätigkeit größtenteils mit der Wende (1989/1990) sowie mit dem ersten Jahrzehnt des neu entstandenen Staates verbunden ist. Als solche zeichnen sie sich als Vorbilder eher für die älteren Generationen aus, zumindest in dem Sinne, dass man auch als Mitglied einer ethnischen Minderheit die Chance hat, eine Karriere zu machen und hohe (politische) Funktionen zu erreichen. Johann Alexander Konrad Schwabik, ein Sportler und Unternehmer aus Zipser Neudorf (slow. Spišská Nová

Ves) verkörpert eine Person, die sowohl wegen ihres Alters als auch wegen ihrer sportlerischen und unternehmerischen Tätigkeit vor allem für die jüngsten Generationen der Karpatendeutschen als Vorbild dienen kann.

Die abweichende Perspektive findet auch in den untersuchten Texten ihren Niederschlag: Die Interviews mit Branislav Hochel und Rudolf Schuster fokussieren auf die Erfahrungen der befragten Politiker, wie sie als (tschecho-)slowakische Bürger deutscher Abstammung insbesondere in den Nachkriegsjahren sowie in den Zeiten der Entstehung der selbständigen Slowakei ihren Platz gefunden haben und wie diese Erfahrungen ihre Beziehung zu ihrer Muttersprache und Identität als (Karpaten-)Deutsche beeinflusst haben. Auf der anderen Seite steht der junge Sportler, der sich nicht einfach zur deutschen Minderheit bekennt, sondern aktiv daran beteiligt ist, die karpatendeutsche Identität weiter zu verbreiten.

Den Schlüssel, um dieser Sendung gerecht zu werden, sieht Schwabik selbst in der Sprache: „Die Sprache macht die Kultur aus und ich bin davon überzeugt, dass es erstmal wichtig ist, unsere Sprache auf eine höhere Ebene zu stellen und erst dann kommt alles andere“ (KB 3/2020). Damit wird wohl nicht der Verzicht auf die karpatendeutschen Dialekte gemeint, sondern die Tatsache, dass die deutschsprachige Bevölkerung ihre Muttersprache in möglichst vielen Situationen – z.B. in der Verwaltung – verwenden sollte, um die Stellung der deutschen Sprache bzw. der karpatendeutschen Minderheit in der Slowakei zu stärken. Mit den Ansichten Schwabiks korrespondiert auch das erweiterte Online-Angebot des „Karpatenblattes“, mit besonderem Blick auf den Einbezug der deutschsprachigen Jugend in die Gestaltung der Inhalte (vgl. „Jugendblatt“ sowie verschiedene Medienprojekte auf der KB-Webseite).

6.2 Identität/Sprache

Obwohl für die Zwecke der Untersuchung drei Topoi ermittelt wurden, ist eine scharfe Trennung und die eindeutige Zuordnung der einzelnen Texte zum einen oder anderen Topos nur begrenzt möglich. Wie die Analyse in Abs. 6.1 auch zeigt, erscheint der Sprachen-Topos auch in jenen Texten, in denen die Persönlichkeiten im Mittelpunkt stehen. Trotzdem ließen sich mehrere Artikel identifizieren, die den Topos Sprache/Muttersprache direkt thematisieren und diesen als Bestandteil der karpatendeutschen Identität zu erklären versuchen. Bei der Suche nach geeigneten Kandidaten für die Aufnahme in das Untersuchungskorpus wurde ein interessanter Trend beobachtet: Während nämlich im Zeitraum von 2017 bis 2020 nur 9 Texte gefunden wurden, die explizit dem Thema Sprache/Muttersprache/deutsche Sprache gewidmet sind, finden sich im Laufe von 2021 und 2022[18] mehr als 10 Artikel, die die Aufmerksamkeit der Leserinnen und Leser auf die Verwendung der Muttersprache richten (z.B. *Die Muttersprache – ein Teil unserer Identität* vom März 2021; *Was ist meine Nationalität und was ist meine Muttersprache?* vom Februar 2021). Es handelt sich wohl um eine Werbekampagne, um bei der Volkszählung 2021 aus der Sicht der deutschen Minderheit möglichst gute Ergebnisse zu erreichen. Wie es die ersten Bewertungen Anfang 2022 gezeigt haben, waren die Bemühungen erfolgreich und dank der Möglichkeit, zwei Optionen bei der Befragung anzugeben, bekannten sich fast 9.000 Personen zur deutschen Nationalität. Nimmt man die darauf Bezug nehmenden Texte detaillierter unter die Lupe, so lässt sich feststellen, dass sie laienhafte Vorstellungen und Erklärungen für die zentralen Ausdrücke wie *Muttersprache*, *Heimat* und *Identität* enthalten, etwa wie folgt:

> [*Vaterland*] *steht für die Heimat, die unsere Vorfahren aus vielen Landen deutscher Zunge ganze Jahrhunderte einst friedlich besiedelten, erbauten und kultivierten, die sie viel zu oft mühsam verteidigen mussten und in der wir derzeit unsere Rechte nutzen und unsere Pflichten als loyale Bürger gewissenhaft erfüllen, die wir lieben und für unser slowakisches Vaterland halten.* (KB 2/2021)

Es werden ebenfalls persönliche Erfahrungen und Geschichten aufgeführt, die hervorheben sollen, dass das Deutsch als Muttersprache der Karpatendeutschen keine minderwertige Sprache bedeutet, sondern fester Bestandteil ihrer Identität ist und man stolz darauf sein sollte, wenn im Alltag auch öfter nicht nur positive Erlebnisse damit verbunden sind:

> *Unsere Stadt hat eine lange und reiche deutsche Geschichte. Es ist auch meine Pflicht, stolz darauf zu sein und das Erbe meiner Vorfahren zu bewahren.* (KB 12/2020)
>
> *Niemand war böse, dass ich einen slowakischen Mann geheiratet habe oder er eine Deutsche. Mit den Kindern habe ich zuerst auch deutsch geredet. Alle Kinder und Enkel sprechen Deutsch und zum Glück war niemand von uns negativ mit unserer deutschen Identität konfrontiert.* (KB 4/2021)
>
> *Auch unsere Vorfahren haben das Land der heutigen Slowakei gefunden. Ob sie damals freiwillig kamen oder nicht, spielt für uns keine Rolle mehr. Sie lebten hier, entwickelten neue Traditionen und Identitäten. Diese Traditionen, die wir von unseren Eltern bekamen, sind das Wichtigste dieser Geschichte. Deshalb sollten wir diese Traditionen weiterentwickeln und mit Neuem bereichern,*

18 Stand: August 2022.

um es für die nächsten Generationen mit anderen kulturellen Merkmalen weitergeben zu können. (KB 6/2021)

Zur Stärkung des Zusammengehörigkeitsgefühls wird in diesen Artikeln grundsätzlich die Ich- bzw. die Wir-Perspektive gewählt. Diese Kampagnentexte können praktisch als die einzigen Texte im Korpus betrachtet werden, in denen eine Argumentation explizit stattfindet, und zwar als Bekenntnis zur deutschsprachigen Minderheit in der Slowakei. In diesem Sinne soll die Argumentation innerhalb einer Diskurskoalition (der Karpatendeutschen), wo die Voices (vgl. Blommaert 1999) – hier: führende Persönlichkeiten sowie der Journalist – das breite Publikum zu überzeugen versuchen, sich zu ihrer deutschen Nationalität zu bekennen. Die Betonung des Deutschtums, die Begriffsklärungen sollen dabei die Aufmerksamkeit der Leser wecken und sie zur Stärkung der gruppenbildenden Kraft – der karpatendeutschen Identität – motivieren:

Die deutsche Sprache hat mir viele Türen geöffnet. (KB 8/2020)
Heimat ist das Herz, die eigene Identität. (KB 5/2017)
Der Karpatendeutsche Verein ist Teil meiner Identität. (KB 3/2020)

6.3 Heimat/Orte der Erinnerung

Wie die Mitglieder der mehrheitlichen Nation haben auch die Angehörigen von Minderheiten in ihrem kollektiven Gedächtnis Orte, die in ihrer Geschichte eine bestimmte, symbolische Bedeutung gespielt haben. Diesen Orten kann man die Rolle eines Akteurs zuschreiben, da sie durch ihre bloße Existenz und die im Kollektiv mit ihnen verbundenen Erlebnisse quasi wie personale Größen agieren und sowohl die im Kollektiv geteilten Wissensbestände als auch den zugehörigen Diskurs beeinflussen können. Aus dem Untersuchungskorpus wurden drei Texte ausgewählt, die unterschiedliche Aspekte im Kontext des Heimat-Topos thematisieren, in denen sich mindestens drei Arten von Orten unterscheiden lassen, denen eine solche identitätsstiftende Rolle zukommt.

Erstens sind es das Museum der Karpatendeutschen (Slowakisches Nationalmuseum – Museum der Kultur der Karpatendeutschen) in Pressburg sowie das Bergbau- und Heimatmuseum in Schmöllnitz (Smolník). Beide Institutionen lassen sich als eine Art Materialisierung des kollektiven Gedächtnisses der Karpatendeutschen betrachten und haben nicht nur aus der karpatendeutschen Perspektive eine Relevanz, sondern auch eine kulturvermittelnde Funktion, indem sie Kenntnisse über diese Minderheit in fassbarer Form für die mehrheitliche Nation sowie für andere Interessierte zugänglich machen. Die identitätsstiftende

Funktion realisiert sich nicht einfach durch die Besuche von Ausstellungen, sondern auch in Form von museumspädagogischen Aktivitäten, die gerade die jüngeren Generationen ansprechen, um bei ihnen die karpatendeutsche Identität wieder zu entfalten bzw. aufrechtzuerhalten. Die wiederholte Thematisierung von diesen Orten im „Karpatenblatt" folgt ebenfalls diesem Zweck.

Abb. 3: Ausstellung im Museum der Kultur der Karpatendeutschen[19]

Während in den obigen Institutionen Denkmäler in materieller als auch in immaterieller Form strukturiert bewahrt und ausgestellt werden, die für die karpatendeutsche Minderheit als eine durch die Sprache und Herkunft verbundene homogene Volksgruppe von Relevanz sind, stehen im Falle von konkreten Ortschaften eher individuelle Geschichten im Vordergrund. Die Darstellung von ausgewählten (auch) deutschsprachigen Städten und Dörfern dienen einerseits dazu, die Heimat – hier im Sinne des Vaterlandes (vgl. Abs. 6.2) – besser kennenzulernen und auch dadurch stärker mit ihr verbunden zu sein. Mit Rücksicht auf die Dreiteilung der deutschsprachigen Regionen in der Slowakei (1. Pressburg, 2. Hauerland, 3. Zips) erfüllt das auch praktische Zwecke, denn z.B. von Pressburg aus gesehen liegt die Zips geografisch zu weit entfernt, um einen regelmäßigen engeren Kontakt mit der Region zu halten. Andererseits können durch die Thematisierungen von solchen ortsspezifischen Geschichten auf lokaler Ebene beschränkte Wissensbestände im Kontext des kollektiven Gedächtnisses hervorgerufen und

19 Siehe https://www.kamnavylet.sk/sk/atrakcia/muzeum-kultury-karpatskych-nemcov (letzter Zugriff 18.12.2022).

evtl. auch aktualisiert werden, wodurch das Individuelle zum Bestandteil des Kollektiven wird und ebenfalls die (karpatendeutsche) Identität konstituiert.[20]

Die dritte Art von Texten, in denen der Heimat-Topos identifiziert wurde, stellen jene Artikel dar, die über Ereignisse bzw. Veranstaltungen berichten, die im Gedächtnis der Karpatendeutschen mit bestimmten Orten verbunden sind. Gerade in den Überschriften von solchen Texten gelten die Wörter *Heimat* sowie *Treffen* als wiederkehrende Elemente, und zwar sowohl als Grund- als auch als Bestimmungswörter (z.B. *Regions**treffen** der Unterzips*, *Das 21. Bodwatal**treffen** in Metzenseifen*, *Heimat**treffen** in Oberstuben*[21]). Diese Veranstaltungen werden in der jeweiligen Überschrift grundsätzlich durch die Lokalität (***Bodwatal**treffen*, ***Pressburger** Treffen*) oder ein anderes präzisierendes Element (*Unterzipser **Mantaken**treffen*) ergänzt. Da es sich um regelmäßig wiederholende Ereignisse handelt, können diese als Beweis für einen starken Zusammenhalt innerhalb der karpatendeutschen Minderheit betrachtet werden, denen zugleich – wie im Falle der oben beschriebenen Art – eine fundamentale identitätsstiftende Rolle zukommt. Es ist anzunehmen, dass – im Gegensatz zu den in dieser Hinsicht eher passiv wirkenden Museen, Ausstellungen u.ä. – der Zugriff auf das kollektive Gedächtnis und dessen Aktualisierung gerade im Rahmen von solchen Veranstaltungen am deutlichsten und effektivsten stattfindet. Die persönlichen Begegnungen, die Auftritte von Chören, Musikkapellen und anderen Formationen, das Wiedererleben von ehemaligen Ereignissen und Traditionen durch gemeinsame Erinnerungen sowie das persönliche Treffen und der Austausch über diese Ereignisse gelten als orale Überlieferungen von Wissensbeständen, die einen wesentlichen Bestandteil der karpatendeutschen Identität bilden. Die Berichterstattung über diese Veranstaltungen erfüllt ebenfalls diese Funktion.

7 Zeitraum und Analysetools

Obwohl das Online-Archiv des „Karpatenblattes" Texte aus einem gut abgrenzbaren Zeitraum (1992–2022) enthält, wurde hier auf eine Berücksichtigung des chronologischen Aspekts verzichtet. Der Grund dafür liegt in erster Linie in den oben skizzierten technischen Hindernissen bezüglich der Aufbereitung der gescannten Texte. Die Zugänglichkeit der Texte, die nun 30 Jahre umfassen, eröffnet interessante Forschungsperspektiven, insbesondere wenn die karpaten-

20 Vergleiche etwa den Artikel Das Ende der deutschen Stadt Königsberg (KB 6/2008).

21 KB 9/2019, KB 8/2018, KB 7/2018.

deutsche Minderheit parallel zur Entstehung und Existenz der selbständigen Slowakei betrachtet wird. So bietet sich die Möglichkeit, Ereignisse, Entwicklungslinien und vor allem die Identität der Karpatendeutschen in einem Land, innerhalb einer Nation zu erforschen, die nach mehreren Versuchen ihre Selbständigkeit erklärt hat und ihren Platz in der engeren und breiteren Region sucht.

Als Analysetools kann je nach Forschungsinteresse unterschiedliche Software eingesetzt werden. Für Untersuchungen auf der intratextuellen Ebene (Wortschatzanalysen) eignet sich gängige Software für lexikometrische Analysen, z.B. AntConc. Auf der transtextuellen Ebene, zur Ermittlung von Topoi bzw. der Argumentation, kommen Tools zum Einsatz, die eine qualitative Analyse ermöglichen – etwa Maxqda oder die als Open-Source-Software veröffentlichte Taguette. Eine interessante Alternative bietet das Tool Discourse Network Analyzer (vgl. Schneider, Janning, Leifeld und Malang 2009). Dieses speichert die einzelnen Texte in einer XML-basierten Datenbank und ermöglicht dabei das Kodieren von Aussagen (Statements) bei der Angabe von unterschiedlichen Merkmalen, wie z.B. Akteur, Kategorie oder Zustimmung. Zum Zweck der vorliegenden Untersuchung wurden die im Vorfeld selegierten Artikel einzeln überprüft, ausgewertet und die Statements entsprechend kodiert. Die dadurch gewonnenen Daten können sowohl als Basis für Analysen auf der Mikro- und der diskursiven Ebene dienen als auch für sog. Netzwerkanalysen. Letztere liefern bei solchen Diskursen hochinteressante Ergebnisse, die sich etwa auf kontroverse gesellschaftspolitische Themen beziehen. (z.B. gegenwärtig die Verwendung von Rohstoffen aus Russland im Spiegel der Energiekrise). Die ermittelten Daten lassen sich in grafischer Form visualisieren, u.a. mit Hilfe von Visone oder Gephi. Mit Blick auf die in Abs. 4 skizzierten Überlegungen zur Homogenität des thematisierten Diskurses wurde hier auf die Akteurs- und Netzwerkanalysen verzichtet; die Untersuchung beschränkt sich lediglich auf das Aufzeigen der ermittelten Topoi.

8 Zusammenfassung und Fazit

Im vorliegenden Beitrag wurde versucht, die Grundlagen eines diskursorientierten Forschungsansatzes zur Ermittlung von Versprachlichungen der karpatendeutschen Identität in Zeitungstexten zu erarbeiten. Als Ausgangspunkt der theoretischen Vorüberlegungen bietet das wissensbasierte Diskurskonzept Felders eine gute Grundlage, wonach Diskurse als Speicher von Wissen eines Kollektivs betrachtet werden können, die im konkreten Sprachgebrauch aufgerufen, modifiziert und erweitert werden. Darüber hinaus werden für einen Diskurs auch jene spezifischen Wissensbestände einer Sprach- und Kulturgemeinschaft (hier: der

Karpatendeutschen) auf der argumentativen Ebene aktiviert, die die Basis der Selbstbetrachtung und Selbstbezeichnung – d.h. der Identität – dieser Gruppe bilden.

Es bietet sich die Möglichkeit, das theoretische und empirische Instrumentarium der Diskurslinguistik für die Erforschung der Identität der karpatendeutschen Minderheit fruchtbar zu machen. Eine besondere Aktualität dazu lieferte die Volkszählung von 2021 in der Slowakei, wo es zum ersten Mal ermöglicht wurde, zwei Nationalitäten anzugeben. Es wurde nämlich angenommen, dass diese Option auch in Bezug auf die deutschsprachige Bevölkerung des Landes interessante Ergebnisse bringen würde, die u.U. auch die gesellschaftliche Stellung dieser kleinzahligen, aber in der Slowakei traditionellen Minderheit sowie den Status der deutschen Sprache in der Slowakei in eine positive Richtung ändern könnte.

Obwohl das Online-Archiv der Zeitung praktisch alle Ausgaben der einzelnen Jahrgänge seit 1992 zur Verfügung stellt, wurde hier aus forschungspraktischen Gründen auf eine umfassende und diachron ausgerichtete Analyse verzichtet. Es bietet sich allerdings die Möglichkeit, anhand eines entsprechend aufbereiteten Korpus eine Untersuchung über einen längeren Zeitraum hinweg zu realisieren. Die hier dargestellten Beispiele dienen dem Aufzeigen einiger möglicher Perspektiven sowohl im Rahmen der Diskurslinguistik als auch darüber hinaus. Eine gut anwendbare methodologische Basis bietet dazu das in Abs. 4 behandelte Modell DIMEAN, das auch für die hier dargestellte Untersuchung als Ausgangspunkt diente.

Bei den empirischen Analysen steht die transtextuelle Ebene im Fokus, mit besonderem Blick auf die Ermittlung der zentralen Topoi, die auf der sprachlichen Oberfläche im konkreten Sprachgebrauch realisiert werden. Dadurch ist es möglich, bei größeren Textkorpora mit entsprechenden Analysetools die Leitbegriffe oder sog. Sprachgebrauchsmuster zu erfassen. Mit Rücksicht auf den Umfang des hier verwendeten Untersuchungskorpus sowie auf die Zielsetzungen beschränkte sich die Analyse auf eine qualitative Analyse der einzelnen Texte, ohne quantitative Untersuchungen etwa in Bezug auf den Wortschatz oder auf die Akteure durchzuführen.

Die Ergebnisse haben die Annahme bestätigt, dass **Identität** im Gedächtnis des Kollektivs mit einer komplexen Struktur von Wissensbeständen verbunden ist, die u.a. Erlebnisse, Erfahrungen, Praktiken und Symbole umfassen. Während diese im Sprachgebrauch durch einen spezifischen Wortschatz zum Ausdruck kommen, fungieren im Hintergrund die ebenfalls im kollektiven Gedächtnis verankerten Topoi, die das Denken über Identität im Rahmen des Kollektivs bestimmen. Im Laufe der empirischen Analyse wurden die Topoi **Vorbilder/Persön-**

lichkeiten, **Identität/Sprache** und **Heimat/Orte der Erinnerung** ermittelt. Diese erscheinen im Korpus über den Wortschatz hinaus in rekurrierenden Themen (z.B. „Berühmte Zipser", „Aus den Regionen", „Regionen-Mosaik", „Abschnitte aus der Geschichte"), wodurch Kontinuität und Stabilität im Diskurs und die Erhaltung von Identität gesichert wird. Das kollektive Gedächtnis bzw. dessen Manifestierung im Diskurs kann als Speicher der Gruppenidentität angesehen werden, zu der alle Mitglieder dieser Gruppe (d.h. der karpatendeutschen Minderheit) Zugang haben und auf dieser Basis ihre individuelle Identität entfalten und stärken können. Die Diskursanalyse mit ihrem Instrumentarium bietet daher eine gut anwendbare Untersuchungsmethode, um Versprachlichungen der Abstraktion Identität anhand eines konkreten Sprachmaterials zu untersuchen und dadurch neue, korpusbasierte Ansätze in die Identitätsforschung zu integrieren.

Literaturverzeichnis

Becker, Maria (2015): *Der Asyldiskurs in Deutschland. Eine medienlinguistische Untersuchung von Pressetexten, Onlineforen und Polit-Talkshows*. Frankfurt a.M.: Peter Lang.

Blommaert, Jan (Hrsg.) (1999): *Language Ideological Debates* (Language, Power and Social Process 2). Berlin, New York: De Gruyter Mouton.

Brubaker, Rogers und Frederick Cooper (2000): Beyond "Identity." *Theory and Society* 29 (1), 1–47.

Bubenhofer, Noah (2008): Diskurse berechnen? Wege zu einer korpuslinguistischen Diskursanalyse. In: Warnke, Ingo H. und Jürgen Spitzmüller (Hrsg.), *Methoden der Diskurslinguistik. Sprachwissenschaftliche Zugänge zur transtextuellen Ebene* (Linguistik – Impulse & Tendenzen 31), 407–434. Berlin, New York: De Gruyter.

Bubenhofer, Noah (2009): *Sprachgebrauchsmuster. Korpuslinguistik als Methode der Diskurs- und Kulturanalyse* (Sprache und Wissen 4). Berlin, New York: De Gruyter.

Erikson, Erik H. (1994): *Identität und Lebenszyklus. Drei Aufsätze*. Frankfurt a.M.: Suhrkamp.

Felder, Ekkehard (2012a): Linguistische Mediendiskursanalyse. Zur Bestimmung agonaler Zentren in der pragma-semiotischen Textarbeit. In: Grusza, Franciszek (Hrsg.), *Tagungsakten zur Sektion 53 „Diskurslinguistik im Spannungsfeld von Deskription und Kritik" des Warschauer IVG-Kongresses*, 407–415. Frankfurt a.M.: Peter Lang.

Felder, Ekkehard (2012b): Pragma-semiotische Textarbeit und der hermeneutische Nutzen von Korpusanalysen für die linguistische Mediendiskursanalyse. In: Felder, Ekkehard, Müller, Marcus und Friedemann Vogel (Hrsg.), *Korpuspragmatik. Thematische Korpora als Basis diskurslinguistischer Analysen* (Linguistik – Impulse & Tendenzen 44), 115–174. Berlin, Boston: De Gruyter.

Felder, Ekkehard (2013): Faktizitätsherstellung mittels handlungsleitender Konzepte und agonaler Zentren. Der diskursive Wettkampf um Geltungsansprüche. In: Felder, Ekkehard (Hrsg.), *Faktizitätsherstellung in Diskursen. Die Macht des Deklarativen* (Sprache und Wissen 13), 13–28. Berlin, Boston: De Gruyter.

Foucault, Michel (1974): *Die Ordnung des Diskurses. Inauguralvorlesung am Collège de France, 2. Dez. 1970*. München: Hanser.

Foucault, Michel (1981): *Archäologie des Wissens*. Frankfurt a.M.: Suhrkamp.

Gardt, Andreas (2007): Diskursanalyse – Aktueller theoretischer Ort und methodische Möglichkeiten. In: Warnke, Ingo H. (Hrsg.), *Diskurslinguistik nach Foucault. Theorie und Gegenstände* (Linguistik – Impulse & Tendenzen 25), 27–52. Berlin, Boston: De Gruyter.

Hajer, Maarten A. (1993): Discourse coalitions and the Institutionalisation of Practice. The case of acid rain in Britain. In: Fischer, Frank und John Forester (Hrsg.), *The Argumentative Turn in Policy Analysis and Planning*, 43–76. Durham: Duke University Press.

Jäger, Siegfried (2015): *Kritische Diskursanalyse. Eine Einführung*. 7., vollst. überarb. Aufl. Münster: Unrast.

Jung, Matthias und Martin Wengeler (1999): Wörter – Argumente – Diskurse. Was die Öffentlichkeit bewegt und was die Linguistik dazu sagen kann. In: Stickel, Gerhard (Hrsg.), *Sprache – Sprachwissenschaft – Öffentlichkeit* (Institut für deutsche Sprache – Jahrbuch 1998), 143–171. Berlin, New York: De Gruyter.

Meier, Jörg (1993): *Untersuchungen zur deutschsprachigen Presse in der Slowakei. Sprache und Geschichte der Zeitung „Zipser Anzeiger/Zipser Bote"*. Leutschau/Levoča: Modrý.

Meier, Jörg (2000 [2001]): Deutschsprachige Zeitungen und Zeitschriften in Preßburg von den Anfängen bis zum 20. Jahrhundert. *Karpatenjahrbuch* 52, 108–117.

Meier, Jörg und Arne Ziegler (2003): Stadtbücher als Textallianzen. Eine textlinguistische Untersuchung zu einem wenig beachteten Forschungsgegenstand. In: Schwarz, Alexander und Laure Abplanalp Luscher (Hrsg.), *Textallianzen am Schnittpunkt der germanistischen Disziplinen* (TAUSCH – Textanalyse in Universität und Schule 14), 217–245. Bern u.a.: Peter Lang.

Piirainen, Ilpo Tapani und Jörg Meier (1993): *Das Stadtbuch von Schwedler/Švedlár. Texte und Untersuchungen zum entstehenden Neuhochdeutsch in der Slowakei*. Leutschau/Levoča: Karpatendeutsche Landsmannschaft Slowakei e.V. Stuttgart.

Scharloth, Joachim und Noah Bubenhofer (2012): Datengeleitete Korpuspragmatik. Korpusvergleich als Methode der Stilanalyse. In: Felder, Ekkehard, Müller, Marcus und Friedemann Vogel (Hrsg.), *Korpuspragmatik. Thematische Korpora als Basis diskurslinguistischer Analysen* (Linguistik – Impulse & Tendenzen 44), 195–230. Berlin, Boston: De Gruyter.

Scharloth, Joachim, Eugster, David und Noah Bubenhofer (2013): Das Wuchern der Rhizome. Linguistische Diskursanalyse und Data-driven Turn. In: Busse, Dietrich und Wolfgang Teubert (Hrsg.), *Linguistische Diskursanalyse: neue Perspektiven* (Interdisziplinäre Diskursforschung), 345–380. Wiesbaden: Springer.

Schneider, Volker, Janning, Frank, Leifeld, Philip und Thomas Malang (2009): *Politiknetzwerke. Modelle, Anwendungen und Visualisierungen*. Wiesbaden: VS, Verlag für Sozialwissenschaften.

Spieß, Constanze (2007): Strategien der Textvernetzung. Isotopien als Konstituenten intertextueller Relationen. In: Herrmann, Karin und Sandra Hübenthal (Hrsg.), *Intertextualität. Perspektiven auf ein interdisziplinäres Arbeitsfeld* (Sprache & Kultur), 189–210. Aachen: Shaker.

Spieß, Constanze (2008): Linguistische Diskursanalyse als Mehrebenenanalyse. Ein Vorschlag zur mehrdimensionalen Beschreibung von Diskursen aus forschungspraktischer Perspektive. In: Warnke, Ingo H. und Jürgen Spitzmüller (Hrsg.), *Methoden der Diskurslinguistik. Sprachwissenschaftliche Zugänge zur transtextuellen Ebene* (Linguistik – Impulse & Tendenzen 31), 237–262. Berlin, New York: De Gruyter.

Spieß, Constanze (2011): *Diskurshandlungen. Theorie und Methode linguistischer Diskursanalyse am Beispiel der Bioethikdebatte* (Sprache und Wissen 7). Berlin, Boston: De Gruyter.

Spitzmüller, Jürgen und Ingo H. Warnke (2011): *Diskurslinguistik. Eine Einführung in Theorien und Methoden der transtextuellen Sprachanalyse* (De Gruyter Studium). Berlin, New York: De Gruyter.

Stein, Christina (2012): *Die Sprache der Sarrazin-Debatte. Eine diskurslinguistische Analyse.* Marburg: Tectum.

Szívós, István (2021). Identität und Diskursanalyse. In: Knipf-Komlósi, Elisabeth und Márta Müller (Hrsg.), *Spracheinstellungen, Spracherhalt durch Schule, Identität. Neuere Untersuchungen zur Sprache der Ungarndeutschen* (Budapester Beiträge zu Germanistik 83), 75–98. Budapest: ELTE Germanisztikai Intézet.

Ullrich, Peter (2008): Diskursanalyse, Diskursforschung, Diskurstheorie: Ein- und Überblick. Berlin. In: Freikamp, Ulrike, Leanza, Matthias, Mende, Janne, Müller, Stefan, Ullrich, Peter und Heinz-Jürgen Voß (Hrsg.), *Kritik mit Methode? Forschungsmethoden und Gesellschaftskritik* (Rosa-Luxemburg-Stiftung: Texte 42), 19–31. Berlin: Dietz.

Warnke, Ingo H. und Jürgen Spitzmüller (2008): Methoden und Methodologie der Diskurslinguistik. Grundlagen und Verfahren einer Sprachwissenschaft jenseits textueller Grenzen. In: Warnke, Ingo H. und Jürgen Spitzmüller (Hrsg.), *Methoden der Diskurslinguistik. Sprachwissenschaftliche Zugänge zur transtextuellen Ebene* (Linguistik – Impulse & Tendenzen 31), 3–56. Berlin, New York: De Gruyter.

Wengeler, Martin (2003): *Topos und Diskurs: Begründung einer argumentationsanalytischen Methode und ihre Anwendung auf den Migrationsdiskurs (1960–1985)* (Reihe Germanistische Linguistik 244). Berlin, Boston: De Gruyter.

Wengeler, Martin (2015): Die Analyse von Argumentationsmustern als Beitrag zur „transtextuell orientierten Linguistik“. In: Kämper, Heidrun und Ingo H. Warnke (Hrsg.), *Diskurs – interdisziplinär. Zugänge, Gegenstände, Perspektiven* (Diskursmuster 6), 47–62. Berlin, Boston: De Gruyter.

Ziem, Alexander (2008): Frame-Semantik und Diskursanalyse. In: Warnke, Ingo H. und Jürgen Spitzmüller (Hrsg.), *Methoden der Diskurslinguistik. Sprachwissenschaftliche Zugänge zur transtextuellen Ebene* (Linguistik – Impulse & Tendenzen 31), 89–116. Berlin, New York: De Gruyter.

Deutsche Pressesprache in Slowenien

Uršula Krevs Birk

Die neue „Laibacher Zeitung“ (ab 2017). Kontaktsprachliche und soziokulturelle Aspekte in der deutschen Minderheitenzeitung aus Slowenien

Zusammenfassung: Zu der äußerst vielfältigen auslandsdeutschen Presse gehört auch die neue „Laibacher Zeitung“, die als Minderheitenzeitung seit 2017 in Ljubljana zweisprachig, auf Deutsch und Slowenisch, erscheint und den Namen der traditionsreichen „Laibacher Zeitung“ (1784–1918), des prominentesten deutschsprachigen Druckmediums im ehemaligen Habsburger Kronland Krain trägt. Der Beitrag widmet sich kontakt- und soziolinguistischen Aspekten der Sprach- und Diskursgestaltung im deutschsprachigen Teil der Zeitung, die die Vertreter der deutschen Minderheit Sloweniens für den anvisierten deutsch- und slowenischsprachigen Adressatenkreis unter spezifischen sozialsituativen Umständen herausgeben und die Hauptanliegen der Minderheit im slowenischen Raum und in seinen Kontaktregionen medialisieren. Hierbei nimmt die Analyse insbesondere auffällige bzw. saliente sprachliche Phänomene auf der Wort-, Text- und Diskursebene in den Fokus. Der Beitrag stellt demnach eine Typologie sprach- und kulturkontaktinduzierter Phänomene vor, wobei auch die inner- und außersprachlichen Ursachen historischer Sprachberührungen miterfasst werden. Die empirische Materialanalyse belegt, dass die Vielfalt an Phänomenen salienter Natur aus der Komplexität der Sprachkontaktprozesse zwischen der slowenischen und deutschen Sprache resultiert. Über mehr als dreizehn Jahrhunderte lang standen Deutsch und Slowenisch nämlich in einem ausgesprochen engen Kontakt, sie koexistierten nebeneinander bis 1918, als mit der neuen Staatsform auch eine soziale Umbewertung einherging, wodurch sich das sprachlich-diskursive unverkennbare Profil der „Laibacher Zeitung“ in ihrer neuen Aufmachung abzeichnet.

Uršula Krevs Birk, Ljubljana/Laibach, Slowenien, E-Mail: Ursula.KrevsBirk@ff.uni-lj.si

https://doi.org/10.1515/9783111247694-011

1 Einleitung: Verortung des Betrachtungsgegenstandes

Zur deutschen Minderheitenpresse, die in Europa und weltweit eine ausgesprochen vielfältige Presselandschaft darstellt, gehören aktuell auch wenige deutschsprachige Presseerzeugnisse der deutschen Sprachminderheiten aus Slowenien. Zum einen sind das Zeitungen wie „Gottscheer Zeitung" und „Gottscheer Gedenkstätte", die infolge der unfreiwilligen Migration der Deutschen aus dem slowenischen Raum Ende des Zweiten Weltkrieges heute im deutschsprachigen Gebiet, in Klagenfurt und Graz, erscheinen, jedoch weiterhin vordergründig als Minderheitenzeitungen, als Bindeglied zwischen den weltweit emigrierten Angehörigen der ehemaligen Gottscheer Sprachinsel samt ihren Nachfahren und den in Slowenien gebliebenen Gottscheern fungieren.

Zum anderen wird die minderheitenbezogene Presselandschaft immerhin auch durch einige deutschsprachige Presseerzeugnisse mitgestaltet, die in Slowenien, d.h. außerhalb des deutschsprachigen Raums, erscheinen. Ist allerdings die historische deutschsprachige Presse der ehemaligen slowenischen Kronländer der Habsburgermonarchie nach wie vor ein traditionsreicher und detailliert erforschter Untersuchungsgegenstand – insbesondere der germanistischen Literaturwissenschaft, Medienwissenschaft, Historiografie und teilweise Sprachwissenschaft (z.B. Miladinović Zalaznik 1994, Birk 2000, Žigon 2001, Kramberger 2015, Nicklas und Birk 2022 u.a.) –, so stellt die aktuelle, in der Gegenwart erscheinende deutschsprachige Presse in Slowenien ein Desiderat dar.

Der vorliegende Beitrag[1] widmet sich dem auslandsdeutschen Medium „Laibacher Zeitung", das von der deutschen Minderheit in Slowenien herausgegeben wird und kaum im Blickfeld (sprach)wissenschaftlicher Betrachtungen stand. Das seit 2017 in Ljubljana herausgegebene Druckmedium trägt den Namen der historischen „Laibacher Zeitung" (1784–1918), die als die prominenteste deutschsprachige Zeitung der slowenischen Kronländer galt und die traditionsreiche Presselandschaft der österreichischen Monarchiehälfte entscheidend mitgestaltete. Die „Neue" bzw. gegenwärtige „Laibacher Zeitung", die zum ersten Mal genau 100 Jahre nach der Einstellung der historischen Zeitung erschien, versteht

1 Der Beitrag entstand an der Universität Ljubljana im Rahmen des von der slowenischen Forschungsagentur ARRS geförderten Forschungsprogramms „Theoretische und applikative Sprachforschungen: kontrastive, synchrone und diachrone Aspekte/Teoretične in aplikativne raziskave jezikov: kontrastivni, sinhroni in diahroni vidiki – P6-0218 (A)".

sich als ihre Nachfolgerin und weist mit ihrem Titel auf das ehemalige Medium hin.

Dass die neue „Laibacher Zeitung“ bis dato selten Erwähnung fand (Krevs Birk 2019, 2020) und durch den vorliegenden Beitrag erstmalig – und vordergründig linguistisch – Beachtung findet, ist einerseits der relativ kurzen Erscheinungsgeschichte geschuldet. Daher wurde die „Laibacher Zeitung“ im Überblickswerk von Akstinat (2013) zur deutschsprachigen Auslandspresse, wo nach Földes (2022: 124) insgesamt 1.285 Titel verzeichnet sind, auch nicht aufgenommen.

Auf der anderen Seite ist die spärliche Auseinandersetzung mit der „Laibacher Zeitung“ auch durch die enge Anbindung an die autochthone deutsche (Sprach-)Minderheit in Slowenien bedingt, obwohl die Bedeutung der deutsch- oder zweisprachigen Druckerzeugnisse für die deutsche Sprachminderheit keiner Begründung bedarf. Wenn auch die deutsche Minderheit Sloweniens von der slowenischen Historiographie relativ gründlich erforscht wurde (z.B. Ferenc 2020), fanden die deutsche Minderheit und ihre Sprache in der (germanistischen) Minderheitenforschung selten Beachtung (vgl. z.B. Krevs Birk 2020), was sich auch auf die Erforschung der aktuellen deutschen Minderheitenpresse in Slowenien – neben der „Laibacher Zeitung“ erscheinen nämlich weitere Vereinsblätter wie etwa „Bakh“/„Pot“ in der Gottschee – auswirkte. Die kleine Mitgliederzahl dieser Gemeinschaft, ihre Unsichtbarkeit in der slowenischen Mehrheitsgesellschaft und das Ausbleiben des amtlichen Status von Deutsch sind wohl die Gründe der Marginalisierung in der einschlägigen Forschung.

Die deutsche Minderheit in Slowenien besteht heute aus einer relativ kleinen Anzahl an Angehörigen der einst und vor dem Zweiten Weltkrieg zahlenmäßig weitaus stärkeren, durch die Kriegswirren allmählich abgewanderten Minderheit (vgl. Ferenc 2020: 229, 234). Die in der Nachkriegszeit in Slowenien Verbliebenen und deren Nachfahren konnten erst nach 1991 infolge der Demokratisierung und der Erlangung der Unabhängigkeit Sloweniens ihre kulturelle Infrastruktur wieder aufbauen und in Kulturvereinen aktiv sein (Ferenc 2020: 234, Krevs Birk 2020: 22–23), nachdem sie – u.a. von Spracherosion und Sprachenwechsel betroffen – fast fünf Jahrzehnte lang in der ehemaligen Sozialistischen Föderativen Republik Jugoslawien aus der Öffentlichkeit ausgeblendet worden waren. Gegenwärtig sind sie durch den „Dachverband der Kulturvereine der deutschsprachigen Volksgruppe in Slowenien“ – die Mitgliederzahl liegt bei etwa 1.500 – vertreten.[2] Darüber hinaus ist die deutsche Minderheit verfassungsrechtlich nicht geschützt,

2 Siehe https://www.bmeia.gv.at/oeb-laibach/oesterreich-in-slowenien/deutschsprachige-volksgruppe-in-slowenien/ (letzter Zugriff 15.05.2022).

sodass das Hauptanliegen der deutschen Minderheit – neben der Pflege der deutschen Sprache und Kultur – ihre offizielle Anerkennung ist, wie dies etwa bei der italienischen oder ungarischen Minderheit Sloweniens und den regionalen Amtssprachen Italienisch und Ungarisch seit langem der Fall ist. Die Anerkennung des Amtssprachenstatus ist ein Daueranliegen des Dachverbandes und hat in den letzten 30 Jahren mehrere Phasen durchlaufen: vom ersten Kulturabkommen zwischen Slowenien und Österreich (2001) bis zur Resolution des österreichischen Parlaments zur Unterstützung der deutschen Minderheit in Slowenien im Anerkennungsprozess (2018 und 2020).

Im Kontext wiederholter Bemühungen zur offiziellen Anerkennung der Minderheit und des Deutschen ist auch die Gründung der neuen „Laibacher Zeitung“ zu verorten; die „Laibacher Zeitung“ erschien nämlich zum ersten Mal nach über einem Vierteljahrhundert seit der Unabhängigkeitserklärung Sloweniens und nach der Neugründung deutscher Kulturvereine. In diesem Zeitraum konnte sich die deutsche Minderheit, für die einst durchaus eine soziale und dialektale Differenzierung charakteristisch war und die regional auch weiterhin differenziert ist, trotz der geringen Mitgliederzahl so weit organisieren und homogenisieren, dass es zur Gründung und Unterstützung eines zentralen Presseorgans, nämlich der „Laibacher Zeitung“, gekommen ist.

2 Die „Laibacher Zeitung“ als deutsch- und slowenischsprachiges Medium außerhalb des geschlossenen deutschen Sprachraums

2.1 Untersuchungsziele

Die Relevanz der linguistischen Betrachtung dieses Presseerzeugnisses ist offensichtlich, da es als Druckmedium der deutschen Minderheit im slowenischen Raum soziokulturelle und pragmatische Funktionen erfüllt. Die Funktionen der deutschen Auslandspresse sind vielfältig. Wie Földes (2022: 124) treffend herausstellt, ist die auslanddeutsche Presse ein Medium

> im doppelten Sinne: als Kommunikationsmittel, wie jedes Presseprodukt, aber eben auch als Vermittler zwischen Kulturen (und Ländern). Zudem erfüllen diese Blätter eine ganz praktische Funktion als Bindeglied zwischen Deutschsprachigen im gegebenen Staat.

Dies trifft auch auf die „Laibacher Zeitung“ zu, da sie nicht nur als Kommunikationsmittel zwischen Akteuren der Minderheitenpresse und ihres Adressatenkreises dient, sondern auch als Vermittlerin zwischen der deutschen und slowenischen Kultur sowie zwischen Slowenien und den deutschsprachigen Ländern, zumal sie – anders als ihre historische Vorgängerin – zweisprachig, auf Deutsch und Slowenisch, erscheint.

Ziel des Beitrags ist es, die sprachlichen und interkulturellen Auffälligkeiten eines Auslandsmediums zu erfassen, dessen Erscheinungsbild sowie Wirkungsraum vordergründig durch die einleitend erwähnten außersprachlichen Umstände geprägt ist, denn die „Laibacher Zeitung" erscheint als Minderheitenzeitung im slowenischen, d.h. in einem mehrheitlich einsprachigen Kulturraum. Von der Gestaltung des deutschsprachigen Zeitungsteils ausgehend, werden deshalb im Beitrag vornehmlich Erscheinungen aufgegriffen, die im Spannungsfeld von Sprachkontakt und Kulturaustausch angesiedelt sind.

Im Mittelpunkt stehen insbesondere Fragen wie etwa, in welchen mehrsprachigen Konstellationen das (Standard-)Deutsche in der „Laibacher Zeitung" erscheint, welche Typen sprachkontaktbedingter Phänomene zu verzeichnen sind, die besonders auffällig sind, wie sich diese kontrastiv-, kontakt- und diskurslinguistisch erfassen lassen und welche Funktionen die medialisierten Mehrsprachigkeitsphänomene erfüllen. Im Sinne Foucaults (2008) werden Diskurse als medialisierte Äußerungen interpretiert, die thematisch und intertextuell zusammenhängen und an denen verschiedene Akteure samt ihren Netzwerken mit unterschiedlichen Argumenten und Interessen mitwirken, den Diskurs lenken, kulturelle und politische Konzepte generieren und distribuieren und dadurch gesellschaftliche Machtverhältnisse steuern. Vor diesem Hintergrund werden bei der Analyse der Pressesprache in der „Laibacher Zeitung" auch methodologische Prämissen der germanistischen Diskurslinguistik berücksichtigt, wie sie von Spitzmüller und Warnke etabliert wurden (2008, 2011). Da die „Diskurslinguistik zu den Gebieten der Sprachwissenschaft [gehört], die kategorielle Offenheit im besonderen Maße programmatisch setzen" (Warnke 2018: X), geht es bei der diskurslinguistischen Mehr-Ebenen-Analyse von Spitzmüller und Warnke u.a. weniger um die konsekutiv ausgeführten Methodenschritte und mehr um „den methodologischen Rahmen der Diskurslinguistik" (Spitzmüller und Warnke 2011: 135), der die intratextuelle, akteursbezogene und transtextuelle Ebene umfasst. Die letztere betrachtet sprachliche Manifestationen auch unter dem Einfluss sozial generierter Wissenskonstruktionen von sozialer Wirklichkeit. Die Analyse in diesem Beitrag zielt vorrangig auf sprachkontaktbedingte Phänomene auf der Mikroebene, d.h. intratextueller Ebene des Diskurses ab, bei der zum Zweck einer adäquaten qualitativen Bewertung und Interpretation der sprachkontaktinduzierten Auffälligkeiten stellenweise auch die diskurslinguistischen Kategorien der akteursbezogenen und transtextuellen Makroebene herangezogen werden, zumal die medialisierten Aussagen „nicht nur in Kontexte eingebettet sind, sondern solche Kontexte selbst konstituieren“ (Spitzmüller und Warnke 2011: 124).

2.2 Eckdaten, Redaktions- und Adressatenkreis, Themen- und Textsortenspektrum

War die „Laibacher Zeitung“ zu Beginn ihrer Herausgabe als ein vierteljährlich erscheinendes Periodikum konzipiert, sind – u.a. auch durch die Covid-19-Pandemie bedingt – bis zum Zeitpunkt der vorliegenden Analyse zehn Ausgaben mit einem Umfang von 14 bis 20 Seiten erschienen. Das Untersuchungskorpus bilden somit die gedruckten Ausgaben der „Laibacher Zeitung“ vom 8. Juni 2017 bis zum 5. Februar 2021. Die Herausgabe wird auch auf der zweisprachig gestalteten Webseite der „Laibacher Zeitung“ (https://laibacher-zeitung.si/o-casopisu/) angekündigt, wobei jeweils die Titelseiten hochgeladen sind, nicht aber die gesamte Ausgabe (wie in der 9. Ausgabe angekündigt), sodass die Zeitung lediglich als Printausgabe erscheint. Auf der Webseite wird auch die 11. Ausgabe der Zeitung mit dem Erscheinungsdatum 28. Mai 2022 angekündigt, die Druckausgabe ist aber bis zum Zeitpunkt der vorliegenden Analyse noch nicht erschienen. Zur linguistischen Analyse wurden folglich alle deutschen und slowenischen Texte der zehn Druckausgaben herangezogen, wobei – unter Berücksichtigung der slowenischsprachigen Paralleltexte – die deutschen Texte eingehender untersucht worden sind. Damit ist auch das Bestreben verbunden, möglichst alle Sprachprodukte zu berücksichtigen, die ein umfassendes Bild der deutschen Sprache und der wirksamen Sprachkontaktprozesse und -phänomene zu bieten vermögen.

Der Webseite und dem Impressum ist zu entnehmen, dass die Zeitung auf Initiative des „Kulturvereins der deutschsprachigen Jugend“ gegründet worden ist, wobei sie ab 2019 als „Informationsblatt der deutschsprachigen Volksgruppe in der Republik Slowenien“ vorgestellt wird. Mitglieder der Redaktion sind Angehörige der deutschen Minderheit der jüngeren Generation, die als zweisprachige Akademiker, nicht als professionelle Journalisten, ehrenamtlich mitwirken und größtenteils auch als Textproduzenten fungieren. Zu ausgewählten Themen publizieren zudem eingeladene slowenische und deutsche Autoren, darunter auch Fachleute wie etwa Historiker oder Philosophen, deren populärwissenschaftliche Texte kulturpolitische Relevanz aufweisen. Die Texte werden je nach Ausgangssprache ins Slowenische oder ins Deutsche übersetzt. Die „Laibacher Zeitung“ ist durchaus als „content-driven“ zu bezeichnen (vgl. Thomaß 2013: 19, Földes 2022: 126). Sie entsteht somit unter spezifischen sozialsituativen Bedingungen, in denen einige wenige Redakteure als Angehörige der Minderheit Textemittenten und Übersetzter sind. Die Texte entstehen folglich in einem interkulturell kommunikativ-situativen Rahmen unter Produktions- und Rezeptionsbedingungen, die wesentlich anders sind als die Bedingungen, unter denen die – von Földes (2019: 2022) detailliert untersuchte – auslandsdeutsche Presse in Ländern wie etwa Ungarn, Russland, Kasachstan herausgegeben wird und die traditionell von einer zahlenmäßig viel stärkeren Minderheit, ggf. sogar durch einen institutionellen Apparat, unterstützt wird. Genauso können kaum Parallelen zwischen der medialen Kommunikationssituation der „Laibacher Zeitung" und derjenigen in Deutschland oder Österreich bzw. der deutschsprachigen Zeitungen im geschlossenen deutschen Raum ausgemacht werden.

Die sprachlich-inhaltliche Ausrichtung der Zeitung ist durch die Sprachen- und Textsortenwahl erkennbar, wobei meinungsbetonte und hybride Realisationsformen von Textsorten abwechseln, zudem „kulturinduzierte sprachkommunikative Charakterzüge" (Földes 2022: 125) auch in der Themenwahl auszumachen sind. Erschien die „Laibacher Zeitung" zunächst ohne Untertitel, so gibt die 4. Ausgabe (28.10.2018) den Untertitel „Für Kultur, Volksgruppe und Politik" an. Im November 2019 (10.11.2019, 7. Ausgabe) erscheint die Zeitung mit dem zweisprachig formulierten Untertitel „Die zweisprachige Zeitung für Volksgruppe, Wissenschaft und Kultur/Dvojezični časopis za narodno skupnost, znanost in kulturo", und ab der 8. Ausgabe mit dem Untertitel „Unabhängige Zeitung für Volksgruppe, Wissenschaft und Kultur/Neodvisni časopis za narodno skupnost, znanost in kulturo". An der Gestaltung der Untertitel lassen sich die Themenbereiche wie auch der primäre Adressatenkreis erkennen. Die primäre Leserschaft stellen Angehörige der deutschen Minderheit in Slowenien dar, sekundär aber auch deutsch- und/oder slowenischsprachige, an der Minderheitenproblematik aus Slowenien interessierte Leser wie auch weitere Personengruppen. Des Weiteren lässt sich an dem historisch-politisch orientierten Themenspektrum und auch in der Berichterstattung beobachten, dass die Zeitung eigentlich einen breiteren Resonanzraum anvisiert, nämlich den Kommunikationsraum des geschlossenen deutschen Sprachraums (darunter insbesondere des deutschsprachigen Nachbarstaates) sowie die an der Minderheitenproblematik interessierte Leserschaft aus dem ehemaligen altösterreichischen Kontaktareal, zu dem auch die deutschen Minderheiten in vielen Ländern Mittel-, Ost- und Südosteuropas gehören.

Darüber hinaus kann man an mehreren Textstellen erkennen, dass die „Laibacher Zeitung" immerhin ein Medienkonzept anstrebt, das in mancher Hinsicht der Qualitätspresse zugeschrieben wird. Bezogen auf den Minderheitenkontext versucht sie, ihrem anvisierten Adressatenkreis in Slowenien und auswärts eine verhältnismäßig umfangreiche, insgesamt auch thematisch und geografisch breite, politisch transparente, aktuelle und durchaus seriöse Berichterstattung zu bieten, die sich auch in der Textgestaltung widerspiegeln soll. Das ist an den Rubriken mit „seriösen“ Themen zu erkennen, die gesellschaftliche und politische Relevanz aufweisen: der Status der deutschen Minderheit in Slowenien, Schlüsselereignisse in ihrer Geschichte sowie die Darstellung namhafter Persönlichkeiten. Hinzu kommen die europaweiten, für die deutschen Minderheiten relevanten historischen oder aktuellen Themen. Explizit wird in jeder Ausgabe auch die noch ausstehende Anerkennung der deutschen Minderheit in Slowenien medialisiert und rekurrent problematisiert.

In den einzelnen Rubriken wie etwa Kulturvereine Laibach/Ljubljana, Gottschee/Kočevje, Untersteiermark/Štajerska, deutsche Minderheiten aus aller Welt, Wissenschaft, Kultur und Literatur, werden journalistische Textsorten bemüht, die thematisch vornehmlich minderheiten- und kulturpolitisch ausgerichtet sind: Leitartikel, meinungsbetonte Informationstexte, Stellungnahmen und Kommentare, offener Brief, hybrid realisierte Berichte über kulturelle und politische Aktivitäten der Vereine und kulturelle Treffen, Reportagen, Interviews mit politisch und gesellschaftlich engagierten Persönlichkeiten, Kurznachrichten, Berichte über Kulturabende, Hinweise auf Neuerscheinungen, auch ein Feuilleton sowie Todesanzeigen für Persönlichkeiten, die sich für die deutsche Minderheit in Slowenien verdient gemacht haben. Als Schlagzeilen kommen Zitate aus Antritts-, Meinungsreden oder Schriften bekannter Persönlichkeiten (z.B. der österreichischen Botschafterin in Ljubljana, des neuen Bischofs in Kärnten, des Schriftstellers Ivan Cankar) vor.

Des Weiteren werden auch Werbetexte und Formulare zum Abonnieren der Zeitung und Aufrufe zum Spenden eingebunden. Layoutmäßig ist das aufgrund des slowenischen Textes möglich, da er im Vergleich zu seinem deutschsprachigen Äquivalent aus sprachtypologischen Gründen (z.B. Abwesenheit von Artikeln) um beinahe 10 % kürzer ausfällt.

Darüber hinaus fällt das Glossar bzw. eine Auflistung von deutschen Wörtern und ihren Übersetzungsäquivalenten aus dem davorstehenden, in der Regel längeren Zeitungsartikel ins Auge, auf welches in der Analyse eingegangen wird.

2.3 Deutsch-slowenische Mehrsprachigkeit in der „Laibacher Zeitung“

Ein wesentlicher Unterschied zwischen der alten und neuen „Laibacher Zeitung“ besteht in der sprachlichen Gestaltung: Erschien, wie erwähnt, die historische „Laibacher Zeitung“ ausschließlich auf Deutsch, wird die neue „Laibacher Zeitung“ zweisprachig veröffentlicht, in deutscher und slowenischer Sprache. Diese Sprachkonstellation kann nicht zufällig sein: Das Sprachenpaar ist in einer historischen Zwei- bzw. Mehrsprachigkeit des slowenischen Kulturraums verwurzelt. Die Kontaktsprachen Slowenisch und Deutsch waren einst sogar enger verwoben, da sie im slowenischen Kontaktraum Altösterreichs und noch davor koexistent waren. Auf dem heutigen slowenischen Gebiet ging ihnen eine dreizehn Jahrhunderte lange und bis 1918 andauernde gemeinsame Sprachkontaktgeschichte voraus (vgl. z.B. Lipovic Oštir 2017, Krevs Birk 2019, Jesenšek 2021). Vor dem Hintergrund der historisch gewachsenen Zweisprachigkeit sind auch das mehrsprachige Erscheinungsbild der neuen „Laibacher Zeitung“ wie auch die Sprachkontaktphänomene zu erklären.

Von dem durch die Standardvarietäten der Kontaktsprachen durchgängig realisierten Zweisprachigkeitskonzept ausgenommen ist lediglich der deutsch(sprachig)e Titel, ein offenkundiger intertextueller Verweis auf die historische Vorgängerin. Daraus geht nicht nur die Intention der Zeitungsredaktion hervor, in der Tradition der namhaften „Laibacher Zeitung“ aus der Habsburger Monarchie stehen zu wollen, sondern sie ist auch ein Anzeichen, wodurch die deutsche (Sprach-)Minderheit historisch und kulturell verortet sowie besser medialisiert werden soll.

Betrachtet man die Zweisprachigkeit bzw. Mehrsprachigkeit in den Zeitungen unter medienlinguistischem Aspekt – hierbei sind die primären Kommunikationskanäle bzw. Medien Rede und Schrift gemeint –, kann die Zwei- bzw. Mehrsprachigkeit der Presse als „Mehrschriftlichkeit“ (vgl. Riehl 2018b: 188 und 2018a: 209) bzw. „multiliteracy“ Földes zufolge (2022: 140) erfasst werden, denn die Texte erscheinen in zwei schriftlichen Einzelcodes. Aus vielen Gründen kann der Begriff Mehrschriftlichkeit auch für die in der „Laibacher Zeitung“ realisierte Zweisprachigkeit angewandt werden, zumal es sich dabei auch um die schriftliche Produktion von Texten in zwei differenten lateinischen Schriftsystemen handelt, die sich bei Einzelsprachen wie etwa Deutsch und Slowenisch gravierend unterscheiden. Hierbei nehmen zweischriftliche Texte ein- und zweisprachige Personen, Autoren und/oder Übersetzer in Anspruch, die zwei sprachliche Codes in Rede und Schrift beherrschen. Bei einer zweisprachigen Zeitung wird eine Leserschaft vorausgesetzt, die über die (schriftliche) Sprachkompetenz mindestens einer Kontaktsprache verfügt.

Bevor auf die Sprachkontaktphänomene in der „Laibacher Zeitung“ eingegangen wird, sei auf das quantitative Verhältnis zwischen den deutschen und slowenischen Texten hingewiesen. Werden Artikel nur auf Deutsch eher selten herausgebracht, so kommen ausschließlich slowenischsprachige Texte nicht vor.

Nur deutschsprachig sind einige wenige Todesanzeigen, des Weiteren aber auch einige literarische Texte, wie z.B. Gedichte mit Gottscheer Thematik, welche die Präsentation von Neuerscheinungen begleiten, oder auch Gedichte als Ergänzungstexte bei Informationsartikeln. Hierbei sei als Beispiel ein offener Brief (LZ 8: 10) eines deutschstämmigen slowenischen Bürgers aus Maribor genannt, in dem der Ehrentitel Ottokar Kernstocks, eines namhaften Priesters aus Marburg, gerechtfertigt wird. Dabei wird auch Bezug auf sein deutschsprachiges Gedicht „Die Mädchen Marburgs" (LZ 8: 10) genommen. Die Einsprachigkeit der literarischen Texte ist jedoch nicht programmatisch, da in der Rubrik „Literatur" auch literarische Übersetzungen vorkommen, wie etwa das Gedicht mit dem Titel „Heil'ge Wahrheit!" von Ludwig Mahnert (LZ 7: 16), ins Slowenische übersetzt von Christian Lautischer, dem Chefredakteur der Zeitung.

War der slowenische Text bei längeren Artikeln am Anfang noch sinngemäß zusammengefasst oder weggelassen, bemüht man sich in weiteren Ausgaben um eine ausgewogene Mehrschriftlichkeit, die tendenziell steigt. Waren bspw. im Jahr 2018 in der „Laibacher Zeitung" noch 65 % der Texte deutschsprachig, sind sie es im Jahr 2021 zu 52 %, sodass beinahe jeder Zeitungsartikel sowohl auf Deutsch als auch auf Slowenisch erscheint.

Anhand der Veröffentlichung desselben Inhalts in zwei Sprachen in allen Ausgaben kann man erkennen, dass ein Neben- und Miteinander von zwei Kontaktsprachen und -kulturen in demselben Kommunikationsraum diskursiv konstruiert wird.

3 Saliente Phänomene der deutsch-slowenischen Mehrsprachigkeit in der „Laibacher Zeitung"

Im Folgenden soll eine systematische Typisierung der Mehrsprachigkeits- bzw. Sprachkontaktphänomene aus dem deutschsprachigen Teil der Zeitung vorgenommen werden. In den Blick werden sprach- und kulturkontaktbedingte Phänomene genommen, die als salient qualifiziert werden. Das ursprünglich in der Psychologie verbreitete Konzept der Salienz bzw. Auffälligkeit im Sprachgebrauch wurde insbesondere in den jüngsten Forschungen aus dem Bereich der interkulturellen Linguistik, auch speziell zur Sprache der auslandsdeutschen Presse, von Csaba Földes (z.B. Földes 2019, 2020, 2021, 2022) detailliert behandelt und beschrieben. Laut Földes (2022: 128–129) ist die Salienz eine „Aufmerksamkeit erzeugende Eigenschaft von Objekten"; sie wird in den Studien von Földes (2022: 128–129, auch in Anlehnung an Auer 2014: 8–12) zur auslandsdeutschen Pressesprache als Beschreibungsinstrument verwendet, um physiologische bzw. visuelle, kognitive und soziolinguistische Auffälligkeiten zu beschreiben, und zwar vornehmlich auf der Folie der binnendeutschen Pressesprache. Anhand der

„Salienzmethode" werden auch im Folgenden induktiv-theoretisch die Sprachgebrauchsphänomene in der „Laibacher Zeitung" beschrieben, die als Folge des Sprach- und Kulturkontaktes im sozialsituativ spezifischen Kommunikationsraum der sloweniendeutschen Minderheitenpresse zu erfassen sind. Als Kriterium für die Auffälligkeiten dienen dazu die bundesdeutsche und insbesondere die österreichische Presse, und zwar sowohl die aktuelle als auch die aus der Ära der Habsburger Doppelmonarchie, welche im „langen" 19. Jahrhundert eine nachhaltige Rolle in der Entwicklung und Tradierung der Presse („Laibacher Zeitung", „Laibacher Tagblatt" u.a.) und deren Mediensprache im Kronland Krain (vgl. Krevs Birk 2022a) spielte. Als Maßstab kommen nicht nur Standardvarietäten des Deutschen in Frage, sondern auch die diachron generierte diskursive Verwendung von sprachlichen Zeichen, die kulturspezifische Inhalte benennen, oder von deutschen Toponymika (wie etwa *Laibach*). Um die Sprachkontaktprozesse und -phänomene übersichtlich und systematisch als salient qualifizieren zu können, lehnt sich die vorliegende Untersuchung an die Typologie von sprachkontaktinduzierten Salienzphänomenen von Földes (2019: 73–91; 2021: 81; 2022: 129) an, die aus dem Untersuchungsgegenstand immanenten Gründen teilweise modifiziert wird. Die salienten sprachkontaktinduzierten Erscheinungen sind entweder kontaktsprachlich-kontrastiver, diskursiver oder soziokultureller Provenienz.

3.1 Explizite Sprachkontaktphänomene

3.1.1 Textuelle Mischformen

Betrachtet man die Zweisprachigkeit bzw. -schriftlichkeit, so können verschiedene hybride Gestaltungsformen innerhalb desselben Textes beobachtet werden. Hierbei fallen gemischtsprachig realisierte Textsorten ins Auge. Dies ist etwa bei dem Werbetext für die „Laibacher Zeitung" der Fall, der in jeder Ausgabe (z.B. LZ 7, 8) erscheint.

Abb. 1: Zweisprachig gestalteter Werbetext

Die Textsorte (Abb. 1) wird als zweisprachige Mischform realisiert. Hierbei werden der deutsche und der slowenische Text sprachlich und visuell segmentiert, wobei sich die einzelnen zweisprachigen Textsegmente abwechseln. Daraus lässt sich schließen, dass die Redaktion an die potenzielle Leserschaft in beiden Sprachen appellieren will. Durch die zweisprachige Anrede wird – diskurslinguistisch betrachtet – eine Leserschaft mediatisiert und somit eine ausgewogene Vermittlung der Botschaft konstruiert. Salient erscheint jedoch die durchbrochene Linearität des Textes (*Hier können Sie* [...] *unsere Zeitung abonnieren, die aktuelle oder alte Ausgabe bestellen sowie eine Probeausgabe bekommen.*), was eine erschwerte Lesbarkeit des Textes sowohl im Deutschen als auch im Slowenischen zur Folge hat. Darüber hinaus werden die Sprachen im zweiten Teil typografisch nicht differenziert ([...] *unsere Zeitung abonnieren, die aktuelle oder alte Ausgabe bestellen sowie eine Probeausgabe bekommen/sklenete letno naročnino našega časopisa, naročite aktualno ali staro izdajo, prejmete pa lahko tudi brezpalčni ogledni izvod časopisa.*) (LZ 8: 7), was die visuelle Rezeption beeinträchtigt. Das Beispiel präsentiert ein nicht vollkommen durchdachtes bilinguales Textkonzept, das eine ausgeglichene deutsch-slowenische Mehrsprachigkeit konstruieren will.

3.1.2 Lexikalische Mischformen

Sprachkontaktprozesse schlagen sich auch in lexikalischen Mischformen nieder. Als Beispiel dafür sei ein visuell geformtes zweisprachiges Konstrukt in der Schlagzeile (Abb. 2) genannt. Das Beispiel (LZ 8: 2) basiert auf einer sprachkontaktinduzierten Salienz eines gemischtsprachig konstruierten sprachlichen Zeichens.

Nachbarschafts-
Sosedski
Dialog

Abb. 2: Deutsch-slowenische Hybridbildung (LZ 8: 2)

Die auffällige Konstruktion ist eine hybride Form, bei der ein materieller Transfer des Formativs bzw. des Zeichenkörpers aus einer Sprache in die andere erfolgt. Bei der zweisprachigen Benennungsstruktur handelt es sich kaum um Code-Switching bzw. Code-Mixing, da keine Teile von transferierten einzelsprachlichen Strukturen (*Nachbarschaftsdialog, sosedski dialog*) ausgeblendet werden, sondern es werden die normgerechten syntagmatischen Strukturen *Nachbarschafts-Dialog* bzw. *Nachbarschaftsdialog* und *Sosedski Dialog* bzw. *Sosedski dialog* modifiziert. Das slowenische semantisch identische Adjektiv *sosedski* (‚nachbarschaftlicher') wird in das Kompositum hinter dem Bestimmungsteil *Nachbarschafts-* eingeschoben (*Nachbarschafts- sosedski Dialog).* Die slowenische Wortverbindung *Sosedski Dialog* entspricht der slowenischen Standardvarietät bis auf die Rechtschreibung (das slowenische Adjektiv und Substantiv müssten klein geschrieben werden: *slovenski dialog*).

Bei der deutsch-slowenischen Hybridisierung geht es um die Konstruierung eines semantischen Konzeptes, indem zwei einzelsprachliche Syntagmen als formative Muster beibehalten und zugleich kombiniert werden. Hierbei wird der formativisch fast identische Internationalismus in beiden Sprachen (dt. *Dialog* bzw. slow. *dialog*) als gemeinsame Basis beibehalten, sodass die Bestimmungselemente beider Sprachen – optisch untereinander platziert – vorkommen. Es wird wiederum die Linearität des (einzel-)sprachlichen Zeichens (*signifiants*) aufgehoben, sowohl im Deutschen als auch im Slowenischen, was eine Normabweichung in der Syntagmatik der Formative zur Folge hat. Das Konzept wird realisiert, um sprachlich und visuell ein Miteinander, eine Botschaft der engen Verflechtung beider Sprachen sowie ihrer Träger zu konstruieren.

3.2 Implizite Mehrsprachigkeitsphänomene

Hierbei handelt es sich um sprachkontaktinduzierte Phänomene, die keinen Transfer von materiellen Zeichenkörpern aus der Kontaktsprache aufweisen, sondern die formalen Muster aus verschiedenen Segmenten der Kontaktsprache übernehmen und sie mit dem eigenen Sprachmaterial ausfüllen. Abweichungen sind auf der textgrammatischen Ebene zu vermerken, indem morphosyntaktische Muster nicht völlig eingehalten werden.

3.2.1 Morphosyntaktische Abweichungen und abweichende Ausdrucksstrukturen

Sprachkontaktinduziert kommt es im gesichteten Sprachmaterial keinesfalls selten zur abweichenden Ausdrucksstruktur, wie dies beim folgenden Beleg der Fall ist:

> *Sie ziehen die Aufmerksamkeit des Publikums mit einer engagierten und lebendigen Ausführung auf sich auf.* (LZ 10: 11)

Zur Interferenz kommt es aufgrund der slowenischen Ausgangsstruktur. Das trennbare Präfix *auf* wird als Resultat einer kompositionellen Übernahme, eventuell auch einer versuchten Lehnübersetzung des slowenischen Verbalpräfixes *pri-* (‚bei') von ***pri**tegniti* (‚hinzuziehen, an sich ziehen') eingebracht und zugleich (zu *auf*) hyperkorrigiert. Dadurch entsteht eine im Deutschen fehlerhafte Kollokation (**die Aufmerksamkeit aufziehen*). Darüber hinaus nehmen aber in diesem Fall auch intralinguale Faktoren auf der syntaktischen Ebene auf die abweichende Struktur Einfluss. In einem weiteren hyperkorrektiven Schritt kommt es nämlich zur Realisierung des Verbalrahmens. Das Präfix *auf* wird nämlich – als Teil des verbalen Konstrukts *aufziehen* – am Satzende des Aussagesatzes realisiert, um den für den deutschen Satz charakteristischen Verbalrahmen einzuhalten. Da weder die Kategorie des Verbalrahmens noch die Trennbarkeit der Verben für das Slowenische charakteristisch sind, ist für die Salienz im Deutschen die Ausdrucksstruktur des slowenischen Verbs entscheidend gewesen.

Im Folgenden Beispiel ist eine auffällige Realisierung beim Phraseologismus *einen Bogen machen* bzw. beim Lexem *Bogen* auszumachen, dessen valenzsyntaktisches Muster durch die Präposition *um* und nicht *bei* realisiert wird.

Einen großen Bogen machte man (un-)absichtlich bei der namentlichen Benennung der verdienten Gründungsväter des deutschen Volkstums in Slowenien. (LZ 8: 1)

Die Valenzrealisierung ist normabweichend. Der abweichende Sprachgebrauch kann jedoch nur bedingt mit dem teiläquivalenten slowenischen Phrasem korrelieren (slow. *ogniti se nečesa v velikem loku*, wortwörtlich ‚etw. im großen Bogen ausweichen'), vielmehr dürfte die Wahl der Präposition *bei* aus der unsicheren Grammatikkompetenz und der asymmetrischen Zweisprachigkeit resultieren.

3.2.2 Lexikalische Salienzen

Lexikalische Salienzen erfolgen aufgrund der unangemessenen Wahl der Lexeme, wie etwa beim Titel des Regierungschefs Janez Janša, der unter der zitierten Aussage (LZ 10: 2) als *Staatskanzler* betitelt wird.

Es gibt einige offene Fragen im Zusammenhang mit dem Status der Minderheiten bzw. Volksgruppen, die in solcher Atmosphäre wesentlich leichter zu lösen sind als in vergangenen Jahrzehnten, als die Atmosphäre deutlich weniger günstig war.

Staatskanzler Janez Janša

Nekaj je odprtih vprašanj, vezanih na statuse manjšin oz. narodnih skupnosti, ki se bodo bistveno lažje reševala v ozračju, kakršen je sedaj, kot pa kdaj v preteklih desetletjih, ko je bilo ozračje bistveno manj ugodno.

Državni kancler Janez Janša

Abgesehen davon, dass sowohl das deutsche als auch das slowenische Zitat stilistisch korrekturbedürftig sind, kann man zunächst feststellen, dass die Wahl des konnotierten Lexems *Staatskanzler* durch die slowenische Ausgangsstruktur nicht erklärt werden kann. Im Slowenischen handelt es sich um eine Transferenz aus dem Deutschen, und zwar um eine okkasionelle Lehnübersetzung des (altösterreichischen) Lexems (dt. *Staatskanzler* > slow. *državni kancler*). Sie ist mehrfach normabweichend. Für die Funktion des Regierungschefs bzw. des Kanzlers wird im Slowenischen der Titel *predsednik vlade* (‚Regierungsvorsitzender') und selten auch *premier* (‚Premierminister') verwendet. Die deutschsprachige Bezeichnung *Kanzler* für einen slowenischen Regierungspräsidenten ist im slowenischen Kulturraum auch insofern auffällig, als das konvergente Lexem bzw. der

Germanismus *kancler* im Slowenischen ausschließlich auf die Funktion des Bundesregierungsvorsitzenden in Deutschland und Österreich bezogen wird. Die Lehnübersetzung im Slowenischen kann als eine diskursive Aufwertung der Funktion des amtierenden Politikers Janša aufgefasst werden. Dazu kommt noch, dass das historische deutsche Kompositum *Staatskanzler* mit der Konstituente *Staat-* die Kulturspezifik insofern adäquat reflektiert, als sein aktuelles Synonym *Bundeskanzler* lautet. Die Lehnübersetzung des Erstgliedes *Bund-* entspräche im Falle Sloweniens nicht der Realität, da der slowenische Staat nicht als Bund (von Ländern, wie etwa Österreich oder Deutschland) konzipiert ist. Da diese Differenzierung weder im politischen System Sloweniens existiert noch lexikalisch-semantisch abstrahiert werden kann, ist das slowenische Adjektiv *državni* (‚Staats-, staatlich') kaum bedeutungsdifferenzierend und wirkt in der Wortverbindung slow. *državni kancler* pleonastisch. Die lexikalische Salienz ist in diesem Fall sowohl im Deutschen als auch im Slowenischen bemerkbar.

3.2.3 Abweichende Übersetzungsäquivalenz

Bei manchen Texten können der Ausgangstext und der Zieltext nicht festgestellt werden, da sowohl der slowenisch- als auch der deutschsprachige Text grammatische Fehler, stilistische Schwächen und sprachkontaktinduzierte Besonderheiten aufweisen. Aus translatologischer Sicht weisen einige Übersetzungsäquivalente auf der Wort-, Satz- oder Textebene teiläquivalente Auffälligkeiten auf.

Dies belegt z.B. die deutsch- und slowenischsprachige Überschrift einer Nachricht (LZ 5: 1), die sowohl auf Deutsch als auch auf Slowenisch verfasst wird:

Slowenien wünscht Dialog
vs.
Slovenska vlada pripravljena na dialog
(‚Slovenische Regierung zum Dialog bereit')

Nicht die Subjekte dt. *Slowenien* und slow. *slovenska vlada* werden hiermit problematisiert (denn *Slowenien* steht übertragen für die *slowenische Regierung*), sondern die Prädikate dt. *wünschen* und slow. (*biti*) *pripravljen* (‚bereit sein') werden hier verglichen. Beide Verben bzw. Verbalphrasen weisen ein differentes semantisches und syntaktisches Valenzpotenzial auf, was zu unterschiedlicher Satzbedeutung führt. Mit dem deutschen Satz wird eine aktive Haltung, mit dem slowenischen eine passive Haltung der slowenischen Regierung zum Ausdruck gebracht.

3.2.4 Stilbrüche

Aufmerksamkeit zieht die Text- und Stilgestaltung sowohl in der deutschen als auch in der slowenischen Sprache auf sich. Es sind z.B. zu lange bzw. verschachtelte Sätze auszumachen, Wiederholungen von Lexemen und Anhäufungen von Epitheta.

Auf einen langen und komplexen Satz verweist folgendes Beispiel aus dem Text „Geschichte und Erbe verpflichten uns!" (LZ 8: 6).

> *Anders verhielt es sich mit den italienischen Flüchtlingen, die noch Jahre nach dem Zweiten Weltkrieg in ganz Italien zahlreiche Proteste organisierten, während sich die ehemaligen Flüchtlinge der deutschen Volksgruppe nur die Rückgabe ihres verstaatlichten Vermögens wünschten, die später im unabhängigen Slowenien auf Grundlage des Denationalisierungsgesetzes im Vergleich zu anderen europäischen Staaten anfangs auch relativ großzügig erfolgte, später jedoch ins Stocken geriet.*

Der Absatz wird nicht nur durch einen (zu) langen zusammengesetzten Satz realisiert, sondern ist in seinen Teilsätzen auch weit ausgebaut, mit links- und rechtsattribuierten Nominal- und Präpositionalphrasen, was die Lesbarkeit zu erschweren scheint. Der Satz müsste mindestens in zwei selbstständige Sätze geteilt werden. Auch andere Schwächen sind bemerkbar, wie etwa die Wortwiederholung (*später*). Die genannte syntaktische Diskursgestaltung ist möglicherweise auf die noch mangelnde textproduktive Routine auf Deutsch zurückzuführen.

Keinesfalls selten kommt es zu Stilbrüchen, die sprachkontaktinduziert sind, wie dies folgendes Beispiel zeigt:

> *Auch der Republik- und Freiheitsgedanke, der den slowenischen Freigeist durch die Geschichte beeinflusst hat, ist am deutschen Mist gewachsen.* (LZ 8: 1)

Bei dem Phraseologismus dt. *auf deutschem Mist* handelt es sich um ein umgangssprachliches Idiom, das in der untersuchten Pressesprache, die im politisch- und minderheitenorientierten Diskurs der „Laibacher Zeitung" dominiert, einen Stilbruch darstellt. Dies ist eine Folge der individuellen inneren Mehrsprachigkeit (Riehl 2014) bzw. des Varietätenkontaktes im Deutschen, der vom Sprecher differenziert behandelt werden müsste, um die Texte im schriftlichen Medium stilistisch kompetent gestalten zu können.

Stilbrüche finden sich sogar in Überschriften. Ins Auge fällt das Wort dt. *Intelligenzler* (Abb. 3) in der Überschrift des Berichtes über die Rolle von Ludwig Mahnert (LZ 7: 16):

Intelligenzler und Volkserwecker
Intelektualec in narodni buditelj

Abb. 3: Stilbruch in Überschriften (LZ 7: 16)

Obwohl die Lexeme dt. *Intelligenzler* und slow. *Intelektualec* formativisch eine partielle Kongruenz aufweisen, sind sie stilistisch gesehen unterschiedlich. Der slowenische Internationalismus ist standardsprachlich (slow. *intelektualec* ‚Intellektueller, Akademiker'), hingegen wird das deutsche Lexem *Intelligenzler* im DWDS als umgangssprachlich und im Duden als ‚häufig abwertend' markiert. Durch die Verwendung eines stilistisch unangemessenen Ausdrucks, die aus einer mangelhaften Sprachkompetenz resultiert, wird die positive Perspektivierung der Persönlichkeit Mahnerts im Widerspruch zur Textintention rezipiert.

Auffällig ist auch das Wort dt. *Volkserwecker*[3], da es sich wiederum um eine wortwörtliche bzw. morphematische Übertragung der slowenischen Wortverbindung, um eine Lehnübersetzung von slow. *narodni buditelj* (slow. *narodni* ‚Volks-' und slow. *buditelj* ‚Wecker' im Sinne von ‚Aufklärer'), handelt.

3.2.5 Normverletzungen aus Unachtsamkeit und Flüchtigkeitsfehler

Einige Fehler sind auch der Unachtsamkeit zuzuschreiben, z.B.:

> *In der Zeitungsredaktion wollen wir unseren Leserinnen und Leser zur Auffrischung ihrer Deutsch- bzw. Slowenischkenntnisse verhelfen.* (LZ 8: 6)

Es sind grammatische Fehler wie auch Rechtschreibfehler zu bemerken. Im obigen Satz fehlt die Dativendung bei dt. *Leser*. Stellenweise kommt es auch zu Rechtschreibfehlern. So ist die Schreibung des Personalpronomens dt. *sie* inkonsistent, denn es wird unter dem Einfluss des Höflichkeitspronomens dt. *Sie* oft falsch geschrieben, z.B.:

3 *Volkserwecker* ist ein Wort aus einem Spottlied auf die Märzrevolution 1848.

> *Die neuen AGDM Postkarten sind da – Sie stehen für Vielfalt und Tradition!* (LZ 4: 1)

Der intralinguale Fehler ist eine Folge von homophoner Verwendung, die in der schriftlichen Kommunikation disambiguiert werden muss und im Sprachkontakt dem Inter- bzw. Transferenzprozess unterworfen ist.

3.3 Diskurs über Sprachkompetenz als salientes Sprachkontaktphänomen

Als sprachkontaktinduzierte saliente diskursive Erscheinung ist in deutschsprachigen Texten zur Minderheitenpolitik, -geschichte und -kultur die diskursive Thematisierung der Sprachkompetenz im Deutschen auffällig. Es handelt sich um auffallende metasprachliche bzw. metadiskursive Phänomene, welche die Sprachkompetenz der Kommunikationspartner – der Akteure der Zeitung und der Leserschaft – betreffen. Hierbei können zwei Aufmerksamkeit erweckende, auf die Sprachkompetenz im Deutschen bezogene und auch miteinander verbundene, aber zugleich diskursiv und kompositionell unterschiedliche Phänomene erkannt werden. Bei der ersten Auffälligkeit geht es um die Thematisierung der Sprachkompetenz der Minderheitenangehörigen, die als Nebendiskurs in den Text eingeführt wird. Beim zweiten Phänomen handelt es sich um ein in den einzelnen Ausgaben gedrucktes deutsch-slowenisches Glossar, das angesichts der seriösen Zeitungsthematik und Tendenz zur Qualitätszeitung salient erscheint.

3.3.1 Sprachkompetenzbezogene (Teil-)Diskurse

Bei der diskursiven Thematisierung der Deutschkenntnisse geht es um den Nebendiskurs „Sprachkompetenz“, der die Sprachkenntnisse im Deutschen thematisiert. Solche Diskursstränge begleiten vorwiegend einen Hauptdiskurs, in dem auf die politische oder kulturelle Geschichte, aktuelle Kulturveranstaltungen und ihre Mitwirkenden sowie auf ehemalige und gegenwärtige Angehörige der Minderheit fokussiert wird. Das Diskursthema „Sprachkompetenz“ wird als Teildiskurs in fast allen Ausgaben entweder explizit oder implizit realisiert.

Dafür gibt es in der „Laibacher Zeitung“ mehrere Belege. Als Beispiel für die explizite Bezugnahme auf Deutschkenntnisse sei eine Dialogsequenz aus dem Interview mit August Gril, einem markanten, in dem Kulturkreis der deutschen Minderheit exponierten Gottscheer, genannt (Abb. 4). Im Personen-Interview („Die Seele der deutschsprachigen Gruppe Volksgruppe“, LZ 7: 8), das auf die Selbstdarstellung der interviewten Person durch Erzählen und Kommentieren der eigenen Denk- und Lebensart abzielt, enthüllt Gril auch seine Meinung über die Sprachkompetenz in den Kulturvereinen. Er bedauert das bedrohte Gottscheerische und macht auf die Notwendigkeit des Deutschlernens aufmerksam. Die Lage veranschaulicht er durch die Bezugnahme auf die Sprachkenntnisse eines Angehörigen der Volksgruppe.

> *Die traurige Geschichte hat dazu geführt, dass es heute zu wenige Dialektsprecher gibt, die unseren Dialekt mit ihren Nachkommen gepflegt hätten. Hingegen können wir uns mit der deutschen Hochsprache identifizieren. Wie kann jemand ohne Deutschkenntnisse behaupten, dass er ein Deutscher ist. Eine der Grundaufgaben von allen Deutschen in Slowenien, nicht nur der Gottscheer, ist die Weitergabe der deutschen Schriftsprache. Hier haben wir einige gute Beispiele. Unser Vereinsobmann Darko Schweiger hat früher kaum Deutsch gesprochen. Jedoch hat er bis heute große Fortschritte gemacht. Als Vertreter der Nachkriegsgeneration ist er bemüht, dass deutsche Hochsprache in Slowenien an die nächsten Generationen weitergegeben wird. In den Vereinen werden Sprachkurse angeboten.*

In seinem Narrativ weist Gril treffend auf die Sprachproblematik der deutschen Minderheit hin: Die Angehörigen kämpfen mit mangelnden Deutschkenntnissen; zugleich sind sie sich der Tatsache bewusst, dass die deutsche Sprache für die Minderheitenidentität von grundlegender Bedeutung ist.

Stellenweise wird in der „Laibacher Zeitung“ auch implizit auf die individuelle Sprachkompetenzen hingewiesen. Dem deutsch- sowie slowenischsprachigen Begleittext zum nachstehenden Foto, auf dem ein Deutschstämmiger der jüngeren Generation abgebildet ist, ist Folgendes zu entnehmen:

> *Blaž Stanonik aus Pöllandtal in Oberkrain hat die feierliche Stunde souverän würdevoll in deutscher Sprache moderiert./Blaž Stanonik iz Poljanske Doline je dostjanstveno in suvereno povezoval prireditev v nemškem jeziku.* (LZ 9: 7)

Abb. 4: Sprachkompetenz als Identifikationsfaktor

Der Diskurs über die deutsche Sprache des Redners impliziert, wie wichtig die deutsche Sprachkompetenz für die Sichtbarkeit und Identität der deutschen Minderheit ist. Die Bezugnahme auf die individuelle Sprachkompetenz kann durchaus als unüblich bzw. als salient ausgewiesen werden, sowohl im Hinblick auf die binnendeutsche bzw. österreichische Presse als auch auf den Hauptdiskurs, der auf ein kulturelles Ereignis und seine kulturpolitische Relevanz fokussiert. Hierbei handelt es sich um einen Nebendiskurs, den man an mehreren Textstellen unterschiedlicher Textsorten zu diversen Hauptthemen in allen Ausgaben der „Laibacher Zeitung" erkennen kann. Da das Wissen durch Diskurse „konstruiert, legitimiert und distribuiert" (vgl. Roth, Wengeler und Ziem 2017: IX) wird, kann festgestellt werden, dass der im Sprach- und Kulturkontakt generierte Nebendiskurs die Wissenskonstruktionen zur Frage der ausreichenden Deutschkenntnisse in deutschen Kulturvereinen Sloweniens distribuiert und unter den (Neben-)Diskursthemen in der „Laibacher Zeitung" salient vorkommt.

3.3.2 Glossar als sprachdidaktisch-induziertes Zweisprachigkeitsphänomen

Dass die Sprachkompetenz ein wichtiges Anliegen der Zeitungsredakteure ist, ist an den eingebrachten zweisprachigen Listen von Lexemen bzw. Vokabeln deutlich, die in den letzten drei Ausgaben der „Laibacher Zeitung" im Layout unterhalb einiger ganzseitiger Texte vorkommen.

Deutsch!
Methodisch und praktisch

In der Zeitungsredaktion wollen wir unseren Leserinnen und Lesern zur Auffrischung ihrer Deutsch- bzw. Slowenischkenntnisse verhelfen. Zu diesem Zweck wurde ein kleines Wörterbüchlein mit wichtigen Vokabeln aus dem Leitartikel aus der „Laibacher Zeitung" erstellt. Wir wünschen Ihnen viel Spaß beim Lernen!

Krieg – vojna
Staatsbürgerschaft – državljanstvo
Minderheit – manjšina
Maßnahmen – ukrepi
ursprünglich – prvotno, izvorno
Missbrauch – zloraba
Gesetz – zakon
unmittelbar – neposredno
Öffentlichkeit – javnost
Arbeitsplatz – delovno mesto
Lehrer – učitelj

Abb. 5: Bemühungen um den Spracherhalt: Vokabellisten zur Auffrischung der Sprachkenntnisse (LZ 8: 6)

Auf das genannte Anliegen der Zeitung referiert ein rekurrenter Einleitungstext (Abb. 5), in dem der Wunsch zur *Auffrischung* der Sprachkompetenz in beiden Kontaktsprachen expliziert wird. Die Bezugnahme auf die deutsche und slowenische Sprache zugleich ist eine Nivellierungsstrategie, um den Ausbau der Deutschkenntnisse, um die es den Zeitungsakteuren eigentlich geht, neutraler ausfallen zu lassen. Darüber hinaus identifiziert sich die Zeitungsredaktion als wir-Erzähler (Abb. 5), der die Leserschaft in einem vertrauten Ton anspricht, z.B. *Wir wünschen Ihnen viel Spaß beim Lernen!*

Die zweisprachigen Wortlisten werden *Wörterbüchlein* genannt; die Wörter sind den einzelnen Zeitungsartikeln entnommen und sind auf derselben Seite zu finden. Dies scheint rezipientenfreundlich zu sein, da der Leser bei der Lektüre der Artikel direkt auf die Vokabeln zurückgreifen kann.

Der Komplexitätsgrad der aufgelisteten Wörter, die hauptsächlich Substantive und wenige Adjektive sind, ist unterschiedlich. Neben Basiswörtern wie *Krieg* und *Lehrer* werden auch Abstrakta wie etwa *Geistlichkeit* und *Staatsbürgerschaft* oder deverbale Ableitungen (*Enteignung, Anerkennung*), die durchaus zum elaborierten Code gehören, in die Wortliste aufgenommen. Beispielsweise beinhaltet eine von den Listen (LZ 9: 3) elf deutsche Substantive mit ihren slowenischen Entsprechungen (*Volksgruppe, Vertreibung, Rückgabe, Verfassung, Anerkennung, Muttersprache, Enteignung, Eintopf, Vertreter*).

Aus linguistischer bzw. grammatischer Sicht überrascht die Abwesenheit von grammatischen Angaben; so bleiben z.B. die Angaben zum Genus und Plural bei Substantiven aus, was auch dem interessierten Laien auffallen dürfte. Hinzu kommt noch, dass die polysemen Lexeme wie *Rückgabe, Verfassung, Anerken-*

nung erst durch das slowenische Äquivalent monosemiert werden. Die fehlenden Informationen können als Indiz für eine unreflektierte Einbindung von Wortmaterial für lernerspezifische Bedürfnisse gewertet werden.

Die zweisprachigen Listen lassen wiederum erkennen, dass die Primäradressaten, d.h. die Angehörigen der Minderheit, die deutsche Sprache nicht voll beherrschen. Das Glossar dient zur Motivierung, den deutschsprachigen Text zu lesen. Hierbei erweist sich die Mehrsprachigkeit der Pressetexte als Mittel der Unterweisung, Motivierung und Förderung von Sprachkompetenzen.

3.4 Soziokulturell bedingte Phänomene der Mehrsprachigkeit

3.4.1 Kulturspezifische Entlehnungen als Salienzen primär kulturbezogener Provenienz

Bei kulturell bedingten Phänomenen, die salient ausfallen, handelt es sich zunächst um einen Typus, der kulturspezifischer Provenienz ist und einem deutschsprachigen Leser, der mit den soziokulturellen Umständen im slowenischen und/oder minderheitenbezogenen Kulturkreis nicht vertraut ist, „fremdartig" erscheinen kann. Ein sprachliches Phänomen, das infolge des Kulturkontaktes salient erscheint, ist laut Földes (2021: 94, 2022: 137) als „Salienz primär kulturbezogener Provenienz" oder sogar als „Xenismus" aufzufassen.

Im Folgenden (siehe auch das erste Beispiel unter 3.2.4.) soll auf eine kulturspezifische Auffälligkeit hingewiesen werden, die lexikalisch reflektiert wird, denn ein Spezifikum des slowenischen soziopolitischen Kontextes wird ins Deutsche übertragen. Die Entlehnung *Denationalisierung* (slow. *denacionalizacija*) ist eine „Salienz kulturbezogener Provenienz", die den Prozess der Rückgabe von konfisziertem Vermögen (verschiedener Akteure, wie etwa der Katholischen Kirche, der vertriebenen Deutschen) im Nachkriegsjugoslawien benennt.

> [...] *die später im unabhängigen Slowenien auf Grundlage des Denationalisierungsgesetzes im Vergleich* [...] (LZ 8: 6)

Nach der Unabhängigkeitserklärung Sloweniens wurde auch ein Gesetz (dt. *Denationalisierungsprozess* < slow. *zakon o denacionalizaciji*) dazu erlassen. In der deutschen Formulierung ist daher eine soziokulturell induzierte Transfererscheinung auszumachen.

3.4.2 Deutsche Toponymika in Slowenien und ihr salienter Gebrauch

Des Weiteren ist in der „Laibacher Zeitung“ ein weiteres Sprachkontaktphänomen zu verzeichnen, das mit der sozialen Bedeutung der deutschen Sprache und den deutschen Toponymika im soziolinguistischen Kontext Sloweniens zusammenhängt. Als salient erscheint nämlich der Gebrauch von deutschen Namen für slowenische geografische Gegebenheiten. Diese Salienz erweist sich als ein sprach- und historiopolitsches Spezifikum, da die deutschen Namen für den slowenischen Raum – neben der üblichen referenziellen Bedeutung bzw. Monoreferenz und Individualbenennung (vgl. Nübling, Fahlbusch und Heuser 2015) – spezifische semantische Wissensbestände aufweisen. Die deutschen Namen waren vor 1918 in der Doppelmonarchie Teil des zweisprachigen toponymischen Namepaares (wie etwa *Laibach – Ljubljana, Bled – Veldes, Kranjska – Krain*) zumindest aus administrativen Gründen (vgl. Krevs Birk 2021: 127) wie auch dank der autochthonen deutschen Bevölkerung, die im slowenischen Sprachraum regional unterschiedlich vertreten war (in der Sprachinsel Gottschee, aber vor dem 20. Jahrhundert auch in Zarz und Deutschruth, in den größeren Städten wie Laibach, Krainburg, Cilli, Marburg usw.). Die sozialpolitische Semantik der deutschen Namen ist geschichtlich bedingt (vgl. Krevs Birk 2022b). Zusätzliche Konnotationen kamen allmählich im 20. Jahrhundert auf, nicht nur wegen der nationalsozialistischen Besatzung im Zweiten Weltkrieg, sondern auch als Folge des deutsch-slowenischen Kulturkampfes im 19. Jahrhundert in einem politischen Staatsrahmen mit deutsch(sprachig)er Obrigkeit. Der soziale Umgang mit den Deutschen nach 1945 und dem Deutschen als Muttersprache rief im sozialistischen Slowenien negative Konnotationen bei deutschen Namen hervor, was sich auch in der allgemeinen Meidung der deutschen Namen niederschlug.[4] Dies hatte zur Folge, dass die deutschen Toponymika in deutschsprachigen Texten, die im slowenischen Sprachraum entstehen, lediglich in spezifischen, vorwiegend historiografischen Kontexten, vorkommen.

Die „Laibacher Zeitung“ verfährt deklarativ anders: Sie bemüht die deutschen Namen – durch Revitalisierung – endonymisch zu gebrauchen, was auch das Deutsche als Minderheitensprache vor Ort, d.h. in Slowenien, stärken soll.

Erscheint der Name der Hauptstadt Sloweniens im slowenischen Text als *Ljubljana*, wird in deutschen Texten der „Laibacher Zeitung“ – nicht nur dank

4 Zur Verdeutlichung der Reichweite dieser Problematik soll erwähnt werden, dass die weitverbreitete Ansicht, die deutschen Toponymika wie etwa *Laibach, Krainburg, Marburg, Adelsberg, Gottschee, Rudolfswert* usw. zu meiden, auch im Germanistik-Studium in Ljubljana bis Ende des 20. Jahrhunderts vorherrschend war (vgl. Krevs Birk 2022b).

des aus dem 19. Jahrhundert tradierten Zeitungstitels – die Hauptstadt als *Laibach* benannt, z.B.

> *Laibach (chl). Der Dachverband der Kulturvereine der deutschsprachigen Volksgruppe in Slowenien hat im Jahr 2019 die einstimmigen Beschlüsse zur Auszeichnung [...].* (LZ 8: 5)

In deutschen Texten werden die Namen für Orte Sloweniens also auf Deutsch, d.h. *Laibach, Marburg, Wippach, Gottschee, Krainburg, Stein* u.a. angeführt, was nicht nur bei Städten, sondern durchaus auch bei kleineren Ortschaften (z.B. dt. *Großlupp*, slow. *Grosuplje*, siehe das folgende Beispiel) der Fall ist:

> *Die Mitglieder und Freunde des Kulturvereins der deutschsprachigen Jugend haben sich am 20. Juni 2020 in Großlupp versammelt, um die* [...]. (LZ 10: 12)

Die deutschen Toponyme erscheinen selten übersetzt, wie etwa im Text „Gottscheer Weihnachtsbaum am Petersplatz im Vatikan“:

> *Die Fichte wuchs mitten auf einem Weideplatz in Hinterberg (Novi Lazi), wo* [...]. (LZ 10: 7)

Im Gegenteil dazu ist die Verwendung von Toponymika in slowenischen Texten tendenziell zweisprachig.[5] Darüber hinaus lässt die toponymische Zweisprachigkeit im slowenischen Text, die ungeachtet der Normwidrigkeit angewendet wird, eine Adressatenzuwendung erkennen, mit dem Ziel, die slowenischsprachige Leserschaft auch mit der deutschen Toponymik vertraut zu machen.

Das Phänomen ist eine Folge des Sprach- und Kulturkontaktes in einem spezifischen Kulturkreis, in dem die deutsche Sprachminderheit im slowenischen Raum ihre Sprachidentität durch eigene, einst endonymische Namen als Verortungsmarker ausweisen will. Der historische Endonym-Status von Namen wie *Laibach, Marburg an der Drau, Stein, Oberlaibach, Krainburg* usw. wird durch die Verwendung in der „Laibacher Zeitung“ offensichtlich revitalisiert. Darüber hin-

5 Im slowenischen Text kommen nicht nur Namenpaare für slowenische geografische Objekte vor, sondern sogar zweisprachige Namen für Ortschaften außerhalb Sloweniens, die jedoch zum historischen deutschen Sprachraum gehören, wie etwa bei slow. *Bratislava*/dt. *Preßburg*, was im Slowenischen eigentlich normwidrig ist. Mit dieser Normabweichung können mindestens zwei Funktionen assoziiert werden: Die Leser der slowenischen Texte werden im sprachdidaktischen Sinne über die deutschsprachigen Formative belehrt, zugleich wird auch die Indexikalität des Deutschen im benannten Referenzort signalisiert.

aus werden sogar die Namen für ehemalige Kronländer wie etwa *Krain* oder *Untersteiermark* revitalisiert. *Krain* bezieht sich auf das Gebiet des ehemaligen Kronlandes, das aktuell weder als Verwaltungseinheit noch als Landschaft anerkannt ist, und weist eine (kultur)historische Bedeutung auf.[6]

Aus dem soziohistorischen und -politischen Kulturkontakt resultiert die Revitalisierung von historischen Endonymen und wirkt im soziokulturellen Kontext Sloweniens salient; sie kann jedoch als ein sprachpolitisches Statement der „Laibacher Zeitung" aufgefasst werden.

4 Diskussion und Ausblick

Die Durchsicht der sprachlichen Phänomene und allgemeinen Sprachgestaltung in der „Laibacher Zeitung" verdeutlicht, dass es sich um eine Pressesprache handelt, die nach Földes (2018: 300) durchaus dem Typus der „Sprache der Medien über Politik"[7] zuzuordnen ist. Durch die Themenwahl, die betont die Minderheitenpolitik, -geschichte und -kultur in Slowenien aufgreift und diskursiv Vergleiche mit weltweit verbreiteten deutschen Minderheiten und ihrem gesellschaftlichen Status zieht, wird aus sprachlicher Sicht eine Qualitätszeitung angestrebt, die sich zum einen an den binnendeutschen und österreichdeutschen Zeitungen orientiert, zum anderen auch in der Tradition der Krainer deutschen historischen Presse stehen möchte. Dies lässt sich an den Einstellungen zu (kultur-)politischen Fragen und an der stilistischen Gestaltung der meinungsbetonten Texte ablesen, was jedoch eingehender in einer weiteren Studie zu untersuchen wäre. Die Textemittenten bemühen sich jedenfalls um eine standardsprachliche Realisierung der Texte, die sich der österreichischen Standardvarietät annähert (was zumindest an der Verwendung von Austriazismen wie *Jänner* oder *Vereinsobmann* zu erkennen ist), was angesichts des Kontaktes von einzelsprachlichen

---

6 Hierbei werden in der „Laibacher Zeitung" nicht nur Revitalisierungen in deutschen Texten, sondern auch in slowenischen beobachtet: Für dt. *Krain* wird slow. *Kranjska*, ein allgemein bekannter und historischer Name verwendet, der aktuell keinen Referenzträger (z.B. Verwaltungseinheit) hat.

7 Földes (2018: 300) unterscheidet in Anlehnung an Burkhardt (1996) mehrere Typen der politischen Sprache, die in einem modifizierten Baumdiagramm dargestellt werden. Die politische Sprache gliedert sich demzufolge in die „Sprache der Allgemeinheit über Politik", „Sprache der Medien über Politik" und „Sprache der Politik", die im nächsten Schritt in „Politikersprache" und „Sprache in der Politik" weiter unterteilt wird.

Standardvarietäten (Standardslowenisch und österreichische Standardvarietät) im kommunikativen Raum einst koexistenter Sprachen nicht verwundern kann.

Beobachtbar scheint auch zu sein, dass in deutscher Sprache eine Gestaltung der Zeitung anvisiert wird, die möglicherweise ohne kontaktsprachlich motivierte Transferenzen ausfallen soll: Dies kann man an der Abwesenheit von adhoc-Entlehnungen bzw. lexikalischen Transfers aus dem Slowenischen erkennen, was als Indiz zu werten wäre, eine Qualitätszeitung zu veröffentlichen, in der eine Standardvarietät des Deutschen ohne Entlehnungen aus der jeweils anderen Sprache verwendet wird. Damit würde eine elaborierte Sprache Anwendung finden, die sich an den Normen der österreichischen Standardvarietät orientiert. Dieses Vorhaben, das an Hyperkorrektheit grenzt, wird auch durch die Abwesenheit von Anglizismen signalisiert.[8] In dieser Hinsicht richtet sich die aktuelle „Laibacher Zeitung“ nach einer Sprachstufe, in der Anglizismen im Deutschen nicht so frequent waren. Darüber hinaus deutet die Vermeidung von slowenischen und englischen Transferenzen auf einen antiquierten sprachlichen Standard hin, der u.a. charakteristisch für den Zeitungsstil der ehemaligen deutschsprachigen Presse der Krain war, denn in den Zeitungstexten der historischen „Laibacher Zeitung“ wie auch des „Laibacher Tagblattes“ kommen englische Lehnwörter und slowenischsprachige Transferenzphänomene kaum oder gar nicht vor (siehe Krevs Birk 2022a).

Im soziokulturellen Kommunikationsrahmen der Zeitung, in dem die deutschen Texte in Kontakt mit dem Slowenischen stehen, sind die sprach- und kulturkontaktinduzierten Phänomene eigentlich nicht zu übersehen. In dem deutschsprachigen bzw. österreich-deutschsprachigen Zeitungsteil treten sprachliche Phänomene hervor, die auffällig sind in Bezug auf die Standardvarietät und als Salienzen unter kontaktlinguistischem Aspekt zu interpretieren sind. Die sprachkontaktinduzierten Phänomentypen im deutschsprachigen Zeitungsteil wurden weitgehend anhand der Salienztypologie von Földes (2019, 2020, 2021, 2022) bestimmt; weitere sind speziell der Intention zuzuordnen, die Zeitung nicht ein-, sondern zweisprachig zu gestalten. Hierbei wurden mehrsprachige Konstrukte auf der Wort-, Text- und sogar Metaebene beobachtet.

Das Glossar als metasprachliches Rezeptionsinstrument hängt auch mit einem anderen Aspekt, der genauso salient erscheint, zusammen, nämlich der Sprachkompetenz, deren In-Frage-Stellung im Diskurs implizit und explizit distribuiert wird. Daraus ist ersichtlich, dass die deutschstämmige Leserschaft aus

8 Beispielsweise wurde in der Ausgabe 10 (S. 1) ein einziger Anglizismus entdeckt, der in der konstruierten direkten Rede (Ansprache des Chefredakteurs) vorkommt: *Weiters finden Sie die Fotos zu unseren Events, die wir im vergangenen Jahr erfolgreich durchführen konnten.*

dem slowenischen Raum unterschiedliche Deutschkenntnisse aufweist. Umgekehrt ist die „Laibacher Zeitung" als zentrales Presseorgan an der deutschen Sprache interessiert, da die Minderheitenfrage in Slowenien auch im Zusammenhang mit der Sprachenfrage steht. Einerseits wird die Identität durch Salienzen soziokultureller Natur wie etwa den Gebrauch von deutschen geografischen Namen ausgewiesen, die infolge der jahrzehntelangen Verpönung aus dem gesellschaftlichen Diskurs ausgeblendet wurden, andererseits ist die Zeitung zweisprachig gestaltet. Im Hinblick auf den Minderheitenstatus, der rekurrent im Hauptdiskurs der Zeitung vorhanden ist, ist die mehrsprachige Gestaltung konstruiert, um einen breiten Adressatenkreis bzw. slowenische Leser aus dem Kommunikationsraum des ehemaligen altösterreichischen Kontaktareals für die Minderheitenfrage zu motivieren.

Für die Bestätigung der angedeuteten Annahmen wäre es angebracht, in weiteren kontakt-, diskursiv- und soziolinguistischen Studien die Phänomene der sprachlichen Textgestaltung im slowenischsprachigen Teil der untersuchten Minderheitenzeitung sowie ihre sprach- und kulturkontaktinduzierte Provenienz zu erfassen und sie mit den Phänomenen aus dem deutschsprachigen Teil zu vergleichen. Dadurch könnte ein Gesamtbild der sprachlichen Gestaltung und soziokulturellen Funktionen erzielt werden. Genauso wäre diskursivlinguistisch zu überprüfen, wie der Diskurs in deutschen Texten realisiert ist und welche Tendenzen bezüglich der Mehrsprachigkeit und deren Phänomenologie in den aktuellen Zeitungsausgaben zu verzeichnen sind.

Literaturverzeichnis

Akstinat, Björn (und Arbeitsgemeinschaft Internationaler Medienhilfe) (Hrsg.) (2012–2013): *Handbuch der deutschsprachigen Presse im Ausland: Verzeichnis deutschsprachiger Zeitungen, Zeitschriften, Mitteilungsblätter und Jahrbücher außerhalb Deutschlands, Österreichs, Luxemburgs, Liechtensteins und der Schweiz.* Berlin: IMH.

Auer, Peter (2014): Anmerkungen zum Salienzbegriff in der Soziolinguistik. *Linguistik online* 66 (4), 7–20.

Birk, Matjaž (2000): *„--- vaterländisches Interesse, Wissenschaft, Unterhaltung und Belehrung ---": Illyrisches Blatt (Ljubljana, 1819–1849), literarni časopis v nemškem jeziku v slovenski provinci predmarčne Avstrije* (Zbirka Zora 11). Maribor: Slavistično društvo.

Birk, Matjaž und Uršula Krevs Birk (2021): Repräsentation städtischer Netzwerke in der Aufklärungszeit im Spiegel der deutschsprachigen Presse der Krain. In: Pelizäus, Ludolf (Hrsg.): *Les villes des Habsbourg du XVe au XIXe siècle: communication, art et pouvoir dans les réseaux urbains* (Studia Habsburgica 2), 117–132. Reims: Épure.

Ferenc, Mitja (2020): Das Schicksal der deutschen Sprachminderheit in Slowenien. *Linguistica* 60 (2), 227–243.

Földes, Csaba (2018): Politische Sprache und Interkulturalität – am Beispiel der Presse deutscher Minderheiten. In: Fábián, Annamária und Igor Trost (Hrsg.): *Sprachgebrauch und Politik. Grammatische, lexikalische, pragmatische, kulturelle und dialektologische Perspektiven* (Reihe Germanistische Linguistik 319), 299–317. Berlin, Boston: De Gruyter.

Földes, Csaba (2019): Die *Deutsche Allgemeine Zeitung*: Anmerkungen zur Sprache der kasachstandeutschen Presse. *Linguistica* 59 (1), 71–97.

Földes, Csaba (2020): Figuratives in der auslandsdeutschen Presse. *Kalbotyra* 73, 31–60.

Földes, Csaba (2021): Phraseologische Sprachkontaktprozesse und -phänomene in einem ungarndeutschen Vereinsblatt. *Schnittstelle Germanistik* 1, 81–98.

Földes, Csaba (2022): Auslandsdeutsche Mediendiskurse: sprachliche und interkulturelle Aspekte von Minderheitenzeitungen. *LiLi. Zeitschrift für Literaturwissenschaft und Linguistik* 52, 123–145.

Foucault, Michel (2008): *Die Hauptwerke* (Suhrkamp Quatro). Frankfurt a.M.: Suhrkamp.

Jesenšek, Vida (2021): *Beiträge zur deutschen und slowenischen Phraseologie und Parömiologie* (Zora 142). Maribor: Univerza v Mariboru, Univerzitetna založba.

Kramberger, Petra (2015): *„Alle guten Oesterreicher werden unser patriotisches Unternehmen unterstützen": Südsteirische Post (1881–1900), nemški časopis za slovenske interese* (Slovenske germanistične študije 11). Ljubljana: Znanstvena založba Filozofske fakultete.

Krevs Birk, Uršula (2019): Zu einigen Aspekten des Deutschen als Kontaktsprache des Slowenischen. *Linguistica* 59 (1), 155–173.

Krevs Birk, Uršula (2020): Überlegungen zu diskursiven Praxen über *östliches Europa* und deutschsprachige Minderheiten im slowenischen Raum. *Linguistica* 60 (2), 13–30.

Krevs Birk, Uršula (2021): Synchrone Betrachtung mehrsprachiger geografischer Namen des Sprachenpaares Deutsch–Slowenisch anhand digitaler Texte und Diskurse. *Linguistica* 61 (1), 113–136.

Krevs Birk, Uršula (2022a): Die österreichisch-ungarische Okkupation Bosniens und der Herzegowina in der deutschen Regionalpresse: ein diskurslinguistischer Blick auf das *Laibacher Tagblatt* aus dem Jahr 1878. In: Nicklas, Thomas und Matjaž Birk, (Hrsg.): *Aufklärungsdiskurse in der deutschsprachigen Regionalpresse Zentraleuropas 1800–1920* (Studia Habsburgica 3), 135–171. Reims: Épure.

Krevs Birk, Uršula (2022b): Diachrone diskursive Dynamik: Wissenskonstruktionen zu den deutschen Exonymen in Slowenien. *Deutsche Sprache. Zeitschrift für Theorie, Praxis, Dokumentation* 50 (3), 234–250.

Lipavic Oštir, Alja (2017): *Substandsprachliche Germanismen im Slowenischen* (Slavistik 2). Wien: LIT.

Miladinović Zalaznik, Mira (1994): *Das literarische und kritische Schaffen in der deutschen Zeitschrift Carniolia (Ljubljana 1838–1844) mit besonderem Hinblick auf das Vaterländische.* Ljubljana: [M. Miladinović Zalaznik].

Nicklas, Thomas und Matjaž Birk (Hrsg.) (2022): *Aufklärungsdiskurse in der deutschsprachigen Regionalpresse Zentraleuropas: 1800—1920/L'héritage des Lumières dans la presse de langue allemande en Europe centrale: 1800–1920* (Studia Habsburgica 3). Reims: Épure.

Nübling, Damaris, Fahlbusch, Fabian und Rita Heuser (2015): *Namen: Eine Einführung in die Onomastik* (Narr Studienbücher). Tübingen: Narr Francke Attempto.

Riehl, Claudia Maria (2014): *Mehrsprachigkeit. Eine Einführung*. Darmstadt: Wissenschaftliche Buchgesellschaft.

Riehl, Claudia Maria (2018a): Mehrschriftlichkeit. In: Harr, Anne-Katharina, Liedke, Martina und Claudia Maria Riehl: *Deutsch als Zweitsprache. Migration – Spracherwerb – Unterricht*, 209–235. Stuttgart: J. B. Metzler.

Riehl, Claudia Maria (2018b): Mehrschriftlichkeit und Transfer. In: Roche, Jörg und Elisabetta Terrasi-Haufe (Hrsg.): *Mehrsprachigkeit und Spracherwerb* (Kompendium DaF/DaZ 4), 187–198. Tübingen: Narr Francke Attempto.

Roth, Kersten Sven, Wengeler, Martin und Alexander Ziem (2017): Einleitung. In: Roth, Kersten Sven, Wengeler, Martin und Alexander Ziem (Hrsg.): *Handbuch Sprache in Politik und Gesellschaft* (Handbücher Sprachwissen 19), IX–XVII. Berlin, Boston: De Gruyter.

Spitzmüller, Jürgen und Ingo Warnke (2011): *Diskurslinguistik. Eine Einführung in Theorien und Methoden der transtextuellen Sprachanalyse* (De Gruyter Studium). Berlin, Boston: De Gruyter.

Thomaß, Barbara (2013): Mediensysteme vergleichen. In: Thomaß, Barbara (Hrsg.): *Mediensysteme im internationalen Vergleich* (UTB 2831), 12–45. Konstanz, München: UVK, Lucius.

Warnke, Ingo H. (2018): Diskurslinguistik – Verdichtete Programmatik vor weitem Horizont. In: Warnke, Ingo H. (Hrsg.): *Handbuch Diskurs* (Handbücher Sprachwissen 6), IX–XXXIV. Berlin, Boston: De Gruyter.

Warnke, Ingo H. und Jürgen Spitzmüller (2008): Methoden und Methodologie der Diskurslinguistik – Grundlagen und Verfahren einer Sprachwissenschaft jenseits textueller Grenzen. In: Warnke, Ingo H. und Jürgen Spitzmüller (Hrsg.), *Methoden der Diskurslinguistik. Sprachwissenschaftliche Zugänge zur transtextuellen Ebene* (Linguistik – Impulse & Tendenzen 31), 3–54. Berlin, New York: De Gruyter.

Žigon, Tanja (2001): *Nemško časopisje na Slovenskem* (Scripta, Zgodovina, nemcistika). Ljubljana: Študentska založba.

Quellenmaterial

Laibacher Zeitung (2017–). Informationsblatt der deutschsprachigen Volksgruppe in der Republik Slowenien. Nr. 1–10. Laibach/Ljubljana.

Laibacher Zeitung. https://laibacher-zeitung.si/ (letzter Zugriff 15.06.2022).

Deutschsprachige Gruppe in Slowenien. https://www.bmeia.gv.at/oeb-laibach/oesterreich-in-slowenien/deutschsprachige-volksgruppe-in-slowenien/ (letzter Zugriff 15.05.2022).

DWDS – Digitales Wörterbuch der deutschen Sprache. https://www.dwds.de/wb/während#d-1-2-2 (letzter Zugriff 15.06.2022).

Deutsche Pressesprache in der Russischen Föderation

Pavel Donec

„Anmerkungen der Redaktion" als Textelement in der deutschsprachigen Minderheitenpresse (am Beispiel der „Moskauer Deutschen Zeitung")

Zusammenfassung: Der ‚Text' als Kommunikationsgröße setzt sich einerseits strukturell aus dem eigentlichen Textkörper und mehreren begleitenden Elementen zusammen, die sowohl dem Autor, als auch fremden kommunikativen Subjekten gehören können, und wirkt andererseits mit mehreren äußeren Faktoren zusammen. Diese lassen sich entsprechend als Pre-, Post-, Meta-, Inter, Sub-, Trans-, (extraverbaler) Kon- und Intext bezeichnen. Die „Anmerkungen der Redaktion" lassen sich als „fremder" Intext auffassen.

In dem vorliegenden Artikel geht es um Anmerkungen der Redaktion in der „Moskauer Deutschen Zeitung", d.h. einem Expats-Medium, dessen Situation man als „intrakulturelle Kommunikation in der interkulturellen Umgebung" charakterisieren könnte. Analysiert wurden alle im Online-Archiv der Zeitung erhältlichen Ausgaben (1996–2022), die Zahl der Treffer belief sich auf insgesamt 104. Die Auswertung des Materials zeigte, dass die wichtigste Funktion von Anmerkungen der Redaktion einer Expats-Zeitung darin besteht, kulturspezifische serielle (Realia) sowie individuelle (hauptsächlich Orte, Personen, Ereignisse) Inhalte des Gastlandes zu erläutern. Zu ihrer Erläuterung werden meistens die Verfahren der Definition, Entlehnung (Transliteration), Lehnübersetzung und Erklärung durch Analogon herangezogen. Kommentiert durch Anmerkungen werden auch russischsprachliche Inklusen sowie Abbreviaturen. Zu den weiteren Funktionen der Redaktionsanmerkungen kann man die Berichtigung der Fehler des Interviewten, Beschreibung der kommunikativen Situation, Vergleich der Verhältnisse in der Russländischen Föderation (RF) und in der Bundesrepublik sowie implizite Kritik dieser oder jener Gegebenheiten im Gastland zählen.

Pavel Donec, Charkiw, Ukraine, E-Mail: pdonec@gmail.com

https://doi.org/10.1515/9783111247694-012

1 Zum textlinguistischen Status von „Anmerkungen der Redaktion“

Eine der wichtigsten Erkenntnisse der in den 70er bis 80er Jahren sehr populären, wenn überhaupt nicht der populärsten, Richtung der Sprachwissenschaft – der Textlinguistik – bestand darin, dass der ‚Text‘ als eine sprachliche Einheit (bzw. Einheit der Rede) ein komplexes Ganzes darstellt, welches durch unterschiedliche Mittel der Kohärenz und der Kohäsion zusammengehalten wird. Dabei wurde allerdings meistens die Tatsache übersehen, dass es in diesem Ganzen hierarchische Beziehungen gibt, dass es sich aus verschiedenen Elementen zusammensetzen kann und dass es von unterschiedlichen externen Faktoren abhängig ist (abgesehen vielleicht von der **Intertextualität**[1]). Viele von ihnen lassen sich mit Hilfe von präpositionalen Derivaten mit ‚Text‘ beschreiben.

Auch im Alltagsdiskurs ist der Begriff **Kontext** geläufig, die Linguisten unterscheiden zuweilen zwischen dem **verbalen** (textuelle Umgebung einer Äußerung) und dem **extraverbalen** (kommunikative Situation) Kontext. Im russischen Sprachgebrauch wird oft das Wort ‚подтекст‘ (**Subtext**) verwendet, worunter man meistens den verborgenen Sinn einer Äußerung versteht.

Die sowjetischen Begründer der Linguolandeskunde Vereščagin und Kostomarov führten seinerzeit den Terminus ‚затекст‘ (**Transtext**) ein; sie definieren ihn als Gesamtheit der Kenntnisse, welche sich auf die Zeit beziehen, von der die Rede in einem sog. „projektiven“[2] Text ist, bzw. auf die Zeit, in der der betreffende Text entstanden ist (1983: 164–165).

Bei der ebenfalls sowjetischen Wissenschaftlerin Arnolʹd (1981: 28), die im Rahmen der Textstilistik arbeitete, erscheint unter den von ihr angeführten sog. „starken Positionen“ im Text (sprachlichen Einheiten mit erhöhtem Textwert) der **Prätext** (Vortext), zu dem sie Titel, Vorwort, Prolog und Epigraph zählt. Damit zieht sie, wenn auch unbewusst, eine Grenze zwischen dem eigentlichen Text, dem **Textkörper**[3] und den ihn begleitenden Elementen.

In diesem Sinne lassen sich auch hervorheben: **Posttext** (Nachtext) – z.B. Nachwort (des Autors, des Herausgebers, des Übersetzers), Kolophone, Endnoten und Bibliographie in den wissenschaftlichen Artikel, Anhang in den Dissertationen usw., **Paratext** (Fußnoten, Anmerkungen am unteren Ende der Seite, Notizen des Autors, des Rezensenten, des Lehrers usw. am Seitenrand, Korrektur-

1 Vergleiche Beaugrande und Dressler (1981: 13).

2 Größtenteils handelt es sich dabei um fiktionale Texte.

3 Brown stellt auch die Glossen dem Haupttext gegenüber (2018: 46).

vorschläge von Redakteuren und Gutachtern) sowie **Intext** – die unmittelbar in den Textkörper integrierten Aussagen bzw. Elemente anderer Texte (z.B. Zitate), meistens fremden Ursprungs, zu denen auch die uns interessierenden **Anmerkungen** gehören.

Verschiedene Arten von ‚-texten‘ kann man mit Hilfe folgenden Schemas darstellen:

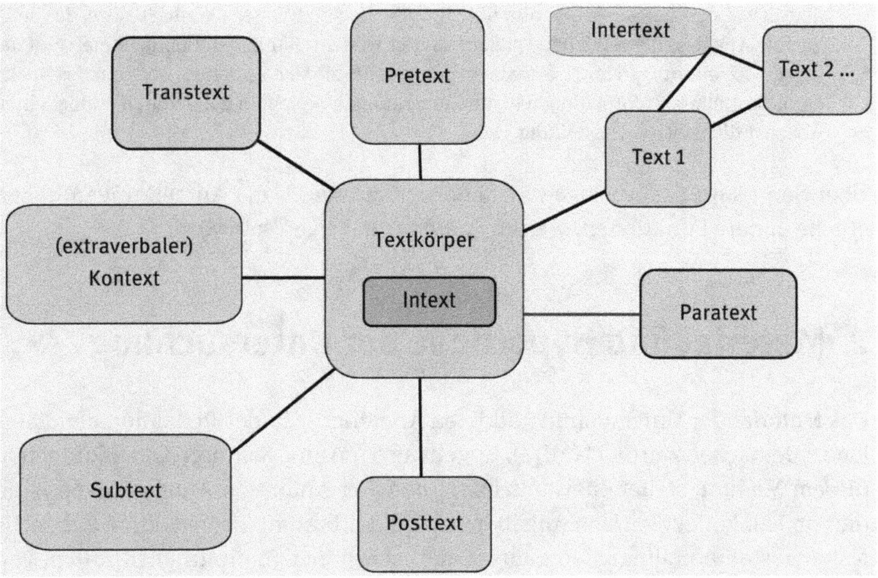

Abb. 1: -texte

Im Falle von Anmerkungen wäre auch die Frage der Autorschaft von Bedeutung: sie können dem eigentlichen Verfasser des Textes gehören („eigener“ In-, Para- oder Posttext), oder einer anderen Person bzw. einer „kollektiven Persönlichkeit“, z.B. Übersetzer, Herausgeber oder Redaktion („fremder“ In-, Para- oder Posttext).

Intentional wären die Anmerkungen der Redaktion dem Kommunikationsverfahren ‚Kommentieren‘ zuzuordnen, welches des Weiteren u.a. die Anmerkungen des Übersetzers oder des Herausgebers, deren mittelalterlicher Vorgänger wohl **Glossen** und **Marginalien** (vgl. Brown 2018: 46) waren, umfasst. Durch diese wurden Fremdwörter und andere für das Verständnis schwierige Textstellen entweder am Seitenrand oder zwischen den Zeilen erläutert. In der Translatologie knüpft an diese Tradition der Begriff ‚glossing‘ („erklärender Einschub nach einem Wort/einer Wortgruppe“ (Wolf 1999: 103)) an.

Die „Anmerkungen" als Teil eines Textes scheinen bisher nicht Gegenstand spezieller linguistischer Untersuchung gewesen zu sein – die Internetrecherche ergab jedenfalls nur einen einzigen passenden Treffer, und zwar in der deutschsprachigen Wikipedia:

> Im Buchwesen und generell in den Geisteswissenschaften bezeichnet man als Anmerkung einen Zusatz zu einer Textstelle, der nicht in den Text integriert ist, sondern typografisch von ihm so abgesetzt ist, dass er eine separate Einheit bildet. Anmerkungen sind insbesondere in wissenschaftlicher Literatur üblich. In der Regel enthalten sie auch Belege, das heißt genaue Angaben der Stellen in Quellen oder in wissenschaftlichen Publikationen, auf denen die Ausführungen im Text basieren oder auf die sie sich beziehen. Der Sinn des Auslagerns bestimmter Informationen in die Anmerkungen besteht in der dadurch ermöglichten Übersichtlichkeit der Darstellung.[4]

Über den „Sinn des Auslagerns" ließe sich streiten – die Anmerkungen haben etliche andere Funktionen, was im Späteren zu zeigen sein wird.

2 Material und Hypothese der Untersuchung

Das Material der Untersuchung bildeten Anmerkungen der Redaktion der „Moskauer Deutschen Zeitung" (MDZ). Es geht also um eine Zeitung; Anmerkungen in diesem Medium stellen meistens Intext dar. Der Autor von Anmerkungen ist in diesem Fall kollektiv: Nach Angaben von Földes besteht die Redaktion aus sechs fest angestellten bilingualen deutsch-russischsprachigen Journalist(inn)en, von denen vier Deutsch und zwei Russisch als Erstsprache (2022: 127) sprechen, – die meisten der Anmerkungen dürften von Trägern der deutschen Linguokultur initiiert worden sein.

Erfasst wurden alle Ausgaben der Zeitung, die in ihrem Online-Archiv für den Zeitraum von März 2016 bis Januar 2023 enthalten sind. Die Materialermittlung verlief relativ einfach – man brauchte dafür in das entsprechende Fenster mit dem 🔍-Zeichen lediglich den Stimulus „Anm. d. Red." einzugeben. Die Recherche ergab, dass es im Archiv 74 Artikel mit Anmerkungen der Redaktion gibt. Da in manchen Artikeln mehrere Anmerkungen vorkamen, beläuft sich ihre Zahl insgesamt auf 108.

Dass Expats-Zeitungen (Minderheiten-Zeitungen) Bezug zur interkulturellen Problematik haben, ist relativ offensichtlich, sie typologisch einzuordnen, ist allerdings nicht sehr leicht. Am besten wäre wohl, sie als „intrakulturelle Kommu-

---

4 Siehe https://de.wikipedia.org/wiki/Anmerkung (letzter Zugriff 22.01.2022).

nikation in der fremdkulturellen Umgebung“[5] einzustufen. Die Hypothese der Untersuchung bestand darin, dass Anmerkungen der Redaktion in dem Falle notwendig sind, wenn in den Texten spezifische Erscheinungen der Fremdkultur (ggf. der RF-Kultur) thematisiert werden.

Die mit solchen Erscheinungen korrelierenden sprachlichen Einheiten werden in der einschlägigen Literatur – vor allem in der Translationstheorie, Linguolandeskunde, Theorie der interkulturellen Kommunikation, Ethnopsycholinguistik und Linguokulturologie – terminologisch unterschiedlich bezeichnet: **äquivalenzlose Lexik**, **Realia** (**Realienwörter**), **Lakunen**, **Xenismen**, **Salienzen**[6] u.a.m. Dabei geht es größtenteils um einen Kreis ähnlicher Phänomene, allerdings werden sie aus unterschiedlichen Blickwinkeln betrachtet: Als Hürde bei der Übersetzung in der Translatologie, als Quelle landeskundlicher Informationen beim Fremdsprachenunterricht in der Linguolandeskunde, als Erscheinungsform der Wechselwirkung zwischen Sprache und Kultur in der Linguokulturologie, als Hindernis bei der Rezeption von fremdkulturellen Texten in der Ethnopsycholinguistik und in der Theorie der interkulturellen Kommunikation sowie als Auswirkung sprachlicher Interferenz in der Theorie der interlingualen Kommunikation. Aus einer Reihe von Gründen (ausführlicher dazu siehe Donec 2002) bevorzuge ich die Kategorie der **kulturspezifischen Inhalte**.

Es gibt ziemlich viele Klassifizierungsmöglichkeiten von Inhalten dieser Art; am wichtigsten wäre wohl die Unterscheidung zwischen **seriellen** (denen auf semasiologischer Ebene Gattungsnamen entsprechen) und **individuellen** Inhalten (Eigennamen auf semasiologischer Ebene). Einen besonderen Wert unter den letzteren besitzen Toponyme, Anthroponyme und Eventonyme (Ereignisnamen).

3 Resultate der Materialauswertung

3.1 Anmerkungen in Bezug auf serielle kulturspezifische Inhalte

In dem gesichteten Material fanden sich insgesamt 19 Beispiele der „klassischen“ Realia, z.B. nationaler Getränke und Gerichte:

5 In vielen Fällen stellen MDZ-Artikel Interviews mit Einheimischen dar und wären somit der „echten“ interkulturellen Kommunikation zuzurechnen.

6 Die beiden letzteren Termini wurden auch für die Analyse der deutschsprachigen Minderheitenpresse eingesetzt, vgl. Földes (2018 und 2022).

(1) *Ein russischer Militärarzt, Mitglied der russischen Corona-Hilfsmission für Italien, berichtet auf Facebook von einer kulinarischen Dankesgeste der Italiener. Diese hatten für die Katastrophenhelfer Borschtsch gekocht.*
Ukrainische User waren empört und warfen den Italienern daraufhin fehlende Achtung vor. Man hätte den Russen ***Schtschi*** *(russische Kohlsuppe,* Anm. d. Red.*) vorsetzen sollen, schimpften sie und posteten dutzende ukrainische Flaggen unter dem Beitrag.*[7]

Die in diesem Textfragment zu beobachtende Erläuterung durch Definition (Art/ Gattung) scheint überhaupt für Realia-Kommentierung ziemlich charakteristisch zu sein.

Besonders häufig (viermal) kommen im Material die Erklärungen des Währungswertes vor, z.B.:

(2) *Dann lasse ich die 17* ***Rubel*** *stecken, die eine Fahrt kostet, und habe so über den Tag etwas mehr für die schönen Dinge des Lebens zur Verfügung.* (Anm. d. Red.: 17 Rubel sind umgerechnet etwa 0,20 Euro).

Derselbe Artikel enthält ein weiteres Beispiel, welches ebenfalls der Realia-Klasse „Maße" zugeordnet werden kann:

(3) *Die* ***Fünf*** *auf dem Zeugnis habe ich sicher* (Anm. d. Red.: Das russische Notensystem ist spiegelverkehrt zum deutschen).[8]

Zu den Realia werden auch gewöhnlich gesellschaftliche Bewegungen gezählt:

(4) *Auf Facebook habe ich unlängst einige Architekturgruppen abonniert, allen voran* ***„Archnadsor"*** *(*Anm. d. Red.: Bewegung zum Schutz des Architekturerbes*). Seitdem werde ich geradezu überschüttet mit Nachrichten in der Tonlage von „Achtung, Achtung!" bis zu „Wir müssen Moskau vor der Zerstörung durch die Barbaren retten!". Jede Nachricht ist ein Aufschrei, dass Moskau dem Untergang geweiht ist, dass nichts mehr so ist wie früher.*[9]

---

7 Siehe https://mdz-moskau.eu/wem-gehoert-der-borschtsch/ (letzter Zugriff 22.01.2022). Die Hervorhebungen durch Fettdruck hier und in den folgenden objektsprachlichen Beispielen stammen vom Verf. Fettsetzungen aus dem Original hingegen sind nicht übernommen.

8 Siehe https://mdz-moskau.eu/die-alten-griechen-sind-auch-ohne-diktate-und-grammatik-ausgekommen/ (letzter Zugriff 22.01.2022).

9 Siehe https://mdz-moskau.eu/mein-moskau-die-geschichte-einer-annaeherung/ (letzter Zugriff 22.01.2022).

Das nächste Beispiel bietet in mehrerer Hinsicht Interessantes:

(5) *Voriges Jahr hat sich die Verkehrsanbindung nach Moskau verbessert. Bis dahin gab es nur Nachtzüge, jetzt verkehrt tagsüber die **„Schwalbe"** (*Anm. d. Red.: auf Russisch „Lastotschka", ein Regionalexpress auf Basis des Siemens Desiro*). Mit ihr ist man binnen vier Stunden in Moskau. Ein hochmoderner Zug, der täglich fährt und auch sehr gut angenommen wird. Das ist schon ein enormer Fortschritt.*[10]

Erstens wird in der Anmerkung neben der Übersetzung (*„Schwalbe"*) der transliterierte Xenismus *„Lastotschka"* angeführt, zweitens fällt die Erwähnung des Faktums auf, dass der Zug *auf Basis des Siemens Desiro* gebaut wird – offensichtlich spielt hier der pragmatische Faktor mit eine Rolle (Stolz auf „deutsche Qualität"). Es kann allerdings auch als Beispiel der Erläuterung durch Analogon aufgefasst werden. Noch deutlicher kommt diese im folgenden Fragment in Erscheinung.

(6) *Im Herbst 2020 habe ich bei **Ozon** (*Anm. d. Red.: Onlineversandhändler, das „russische Amazon"*) als Kurierin angefangen.*[11]

In manchen Anmerkungen wäre die Erläuterung durch das Analogon (ggf. Kameradenschinderei) wünschenswert, ist aber nicht von der Redaktion realisiert:

(7) *Es gibt aber auch ein anderes gewichtiges Pfund. Das sind die Reformen, wie die Beseitigung der **Dedowschtschina** (Anm. d. Red.: das Schikanieren junger Wehrpflichtiger durch dienstältere Soldaten) und der Übergang zum einjährigen Dienst, der das Klima in der Armee nachhaltig verbessert hat.*[12]

Als misslungen lässt sich auch die Anmerkung in dem unten folgenden Textfragment bewerten:

(8) *Wir sind einmal quer durch Kasachstan gefahren, haben mehrere Nächte im Auto und in einem kleinen Hotel geschlafen, einmal haben uns Leute bei sich*

---

10 Siehe https://mdz-moskau.eu/es-ist-alles-da-was-man-braucht-ein-bremer-ueber-die-wolgastadt-kostroma/ (letzter Zugriff 22.01.2022).

11 Siehe https://mdz-moskau.eu/geliefert-mein-alltag-als-kurierin-in-russland/ (letzter Zugriff 22.01.2022).

12 Siehe https://mdz-moskau.eu/wenn-die-armee-wichtiger-als-der-prasident-ist/ (letzter Zugriff 22.01.2022).

> *aufgenommen, die einen Tag früher als wir angekommen waren. Dieser ganze Exodus fühlt sich für mich wie eine große Erfahrung beim Aufbau horizontaler Strukturen an. Man kann so viele Witze über die **„Septemberkinder"** reißen, wie man will. (*Anm. d. Red.: „Septemberkinder" ist eine Anspielung auf die „Oktoberkinder", eine sowjetische Massenorganisation für Sieben- bis Neunjährige*).*[13]

Es geht in diesem Artikel um die vor der teilweisen Mobilmachung in der RF (die größtenteils im September 2022 stattfand) fliehenden jungen Männer. *„Septemberkinder"* wäre in diesem Fall keine Anspielung auf die *„Oktoberkinder"*, sondern eher eine scherzhafte Nachbildung, die wohl aus der zeitlichen Nähe von September und Oktober resultierte.

Hier kommt auch ein sprachspezifisches Element zur Geltung: Das russische Diminutivsuffix *-jonok* (Sing.)/*-jata* (*октябрёнок*/*октябрята*) musste durch das deutsche Substantiv *Kind* ersetzt werden. Als Analogon hätte man an die DDR-Realia **Jungpioniere/Thälmannpioniere** denken können.

3.2 Anmerkungen in Bezug auf individuelle kulturspezifische Inhalte

Diese Gruppe kulturspezifischer Inhalte ist im untersuchten Material weitaus mehr vertreten – insgesamt 36 Fälle. Davon entfallen 14 auf Personennamen, 14 auf Eventonyme und 8 auf Toponyme.

Unter den letzteren finden sich Regionennamen (***Karelien***, ***Inguschetien***), Stadtnamen (***Elista***), Straßennamen (***Arbat***) sowie lokale Moskauer Urbanonyme, z.B.:

(9) R: *Sie reden die ganze Zeit von der „Weiß-Werkstatt". Weiß, was soll das sein? Ein Nachname?*
S: *Nein, im* ***Winsawod*** *(*dt. Weinfabrik, ein Zentrum für Moderne Kunst, Anm. d. Red.*) wurde früher wirklich Wein hergestellt. Und die „Weiß-Werkstatt" ist der größte Raum dort.*[14]

---

13 Siehe https://mdz-moskau.eu/auf-der-flucht-wie-russen-von-heute-auf-morgen-nach-kasachstan-emigrierten/ (letzter Zugriff 22.01.2022).

14 Siehe https://mdz-moskau.eu/rus-was-willst-du-von-mir-kirill-serebrennikow-vor-gericht/ (letzter Zugriff 22.01.2022).

Im letzten Beispiel wird zur Erläuterung das Verfahren der Lehnübersetzung herangezogen.

Etwas befremdend wirkt, dass die Redaktion es für nötig hielt, das doch sicherlich europaweit bekannte ***Den Haag*** mit einer Anmerkung zu versehen:

(10) *Doch trotz der niedrigen Temperaturen ist die Stimmung ziemlich aufgeheizt. „Und du bist selber kein Hetzer?", ruft ein Mann und baut sich vor einem der Demonstranten auf, der ein Schild in den Händen hält. „Putin nach* ***Den Haag!****" steht darauf mit schwarzer Schrift. (Anm. d. Red.: Den Haag ist der Sitz des Internationalen Gerichtshofs der UN).*[15]

Unter den kommentierten Anthroponymen trifft man auf Schauspieler (*A.* ***Schirwindt***), historische Persönlichkeiten (*P.* ***Stolypin***), bedeutende Lokalpolitiker (*Ju.* ***Lushkov***), bekannte Miltärs (*S.* ***Kowpak***, *W.* ***Blücher***[16]) u.a.m.

Vereinzelt gab es Fälle, in denen nicht kulturspezifische Inhalte erläutert wurden:

(11) *Was dabei herausgekommen ist, hat bereits in späterer Zeit der deutsche Publizist Klaus Mehnert, ein Vertrauter von Adenauer, zu schildern versucht. Er wurde in Russland geboren, war der Enkel des Besitzers der Fabrik* **Einem** *(*Anm. d. Red.: Moskauer Süßwarenhersteller, zu Sowjetzeiten in „Roter Oktober" umbenannt*) und wurde ein sehr bekannter Politologe und Journalist.*[17]

Oder gar international bekannte:

(12) *Alle waren auf ihn (W. Putin – P.D.) fixiert, jeder wollte ein paar Worte mit ihm wechseln. Ich habe dann zumindest Selfies mit* **Iker Casillas** *und* **Roberto Carlos** *(*Anm. d. Red.: ehemaliger spanischer Nationaltorwart und früherer brasilianischer Nationalspieler*) geschossen.*[18]

---

15 Siehe https://mdz-moskau.eu/mit-fausten-und-fakalien/ (letzter Zugriff 22.01.2022)

16 Richtig transliteriert werden sollen hätte der Name *Блюхер* wohl als *Bljucher*.

17 Siehe https://mdz-moskau.eu/russischer-soziologe-gudkow-ueber-den-sowjetmenschen/ (letzter Zugriff 22.01.2022).

18 Siehe https://mdz-moskau.eu/aussenpolitik-von-gazprom-fussballturnier-der-superlative/ (letzter Zugriff 22.01.2022).

Zuweilen werden auch subkulturspezifische (spezifisch für die Kultur der „alteingessenen“ deutschen Minderheit in Russland) Inhalte erläutert:

(13) *Im Jahr 1956 schloss sie die Schule ab. Dieses Ereignis fiel zum Glück mit der sogenannten **„Befreiung“** vom Sondersiedlerstatus (*den deportierten Russlanddeutschen wurde 1954 genehmigt, die Sondersiedlungen zu verlassen – *Anm. d. Red.) zusammen und Nelli fuhr von der Kolyma in den 9000 Kilometer entfernten Ural, um dort zu studieren.*[19]

Da ziemlich viele Artikel der MDZ der Lage in anderen früheren UdSSR-Republiken gewidemet sind, tauchen auf ihren Seiten regelmäßig Persönlichkeiten aus diesen auf: ***Aliew***, ***Janukowitsch***, ***Selenskij*** u.a.m.:

(14) *Viele haben seine Serie **„Der Diener des Volkes“** (*Anm.d.Red.*: In der Comedy-Serie spielt Selenskij einen Lehrer, der zufällig ukrainischer Präsident wird und Filz und Korruption den Kampf ansagt) gesehen und denken nun, dass er genauso regieren wird. Ja, er hat Charisma und Talent, aber hinter ihm steht **Kolomojskij** (*Anm.d.Red.*: Dem ukrainischen Oligarch Ihor Kolomojskij gehört der Fernsehsender 1+1, auf dem Selenskijs Sendung läuft). Selenskij versucht nun zu beweisen, dass er eigenständig ist.*[20]

In diesem Segment kommt der Name einer ukrainischen TV-Serie vor. Diese (wie Filme, Bücher, Theaterstücke usw.) ließen sich als eine besondere Art von Eventonymen betrachten.

Eventonyme erfordern oft überdurchschnittlich lange Anmerkungen. Dasselbe gilt auch für Bezeichnungen wichtiger historischer Eregnisse, vgl.:

(15) *Darüber, ob es in der russischen Geschichte nicht auch Beispiele dafür gebe, dass das Volk sein Schicksal in die eigenen Hände genommen habe:*
*Der **Volksaufstand von Minin und Poscharskij** ist ein lehrreiches und trauriges Kapitel. (*Anm. d. Red.: Gemeint ist die Volkswehr aus der „Zeit der Wirren“, der es 1612 gelang, die polnischen Besatzer aus Moskau zu vertreiben.*)*
Ein Beispiel für die klassenlose Zivilgesellschaft: Man schloss sich zusammen, zog los und befreite die Heimat.[21]

---

19 Siehe https://mdz-moskau.eu/fuer-die-deutschen-aus-russland/ (letzter Zugriff 22.01.2022).
20 Siehe https://mdz-moskau.eu/mit-der-hoffnung-auf-wandel/ (letzter Zugriff 22.01.2022).
21 Siehe https://mdz-moskau.eu/alexej-lewinson-lewada-interview-alles-muss-besser-werden-und-nichts-soll-sich-aendern/ (letzter Zugriff 22.01.2022).

Ereignisse werden ziemlich oft durch ihr Datum benannt, vgl.:

(16) *Wann haben Sie zuletzt mit Ihren russischen Partnern gesprochen?* *Am* ***25. Februar****. (*Anm. d. Red.: Am 24. Februar begann Russland seine „Sonderoperation" in der Ukraine.*) Ich war vollkommen aufgebracht und habe einfach mal zum Hörer gegriffen, um Alexander Nikonow, den Direktor des Zentralmuseums der Streitkräfte der Russische Föderation, in Moskau anzurufen.*[22]

Manche Anmerkungen beziehen sich nicht auf einzelne konkrete Gegenstände, Personen, Ereignisse usw., sondern zielen darauf, impliziertes Wissen (etwa eine Präsupposition) zu rekonstruieren:

(17) *Wer nun glaubt, man müsse bestimmt Russisch sprechen, um auf Entdeckungstour durch die Stadt zu gehen, dem möchte ich sagen: Ich kenne Russland so, dass man immer alles möglich macht. Man ist in Nischnij Nowogorod auf jeden Fall auf ausländische Gäste eingestellt. Was in diesem Zusammenhang sicher eine Erwähnung wert ist: Zwischen Moskau und Nischnij Nowgorod ist der Ausbau der Zugverbindung im Gespräch. Die Strecke soll in Zukunft schon in 2,5 Stunden zurückgelegt werden können. (*Anm. d. Red.: Heute ist man mit den Expresszügen „Strisch" und „Lastotschka" in rund vier Stunden da, was Nischnij Nowgorod für Moskauer zum Tagesausflug macht.*)*[23]

An die rein kulturspezifischen Phänomene grenzen Sprachspezifika – z.B. Besonderheiten der russischen Personennamen:

(18) *Der* ***Schenja*** *(*Kosename für Jewgenija – Anm. d. Red.*), die nach dem Unfall auf der Intensivstation lag und künstlich beatmet werden musste, könnte ich nur eines empfehlen: sich weniger auf externe Faktoren zu konzentrieren, weniger auf fremde Meinungen zu reagieren. Und sich über Kleinigkeiten zu freuen. Das habe ich erst nach einer Weile gelernt.* **Jetzt** *müssen wir es alle lernen (*im Lockdown – Anm. d. Red.*).*[24]

---

22 Siehe https://mdz-moskau.eu/dieser-8-mai-wird-anders/ (letzter Zugriff 22.01.2022).
23 Siehe https://mdz-moskau.eu/nischnij-nowgorod-fuer-mich-ein-geheimtipp/ (letzter Zugriff 22.01.2022).
24 Siehe https://mdz-moskau.eu/ex-model-im-rollstuhl-vom-glueck-im-unglueck/ (letzter Zugriff 22.01.2022).

Die Anmerkung für *jetzt* ist ebenfalls charakteristisch und lässt sich als Konkretisierung von Nominationen mit allgemeiner und diffuser Bedeutung verstehen, zu denen die Interviewten nicht selten neigen (siehe auch das Beispiel 21 unten):

(19) ***„Alles, was weiter passierte** (nach Nürnberg,* Anm. d. Red.*), das sind Schritte politischen Charakters von einer Reihe führender deutscher Politiker, die (jeder für sich) Entschuldigungen für das Geschehene ausgebracht haben. Eine juristische Bewertung gab es bis heute nicht", zitiert die „Fontanka" Nikita Lomagin. „Und in diesem Sinne ist eine solche Bewertung natürlich notwendig, damit alle verstehen können, was passiert ist. Die Folgen langen Hungerns haben übrigens nicht nur Auswirkungen auf die, die den Hunger überlebt haben, sondern auch auf ihre Kinder und Enkel. Das ist alles heute noch aktuell."*[25]

Manchmal erscheint die Notwendigkeit der Anmerkung etwas zweifelhaft:

(20) *Die Position des Nachrichtenportals 7×7 (sprich sem na sem,* Anm. d. Red.*) aus Syktywkar, der Hauptstadt der nordrussischen Republik Komi, wird jedem Interessierten sofort klar. „Hör auf, Moskau zu lesen" – mit diesem Werbebanner wird der Besucher auf der Homepage begrüßt. Der Leser solle sich auf das „echte Leben in der russischen Provinz" gefasst machen. Und so versteht sich die Seite als regionales Informationsportal für den russischen Norden und die Wolga- und Uralregion.*[26]

4 Andere Funktionen von Anmerkungen der Redaktion

Die hier vertretene Hypothese, dass sich die meisten Anmerkungen auf kulturspezifische Erscheinungen beziehen, lässt sich als bestätigt auffassen – die Anmerkungen dieser Art stellen mit Abstand die größte Gruppe in dem erfassten Material.

Es gibt darin aber auch Beispiele, dass die Anmerkungen andere Funktionen erfüllen. Relativ häufig z.B. werden sie eingesetzt, wenn der Interviewte „auf der

25 Siehe https://mdz-moskau.eu/leningrader-blockade-ein-geplanter-voelkermord/ (letzter Zugriff 22.01.2022).
26 Siehe https://mdz-moskau.eu/neues-aus-dem-hinterland/ (letzter Zugriff 22.01.2022).

Welle seines Hintergrundwissens“ rudert und dem breiten Publikum unbekannte Fakten, Menschen usw. erwähnt, d.h. einen kommunikativen Fehler begeht:

(21) *Ich hatte schon ein paar Ersparnisse, nur nicht genug. Vor allem wenn man bedenkt, was ein Theaterstück für Kosten verursacht. Deshalb habe ich mich an verschiedene Einrichtungen wie das Goethe-Institut, die Schweizer Kulturstiftung Pro Helvetia und das Moskauer Kulturamt gewandt. Und sie haben mich unterstützt. „Rimini Protokoll“ wusste von den finanziellen Problemen überhaupt nichts. Als ich auf dem Theaterfestival von Avignon war, habe ich* ***Stefan Kaegi*** *(*Anm. d. Red.*: einer der drei Gründer von „Rimini Protokoll“) angeschrieben und ihm gesagt, dass ich als Privatunternehmer das Stück gerne in meiner Lieblingsstadt aufführen würde.* [...]
Als wir ***„Cargo Moscow“*** *(*Anm. d. Red.: *ein Stück über das Fernfahrerleben, dessen Handlung in der Fahrerkabine stattfindet) gemacht haben, wollten sie vorher unbedingt mit Fernfahrern reden.*[27]

Im untersuchten Material fand sich sogar ein Beispiel, wo ein deutsches Toponym kommentiert werden musste:

(22) *„In unserem* ***Viertel*** *(*Köln-Chorweiler, Anm. d. Red.*) gibt es eine hohe Jugendarbeitslosigkeit und viele Familien, denen es wirtschaftlich nicht sehr gut geht. Dies führt immer wieder zu Drogenmissbrauch, weil die Menschen den Problemen entfliehen wollen“, erzählt der junge CDU-Politiker Roman Friedrich im Gespräch mit der MDZ.*[28]

Nicht selten werden Abbreviaturen mit Anmerkungen versehen:

(23) *Ja und nein – inzwischen haben wir das Orchester auf einen hohen Standard entwickelt, worüber die wiederholten Einladungen aus Moskau und aus dem Ausland, zum Beispiel London und Edinburgh, Zeugnis ablegen. In diesem Sinne ja, da das Orchester jetzt wirklich auf hohem Niveau ist. Wie* ***IMG*** *[der Konzertveranstalter, Anm. d. Red.] in London konstatiert hat, ist es eines der*

---

27 Siehe https://mdz-moskau.eu/auf-der-suche-nach-neuen-eindruecken/ (letzter Zugriff 22.01.2022).
28 Siehe https://mdz-moskau.eu/warum-russlanddeutsche-in-der-kommunalpolitik-aktiv-sind/ (letzter Zugriff 22.01.2022).

besten russischen Orchester. Aber es ist eigentlich zufällig gekommen. Nach der Perestroika hatten einige russische Orchester mich auf der Liste.[29]

Verständlich für eine Expats-Zeitung sind Vergleiche zwischen deutschen und RF-Verhältnissen, vgl.:

(24) *Hat Russland mit dem Lockdown vielleicht zu lange gewartet, wo man doch den Verlauf der Pandemie in Europa vor Augen hatte?*
*Was die offiziellen Infiziertenzahlen betrifft, so waren die in Deutschland höher als in Russland, als jeweils der Lockdown in Kraft getreten ist. (*Anm. d. Red.: Das war in Deutschland am 23. März bei 4183 Neuinfektionen an diesem Tag und in Russland am 30. März bei 500 der Fall.*) Von daher nein. Die spannende Frage ist für mich nicht, ob der Lockdown zu spät kam, sondern ob man ihn überhaupt braucht.*[30]

Manche Anmerkungen hängen mit dem kommunikativen Faktor ‚Situation' zusammen:

(25) *Als wir in Togliatti waren, sind wir auf einen gerade erschienenen Stern-Artikel über die Stadt aufmerksam geworden. Er zeichnet ein sehr düsteres Bild von der Stadt: Drogen, Kriminalität und so weiter. Das hat mich ein bisschen getroffen. Ich habe das anders erlebt, ich habe überhaupt meine Russlandreisen anders erlebt. (Anm. d. Red.: An dieser Stelle gab es lebhafte Reaktionen unter den Rotariern – Vertretern der deutschen Wirtschaft in Russland – im Saal. Es fielen Sätze wie „Das sagen alle Deutschen" und „Wir erleben sehr viel anders".) Die Berichterstattung über Russland in Deutschland ist doch sehr eingefärbt. Ich konnte den Artikel nicht bis zu Ende lesen und wollte das auch nicht.*[31]

---

29 Siehe https://mdz-moskau.eu/mansch-und-kuenstler-thomas-sanderling/ (letzter Zugriff 22.01.2022).

30 Siehe https://mdz-moskau.eu/ein-deutscher-ueber-corona-in-russland-vieles-nur-auf-dem-papier/ (letzter Zugriff 22.01.2022).

31 Siehe https://mdz-moskau.eu/christian-tiffert-im-rollstuhl-nach-sibirien/ (letzter Zugriff 22.01.2022).

In einigen Fällen spielte die zeitliche Diskrepanz zwischen dem Interview und seinem Erscheinungsdatum eine Rolle (im Prinzip auch eine Dimension des Faktors ‚Situation'):

(26) *Wie beurteilen Sie die kurzfristigen Perspektiven?*
*Wir rechnen damit, dass der Juni unterm Strich sehr gut für uns ausfällt. (*Anm. d. Red.: Das Interview fand Ende Juni statt.*) Das Kaufinteresse ist jedenfalls da und unsere russlandweit 24 Händler sind hochmotiviert. Was Russland als Ganzes betrifft, so ist das ein starkes und reiches Land. Es hat schon viele Schwierigkeiten gemeistert und wird sicher auch mit dieser Misere fertig werden.*[32]

Oben (Beispiel 5) wurde bereits erwähnt, dass bei Anmerkungen auch der pragmatische Faktor eine Rolle spielen kann. Als Expats-Zeitung muss die MDZ gegenüber dem Aufenthaltsstaat loyal bleiben; es gab im untersuchten Korpus dennoch Fälle, wo unterschwellige ideologische Misshelligkeiten durchsickerten.

In der MDZ-Ausgabe vom 27.04.2017 erschien ein Beitrag von Tino Künzel, in dem er die Reaktionen der tschetschenischen Funktionäre, Journalisten, Geistlichen usw. auf den Artikel „Ehrenmord" in der oppositionellen „Nowaja Gaseta" zusammenstellt, in der über Razzien gegen homosexuelle Männer in Tschetschenien, von Folter, sogar von Todesopfern berichtet wurde. Es kamen in diesem Beitrag auffallend viele Anmerkungen der Redaktion vor:

(27) *Die Grenzen kann ich nicht ziehen, eines aber sagen: Selbst wenn im Umgang mit* ***diesen Leuten*** *(*Anm. d. Red.: gemeint sind Schwule*) zum Äußersten gegriffen wird, stößt das in der Gesellschaft, in der wir leben, nicht auf Widerstand.* [...]
Für mich sind ***diese Leute*** *(*Anm. d. Red:: [sic] die Autoren der „Nowaja Gaseta"*) gar keine Menschen. Dieses Wesen wird nach den Buchstaben des Gesetzes zur Verantwortung gezogen. [...]*
Ihr Journalisten solltet dafür sorgen, dass diese käuflichen ***Schaitane*** *(*Anm. d. Red.: böse Geister, gemeint sind die Autoren der „Nowaja Gaseta"*) das tschetschenische Volk um Verzeihung bitten, dass sie auf die Knie fallen, weil sie uns beleidigt, herabgewürdigt und beschuldigt haben.* [...]
Ich war ehrlich gesagt verblüfft, dass ein so altes und geschätztes Parlament die Zeit gefunden hat, den stellvertretenden Minister anzuhören, der aus-

32 Siehe https://mdz-moskau.eu/porsche-in-russland-juenger-weiblicher-suviger/ (letzter Zugriff 22.01.2022).

schließlich mit Gerüchten operiert hat. In Tschetschenien gibt es keine ***LGBDT*** *(*Anm. d. Red.: so wurde die Bezeichnung von Karimow benutzt*), ich weiß nicht einmal, wofür das eigentlich steht. Ich weiß nur, dass es nichts Gutes ist.*[33]

Ein Spezifikum der gesetzlichen Regelung der Massenmedien in der RF ist, dass diese verpflichtet sind, bei Erwähnung von bestimmten Organisationen und Personen, die der Staat für terroristisch und extremistisch hält, anzugeben, dass sie auf der sog „Rosfinmonitoring-Liste" stehen. Die MDZ muss sich auch dieser Verordnung fügen, macht es aber sichtlich unwillig. Ein Indiz dafür könnte sein, dass sie die entsprechende Anmerkung als Endnote (d.h. im Posttext, mit Asterisk) – ein einziges Mal im erfassten Stoff – platziert:

(28) *Würden Sie sagen, dass Stand-up-Clubs eine Art Zufluchtsort für politisch Aktive sind?*
Das würde ich nicht sagen. Politische Elemente nehmen nur einen kleinen Teil der Shows ein. Ich zum Beispiel habe in meinem neuen Special nur zehn Minuten politisches Material. Und das ist vergleichsweise schon viel. Viele Leute konsumieren politische Inhalte. Sie schauen sich Videos von Nawalnyj (Ale*xej, Anm. d. Red.*) oder politischen Bloggern an, sie kommen zu Comedy-Shows. Doch politisch aktiv im engeren Sinne sind sie nicht.*
*Alexej Nawalnyj steht auf der Liste von Terroristen und Extremisten von Rosfinmonitoring.[34]

5 Schlussfolgerungen und Perspektiven

Anmerkungen der Redaktion sind ein häufiges Intext-Element in der Presse. In den Expats-Zeitungen besteht ihre wichtigste Funktion darin, kulturspezifische serielle (Realia) sowie individuelle (hauptsächlich Orte, Personen, Ereignisse) Inhalte des Gastlandes zu erläutern. Zu ihrer Erläuterung werden meistens die Verfahren der Definition, Entlehnung (Transliteration), Lehnübersetzung und Erklärung durch Analogon herangezogen.

Kommentiert durch Anmerkungen werden auch russischsprachliche Inklusen sowie Abbreviaturen. Zu den weiteren Funktionen der Redaktionsanmerkun-

33 Siehe https://mdz-moskau.eu/reaktionen-aus-tschetschenien-zu-zeitungsberichten-ueber-verfolgung-von-homosexuellen/ (letzter Zugriff 22.01.2022).

34 Siehe https://mdz-moskau.eu/comedian-oleg-denissow-im-interview/ (letzter Zugriff 22.01.2022).

gen kann man die Berichtigung der Fehler der Interviewten, die Beschreibung der kommunikativen Situation, den Vergleich der Verhältnisse in der RF und in der Bundesrepublik sowie die implizite Kritik dieser oder jener Gegebenheiten im Gastland zählen.

In der Perspektive wäre es von Interesse, die Anmerkungen der MDZ-Redaktion mit denen anderer Expats-Zeitungen zu vergleichen. Darüber hinaus dürfte man auf Grund der gewonnenen Resultate behaupten, dass Anmerkungen insgesamt und Anmerkungen der Redaktion speziell an sich ein interessantes Forschungsobjekt darstellen und eine größere Aufmerksamkeit seitens der Text- und der Diskurslinguistik verdienten.

Literaturverzeichnis

Arnol'd, Irina (1981): *Stilistika sovremennogo anglijskogo jazyka (Stilistika dekodirovanija)*. 2. izd., pererab. Leningrad: Prosveščenie.

Beaugrande, Robert-Alain de und Wolfgang U. Dressler (1981): *Einführung in die Textlinguistik*. Tübingen: Max Niemeyer.

Brown, Michelle (2018): *Understanding Illuminated Manuscripts, A Guide to Technical Terms*. 2. Aufl. Los Angeles: The J. Paul Getty Museum.

Donec, Pavel (2002): *Grundzüge einer allgemeinen Theorie der interkulturellen Kommunikation* (Ukrainische Beiträge zur Germanistik 3). Aachen: Shaker.

Földes, Csaba (2018): Xenismen in der auslandsdeutschen Pressesprache. Reflexionen anhand der Moskauer Deutschen Zeitung. In: Meier, Jörg (Hrsg.), *Jahrbuch des Bundesinstituts für Kultur und Geschichte der Deutschen im östlichen Europa* 26: *Sprache*, 121–144. München: De Gruyter Oldenbourg.

Földes, Csaba (2022): Auslandsdeutsche Mediendiskurse: sprachliche und interkulturelle Aspekte von Minderheitenzeitungen. *Zeitschrift für Literaturwissenschaft und Linguistik (LiLi)* 52, 123–145.

Vereščagin, Evgenij und Vitalij Kostomarov (1983): *Jazyk i kul'tura: lingvostranovedenie i prepodavanie russkogo jazyka kak inostrannogo*. Izd. 3-e, pererab. i dop. Moskva: Russkij jazyk.

Wolf, Michaela (1999): Postkolonialismus. In: Snell-Hornby, Mary, Hönig, Hans G., Kußmaul, Paul und Peter A. Schmitt (Hrsg.), *Handbuch Translation*, 102–104. 2., verb. Aufl. Tübingen: Stauffenburg.

Deutsche Pressesprache in Kasachstan

Aigul Bizhkenova und Markus Hartmann

Genusintegration kasachischer Realienbezeichnungen in die Sprache der Deutschen Allgemeinen Zeitung im Vergleich zur Genusintegration von Anglizismen ins Deutschlanddeutsche

Zusammenfassung: Der vorliegende Aufsatz fokussiert die Sprache der Deutschen Allgemeinen Zeitung (DAZ) in Kasachstan und setzt sich zum Ziel, die Genusintegration kasachischer Realienbezeichnungen mit der Genuszuweisung deutscher Substantive und im Besonderen mit der Genusintegration von Entlehnungen aus dem Englischen ins Deutschlanddeutsche zu vergleichen. Es steht zu erwarten, dass die Mechanismen, die bereits für Anglizismen ins Binnendeutsche etabliert sind, sich grundsätzlich auch in der deutschen Pressesprache in Kasachstan wiederfinden, zumal das Englische als Lehngeber nicht über ein sexusunabhängiges grammatisches Genus verfügt und das Kasachische als Lehngeber hierin vergleichbar ist. Es können sich aber auch Abweichungen und Unterschiede ergeben: 1) aufgrund der zu den Entlehnungen führenden andersgearteten Sprachkontaktsituation, 2) aufgrund der Distanz dieses Auslanddeutschen zum Binnendeutschen, 3) aufgrund der Tatsache, dass das Kasachische als Lehngeber keine germanische und sogar weiter keine indogermanische Sprache ist, und damit aufgrund abweichender kognitiv-linguistischer Strukturen im Bereich Sexus, der im Englischen eingeschränkt lexikalisch und generell pronominal, im Kasachischen jedoch lediglich eingeschränkt lexikalisch abgebildet wird.

Aigul Bizhkenova, Astana, Kasachstan, E-Mail: bizhkenova_aye@enu.kz;
Markus Hartmann, Erfurt, Deutschland, E-Mail: markus.hartmann@uni-erfurt.de

https://doi.org/10.1515/9783111247694-013

1 Einleitung

1.1 Zur deutschen Sprache in Kasachstan

Das heutige Kasachstan ist mit seinen 20 Millionen Einwohnern[1] ein multiethnisches und multilinguales Land: Während die jüngeren Volkszählungen die genaue Anzahl der in Kasachstan lebenden Völkerschaften nicht vollständig ausweisen,[2] sind immerhin in der Volkszählung von 1989 fast 130 Nationalitäten für die Kasachische Sozialistische Sowjetrepublik (SSR) aufgelistet.[3] Die Geschichte der deutschstämmigen Bevölkerung in Kasachstan geht dabei bis auf das Ende des 19. Jahrhunderts n. Chr. zurück. So weist der Zensus von 1897 z.B. für das Gebiet Aqmola 4.791 deutsche Muttersprachler aus.[4] Nach der Volkszählung von 1989 erreichte die Zahl der Deutschen in der Kasachischen SSR mit 957.518[3] ihren Höhepunkt. 2021 erklärten sich in Kasachstan nur noch 226.092 als Deutsche, von denen 77.252 Deutsch als ihre Muttersprache angaben.[5] Mit dem Gesetz 151-I von 1997 wurde allen Sprachen in Kasachstan freie Verwendung und Förderung zugesprochen (Artikel 6), wiewohl als offizielle Sprachen Kasachstans Kasachisch und Russisch deklariert wurden (Artikel 4 und 5).[6] Da die überwiegende Zahl der

---

1 Siehe https://stat.gov.kz/ru/news/chislennost-naseleniya-kazakhstana-dostigla-20-millionov/ (letzter Zugriff 01.12.2023). In einem Aufsatz über Genus sei nur kurz darauf hingewiesen, dass die vorliegende und alle weiteren entsprechenden Formen im Text das generische Maskulinum repräsentieren.

2 Siehe The Agency of Statistics of the Republic of Kazakhstan: The Results of the National Population Census in 2009, S. 7. https://web.archive.org/web/20120425112029/http://www.eng.stat.kz/news/Documents/eng_ПН2009_1112_1new.ppt (letzter Zugriff 01.12.2023) und Agency of the Republic of Kazakhstan for Strategic Planning and Reforms. National Bureau of Statistics: National composition, religion and language proficiency in the Republic of Kazakhstan. Results of the National Population Census of 2021 in the Republic of Kazakhstan, S. 243. https://stat.gov.kz/upload/medialibrary/cee/3rsfg8ps3xo19orb284esg4rx27ihqf7/Национальный состав.pdf (letzter Zugriff 01.12.2023).

3 Siehe https://www.demoscope.ru/weekly/ssp/sng_nac_89.php?reg=5 (letzter Zugriff 01.12.2023).

4 Siehe https://www.demoscope.ru/weekly/ssp/rus_lan_97.php?reg=118 (letzter Zugriff 01.12.2023).

5 Siehe Agency of the Republic of Kazakhstan for Strategic Planning and Reforms. National Bureau of Statistics: National composition, religion and language proficiency in the Republic of Kazakhstan. Results of the National Population Census of 2021 in the Republic of Kazakhstan, S. 243. https://stat.gov.kz/upload/medialibrary/cee/3rsfg8ps3xo19orb284esg4rx27ihqf7/Национальный состав.pdf (letzter Zugriff 01.12.2023).

6 Siehe https://adilet.zan.kz/kaz/docs/Z970000151_ bzw. https://adilet.zan.kz/rus/docs/Z970000151_ (letzter Zugriff 01.12.2023).

Zeitungen demnach in kasachischer und russischer Sprache erscheinen, kommt der Deutschen Allgemeinen Zeitung als einziger deutschsprachiger Wochenzeitung eine wichtige Rolle für Erhalt und Förderung der deutschen Sprache in Kasachstan zu.

1.2 Die Deutsche Allgemeine Zeitung (DAZ) in Kasachstan

Da die Deutsche Allgemeine Zeitung (DAZ)[7] bereits in Földes (2019 und 2022) ausführlich behandelt und vorgestellt wurde, soll hier eine knappe Einordnung genügen: Die DAZ wurde am 1. Januar 1966 in Zelinograd (heute Astana) als fast täglich erscheinendes kommunistisches Parteiblatt gegründet, damals unter dem Namen „Freundschaft“:

Proletarier aller Länder, vereinigt euch!

Freundschaft

HERAUSGEGEBEN von „SOZIALISTIK KASACHSTAN“

Nr. 1 SONNABEND, 1. JANUAR 1966
PREIS 2 KOPEKEN

NEUJAHRSBOTSCHAFT AN DAS SOWJETVOLK

Liebe Landsleute!
Liebe Genossen und Freunde!

Das Jahr 1965 geht in die Geschichte ein. Das Sowjetvolk verabschiedet dieses Jahr mit guten Empfindungen. Das war ein Jahr der angespannten Arbeit und des Aufbaus, neuer Siege und Errungenschaften. Der Siebenjahrplan in der Industrie ist erfolgreich vollendet worden. Wir können auf die Ergebnisse der Erfüllung dieses Planes stolz sein. Der Umfang der Industrieproduktion ist in den verflossenen sieben Planjahren fast auf das Zweifache gestiegen.

Auch unsere Landwirtschaft ist vorangekommen. Die Werktätigen der Kolchose und Sowchose haben den Jahresplan für die Produktion von Erzeugnissen der Viehwirtschaft überboten und eine reiche Baumwollernte eingebracht.

Noch stärker sind die sowjetische Wissenschaft und Kultur erblüht. Der Sturm des Kosmos ging zuversichtlich weiter, und der erste Mensch, der ein Raumschiff im Weltall verließ, war ein Sowjetmensch.

Die Beschlüsse der Plenartagungen des ZK der KPdSU im März und September haben für die Entwicklung unserer Gesellschaft neue Aussichten eröffnet. Die Ökonomik unseres Landes hat einen mächtigen Anreiz zu einem beschleunigten Vormarsch erhalten. Die heldenhafte Arbeiterklasse, ruhmreiche Kolchosbauernschaft und unsere Volksintelligenz

werdet dieses Jahr empfangen und dabei an das denken, was Euch am Herzen liegt, an das Gestern und das Morgen unserer sozialistischen Heimat, an unsere ganze große und herrliche Sowjetfamilie. Ihr werdet dieses Jahr mit Gedanken über Euer Vaterland empfangen, das die große historische Mission übernommen hat, der Pionier des kommunistischen Aufbaus zu sein.

Ein wichtiges Ereignis im kommenden Jahr ist der bevorstehende XXIII. Parteitag der Kommunistischen Partei. Die Sowjetmenschen bereiten ihm einen würdigen Empfang.

Das Zentralkomitee der Kommunistischen Partei der Sowjetunion, das Präsidium des Obersten Sowjets der UdSSR und der Ministerrat der UdSSR entbieten Euch, teure Genossen und Freunde, von ganzem Herzen die wärmsten Grüsse und besten Wünsche für das anbrechende Jahr 1966!

Wir beglückwünschen Euch aufs wärmste zum Neuen Jahr, Euch Werktätige der Betriebe, der Kolchose und Sowchose, Euch Wissenschaftler, Kultur- und Kunstschaffende, Euch Kämpfer und Kommandeure unserer ruhmreichen Streitkräfte, die die friedliche Arbeit des Sowjetvolkes behüten, Euch, unsere teuren Frauen, unsere großartigen Jugendlichen, Euch, verehrte Veteranen der revolutionären Schlachten und der Arbeit!

Rudolf JACQUEMIEN

Zum Geleit

Es ist des Menschen Sprachbereich
wie eine Harfe vielbesaitet,
an Melodien und Worten reich,
bei deren Klang das Herz sich weitet.
Dem Worte Freundschaft hier gebührt
ein Ehrenplatz in erster Reihe,
weil tief es an die Herzen führt,
weil es ein Klang voll schlichter Weihe.
Der Freundschaft unter Menschen ist
der Sieg im Kampf ums Glück beschieden,
sie bannt den Haß, entlarvt die List,
denn Freundschaft — das bedeutet Frieden!
Sie ist wie eine Bruderhand,
bereit, in jeder Not zu helfen;
sie eint das weite Sowjetland,

Abb. 1: Ausschnitt aus der ersten Seite der vierseitigen Erstausgabe (Freundschaft Nr. 1, S. 1. http://archiv.daz.asia/article/75?search=&registry=&search_type=&year=1966&month=, letzter Zugriff 01.12.2023)

Heute erscheint sie online und gedruckt „wöchentlich mit einer Auflage von über 1.000 Exemplaren zweisprachig auf Deutsch und Russisch“[8] und informiert über die politische und wirtschaftliche Situation in Deutschland und Zentralasien, über kulturelle Ereignisse und über die Besonderheiten der Integration ethnischer Deut-

7 Online siehe https://daz.asia/ (letzter Zugriff 01.12.2023).

8 Siehe https://daz.asia/ueber-die-daz/ (letzter Zugriff 01.12.2023).

scher in ihre kasachische Heimat. Der anvisierte Leserkreis sind dabei die deutsche Minderheit im GUS-Raum, Spätaussiedler und Migranten in Deutschland, deutschsprechende Zentralasieninteressierte, Deutschlehrende und -lernende sowie deutschsprachige Geschäftsreisende und Touristen. Sitz der Redaktion ist Almaty.[9]

Abb. 2: Aktueller Internetauftritt der DAZ (https://daz.asia/blog/2023/01/, letzter Zugriff 01.12.2023)

Dabei erfordern die Themen der DAZ durch die Einbettung des Deutschen in den regionalen und kulturellen Kontext Kasachstans eine geeignete Wiedergabe kasachischer Realienbezeichnungen in deutscher Sprache, was oft durch Wortentlehnungen gelöst wird. Um diese Entlehnungen und im Besonderen ihre Integration in die deutsche Sprache in Bezug auf Genus soll es im Folgenden gehen.

2 Genuszuweisung im Rahmen der Fremdwortintegration

Die Übernahme eines fremden Wortes in die eigene Sprache verläuft über unterschiedliche integrative Schritte auf verschiedenen sprachlichen Ebenen: 1) auf

9 Siehe https://daz.asia/wp-content/uploads/2018/11/DAZ_mediadaten-2022.pdf (letzter Zugriff 01.12.2023) und https://daz.asia/ueber-die-daz/ (letzter Zugriff 01.12.2023).

phonetisch-phonologischer, 2) auf orthographischer, 3) auf syntaktisch-morphologischer und 4) auf semantischer Ebene, wobei die Nummerierung keinerlei feste Reihenfolge abbildet. Ein Lehnwort im engeren Sinn hat dabei alle vier Integrationstypen durchlaufen und ist damit von einem Erbwort nicht mehr zu unterscheiden. In Abgrenzung dazu ist ein Fremdwort in der Nehmersprache noch als fremd erkennbar, weil es noch nicht in den oben genannten vier Ebenen vollständig an die Nehmersprache angepasst ist. Während aber phonetisch-phonologische, orthographische, morphologische und semantische Integration für die Einbettung eines Wortes aus einer Sprache in die andere nicht initial und zwingend erforderlich sind, verhält es sich im Deutschen mit Genus als Teil der syntaktischen Integration grundlegend anders:

> Da die Genussysteme die Klassifikation von Nomina obligatorisch vorschreiben, muß jedes neue Nomen sofort klassifiziert werden, auch dann, wenn es den Klassifikationskriterien des Systems nicht entspricht. Das kann dazu führen, daß zusätzlich zu einer semantischen Basierung der Klassifikation phonetische und derivationelle Kriterien relevant werden, oder daß so etwas wie eine Restklasse entwickelt wird. (Köpcke und Zubin 1996: 488)

Kurzgesagt: Ohne Genuszuweisung ist ein entlehntes Wort im Deutschen als Substantiv singularisch nicht zu gebrauchen bzw. muss jedem entlehnten Substantiv direkt bei Erstgebrauch sofort eines der drei deutschen Genera zugewiesen werden.[10] Dies gilt ebenfalls für Zitatwörter und Eigennamen.

2.1 Mechanismen der Genuszuweisung bei deutschen Wörtern im Deutschlanddeutschen

Da die Genuszuweisung bei neu entlehnten Substantiven ins Deutschlanddeutsche offenbar auf Grundlage der intuitiv gefühlten Genuszugehörigkeit deutscher Substantive erfolgt,[11] empfiehlt sich vor der Analyse der substantivischen Entlehnungen ein knapper Blick auf die inzwischen in der germanistischen Linguistik für das Deutsche herausgearbeiteten Kriterien für eine Genuszuweisung deutscher Substantive.

Initial und grundlegend sind dabei immer noch die beiden Aufsätze von Köpcke 1982 sowie Köpcke und Zubin 1984, an die sich freilich in der Folge viele weitere Arbeiten zu diesem Thema anreihen. Wichtigster Kritikpunkt am von Köpcke

10 Alternativ kann auch die Praktik der Genusvermeidung (Fischer 2005: 215) zur Anwendung kommen.

11 Vergleiche Schulte-Beckhausen (2002: 32).

und Zubin angestoßenen Konzept der Genuszuweisung im Deutschen ist der von Fischer (2005: 115–116, 215) vorgebrachte, dass sich – anders als 1999: 151 und sogar noch 2020: 148–149 von Eisenberg zusammenfassend behauptet – mithilfe der gefundenen Mechanismen im Fremdsprachenlernerkontext keine ausreichend guten Vorhersagen für das korrekte Genus eines deutschen (dt.) Substantivs treffen lassen.[12] Prädiktive Kraft wohnt den Mechanismen der Genuszuweisung also nicht inne. Erklärende Kraft haben die im Folgenden zu benennenden Mechanismen aber sehr wohl, soll heißen: Sie beschreiben die aus allen deutschen Substantiven ableitbaren Strukturen der Genuszuweisung zu einem gewissen Zeitpunkt im Sprecherkollektiv des Deutschen. Oder in anderen Worten: Sie helfen nachzuzeichnen, warum ein dt. Substantiv genau dieses und kein anderes Genus hat.[13] Dabei ist zunächst in innersprachliche und außersprachliche Kriterien zu unterscheiden.

2.1.1 Außersprachliche/soziolinguistische Kriterien

Wie genau sich die Genusstrukturen im Kopf eines Sprechers ausgebildet haben, ist in Anlehnung an das Modell der Fremdwortintegration (Schulte-Beckhausen 2002: 77, vgl. Schlick 1984: 421–424) mit Sicherheit auch bei genuin deutschem Wortschatz abhängig vom Bildungsgrad, von Fremdsprachenkenntnissen, Beruf und fachlichen Kenntnissen, vom familiären Umfeld, von der sozialen Gruppenzugehörigkeit, der geographischen Herkunft bzw. der Dialektregion und vom Alter der jeweiligen Sprecher. Genau diese dadurch entstehende Vielfalt individueller Genusstrukturen ist Grund dafür, dass die folgenden innersprachlichen Mechanismen der Genuszuweisung nicht prädiktiv, sondern nur deskriptiv Anwendung finden können.

---

12 Anders als noch 2016 jetzt auch Gallmann (2022: 700) in diesem Sinne: „Es gibt kein umfassendes System von Regeln, nach dem man das Genus jedes Nomens mit Sicherheit voraussagen kann".

13 Da die Duden-Grammatik in ihrer aktuellen 10. Auflage (Gallmann 2022), wie in der vorigen Fußnote (Fn.) beschrieben, bezüglich des dt. Substantivgenus ihren Blick ausschließlich auf die Vorhersagbarkeit, nicht aber auf dessen Nachvollziehbarkeit legt und außerdem Platz schafft für den aktuellen Diskurs zu Sexus – Gender – Genus, ist der Überblick über die Mechanismen der Genuszuweisung im Deutschen aus der 9. Auflage (Gallmann 2016) in der 10. Auflage im Wesentlichen komplett entfallen. Der vorliegende Aufsatz muss deshalb, will er die Institution Duden miteinbeziehen, konsequent auf die alte 9. Auflage der Duden-Grammatik Bezug nehmen.

2.1.2 Innersprachliche Kriterien

Die innersprachlichen Mechanismen der Genuszuweisung lassen sich in formale und in semantische unterscheiden.

2.1.2.1 Formale Kriterien

2.1.2.1.1 Morphonologisch-prosodische Kriterien

1) Bei der ersten Kriteriengruppe divergiert die Handhabung in der Wissenschaft etwas: U.a. sprechen Gallmann (2016: 170)[14] und Köpcke (1982: 45) von einsilbigen Substantiven[15], Fischer (2005: 100) nennt sie Stammwörter[16] bzw. spricht (S. 103) von der Silbenzahltendenz[17], Hoberg (2004: 82) führt einfache Substantive[18] an, Wegener (1995: 89) Einsilbler und andere Kernwörter[19], Augst (1975: 36) Kernwörter[19]. Wie auch immer die Zugehörigkeit (und damit auch die Anzahl) der Substantive zu dieser Gruppe nun im Detail definiert wird, einig ist man sich darin, dass dieser Gruppe (und vor allem dem Kern dieser Gruppe, den **einsilbigen Simplizia**) typischerweise **maskulines Genus** zukommt, und zwar mit einer Wahrscheinlichkeit von etwa zwei Dritteln zu einem Drittel.[20]
2) Bei der Pseudosuffixtendenz (Fischer 2000: 100) (auch Genusdeterminierung durch den Wortausgang)[21] handelt es sich um eine Tendenz (mit Trefferquoten bis zu 90 %)[22] der Genuszuweisung bei mehrsilbigen Substantiven, oft in Analogie zu einem echten Suffix. Dabei ist die Genuszuweisung von Pseudosuffix zu Pseudosuffix unterschiedlich, z.B.

---

14 Gallmann schränkt noch weiter ein: „einsilbige Substantive mit einer Konsonantenhäufung am Wortanfang oder am Wortende". Doch siehe dazu Fn. 19.

15 Zum Beispiel *Tisch*.

16 Der Terminus Stammwörter nach Fischer meint suffixlose Simplizia (2005: 100), z.B. *Weg*.

17 „Einsilbige Nomina sind m." (Fischer 2005: 103).

18 Hier sind explizit nichtderivierte (und nichtkomponierte) Substantive (darunter also auch Mehrsilbler) genannt, aber wohl Einsilbler gemeint (Hoberg 2004: 82), z.B. *Strand*.

19 Mit Kernwörtern meinen Augst (1975: 36) und Wegener (1995: 73, 76) (durchaus auch mehrsilbige) Wörter, „die keinen charakterisierenden Wortausgang" (Augst 1975: 36) und damit kein typisches Suffix oder Pseudosuffix aufweisen, z.B. *Bräutigam*, *Verrat*.

20 Das sog. Konsonantenhäufungsprinzip (Köpcke und Zubin 1996: 476; Eisenberg 1999: 150–151; Gallmann 2016: 170) als Unterspezifizierung des Einsilbler-/Stammwörter-/Kernwörterprinzips ist hingegen als hinfällig zu betrachten (Wegener 1995: 83–84; Fischer 2005: 102–103).

21 Vergleiche Schulte-Beckhausen (2002: 30–32).

22 Vergleiche Wegener (1995: 75).

- **°*a* → f.**[23] (Köpcke und Zubin 2009: 137): *die Villa,*
- **°*e* → f.** (Wegener 1995: 76; Fischer 2000: 101; Köpcke und Zubin 2009: 137): *die Ratte,*
- **°*en* → -f.**[24] (Köpcke und Zubin 2009: 137): *der Regen, das Becken,*
- **°*er* → m.**[25] (Wegener 1995: 76; Fischer 2000: 101; Köpcke und Zubin 2009: 137): *der Hammer.*

3) **Kurzwörter** bewahren das **Genus** ihrer zugrundeliegenden **Langform** (Gallmann 2016: 164), von Fischer (2005: 88) Vollformregel genannt: *die Kripo* (*die Kriminalpolizei*).

2.1.2.1.2 Morphologische Kriterien

Der Übergang zu den echten morphologischen Kriterien, also den Fällen, wo eindeutig Affixe bzw. Wortbildungsmorpheme erkannt werden können, ist fließend. So ist es z.B. diskutabel, ob heute nicht mehr produktive Wortbildung noch als (genusdeterminierende) Wortbildung in den Köpfen der Sprecher verankert ist. Man denke z.B. an das feminine Abstrakta bildende *-t-* in *die Ankunf-t* (*komm-*), *die Haf-t* (*heb-*), *die Glu-t* (*glüh-*). Dass hier in jüngerer Zeit eher kein morphologischer Zusammenhang mehr erkannt wird, zeigen Genuswechsel weg vom Femininum, z.B. in *das Gift* (*die Mitgif-t, geb-*).

1) Affixe bzw. Wortbildungsmorpheme sind (im Allgemeinen)[26] genusfest und bestimmen das Genus ihrer Ableitungen:
   - **-ø**: Mit Nullmorphem abgeleitete **deverbale Konversionsprodukte** sind **Maskulina** (Fischer 2005: 104): *der Schlag,*
   - **-*chen* → n.**[27]: *das Mäd-chen,*
   - **-*e* → f.**: *die Red-e,*
   - **-*ei* → f.**: *die Bücher-ei,*
   - **-*en***: **Substantivierte Infinitive** sind **Neutra** (Fischer 2005: 104): *das Denk-en,*
   - **-*er***: **Nomina instrumenti** sind **Maskulina** (Fischer 2005: 104): *der Druck-er,*
   - ***ge--e*/-ø → n.**: *das Ge-birg-e, das Ge-schrei.*

23 Feminin/Femininum.

24 Nicht feminin, also maskulin oder neutral.

25 Maskulin/Maskulinum.

26 Seltene Ausnahmen bestätigen die Regel, z.B. *-nis*$_{f./n.}$(*die Erlaub-nis, das Ergeb-nis*), *-tum*$_{m./n.}$ (*der Reich-tum, das Eigen-tum*) (Gallmann 2016: 170).

27 Neutral/Neutrum.

- ***-heit*** → **f.**: *die Schön-heit,*
- ***-schaft*** → **f.**: *die Mann-schaft,*
- ***-ung*** → **f.**: *die Beton-ung*

Für eine vollständigere Liste, die allerdings Suffixe und Pseudosuffixe nicht scheidet, siehe Gallmann (2016: 168–170).

2) Bei Komposition erhält das **Kompositum** das **Genus** seines Kerns, im Deutschen also des **hintersten Gliedes** (Fischer 2005: 89): *der Person*$_{f.}$*-en-kraft*$_{f.}$*-wagen*$_{m.}$.
3) Auch die Flexion kann mit Genus korrelieren. So sind nach Köpcke und Zubin (2009: 138) **schwache Substantiva** „nahezu ausnahmslos" **Maskulina**, Substantive mit ***-en*-Plural meist** und Substantive mit ***-er*-Plural nie Feminina**.

2.1.2.2 Semantische Kriterien

Neben den eben benannten formalen Kriterien gibt es auch eine Reihe semantischer Mechanismen, die dafür verantwortlich gemacht werden können, welches Genus ein Substantiv hat. Dabei ist es im Konfliktfall nachgewiesenermaßen so, dass die morphologischen Kriterien stärker wiegen als die semantischen (vgl. Köpcke und Zubin 2009: 139), sichtbar z.B. im Fall *das Mädchen*, einem Neutrum wegen *-chen* trotz femininen Sexus. Doch schon für die morphonologischen Kriterien gilt dies nicht mehr: †*die Foto* ← *die Foto(grafie)* (morphonologisch), jedoch *das Foto* wegen *das Bild* (semantisch), vgl. Fischer (2005: 90).

2.1.2.2.1 Semantische Kriterien im engeren Sinne

1) Unter den semantischen Kriterien ist zuallererst **Sexus** zu nennen, der das **Genus** bestimmen kann (Schulte-Beckhausen 2002: 29; Fischer 2005: 93; Gallmann 2016: 158, 162). Besonders relevant ist das bei Menschen, in abnehmendem Maße dann bei Haus- und Wildtieren (in Abhängigkeit von der Alltagsnähe zum bzw. Vertrautheit und Relevanz für den Menschen):[28] *die Frau, der Mann; die Kuh, der Stier; die Wildsau, der Eber;* aber *der Regenwurm, die Schnecke.*
2) Semantische Felder können Genus regeln:
   - „Oberbegriffe haben vorzugsweise neutrales Genus" (Gallmann 2016: 163, vgl. auch Köpcke und Zubin 1984: 35; 2009: 137; Fischer 2005: 107): *das Obst, das Tier.*

---

28 Köpcke und Zubin (1984: 33) nennen das das Ego- und Kulturbezogenheitsprinzip.

- „Unterbegriffe erhalten ihr Genus von dem dominierenden Basisbegriff" (Gallmann 2016: 163, vgl. auch Köpcke und Zubin 2009: 138): *das Alt, das Pils ← das Bier*.
- Bei Basisbegriffen kann Genus nach dem jeweiligen Wortfeld geregelt sein (Schulte-Beckhausen 2002: 30; Köpcke und Zubin 2009: 137–138; Gallmann 2016: 163): *die Pfalz, die Schweiz* (Länder und Landschaftsnamen mit Artikel) (Gallmann 2016: 164); *die Birne, die Kirsche, die Mango* (Obstsorten); *der Mittwoch* (Wochentage); neutrales Genus werde vermieden (Köpcke und Zubin 2009: 137), aber siehe *das Blau, das Rot* (Farben) (Fischer 2005: 91), *das Stille-Nacht-heilige-Nacht* (Werktitel) (Gallmann 2016: 163).

3) **Hohes Abstraktionsniveau** bevorzugt **neutrales** Genus (Schulte-Beckhausen 2002: 76): *das Ding, das Zeug*.

2.1.2.2.2 Referenzielle Kriterien

Nach Fahlbusch und Nübling (2014: 248) ist in bestimmten Fällen ein Substantiv**genus** nur „bei **Kenntnis** des **Referenzobjekts**" ableitbar, z.B. bei Familiennamen: *der Hartmann, die Hartmann*. Dieses und weitere Beispiele lassen sich aber auch unter den semantischen Kriterien im engeren Sinne subsumieren, im Falle von *Hartmann* unter Sexus.

2.1.2.2.3 Pragmatische Kriterien

Das hier entstehende Genus ist in Abhängigkeit von der sozialen und emotionalen Beziehung zwischen Sprecher und Referenz in der Rede wählbar (Fahlbusch und Nübling 2014: 249–250): So könne mit *das Hilde* eine Vertrautheit ausgedrückt werden, die bei *die Hilde* nicht besteht. *Das Mensch* sei im Gegensatz zu *der Mensch* abwertend.

Zu den pragmatischen Kriterien zählt auch die von Fischer (2005: 94) benannte Metapher- und Metonymieregel: „Figürliche Bezeichnungen [behalten] das Genus der nichtfigürlichen Bedeutung [bei]": *die Pfeife* (Mann), *der Drache* (Frau). Zugrunde liegt hier die Tatsache, dass Substantive im Deutschen (im Allgemeinen)[29] genusfest sind (vgl. Gallmann 2016: 156). Diese Genusfestigkeit ist so stark, dass selbst Homonymie nicht zwangsläufig zu Genusunterschieden führt,

---

29 Eine umfangreiche Liste, die neben morphologischen Schwankungen auch (meist regional-, fachsprach- oder schichtbedingte) Genusschwankungsfälle enthält, findet sich in Gallmann (2016: 220–246), darunter z.B. *die* (std.)/*der* (obd.) *Butter*, *der* (std.)/*das* (fachspr.) *Filter*, *der* (std.)/ *die* (ugs.) *Krake*.

vgl. *der Balg* ‚Tierhaut' = *der Balg* ‚unartiges Kind', *die Bank* ‚Finanzinstitut' = *die Bank* ‚Sitzgelegenheit', aber *der Band* ‚Buch' ≠ *das Band* ‚Streifen, Fessel', *der Flur* ‚Korridor' ≠ *die Flur* ‚Feld und Wiese' (Gallmann 2016: 221, 225).

2.1.2.2.4 Lexikalische Kriterien

1) „Zitatsubstantivierungen [...] haben gewöhnlich neutrales Genus" (Gallmann 2016: 163): *das pf in Äpfel.*
2) Es verbleibt eine letzte Gruppe von Substantiven, deren Genus unklar und arbiträr bleibt, also mit keinem der bisher genannten Kriterien abgeleitet werden kann. Aufgrund der Tatsache, dass die Wissenschaft für das Genus dieser Substantive keine synchrone Erklärung bieten kann, wird das Genus dieser Substantive von Fahlbusch und Nübling (2014: 250–251) mit dem Etikett lexikalisch versehen: *das Messer, die Gabel, der Löffel.*

2.1.3 Systemumfassendes Defaultgenus

Aus „Null-Substantivierungen von Wörtern [...] und Phrasen [...], [...] Diskurs-Anaphern[, k]opflosen Nominalphrasen ohne spezifische Referenten[, e]xophorische[r] Referenz[, p]räsentative[n] Satzstrukturen [und] explikative[m] *es*" schließen Köpcke und Zubin (2009: 149), dass das **Neutrum** im Deutschen das **Defaultgenus** sei, „das in den Fällen greift, in denen weder pragmatische Projektionen, noch semantische, phonologische oder morphologische Prinzipien, noch lexem-spezifische Zuweisungen vorliegen" (Köpcke und Zubin 2009: 148, vgl. auch Fischer 2005: 150–152), z.B. *Das*$_{\text{n.}}$ *ist meine Mutter.*

2.2 Mechanismen der Genuszuweisung bei Anglizismen im Deutschlanddeutschen

Die englische Sprache als Geber der Entlehnungen für das Deutschlanddeutsche eignet sich für den Vergleich mit den Entlehnungen kasachischer Realienbezeichnungen in eine auslandsdeutsche Varietät aus zwei Gründen: Zum einen sind Anglizismen gegenwärtig die produktivste Gruppe von Entlehnungen ins Deutschlanddeutsche und linguistisch auch intensiv untersucht. Zum anderen ist das Englische als Gebersprache selbst weitgehend genusfrei und damit gut mit dem genuslosen Kasachischen vergleichbar, weil somit jeweils eine Einflussnahme eines bereits in der Gebersprache vorhandenen Genus auf die Genuszuweisung in der Nehmersprache ausgeschlossen werden kann.

Die folgende Gliederung nach Kriterien kann sich nahezu identisch an den innerdeutschen Kriterien für Genuszuweisung orientieren.

2.2.1 Außersprachliche/soziolinguistische Kriterien

> Aspekte wie Bildungsgrad und Fremdsprachenkenntnisse, Beruf und damit verbundene fachliche Kenntnisse sowie das familiäre Umfeld, die geographische Herkunft und das Alter können bei der Genusentscheidung des einzelnen Sprechers eine Rolle spielen. [...] Den sicherlich größten Einfluß auf die Wahl eines Genuskriteriums haben Bildungsgrad und Fremdsprachenkenntnisse. (Schulte-Beckhausen 2002: 77, vgl. Schlick 1984: 421–424)

Aufgrund der Tatsache, dass Fremdwortentlehnungen durch Individuen mit ganz unterschiedlichen Voraussetzungen erfolgen, kommt es beim Integrationsvorgang (gerade auch bei genuslosen Sprachen als Lehngebern) häufig zu Genusschwankungen. „Mit der Zeit setzen sich teils semantische, teils morphologische, teils lautliche Gesichtspunkte durch [...], ohne dass immer klar ist, welcher Faktor den Ausschlag gegeben hat" (Gallmann 2016: 171): *der/die/das Dschungel* (19./20. Jahrhundert), *die/das E-Mail.*

2.2.2 Innersprachliche Kriterien

2.2.2.1 Formale Kriterien

2.2.2.1.1 Genusentlehnung

Genusentlehung (Schulte-Beckhausen 2002: 33, vgl. auch Fischer 2005: 105), also die Übernahme des Genus der Gebersprache, kann bei Entlehnungen aus dem genuslosen Englischen nicht in Frage kommen (Schulte-Beckhausen 2002: 34).

2.2.2.1.2 Morphonologisch-prosodische Kriterien

1) **Einsilbige** entlehnte Substantive (Schulte-Beckhausen 2002: 61) bzw. Stammwörter (Fischer 2005: 236) aus dem Englischen scheinen das **Maskulinum** zu präferieren (vgl. auch Schlick 1984: 412): *der Jet.* Doch lässt sich die „starke Dominanz des maskulinen Genus bei den englischen Einsilbern [...] u.a. mit der Tatsache erklären, daß es sich bei einer großen Zahl von ihnen um implizite Ableitungen handelt" (Schulte-Beckhausen 2002: 62), also nach dem morphologischen Kriterium deverbales Konversionsprodukt (vgl. Fischer 2005: 237 und Schlick 1984: 406): *der Blow, der Kick.* „Es ist also davon auszugehen, daß die

Silbenzahl nur bedingt als Kriterium der Genuszuweisung wirksam ist" (Schulte-Beckhausen 2002: 63, vgl. auch Schlick 1984: 412 und Fischer 2005: 237).

2) Hingegen spielt die Pseudosuffixtendenz sehr wohl eine Rolle, wenn z.B. die Legierung *Pewter* aufgrund ihres Wortausgangs auf **°*er*** im Deutschen **maskulines** Genus erhält (Schulte-Beckhausen 2002: 41–42; Fischer 2005: 236; Schlick 1984: 409).
3) Dann kann die **Genuszuweisung** „nach einem **phonologischen** deutschen **Äquivalent**" erfolgen (Schulte-Beckhausen 2002: 59, vgl. Schlick 1984: 413–414). Ein inhaltlicher Bezug muss nicht bestehen (Schulte-Beckhausen 2002: 60; Schlick 1984: 414): *der Snack* ← *der Dreck/Fleck/Schreck, das Penthouse* ‚(exklusive) Dachwohnung' ← *das Haus, das Beefsteak* ← *das Stück*. Fischer (2005: 236) nennt den hier wirkenden Mechanismus Volksetymologie.
4) **Kurzwörter** bewahren das **Genus** ihrer zugrundeliegenden **Langform** (vgl. Fischer 2005: 234 und Schlick 1984: 406): *der Laptop* ← *der Laptop* (*Computer*), *die Holding* ← *die Holding*(*-Gesellschaft*).

2.2.2.1.3 Graphemische Kriterien

1) „Nicht nur die Lautgestalt, sondern auch das Schriftbild können die **Genuszuweisung** beeinflussen. Das entlehnte Wort wird mit einem graphemisch ähnlichen oder gleichen – homographen – deutschen Substantiv gleichgesetzt und erhält dessen Genus" (Schulte-Beckhausen 2002: 63, vgl. Schlick 1984: 411): *der Act* ‚Rechtsdokument' ← *der Akt* ‚Vorgang, Handlung', *der Trouble* ‚Ärger' ← *der Trubel* ‚geschäftiges Treiben'.
2) In Abhängigkeit vom Übermittlungsweg bzw. vom Bildungsgrad kann auch die **Schriftaussprache** für Genuszuweisung verantwortlich sein (Schulte-Beckhausen 2002: 64–65, vgl. Schlick 1984: 409): *die Fence* ‚Zaun' ← engl. *fence* /fens/, *die Fluke* ‚Walschwanzflosse' ← engl. *fluke* /flu:k/, konkret also das im Englischen eigentlich stumme Pseudosuffix °*e*.[30]

Morphologische Kriterien

1) Affixe bzw. Wortbildungsmorpheme bestimmen das Genus ihrer Ableitungen:
   - **-ø**: Mit Nullmorphem abgeleitete **deverbale Konversionsprodukte** sind **Maskulina** (Fischer 2005: 237, vgl. Schulte-Beckhausen 2002: 62): *der Kick, der Flirt,*

30 Die angeführten Beispiele sind nicht eindeutig. So könnten *Fence* und *Fluke* ihr feminines Genus auch semantisch in Anlehnung an ein deutsches bzw. bereits im Deutschen existierendes feminines Äquivalent erhalten haben: *die Barrikade, die Flosse.*

- ***-er*** **→ m.: Nomina instrumenti** sind **Maskulina** (Fischer 2005: 104, 237): *der Plotter*,
- usw.

2) Affixe und Wortbildungsmorpheme müssen phonologisch nicht identisch sein. Wie schon unter den morphonologisch-prosodischen Kriterien reicht auch hier ein deutsches phonologisches Äquivalent (Schulte-Beckhausen 2002: 41), solange die Funktion übereinstimmt (Schlick 1984: 410–411). Fischer (2005: 236) nennt das Suffixprinzip, Schlick (1984: 408) Suffixanalogie: *die Imbal-ance ← die Intoler-anz* (Abstraktum), *die Secur-ity ← die Qual-ität* (Abstraktum), *das Styl-ing ← das Lauf-en* (substantivierter Infinitiv).
3) Bei Komposition erhält das **Kompositum** das **Genus** seines Kerns, im Deutschen also des **hintersten Gliedes** (Fischer 2005: 235): *die Tower Bridge ← die Bridge*.

2.2.2.2 Semantische Kriterien

2.2.2.2.1 Semantische Kriterien im engeren Sinne

1) **Sexus** „spielt auch bei den Lehnwörtern eine wichtige genusdeterminierende Rolle", vor allem bei Personen, Berufen, Titeln, Dienstgraden, typischen Handlungsweisen und Eigenschaften (Schulte-Beckhausen 2002: 38, vgl. auch Schlick 1984: 404 und Fischer 2005: 235): *der Broker, der Earl, der Snob*.
2) Semantische Felder können Genus regeln:
   - Genuszuweisung erfolgt über ein deutsches semantisches Äquivalent (Schulte-Beckhausen 2002: 65–66, vgl. Fischer 2005: 90, 235)/eine „nächstliegende lexikalische Entsprechung im Deutschen" (Schlick 1984: 404): *die Rush-hour ← die Stunde/die Hauptverkehrszeit, die E-Mail ← die Post*.
   - Oberbegriffe bevorzugen neutrales Genus (Fischer 2005: 235): *das Fastfood*.
   - Oder die Genuszuweisung wird vom übergeordneten Gattungsbegriff gesteuert (Schulte-Beckhausen 2002: 69; Fischer 2005: 235; Schlick 1984: 405): *der Irish Cream, der Cocktail ← der Alkohol*.

3) **Hohes Abstraktionsniveau** bevorzugt **neutrales** Genus (Schulte-Beckhausen 2002: 76, 128): *das Cyberspace*.

2.2.2.2.2 Referenzielle und pragmatische Kriterien

Weder die referenziellen noch die pragmatischen Kriterien eignen sich, um mit ihnen Genus bei der Fremdwortintegration abzuleiten, da beide Kriterien stark individuell und kontextgebunden und damit schwer objektivierbar sind.

2.2.2.2.3 Lexikalische Kriterien

1) Zitatsubstantivierungen auch englischer Sprach(teil)e erhalten neutrales Genus: *das ice in lice.*
2) Im Weiteren ist das lexikalische Kriterium unbrauchbar, weil es letztlich nur besagt, dass kein überzeugender Grund für die Genuszuweisung zu diesem (Fremd-)Wort gefunden werden konnte.

2.2.3 Systemumfassendes Defaultgenus

Auch im Fremdwortintegrationsprozess scheint das Neutrum als Defaultgenus eine Rolle zu spielen:

> Ist ein Sprecher aufgrund fehlender Markiertheit des Lehnworts und/oder mangelnder Fremdsprachenkenntnis nicht in der Lage, formale oder semantische Analogien zu ihm bekannten Wörtern oder einen Bezug zum quellsprachlichen Vorbild herzustellen, neigt er häufig dazu, intuitiv neutrales Genus zu wählen. (Schulte-Beckhausen 2002: 75, vgl. auch Fischer 2005: 256)

Mögliche Beispiele hierfür könnten sein: *das Byte, das Cockpit, das Team.*

2.2.4 Genusschwankungen

2.2.4.1 Genusschwankungen im Integrationsprozess

Da die Genuszuweisung letztlich durch (individuelle)[31] Sprecherintuition erfolgt, (individuelle) Sprecherintuition aber stark von außersprachlichen Kriterien wie Alter, Bildungsgrad, Beruf, soziale Einbettung, (dialekt-)geographische Verortung und Vertrautheit mit der Gebersprache abhängt, können die obengenannten Kriterien nicht über grobe Richtlinien hinausgehen und keinesfalls den Status von für das Gesamtdeutsche allgemeingültigen Gesetzen zur Fremdwortgenusintegration erreichen. Z.B. haben „[k]ohlensäurehaltige Getränke [...] im Norden des deutschen Sprachraums eher feminines Genus (wohl nach dem Basisbegriff *Limonade*), im Süden eher neutrales Genus (wohl nach dem Basisbegriff *Wasser*)" (Gallmann 2016: 163): *die/das Cola.*

---

31 Beim ersten Gebrauch durch den ersten Sprecher muss für den Gebrauch ein Genus zugewiesen oder die Praktik der Genusvermeidung (Fischer 2005: 215) angewandt werden.

Zu Genusschwankungen kommt es aber auch dann, wenn die obengenannten Kriterien bei der Fremdwortintegration zueinander in Konkurrenz treten, z.B. das morphonologische und semantische:

> Bei dem seit den 70er Jahren verzeichneten englischen Lehnwort *Cover* dauert die Phase der Genusschwankung zwischen Maskulinum und Neutrum relativ kurz an. Die durch den männlichen Wortausgang *-er* bestimmte maskuline Genusvariante wird lediglich von [drei Wörterbüchern des Untersuchungskorpus] registriert. [...] Alle anderen Wörterbücher der 70er bis 90er Jahre vermerken ausschließlich das über das Bezugswort *Bild* motivierte neutrale Genus. (Schulte-Beckhausen 2002: 170, Einfügung in [] vom Verf.)

2.2.4.2 Genusschwankungen zur Bedeutungsdifferenzierung

Unterschiedliches Genus, etabliert am Ende des Fremdwortintegrationsprozesses, kann zur Homonymenunterscheidung genutzt werden (Schlick 1984: 419; Fischer 2005: 108): *der Single* ‚alleinstehende Person', *die Single* ‚Schallplatte', *das Single* ‚Einzelspiel im Tennis'.

2.3 Mechanismen der Genuszuweisung bei kasachischen Realienbezeichnungen in der Sprache der DAZ

Nachdem die allgemein bei Genuszuweisung deutscher Wörter sowie im Besonderen die bei der Integration von Anglizismen ins Deutschlanddeutsche wirkenden Mechanismen der Genuszuweisung vorgestellt wurden, kann nun der Blick auf Realienbezeichnungen des Kasachischen und ihre Genusintegration ins Deutsche in Kasachstan gerichtet werden. Die zugrundegelegte Belegsammlung entstammt dabei der DAZ des ersten Halbjahres 2023.

2.3.1 Methodik bzw. Probleme

Zum Einstieg sei kurz darauf hingewiesen, dass Internationalismen und besonders auch Russizismen ausgeklammert werden, da sie nichts für die Integration kasachischer Realienbezeichnungen (aus einer Turksprache ohne Genus) ins Deutsche beitragen können, ja sogar aufgrund der Sprachbasis (meist indogermanisch mit Genus bereits in der Gebersprache) den Befund verfälschen würden. Hierzu gehören Belege wie z.B.

eine Vereinbarung über die Umsetzung des Projekts zum Bau einer Anlage zur Herstellung von Gipsplatten und Trockenbaumischungen zwischen ***dem Akimat*** *der Region Schambyl und der Firma Knauf Gips Taraz*[32]

mit *Akimat* m.[33] (n.?) ‚Lokalregierung' aus russisch (russ.) *Акимат* m.[34], nicht direkt aus kasachisch (kas.) *әкімдік*,

Hier konnten die Gäste das Land Kasachstan mit allen Sinnen erfahren: landestypische Speisen probieren, den Klängen ***der Dombra*** *lauschen*[35]

mit *Dombra* f. (ein Zupfinstrument) aus russ. *домбра* f. (selbst Lehnwort aus einer Turksprache), nicht direkt aus kas. *домбыра* und

Diejenigen, die sich für die 2. Runde qualifiziert haben, treten mit ihrem Vortrag vor ***der Jury*** *und dem Publikum auf.*[36]

mit *Jury* f. aus englisch (Ende des 17. Jahrhunderts n. Chr.)/französisch (Anfang des 19. Jahrhunderts n. Chr.) *jury* ‚Geschworenengericht'.[37]

---

32 Bundespräsident Steinmeier trifft Kasachstans Präsidenten Tokajew, 20. Juni 2023. https://daz.asia/blog/bundespraesident-steinmeier-trifft-kasachstans-praesidenten-tokajew/ (letzter Zugriff 01.12.2023). Hervorhebungen durch Fettsetzung hier und in den folgenden Belegen stammen von den Verf.

33 Dass *Akimat* dabei noch kein genusfest in die deutsche Sprache integriertes Wort ist, zeigt ein anderer Beleg: *Der Auftritt des Ensembles* [...] *wird von der organisiert* [sic] *Botschaft der Republik Kasachstan in Ungarn mit Unterstützung* ***der Akimat*** *der Region Atyrau* (Daily News Hungary, Melodien der endlosen Steppe: In Ungarn wurde die Unabhängigkeit Kasachstans gefeiert, 18. Dezember 2023. https://dailynewshungary.com/de/Melodien-der-endlosen-Steppe-Das-unabhängige-Kasachstan-wurde-in-Ungarn-gefeiert/, letzter Zugriff 21.12.2023). Hier wird das feminine Genus offensichtlich semantisch (siehe 2.3.3) über *Regierung* f. zugewiesen, vgl. auch 2.2.4.

34 Vergleiche https://sozdik.kz/ru/dictionary/translate/ru/kk/акимат/ (letzter Zugriff 01.12.2023).

35 Kasachstan-Tag an der Hochschule Schmalkalden, 30. Januar 2023. https://daz.asia/blog/kasachstan-tag-an-der-hochschule-schmalkalden/ (letzter Zugriff 01.12.2023).

36 DKU- und DSD-Schulen: Kooperation nicht nur auf dem Papier, 16. Februar 2023. https://daz.asia/blog/dku-und-dsd-schulen-kooperation-nicht-nur-auf-dem-papier/ (letzter Zugriff 01.12.2023).

37 Vergleiche https://www.dwds.de s.v. *Jury* (letzter Zugriff 01.12.2023).

Eine ausführlichere Darlegung verdient *Maschilis* f. ‚Unterhaus‘:

> *Bei der letzten Wahl 2021 holte sie – noch unter ihrem damaligen Namen „Nur Otan“ mit über 71 Prozent eine überwältigende Mehrheit der Stimmen und hält seitdem 82 Prozent der Sitze in* ***der Maschilis****.*[38]

Zugrunde liegt hier zunächst kas. *мәжіліс*, das aber auch ins Russische als *мажилис* entlehnt wurde. So ist nicht klar, ob das kasachische oder das russische Wort Quelle für die deutsche Wortform ist. Nun hat das russische Wort, anders als das deutsche, maskulines Genus:[39]

> *Назарбаевск****ий мажилис****, перестроившийся под Токаева*“[40]
> ‚Nasarbajews Maschilis, unter Tokajew wieder aufgebaut‘

Dies spricht jedoch nicht gegen eine Entlehnung aus dem Russischen. Eine Genusübernahme wäre schließlich nur eine Möglichkeit neben den oben genannten zahlreichen anderen Mechanismen der Genuszuweisung bei Entlehnung. Vgl. auch *Knute* f. ‚Riemenpeitsche; Gewalt-, Willkür(herrschaft)‘ aus russ. *кнут* m. ‚Peitsche‘.[41] Aufgrund der unklaren Entlehnungsquelle ist *Maschilis* damit aus dem Belegkorpus auszuschließen.

Der interessante Fall von Genusvermeidung durch Doppelnennung sowohl des kasachischen Originals (ohne Artikel) als auch der deutschen Übersetzung (dann mit Artikel):

> *Es wurden berühmte Persönlichkeiten, traditionelle Musikinstrumente, Schmuck und Speisen vorgestellt. Auch konnte* ***die Stutenmilch (Kumys)*** *eines deutschen Produzenten probiert werden*[42]

38 Kasachstan vor den Parlamentswahlen, 22. Februar 2023. https://daz.asia/blog/kasachstan-vor-den-parlamentswahlen/ (letzter Zugriff 01.12.2023).

39 Vergleiche https://sozdik.kz/ru/dictionary/translate/ru/kk/мажилис/ (letzter Zugriff 01.12.2023).

40 Назарбаевский мажилис, перестроившийся под Токаева. Чем запомнился седьмой созыв? 20. Januar 2023. https://rus.azattyq.org/a/kazakhstan-dissolution-of-parliaments-lower-chamber/32231686.html (letzter Zugriff 01.12.2023).

41 Vergleiche https://www.dwds.de s.v. *Knute* (letzter Zugriff 01.12.2023).

42 Kasachstan-Tag an der Hochschule Schmalkalden, 30. Januar 2023. https://daz.asia/blog/kasachstan-tag-an-der-hochschule-schmalkalden/ (letzter Zugriff 01.12.2023).

ist leider ebenfalls auszuschließen, weil der Text die russische (*кумыс*), nicht die kasachische (*қымыз*) Wortform in Umschrift benennt.

Nach diesem kurzen Hinweis auf die Verfahrensweise bei der Belegsammlung können im Folgenden nun die für deutsche Wörter und für Anglizismen im Deutschlanddeutschen ermittelten Mechanismen der Genuszuweisung auch für die kasachischen Realienbezeichnungen in der deutschen Pressesprache der DAZ überprüft werden.

2.3.2 Formale Kriterien

Im vorliegenden Belegmaterial aus dem Untersuchungszeitraum sind keine formalen Kriterien für eine Genuszuweisung zu ermitteln.

2.3.3 Semantische Kriterien

2.3.3.1 Sexus

Für die Zuweisung von Genus bei der Übernahme von kasachischen Realienbezeichnungen ins Deutsche der DAZ spielt Sexus eine wichtige und nach traditionellem Geschlechterverständnis auch einfach zu handhabende Rolle, so bei Eigennamen:

> *Die berühmten Worte* ***des*** *großen* ***Abai****, seine Gedichte, das Gleichnis vom Streit des Herzens, des Verstandes und des Willens kommen in Erinnerung.*[43]

mit *Abai* m. als deutsche Repräsentation von *Абай Құнанбайұлы* (Mann) (1845–1904), kasachischer Dichter und Denker,

> *„Ich komme zum vierten Mal hierher", teilt* ***die*** *gesellige* ***Gulzhanat*** *Turganbayeva aus dem Dorf Zhezkent im Bezirk Bordulichinsky ihre Eindrücke mit.*[43]

mit dt. *Gulzhanat* f. für kas. *Гулжанат* (Frau)

43 Das Geheimnis der Höhle von Konyr Aulie, 2. Juni 2023. https://daz.asia/blog/das-geheimnis-der-hoehle-von-konyr-aulie/ (letzter Zugriff 01.12.2023).

und bei Berufsbezeichnungen:

> *Spielen Sie auch selbst auf der Dombra? Welch**er Kjujshi** (kas. Dombrist) gefällt Ihnen besonders gut?*[44]

mit dt. *Kjujshi* m. für kas. *Күйші*, ein Dombra-, Kobyze- und Flötenspieler.

2.3.3.2 Semantische Felder

Auch für Genuszuweisungen aufgrund des semantischens Feldes, zu dem das Wort gehört, lassen sich im Belegkorpus Beispiele finden:

> *Vereinbarung über die Entwicklung einer Partnerschaft im Bereich Personenbeförderung sowie Transport und Logistik zwischen der DB Engineering & Consulting GmbH und* ***der Kazakhstan Temir Zholy***[45]

mit *Kazakhstan Temir Zholy* f. aus kas. *Қазақстан темір жолы* (staatliche Eisenbahngesellschaft Kasachstans), wohl nach *die Firma, die GmbH, die Eisenbahn.*

> ***Ak Schol*** *zog 2021 als zweitstärkste Kraft in die Maschilis ein und versteht sich dort als parlamentarische Opposition. Dennoch unterstützte* ***sie*** *im vergangenen Jahr gemeinsam mit den anderen beiden Parlamentsparteien die Präsidentschaftskandidatur Tokajews und dessen Reformprogramm.*[46]

mit *Ak Schol* [...] *sie* f. aus kas. *Ак жол* (eine Partei, wörtl. ‚weißer Weg'), wohl nach *die Partei*, doch siehe auch 2.3.5.

---

44 Waldemar Hottmann: „Die Klänge einer Dombra erinnern mich an meine Kindheit in Kasachstan", 22. Februar 2023. https://daz.asia/blog/waldemar-hottmann-die-klaenge-einer-dombra-erinnern-mich-an-meine-kindheit-in-kasachstan/ (letzter Zugriff 01.12.2023).

45 Bundespräsident Steinmeier trifft Kasachstans Präsidenten Tokajew, 20. Juni 2023. https://daz.asia/blog/bundespraesident-steinmeier-trifft-kasachstans-praesidenten-tokajew/ (letzter Zugriff 01.12.2023).

46 Kasachstan vor den Parlamentswahlen, 22. Februar 2023. https://daz.asia/blog/kasachstan-vor-den-parlamentswahlen/ (letzter Zugriff 01.12.2023).

> *Zwei neue Theater, eine Messehalle und mehrere luxuriöse Einkaufszentren geben Aufschluss darüber, wie* ***das Schymkent*** *der Zukunft aussehen soll.*[47]

mit *Schymkent* n. aus kas. *Шымкент* (eine Großstadt) in Anlehnung an die neutralen Städtenamen im Deutschen (*das Berlin, das Hamburg, das Paris, das Chicago* usw.).

> *Meine beliebteste Abwechslung in dieser Zeit ist das Schwimmen, und so fahre ich mit meiner Familie oft zu verschiedenen Seen. Ein gutes Beispiel dafür ist die Erholung* ***am Kapchagaj.***[48]

mit *Kapchagaj* m./n. aus kas. *Қапшағай бөгені* (ein Stausee), wohl nach *der See*, möglicherweise aber auch mit neutralem Defaultgenus, siehe 2.3.4.

2.3.3.3 Hohes Abstraktionsniveau

Im vorliegenden Belegmaterial aus dem Untersuchungszeitraum ist kein Beispiel für eine Genuszuweisung aufgrund hohen Abstraktionsniveaus zu ermitteln.

2.3.4 Systemumfassendes Defaultgenus

Das Wort *Kapchagaj* m./n. aus kas. *Қапшағай бөгені* (ein Stausee) im Beleg

> *Meine beliebteste Abwechslung in dieser Zeit ist das Schwimmen, und so fahre ich mit meiner Familie oft zu verschiedenen Seen. Ein gutes Beispiel dafür ist die Erholung* ***am Kapchagaj.***[48]

kann einerseits sein (dann maskulines) Genus semantisch (nach *See* m.) erhalten haben (siehe 2.3.3.2), andererseits könnte hier aber auch ein Fall mit neutralem Defaultgenus vorliegen.

---

47 Die dritte Hauptstadt Kasachstans, 23. Mai 2023. https://daz.asia/blog/die-dritte-hauptstadt-kasachstans/ (letzter Zugriff 01.12.2023).

48 Sommer, Sonne, Sommerferien in Kasachstan. 1. Juni 2023, https://daz.asia/blog/sommer-sonne-sommerferien-in-kasachstan/ (letzter Zugriff 01.12.2023).

2.3.5 Genusvermeidung

Neben den bisher illustrierten Fällen von Genuszuweisung im Deutschen bei der Übernahme kasachischer Realienbezeichnungen treten im Belegmaterial auch Fälle von Genusvermeidung auf. Dies geschieht in den meisten Fällen grammatisch-syntaktisch korrekt. In Einzelfällen wird aber die deutsche Syntax verletzt, wie z.B. im folgenden Beleg

> *In die Neuwahlen geht **Ak Schol** indes geschwächt durch einen Skandal, der sich erst im Januar ereignete.*[49]

mit *Ak Schol* aus kas. *Ак жол* (eine Partei, wörtl. ‚weißer Weg'). Bei einer Parteinennung im Standarddeutschen in Deutschland wäre eine Artikelsetzung zwingend: *die CDU, die FDP, die Grünen, die Linke, die SPD* usw.

Häufiger sind sprachlich unauffällige Genusvermeidungen bei geographischen Namen durch Explizierung der geographischen Verhältnisse:

> *So verbrachten die Touristen in **der Region Mangystau** durchschnittlich sieben bis zwölf Tage* [...][50]

Neben der Genusvermeidung erfüllt die Ergänzung von *Mangystau* durch das Wort *Region* auch den sinnvollen Zweck, Lesern, die mit Kasachstan nicht so vertraut sind, klarzumachen, was *Mangystau* eigentlich ist.

3 Fazit

Das vorliegende sprachliche Material aus der DAZ des ersten Halbjahres 2023 ist quantitativ zu gering, um weitreichendere allgemeingültige Aussagen über die in der DAZ insgesamt zur Anwendung kommenden Mechanismen der Genuszuweisung bei Übernahme kasachischer Realienbezeichnungen ins Deutsche zu treffen. So kann auch nicht ausgeschlossen werden, dass ein größeres Belegkorpus neben den illustrierten Fällen von Genuszuweisung durch semantische Kriterien wie Sexus und semantische Felder sowie durch das systemumfassende Default-

---

49 Kasachstan vor den Parlamentswahlen, 22. Februar 2023. https://daz.asia/blog/kasachstan-vor-den-parlamentswahlen/ (letzter Zugriff 01.12.2023).

50 Touristen bleiben am längsten in Mangystau, 10. April 2023. https://daz.asia/blog/touristen-bleiben-am-laengsten-in-mangystau/ (letzter Zugriff 01.12.2023).

genus auch Beispiele für formale Kriterien (morphonologisch-prosodische, graphemische, morphologische) und das semantische Kriterium des hohen Abstraktionsniveaus enthält.

Erwartbar sind zumindest formale Kriterien auch in einem vergrößerten Belegkorpus nicht oder wenigstens nicht in großer Zahl, denn bereits in diesem vorliegenden kleinen Belegkorpus lässt sich eine Tendenz des Umgangs mit Genus bei der Übernahme kasachischer Realienbezeichnungen erkennen: So sind bei Ausklammerung von Sexus die Beispiele für Genusvermeidung ungemein häufiger als die für Genuszuweisung.

Vier Gründe sind für diese Häufung denkbar:

1) Zum einen liegt sie in der Notwendigkeit, unkundigen Lesern diese Realien (dann im Original ohne Genus) durch zusätzliche Umschreibung (in Deutsch mit Genus) in einer appositionellen Struktur zu erläutern. Dieser Grund ist vor allem ein nichtlinguistischer und hat mit (anzunehmenden) fehlenden kulturellen und geographischen Kenntnissen bei einem Teil der Leserschaft der DAZ (außerhalb Kasachstans) zu tun.
2) Zum anderen liegt diese auffällige Häufigkeit der Genusvermeidung wohl auch in der Struktur der Gebersprache selbst begründet, die eben – anders als sonstige europäische Lehnwortgebersprachen – keine germanische und auch keine indogermanische Sprache ist und kein Nominalgenus hat. Dies erschwert in vielen Fällen eine Genusfindung, da (volks-)etymologische und klangliche Anschlüsse an deutsche morphonologisch-prosodische Wortstrukturen aus einer nichtindogermanischen Turksprache wie dieser heraus schwerer möglich sind als z.B. aus dem Englischen; man denke hier an die oben (2.2.2.1.2) benannten Pseudoaffixe.
3) Auch die geographische und kulturelle Distanz des Deutschen in Kasachstan zum Deutschlanddeutschen sowie sein eingeschränkter Verwendungsradius dürfte zu Unsicherheiten bei der Nutzung von bekannten Mustern für die Genuszuweisung beitragen und damit die Genusvermeidung fördern.
4) Schließlich resultiert die häufige Genusvermeidung in den Belegen der DAZ sicher auch aus der Tatsache, dass es sich hier um isolierte Erstversuche der Übernahme kasachischer Realienbezeichnungen ins Deutsche handelt, was zu Unsicherheiten und damit bevorzugt zur Vermeidung von Genus anstatt einer möglichen falschen Genuszuweisung führt. *Ak Schol* scheint dafür ein geeignetes illustrierendes Beispiel zu sein: In diesem Fall wird ein genusanzeigender Artikel sogar gegen deutschlanddeutsche sprachliche Gepflogenheiten noch komplett vermieden (2.3.5). Einmal lediglich deutet sich in der pronominalen Wiederaufnahme feminines Genus nach semantischen Kriterien an (2.3.3.2).

Damit zeigt bereits diese kleine Belegsammlung aus der DAZ hinreichend charakteristische Merkmale für den besonderen Entlehnungsprozess von Realienbezeichnungen aus einer genuslosen Turksprache in ein in diesem sprachlichen Kontext angesiedeltes nichtdeutschlanddeutsches Medium und deutliche Abweichungen von der Genusintegration, die Lehnwörter aus dem Englischen ins Deutschlanddeutsche erfahren.

Literaturverzeichnis

Augst, Gerhard (1975): *Untersuchungen zum Morpheminventar der deutschen Gegenwartssprache* (Forschungsberichte des Instituts für Deutsche Sprache Mannheim 25). Tübingen: Narr.

Eisenberg, Peter (1999): *Grundriß der deutschen Grammatik.* Band 2: *Der Satz.* Stuttgart, Weimar: Metzler.

Eisenberg, Peter (2020): *Grundriss der deutschen Grammatik.* Band 2: *Der Satz.* 5., aktual. u. überarb. Aufl. Stuttgart, Weimar: Metzler.

Fahlbusch, Fabian und Damaris Nübling (2014): *Der Schauinsland – die Mobiliar – das Turm.* Das referentielle Genus bei Eigennamen und seine Genese. *Beiträge zur Namenforschung* 49, 245–288.

Fischer, Rudolf-Josef (2005): *Genuszuordnung. Theorie und Praxis am Beispiel des Deutschen* (Europäische Hochschulschriften. Reihe XXI: Linguistik 281). Frankfurt a.M. u.a.: Peter Lang.

Földes, Csaba (2019): Die *Deutsche Allgemeine Zeitung:* Anmerkungen zur Sprache der kasachstandeutschen Presse. *Linguistica (Ljubljana)* 59/1, 71–97.

Földes, Csaba (2022): Sprachvariation in Online-Minderheitenzeitungen. Am Beispiel der „Deutschen Allgemeinen Zeitung" in Kasachstan. *Kalbotyra* 75, 27–56.

Gallmann, Peter (2016): Die flektierbaren Wortarten. In: Wöllstein, Angelika und Dudenredaktion (Hrsg.), *Duden. Die Grammatik* (Duden 4), 149–394. 9., vollst. überarb. u. aktual. Aufl. Berlin: Dudenverlag.

Gallmann, Peter (2022): Nomen. In: Wöllstein, Angelika und Dudenredaktion (Hrsg.), *Duden. Die Grammatik* (Duden 4), 697–728. 10., völlig neu verf. Auflage. Berlin: Dudenverlag.

Hoberg, Ursula (2004): *Grammatik des Deutschen im europäischen Vergleich: Das Genus des Substantivs* (amades, Arbeitspapiere und Materialien zur deutschen Sprache 3/04). Mannheim: Institut für Deutsche Sprache.

Köpcke, Klaus-Michael (1982): Untersuchungen zum Genussystem der deutschen Gegenwartssprache. Tübingen: Niemeyer.

Köpcke, Klaus-Michael und David A. Zubin (1984): Sechs Prinzipien für die Genuszuweisung im Deutschen: Ein Beitrag zur natürlichen Klassifikation. *Linguistische Berichte* 93, 26–50.

Köpcke, Klaus-Michael und David Zubin (1996): Prinzipien für die Genuszuweisung im Deutschen. In: Lang, Ewald und Gisela Zifonun (Hrsg.), *Deutsch – typologisch* (Jahrbuch des Instituts für Deutsche Sprache 1995), 473–491. Berlin, New York: De Gruyter.

Köpcke, Klaus-Michael und David Zubin (2009): Genus. In: Hentschel, Elke und Petra M. Vogel (Hrsg.), *Deutsche Morphologie* (De Gruyter Lexikon), 132–154. Berlin: De Gruyter.

Schlick, Werner (1984): Die Kriterien für die Genuszuweisung bei substantivischen Anglizismen. *The German Quarterly* 57, 402–431.
Schulte-Beckhausen, Marion (2002): Genusschwankung bei englischen, französischen, italienischen und spanischen Lehnwörtern im Deutschen. Eine Untersuchung auf Grundlage deutscher Wörterbücher seit 1945 (Regensburger Beiträge zur deutschen Sprach- und Literaturwissenschaft. Reihe B: Untersuchungen 83). Frankfurt a.M. u.a.: Peter Lang.
Wegener, Heide (1995): Die Nominalflexion des Deutschen – verstanden als Lerngegenstand (Reihe Germanistische Linguistik 151). Tübingen: Niemeyer.

Quellenmaterial

Deutsche Allgemeine Zeitung. https://daz.asia/ (letzter Zugriff 01.12.2023).

http://archiv.daz.asia/article/75?search=&registry=&search_type=&year=1966&month= (letzter Zugriff 01.12.2023).
https://adilet.zan.kz/kaz/docs/Z970000151_ (letzter Zugriff 01.12.2023).
https://adilet.zan.kz/rus/docs/Z970000151_ (letzter Zugriff 01.12.2023).
https://dailynewshungary.com/de/Melodien-der-endlosen-Steppe-Das-unabhängige-Kasachstan-wurde-in-Ungarn-gefeiert/ (letzter Zugriff 21.12.2023).
https://daz.asia/ueber-die-daz/ (letzter Zugriff 01.12.2023).
https://daz.asia/wp-content/uploads/2018/11/DAZ_mediadaten-2022.pdf (letzter Zugriff 01.12.2023)
https://rus.azattyq.org/a/kazakhstan-dissolution-of-parliaments-lower-chamber/32231686.html (letzter Zugriff 01.12.2023).
https://sozdik.kz/ru/dictionary/translate/ru/kk/акимат/ (letzter Zugriff 01.12.2023).
https://sozdik.kz/ru/dictionary/translate/ru/kk/мажилис/ (letzter Zugriff 01.12.2023).
https://stat.gov.kz/ru/news/chislennost-naseleniya-kazakhstana-dostigla-20-millionov/ (letzter Zugriff 01.12.2023).
https://stat.gov.kz/upload/medialibrary/cee/3rsfg8ps3xo19orb284esg4rx27ihqf7/Национальный состав.pdf (letzter Zugriff 01.12.2023).
https://web.archive.org/web/20120425112029/http://www.eng.stat.kz/news/Documents/eng_ПН2009_1112_1new.ppt (letzter Zugriff 01.12.2023).
https://www.demoscope.ru/weekly/ssp/rus_lan_97.php?reg=118 (letzter Zugriff 01.12.2023).
https://www.demoscope.ru/weekly/ssp/sng_nac_89.php?reg=5 (letzter Zugriff 01.12.2023).
https://www.dwds.de (letzter Zugriff 01.12.2023).

Deutsche Pressesprache in den Vereinigten Staaten

Hans C. Boas und Ekaterina Levina

Zur Dokumentation und Erforschung deutschsprachiger Pressetexte in Texas: Welchen Einfluss hatte das Standarddeutsche auf das Texas-Deutsche?

Zusammenfassung: Wie hat das Standarddeutsche das Texas-Deutsche im 19. und 20. Jahrhundert beeinflusst? Dieser Beitrag zeigt, dass es bei der Beantwortung dieser Frage eine Reihe inhaltlicher und methodologischer Probleme gibt, die nicht einfach zu lösen sind. So bespricht dieser Beitrag zunächst die Vorschläge von Salmons (1994) und Salmons und Lucht (2006), die behaupten, dass das Texas-Deutsche stark durch das in den deutschsprachigen Zeitungen in Texas verwendete Standarddeutsch beeinflusst worden sei. Andererseits argumentieren Boas (2009) und Boas und Fuchs (2018), dass der Einfluss des Standarddeutschen auf das Texas-Deutsche im 19. und 20. Jahrhundert nicht so groß gewesen sein kann, wie von Salmons und Lucht behauptet. Dieser Beitrag vergleicht diese beiden unterschiedlichen Vorschläge und untersucht, wie zuverlässig die Datenlage bezüglich des Status, der Rolle und des Einflusses des Hochdeutschen eingeschätzt werden kann. Auf der Basis der vom Texas German Dialect Project (Boas, Pierce, Roesch, Halder und Weilbacher 2010, Boas 2021) untersuchten Daten des Texas-Deutschen aus dem 19. und 20. Jahrhundert wird im Sinne eines Werkstattberichts diskutiert, welche Einsichten zur Entwicklung des Texas-Deutschen man anhand deutschsprachiger Pressetexte gewinnen kann.[1]

1 Einleitung

Dieser Beitrag beschäftigt sich mit der Frage, wie deutschsprachige Pressetexte aus Texas aus dem 19. und 20. Jahrhundert bearbeitet und analysiert werden können,

1 Wir bedanken uns bei Marc Pierce sowie einem anonymen Gutachter für Kommentare zu einer früheren Version unseres Beitrags.

Hans C. Boas, Austin, USA, E-Mail: hcb@mail.utexas.edu
Ekaterina Levina, Austin, USA, E-Mail: ekaterina.levina@utexas.edu

https://doi.org/10.1515/9783111247694-014

um so Licht auf die Entwicklung des Texas-Deutschen zu werfen. Das Texas-Deutsche ist ein seit den 1840er Jahren in Zentraltexas gesprochener Mischdialekt (siehe Gilbert 1972, Boas 2009), der stark vom Englischen beeinflusst ist (siehe Boas und Pierce 2011, Dux 2017) und kurz vor dem Aussterben steht, da er nicht an jüngere Generationen weitergegeben wird (Boas 2009). Das Texas-Deutsche ist eine ausschließlich mündliche Varietät, während das Standarddeutsche in Texas im 19. und 20. Jahrhundert vorwiegend eine schriftliche Varietät war.[2] Texas-Deutsch wird (noch) hauptsächlich im sogenannten German-Belt in Zentraltexas gesprochen, außerdem in einigen Gebieten zwischen Dallas und der Grenze zu Oklahoma im Norden von Texas sowie in West-Texas zwischen San Angelo und Odessa (siehe Boas 2016), siehe Abb. 1. Im Jahr 2023 gibt es noch geschätzt ca. 4.000 Sprecher und Sprecherinnen des Texas-Deutschen.

Abb. 1: Der sog. German-Belt (innerhalb der Punktlinie) in Zentral-Texas (Gilbert 1972)

2 Zum Verhältnis zwischen Mündlichkeit, Schriftlichkeit, Mediums- und Registerwahl von Standardvarietäten und Nichtstandardvarietäten, siehe Koch und Oesterreicher (1985: 19). Zu Details bzgl. der Verschriftlichung von Mündlichkeit, siehe Mihm (2016: 274–283).

Der Einfluss des Standarddeutschen auf die Entwicklung des Texas-Deutschen u.a. durch deutschsprachige Presse, deutschsprachige Gottesdienste und deutschsprachigen Schulunterricht, wird in der Literatur unterschiedlich bewertet. So schlagen z.B. Salmons (1994) sowie Salmons und Lucht (2006) vor, dass das Texas-Deutsche stark durch das in den deutschsprachigen Zeitungen in Texas verwendete Standarddeutsch beeinflusst worden sei. Als Beispiel wird u.a. auf den Kasussynkretismus im Texas-Deutschen verwiesen, welcher sich laut Salmons und Lucht durch den schwindenden Einfluss des Standarddeutschen ab dem frühen 20. Jahrhundert erklären lasse. Im Gegensatz dazu argumentieren Boas (2009) sowie Boas und Fuchs (2018), dass der Einfluss des Standarddeutschen auf das Texas-Deutsche im 19. und 20. Jahrhundert nicht so groß gewesen sein kann, wie von Salmons und Lucht behauptet.

Um der Frage des Einflusses des Hochdeutschen auf das Texas-Deutsche im späten 19. und im Laufe des 20. Jahrhunderts nachzugehen, bespricht dieser Beitrag das Untersuchungsdesign, die Arbeitsmethoden und -schritte sowie einige bisherige Beobachtungen und Ergebnisse eines in den Anfängen befindlichen Forschungsprojekts mit Überblickscharakter.

Der Beitrag ist wie folgt gegliedert. Im zweiten Abschnitt werden die unterschiedlichen Analysen von Salmons und Lucht (2006) sowie Boas und Fuchs (2018) zusammengefasst und verglichen. Dabei wird insbesondere die Frage thematisiert, wie zuverlässig die Datenlage bezüglich des Status, der Rolle und des Einflusses des Hochdeutschen eingeschätzt werden kann. Der dritte Abschnitt fasst zunächst kurz die unterschiedlichen relevanten Aktivitäten des Texas German Dialect Projects (TGDP; www.tgdp.org) zusammen, welches seit 2001 die noch verbliebenen Sprecher des Texas-Deutschen interviewt und die Aufnahmen der Interviews archiviert (siehe Boas 2021). Während in den ersten 22 Jahren des TGDP die Dokumentation und Erforschung des gesprochenen Texas-Deutschen im Vordergrund stand, ist das Projekt in den letzten Jahren dazu übergegangen, auch geschriebene bzw. gedruckte Daten des Texas-Deutschen, wie z.B. Pressetexte, zu erfassen und zu untersuchen. Die Aktivitäten der ersten Phase dieses Pilotprojekts werden im Sinne eines Werkstattberichts diskutiert, mit besonderem Augenmerk auf der Frage, welche Einsichten zur Entwicklung des Texas-Deutschen man anhand deutschsprachiger Pressetexte gewinnen kann. Abschnitt vier fasst die Ergebnisse dieses Beitrags zusammen.

2 Welchen Einfluss hatte das Standarddeutsche (möglicherweise) auf das Texas-Deutsche?

In der Forschung gibt es unterschiedliche Einschätzungen zum Einfluss des Standarddeutschen auf die Entwicklung des Texas-Deutschen im 19. und 20. Jahrhundert. Salmons (1994) und Salmons und Lucht (2006) vertreten die Meinung, dass das Standarddeutsche im 19. und frühen 20. Jahrhundert wegen seines Prestiges und seiner weiten Verbreitung u.a. in deutsch-texanischen Zeitungen einen relativ großen Einfluss auf das Texas-Deutsche hatte. Im Gegensatz dazu argumentieren Boas (2009a) sowie Boas und Fuchs (2018), dass der Einfluss des Standarddeutschen auf das Texas-Deutsche weitaus geringer war als von Salmons und Lucht behauptet. In den folgenden Unterabschnitten werden erst die unterschiedlichen Ansichten bzgl. des Einflusses des Standarddeutschen auf das Texas-Deutsche zusammengefasst. Dann wird gezeigt, ob und wie der Einfluss des Standarddeutschen auf das Texas-Deutsche durch seine Verwendung in deutsch-texanischen Zeitungen untersucht und ggf. gemessen werden kann.

2.1 Salmons (1994) sowie Salmons und Lucht (2006)

Salmons (1994) schlägt vor, dass deutschstämmige Texaner im 19. und 20. Jahrhundert unterschiedliche Kenntnisse des Standarddeutschen besessen und dass diese Unterschiede u.a. die Entwicklung des Texas-Deutschen wesentlich beeinflusst hätten. Als Beispiel der Auswirkung der unterschiedlichen standard- und nichtstandarddeutschen Sprachkompetenzen auf die Entwicklung des Texas-Deutschen bespricht Salmons das Kasussystem des Texas-Deutschen, welches sich im Laufe von Jahrzehnten von einem standardnahen System mit vier Kasus (Nominativ, Akkusativ, Dativ, Genitiv) hin zu einem System mit nur zwei Kasus (Nominativ, Einheitskasus) entwickelt haben sollte.

> [T]he most formal register of Texas German grammar included essentially Standard German dative and accusative for most speakers born until roughly 1880, with a transition beginning then to general but not complete control of Standard German dative. (Salmons 1994: 62)

Laut Salmons hätten Sprecher des Texas-Deutschen so lange das Vier-Kasus-System des Standarddeutschen beherrscht wie der Schulunterricht auf Standarddeutsch stattfand. Diese Situation änderte sich jedoch 1917 durch ein texanisches Schulgesetz, welches ab Ende Juni 1918 Englisch als alleinige Unterrichtssprache vorschrieb, um so den patriotischen Zusammenhalt in der Bevölkerung zu fördern. Schulkinder, die vorher ihren gesamten Schulunterricht auf Deutsch erhielten, mussten in sehr kurzer Zeit mit dem Wechsel zum Englischen als alleiniger Unterrichtssprache zurechtkommen (Heinen 1982, Blanton 2004, Boas 2005). Nicolini (2004: 123–124) charakterisiert den Einfluss dieses Schulgesetzes auf die deutschsprachigen Schulkinder wie folgt: „Mit Deutsch aufgewachsenen Kindern der unteren Schulgrade war es fortan behördlich verboten, ihre Muttersprache zu sprechen, sowohl im Unterricht als auch auf allen zur Schule gehörenden Flächen."[3]

Das bis dato prestigereiche Standarddeutsch verlor also quasi über Nacht seinen hohen Status. Ab 1918 hatten deutsch-texanische Schulkinder keinen Zugang mehr zum Standarddeutschen in den Schulen, was nach Salmons wiederum zu einem geringeren Einfluss des Standarddeutschen auf das Texas-Deutsche führte. Die einzigen verbliebenen öffentlichen Domänen, in denen Standarddeutsch benutzt wurde, waren nach Salmons und Lucht (2006) deutschsprachige Zeitungen und Gottesdienste.

> As long as German was a common medium of instruction, control of Standard German was commonplace and a full range of styles existed, from standard to dialect. Even after Standard German disappeared from schools, it remained in pulpits and newspapers. (Salmons und Lucht 2006: 183)

Nach Ansicht von Salmons und Lucht (2006) habe also der Einfluss des Standarddeutschen auf das Texas-Deutsche durch deutschsprachige Zeitungen und Gottesdienste bis in die 1940er und 1950er Jahre fortgewährt, da es weiterhin ein hohes Prestige genossen habe. Diese Einschätzung beruht u.a. auf statistischen Daten von der Mitte des 19. Jahrhunderts bis zu den 1940er Jahren über die Verbreitung und Leserzahlen deutschsprachiger Zeitungen (siehe u.a. Arndt und Olsen 1961) und Mitgliederzahlen deutschsprachiger Kirchen (siehe u.a. Nicolini 2004, Boas und Fuchs 2018).

Abbildung 2 zeigt exemplarisch die Zahl und Entwicklung deutschsprachiger Zeitungen in Texas von 1892 bis 1957. Obwohl die Zahl deutschsprachiger Zeitungen seit dem ersten Weltkrieg kontinuierlich abnahm, hätten nach Salmons und Lucht mehrere der verbliebenen deutschsprachigen Zeitungen eine größere Leserschaft verzeichnet, wahrscheinlich, weil die Leser von Zeitungen, die ihren Betrieb einstellen mussten, zu den wenigen noch verbliebenen Zeitungen gewechselt hätten. So steigerte die „Neu-Braunfelser Zeitung" ihre Auflage von 680 im Jahr 1875 auf 3.765 im Jahr 1940. Die „Freie Presse für Texas" in San Antonio steigerte ihre Auflage von 3.500 im Jahr 1880 auf 12.000 im Jahr 1940. Ob sich die

3 Siehe auch Reeves Moore (1980: 21–22).

beachtliche Auflagensteigerung dieser und anderer deutschsprachiger Zeitungen in Texas wirklich durch die von Salmons und Lucht angeführten Faktoren erklären lässt, wird sich nicht eindeutig klären lassen. Eine alternative Erklärung könnte auch im allgemeinen Bevölkerungswachstum in Texas zu finden sein. So stieg die Bevölkerung von ca. 1,6 Millionen Einwohnern 1880 auf ca. 6,4 Millionen im Jahr 1940.[4] So ließe sich die Auflagensteigerung deutschsprachiger Zeitungen durch die allgemein stark wachsende Allgemeinbevölkerung erklären.

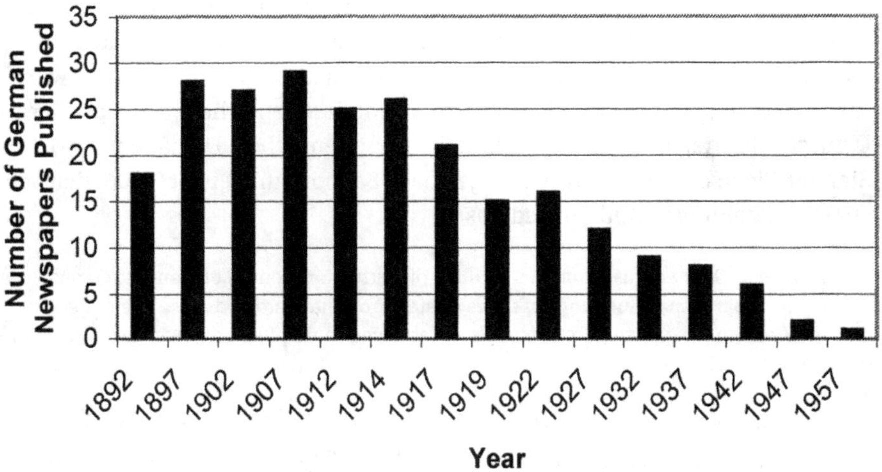

Abb. 2: Zahl deutschsprachiger texanischer Zeitungen 1892–1957 (Salmons und Lucht 2006: 175)[5]

2.2 Boas (2009) sowie Boas und Fuchs (2018)

Im Gegensatz zu Salmons (1994) und ebenso Salmons und Lucht (2006) sehen Boas (2009) sowie Boas und Fuchs (2018) den Einfluss des Standarddeutschen auf das Texas-Deutsche als weit schwächer an. So kommt Boas (2009: 51) zu dem Schluss, dass „[t]he use of Standard German in Texas is overestimated" und „[t]he level of active control of Standard German was far less among the settlers than claimed by Salmons & Lucht." Diese Einschätzung beruht auf zwei Beobachtungen.

4 Siehe https://www.tsl.texas.gov/ref/abouttx/census.html (letzter Zugriff 28.12.2022).

5 Abbildung 1 beruht auf Daten von Benjamin (1909), Etzler (1954), Arndt und Olsen (1961) und Lich (1981).

Erstens argumentiert Boas (2009) auf der Basis von Elspaß (2002: 60–61), dass die Standardisierung des geschriebenen und gesprochenen Standarddeutschen im 19. Jahrhundert selbst in Europa noch immer in vollem Gange war. Die Beobachtung, dass die Standardisierung des geschriebenen Deutsch in Europa erst im frühen 20. Jahrhundert von staatlicher Seite vollends legitimiert wurde, führt Boas (2009) zu der Vermutung, dass ein starker Einfluss eines einheitlichen standardisierten Deutsch auf das Texas-Deutsche in der zweiten Hälfte des 19. und im frühen 20. Jahrhundert eher unwahrscheinlich war. Weitere Beobachtungen bzgl. der erst späten einheitlichen Kodifizierung der hochdeutschen Aussprache durch Viëtor (1885), die aber bis zur Mitte des 20. Jahrhunderts nicht wirklich von breiten Bevölkerungsschichten aktiv verwendet wurde (Durrell 1999, Elspaß 2002, Boas und Fuchs 2018), führen zum Schluss,

> dass, wenn das Standarddeutsche selbst in Deutschland bis ins 20. Jahrhundert nicht weit verbreitet und einflussreich gewesen ist, es dann in Texas mit an Sicherheit grenzender Wahrscheinlichkeit sogar noch weniger weit verbreitet und einflussreich gewesen ist. (Boas und Fuchs 2018: 294)

Zweitens zweifeln Boas (2009) sowie Boas und Fuchs (2018) am von Salmons und Lucht behaupteten Einfluss des Standarddeutschen auf das Texas-Deutsche in den vom Standarddeutschen bis zum frühen 20. Jahrhundert dominierten Domänen. So wird der Einfluss des Standarddeutschen im Schulunterricht in Frage gestellt, da die überwiegende Mehrheit der Texas-Deutschen im 19. und 20. Jahrhundert auf dem Land wohnte, „wo die meisten Kinder nicht mehr als vier bis sechs Jahre Schulunterricht absolvierten“ (Boas und Lucht 2018: 294). Der Schulunterricht dauerte nur neun Monate pro Jahr und viele Kinder waren häufig nicht in der Schule anwesend, da sie auf dem Hof bei landwirtschaftlichen Aufgaben helfen mussten.

Ein weiterer Kritikpunkt bzgl. der Vorschläge von Salmons und Lucht ist die Verwendung von statistischen Angaben zur Verbreitung und Auflagenstärke deutschsprachiger Zeitungen sowie der Mitgliederzahlen in deutsch- und englischsprachigen Kirchen in Texas. Laut Salmons und Lucht (2006: 198) würde sich durch die statistischen Angaben belegen lassen, dass das Standarddeutsche im 19. und frühen 20. Jahrhundert relativ weit verbreitet gewesen sei („active control of Standard German was commonplace“) und dass der Einfluss des Standarddeutschen auf das Texas-Deutsche im Laufe des 20. Jahrhunderts stark nachgelassen habe.

Giddings Deutsches Volksblatt.

Motto: Nach allen Zonen, wo die Deutschen wohnen!

Dr. P. L. Guffin
Zahnarzt.

[Illegible]ter Jahrgang. Giddings, Lee County, Texas, Donnerstag, den 1. Januar 1914. No. 7.

Bay Lumber Co.

Giddings, (Karl August Huber, Geschäftsführer) Texas.
War während letzter und dieser Woche derartig beschäftigt mit dem Verkauf von
Bauholz, Baumaterial, Farben, Tapeten etc.
Daß sie sich genötigt sah, die Anzahl ihrer Arbeiter zu vermehren.

Die Erste National Bank
GIDDINGS, TEXAS.
Kapital ... $60,000.00
Ueberschuß .. $40,000.00
J. C. Hillsman, Präsident
J. S. Hillsman, Vice-Präsident
A. J. Nisbet, Kassierer
Directoren:
J. C. HILLSMAN
J. S. HILLSMAN
ED. R. SINKS
E. G. JAEHNE
CARL KRIEGEL

WANDEL-BILDER
In dem Neuen
Schauspiel-Haus
[Unterhalb dem Postamt]
Kasseneröffnung: 7.45 Uhr.
Beginn der Vorstellung:
Jeden Abend 8:15

Reisebericht von John Weber.

(21ste Fortsetzung.)

„Sachsen, das kleine, liebe Sachsen!" Ich heiße es „liebes Sachsen" nicht nur, weil ich dort geboren bin; nein, nicht deswegen: es ist wirklich schön und berühmt durch seine „Sächsische Schweiz." Auch da mußten wir hin, uns die Naturwunder zu besehen. Schon einmal hatten wir unser Vorhaben schlechten Wetters wegen aufgeschoben, und beinahe wäre wieder nichts daraus geworden. Bruder Edwin und Frau waren unsere Begleiter. Ganz früh, mit dem ersten Zuge, wollten wir fort; aber, o weh, es regnete. Nun wurde es bis zum 2ten Zuge, 7 Uhr, aufgeschoben, aber es regnete auch da noch; trotzdem sind wir fort. Von Neustadt mit der Bahn nach Bohrsdorf, eine sehr schöne romantische Fahrt durch mehrere Stationen, so auch Sebnitz. Die Stadt liegt zum größten Teile im Tale, und die Bahn führt über eine hohe Brücke von einem Berge zum anderen und darunter liegt die Stadt, deren Häuser mindestens sechsmal höher sein könnten als sie sind, um bis an die Brücke heranzureichen, dagegen ist ein Teil der Stadt bis hoch oben am Berge aufgebaut, ähnlich wie Kansas City im Staate Missouri. Sebnitz hat eine Anzahl schöner Villen und mehrere Fabriken aufzuweisen, denn die Stadt so hoch bauen, um die Rauchentführung aus dem Tale zu ermöglichen. Die Bahn führt dann immer durch das Tal zwischen hohen Felsen dahin, auch schlängelt sich ein Bach durch schöne grüne Wiesen entlang des Bahnbettes dahin. Um die Bahnstrecke gewissermaßen zu verkürzen, hat man die Felsen durchbrochen: man fährt durch die Berge in Tunnels und kommt aus diesen sozusagen wieder in einer anderen Welt heraus: immer andere und schönere Bilder sich vor uns ausbreitend. In Bohrsdorf sind wir abgestiegen, jedoch war das Wetter inzwischen nicht viel besser geworden: es regnete eben immer noch. Nun ging es zu Fuß, auf einer schönen Landstraße durch den Wald weiter. Wir wollten aber den kürzeren Weg nach den Brandes einschlagen, und da, wo dieser Weg anfing, mußten wir nur 800 Stufen ersteigen, um hinauf zu gelangen. Ein Gasthaus gab es auch nicht ehe wir oben anlangten; da hieß es denn: „John, immer nuff, nuff!" Gänzlich ermüdet oben angekommen, wurde natürlich zunächst ausgeruht. Zu essen hatten wir uns von zuhause mitgenommen, und so wurde dann auch gegessen und getrunken. Wir glaubten, wir wären die einzigen, die bei solch unfreundlichem Wetter auf die Berge klettern, aber dem

WEBSTER'S NEW INTERNATIONAL DICTIONARY
THE MERRIAM WEBSTER
The Only New unabridged dictionary in many years.
Contains the pith and essence of an authoritative library. Covers every field of knowledge. An Encyclopedia in a single book.
The Only Dictionary with the New Divided Page.
400,000 Words. 2700 Pages. 6000 Illustrations. Cost nearly half a million dollars.
Let us tell you about this most remarkable single volume.
Write for sample pages, full particulars, etc.
Name this paper and we will send free a set of Pocket Maps
G. & C. Merriam Co.
Springfield, Mass.

Dr. J. W. Clements,
Zahnarzt
Lexington .... Texas
Consultationszimmer mit Dr. Womack an der Nordseite des Square.
Ich verbürge sämmtliche meiner Arbeiten

Merican Restaurant

Abb. 3: Titelseite des „Giddings Deutschen Volksblattes" vom 1. Januar 1914

Boas und Fuchs (2018: 295) weisen darauf hin, dass sich die von Salmons und Lucht verwendeten Daten nicht gut eignen, „um den Status und Einfluss des Standarddeutschen empirisch zu belegen." Bzgl. der Auflagenzahlen der Zeitungen argumentieren Boas und Fuchs, dass diese zwar Auskunft über die Zahl der gedruckten Zeitungen geben, es aber nicht klar ist, ob und von wem diese Zeitungen tatsächlich gelesen wurden bzw. welchen Einfluss das Lesen von Zeitungen, die wohl überwiegend in Standarddeutsch gedruckt wurden, auf das von den Lesern gesprochene Texas-Deutsch hatte. Mit anderen Worten: „Auch ist nicht feststellbar, ob die Zeitungsleser aktive Kenntnisse des Standarddeutschen hatten, und wenn ja, wie gut diese Kenntnisse waren" (Boas und Fuchs 2018: 295).

Darüber hinaus diskutieren Boas und Fuchs (2018: 296) die Frage, wie standardnah das in den deutschsprachigen Zeitungen verwendete Deutsch tatsächlich war. Als Beispiel führen sie das „Giddings Deutsche Volksblatt" an (siehe Abb. 3), welches von 1899 bis 1949 in Giddings erschien, einer Kleinstadt in ländlichem Gebiet ca. 100 km östlich von Austin, in der Mitte des German-Belts. Der Gründer und Herausgeber der Zeitung, John A. Proske, wurde 1856 in Deutschland geboren, wanderte mit 13 Jahren nach Texas aus und besuchte nur sechs Jahre lang die Schule (Garrett 1998: 118). Boas und Fuchs (2018: 296) verweisen auf den von Proske verfassten Lokalteil des „Giddings Deutschen Volksblattes“, welcher regelmäßig nicht dem Standard entsprechende Formen verwendet (Verwendung von Kasus, Pluralformen, Genus, etc.), „die zeigen, dass das Verfassen bzw. das Korrekturlesen nicht immer in fehlerfreiem Standarddeutsch vonstattenging.“ Das „Giddings Deutsche Volksblatt“ war nur eine von vielen deutschsprachigen Zeitungen in Texas, aber die Tatsache, dass ein erheblicher Teil dieser Zeitung Abweichungen vom Standard enthielt, legt die Vermutung nahe, dass deutsch-texanische Leser dieser Zeitung auch einem nicht dem Standard entsprechenden Deutsch ausgesetzt waren.

Da sich von einer Zeitung keine Rückschlüsse auf andere Zeitungen ziehen lassen, schlagen Boas und Fuchs (2018: 296) eine grösser angelegte Analyse texasdeutscher Zeitungstexte vor, um feststellen zu können inwieweit das in anderen deutschsprachigen Zeitungen in Texas verwendete Deutsch standardnah war oder nicht: „Solch eine Analyse könnte dann darüber Aufschluss geben, inwieweit deutschsprachige Zeitungen in Texas in fehlerfreiem Standarddeutsch gedruckt waren.“ Der nächste Abschnitt zeigt, wie solch eine Analyse von deutschsprachigen Zeitungstexten aus Texas im Rahmen eines größeren Forschungsprojekts zur Erforschung der Entstehung und Entwicklung des Texas-Deutschen in einer Pilotprojektphase durchgeführt wird.

3 Dokumentation und Analyse des Texas-Deutschen: von mündlichen zu schriftlichen Daten

Das 2001 an der University of Texas at Austin gegründete Texas German Dialect Project (TGDP) (Boas 2006) hat sich zum Ziel gesetzt, die Entstehung und Entwicklung des Texas-Deutschen zu dokumentieren und zu analysieren. Von 2001 bis 2023 hat das TGDP mehr als 880 Gewährspersonen interviewt, die Aufnahmen der Interviews archiviert und zum Teil transkribiert und ins Englische übersetzt. Die Tonaufnahmen zusammen mit den Transkriptionen und Übersetzungen sind in einem frei verfügbaren Texas German Dialect Archive für Forschung und Lehre zugänglich (siehe Boas, Pierce, Roesch, Halder und Weilbacher 2010, http://www.tgdp.org).

3.1 Mündliche Daten: Nutzen und Beschränkungen

Mitglieder des TGDP nehmen drei unterschiedliche Arten von Daten auf. Erstens, Übersetzungen von insgesamt ca. 320 Wörtern, Phrasen und Sätzen vom Englischen ins Texas-Deutsche. Die Datenliste beruht auf Eikel (1954) und Gilbert (1972) und erlaubt einen systematischen Vergleich, wie Sprecher des Texas-Deutschen dieselben Wörter, Phrasen und Sätze aussprechen (siehe z.B. Lindemann 2019 und Warmuth 2022). Darüber hinaus erlauben diese vom TGDP aufgenommenen Daten einen sog. real-time-Vergleich (Labov 1994) mit den Ergebnissen von Eikel (1954) und Gilbert (1972), die ihre Daten in den 1940er und 1960er Jahren erhoben haben. So lässt sich z.B. feststellen, wie sich Teile des Lexikons sowie die Phonologie und die Morphosyntax des Texas-Deutschen über einen Zeitraum von ca. 60 Jahren verändert haben (siehe z.B. Boas 2009; Roesch 2012; Boas, Pierce und Brown 2014; Pierce, Boas und Roesch 2015; Dux 2017; Fuchs 2018; Lindemann 2019; Dux 2020). Die zweite Kategorie vom TGDP erhobener Daten sind offene Gespräche über unterschiedliche Themen. Diese soziolinguistischen Interviews beruhen auf einem Fragebogen, der thematisch gegliederte Fragen zu unterschiedlichen Lebensbereichen enthält wie z.B. Kindheit, Familie, Vorfahren, Ausbildung, Religion, Sprachgebrauch, etc. Ziel dieser soziolinguistischen Interviews ist es, Gewährspersonen in ein Gespräch zu verwickeln, in dem sie so natürlich wie möglich Texas-Deutsch sprechen (siehe Boas 2021). Die dritte Kategorie von Daten wird auf der Basis eines elfseitigen englischsprachigen biographischen Fragebogens erhoben; u.a. werden Informationen über Alter, Herkunft, Bildungsgrad und Sprach- und Sprechereinstellungen erfragt. Diese biographischen Daten dienen als Grundlage für die Metadaten der Sprecher, deren Tonaufnahmen im Dialektarchiv gespeichert sind.

Die vom TGDP erhobenen mündlichen Daten erlauben es, viele Rückschlüsse auf die Entwicklung des Texas-Deutschen im 20. und frühen 21. Jahrhundert zu ziehen. Aber sie eignen sich nicht, den Einfluss des Standarddeutschen auf das Texas-Deutsche im 19. Und frühen 20. Jahrhundert zu untersuchen, da es aus dieser Zeit keine Tonaufnahmen des Texas-Deutschen gibt. So wird sich wohl nie feststellen lassen, wie stark der von Salmons und Lucht behauptete Einfluss des in den texanischen Zeitungen gedruckten Standarddeutschen auf das gesprochene Texas-Deutsche tatsächlich war (siehe auch Boas und Fuchs 2018). Im folgenden Unterabschnitt wird gezeigt, wie das TGDP unter Zuhilfenahme moderner korpuslinguistischer Forschungsmethoden schriftliche deutschsprachige Daten aus Texas zu bearbeiten gedenkt, um so trotzdem untersuchen zu können, wie verbreitet bzw. standardnah das Deutsche in texanischen Pressetexten des 19. Jahrhunderts gewesen ist. Diese Ergebnisse können uns eventuell eine Auskunft darüber geben, welchen Einfluss das Deutsche in den texanischen Zeitungen auf das Texas-Deutsche haben könnte.

3.2 Schriftliche Daten: Möglichkeiten und Einschränkungen

Seit Januar 2022 arbeitet das TGDP an einem Pilotprojekt, um deutschsprachige Zeitungstexte aus Texas systematisch zu untersuchen, um so festzustellen, inwieweit diese auf Standarddeutsch verfasst wurden oder ob sich auch nichtstandardnahe Merkmale feststellen lassen. Zu diesem Zweck griffen in der ersten Pilotphase Mitglieder des TGDP auf das an der University of North Texas online verfügbare Portal of Texas History zu, welches u.a. digitalisierte Versionen von 20 deutschsprachigen Zeitungen online zur Verfügung stellt, die in Texas zwischen 1853 und 1957 veröffentlich wurden. Abb. 4 zeigt einen Ausschnitt der Liste digitalisierter deutschsprachiger Zeitungen auf der Webseite des Portal of Texas History.

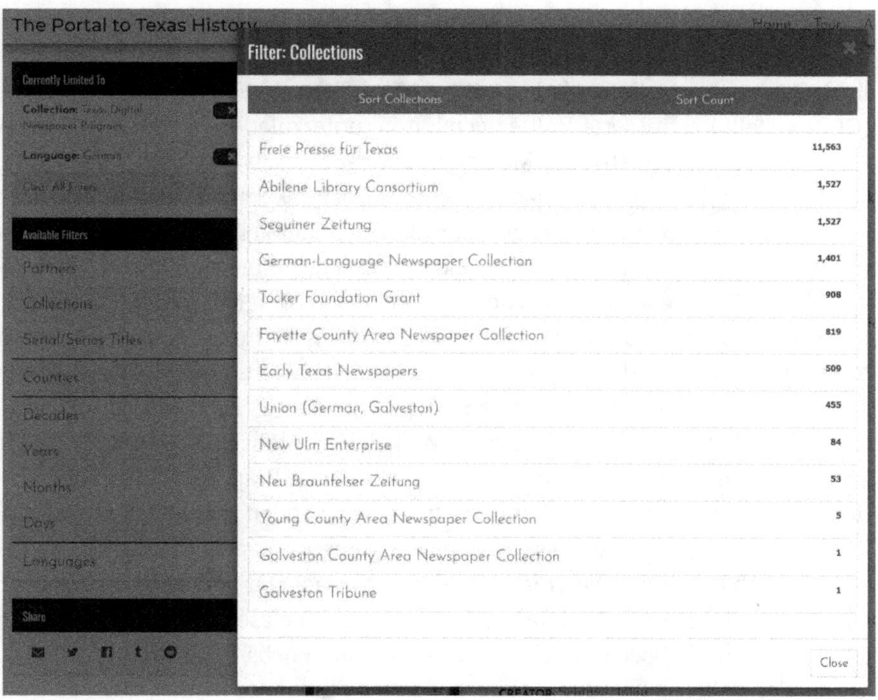

Abb. 4: Liste digitalisierter deutschsprachiger Zeitungen im Portal of Texas History

Ein Klick auf einen Zeitungstitel, wie z.B. „Das Wochenblatt der Union", führt den Nutzer zu einem neuen Fenster, in dem die Titelseiten aller digitalisierten Ausgaben der Zeitung zusammen mit den entsprechenden Metadaten (Titel der Zeitung, Erscheinungsort, Jahrgangsnummer, Ausgabenummer, Datum) angezeigt werden. Ein Klick auf die Abbildung der Titelseite einer Zeitungsausgabe führt den Nutzer zu einem anderen Fenster, in dem die einzelnen digitalisierten Seiten der jeweiligen Ausgabe in stark verkleinertem Format dargestellt werden. Außerdem stellt jedes Fenster einer Einzelausgabe einer Zeitung weitere Metadaten über die Zeitung bereit (z.B. Papierformat der Originalzeitung, eine kurze Beschreibung der Art der Zeitung (täglich, wöchentlich, Inhalte) und gibt Information darüber, welche Institution die Originalausgabe in ihrem Archiv aufbewahrt.

Von dieser Seite aus kann man auf die verkleinerten Abbildungen der jeweiligen Zeitungsseiten klicken, was einen dann zu einer neuen Webseite führt, welche eine stark vergrößerte digitale Abbildung der jeweiligen Zeitungsseite zur Verfügung stellt, so dass man den Zeitungstext online lesen kann. Jede einzelne digitalisierte Zeitungsseite lässt sich in unterschiedlicher Auflösung als Abzug im JPG-Format herunterladen, so dass man nach Zugang zur Webseite mit den digitalen Dateien auch offline arbeiten bzw. die digitalisierten Abzüge weiterverarbeiten kann. Ein weiteres Angebot des Portal of Texas History besteht in der Möglichkeit, eine automatisch mit dem sog. „Optical Character Recognition"-Verfahren (OCR) erstellte extrahierte Volltextversion herunterzuladen, um diese systematisch mit korpuslinguistischen Methoden untersuchen zu können.

Im ersten Teil der Pilotphase haben Mitarbeiter versucht, die automatisch generierten Volltextversionen der deutschsprachigen Zeitungen mit korpuslinguistischen Methoden zu bearbeiten. Ziel war es, alle online verfügbaren deutschsprachigen Zeitungen aus Texas des 19. und frühen 20. Jahrhunderts zu bearbeiten. Dazu sollten die online angebotenen automatisch durch „Optical Character Recognition" generierten digitalen Fließtexte tokenisiert, lemmatisiert und mit part-of-speech Tags versehen werden, so dass der daraus entstandene Text automatisch nach nicht standarddeutschen Merkmalen durchsucht werden kann, wie z.B. Kasusmarkierungen in Nominalphrasen, die von Präpositionen regiert werden, die im Standarddeutschen den Dativ (und nicht den Akkusativ) markieren. Die ursprüngliche Idee war es, auf dieser Datengrundlage systematisch zu bestimmen, ob bzw. inwieweit die Leser deutschsprachiger Zeitungen in Texas im späten 19. und frühen 20. Jahrhundert Zeitungen gelesen haben, die wirklich „nur" Standarddeutsch enthielten (siehe Boas und Fuchs 2018: 298).

Leider stellte sich im Rahmen dieser ersten Pilotphase heraus, dass die Qualität der digitalisierten Zeitungen für die maschinelle Sprachverarbeitung nicht genügt. Ein Problem besteht darin, dass fast alle digitalisierten Abbildungen von

Mikrofilmaufnahmen der Originalzeitungen stammen, welche von leider nur suboptimaler Qualität bzw. Auflösung sind.

Wochenblatt der Union.

Galveston, Sonntag, 7. Januar 1866.

Abb. 5: Titelseite des „Wochenblattes der Union“, Galveston, 7. Januar 1866

Für den geübten menschlichen Leser stellen die oft grobkörnige Auflösung und die unterschiedlichen Schattierungen auf den digitalisierten Zeitungsseiten kein großes Problem dar. Aber die vom Portal of Texas History eingesetzte OCR-Software, welche den Zeitungstext automatisch in einen elektronisch lesbaren Fließtext umwandeln soll, tut sich mit der Umwandlung sehr schwer.

Abbildung 6 zeigt das Resultat der automatischen Volltexterstellung des OCR-Programms des Zeitungstextes des „Wochenblatts der Union“ in Abb. 5. Wie unschwer zu erkennen ist, funktioniert die vom Portal of Texas History angewandte OCR-Methode bei alten deutschen Zeitungstexten nicht. Dies mag einerseits mit der ursprünglichen grobkörnigen Auflösung des Mikrofilms zusammenhängen, der als Grundlage für die Digitalisierung dient. Andererseits scheint die automatische Schrifterkennenungssoftware nicht gut genug zu funktionieren. Das Portal of Texas History setzt als „Optical Character Recognition“-Software den ABBY Recognition Server[6] ein, zusammen mit Zusatzsoftware, die auch speziell mit alten deutschen Zeitungstexten funktionieren sollte (siehe https://library.unt.edu/digital-projects-unit/software/, letzter Zugriff 16.11.2023).

6 Siehe https://www.abbyy.com/finereader-server/ (letzter Zugriff 16.11.2023).

Extracted Text

The following text was automatically extracted from the image on this page using optical character recognition software:

```
Achter Gahrgans, Wo. 11
Galvestou, vnntag, 1, gannar 1866.4,
Laufende Rummer 875
Weuefte Wacricbten.
urtbeilt.
(Aus ber „%. D. Jim«' vom3.Januat.1
statser ju warten.
interference."
tat durd ben am 10. Tesember erjoigten
2 X pnig covefe, für Belgen eint 3eif bet
Wafbington, 20. Dejember. "eneral
pridt "d in fcinem Eenete uDe eie mittee für deridpt
Greigelasimnenin teuisiana febr gün- bauje, bu bejblofen
in (un« Jett «in Kmevbe-
ase Nr
MU zu cenytituiren.
ault.                                > Bertwürbiger Deife Wirt ber eftreicifd-
PerAuslicferungevertrag ibifbben (Englane iransesiidbe *aubzug rlfflicb venciner ctu Tesemb
N Nvanfvoi4 i M .h an..i., ah.-..      L.-                      MIM ca i maw: .  •
nad terfelbe
pcrtugcn;
tast irr teriele
utliOrn ftkjicn int "arbiden "auäääebrden ber 3nlane Ke enuen intern          EXerite
»ar une inwdemaaeiie Aceeiet wir met lber eneente qalbiabr biter M «ui 8115,- Hciebeu anpre
icn parante MotNen Min'wSfn               000,000.          •                    Berech
,                                    tunieergen tebhureicientesRalferswte tn ge
«tut - J                           , !EEegrapbtjde ah Btare
s                        .pemzert,ap..Fg.Banemeüeiatet *e7XX^ÄriffiÄ-.. ten mezitq
```

Abb. 6: Ergebnis automatisierter Texterkennung

Da die automatische Verarbeitung und Analyse deutschsprachiger digitalisierter Zeitungen in der ersten Phase des Pilotprojekts nicht funktioniert hat, versuchen seit August 2022 Mitglieder des TGDP andere Verfahren zu entwickeln, um doch noch eine automatisierte Bearbeitung der Zeitungstexte zu ermöglichen. Grundlage für diese zweite Pilotphase ist eine mit besserer Qualität durchgeführte Neudigitalisierung einiger im Briscoe Center for American History an der University of Texas at Austin archivierten deutschsprachigen Zeitungen aus dem 19. Jahrhundert.

Die Planungen für die darauffolgende Projektphase sieht u.a. vor, auf der Basis des Digitalisierungsworkflows des Deutschen Textarchivs (Wiegand, Thomas, Haaf, Geyken, Jurish und Boenig 2018) die digitalisierten Bilddateien der einzelnen Zeitungsseiten nach den Erfassungsrichtlinien des DTA zu bearbeiten, wobei der automatischen Texterkennungssoftware (OCR) eine tragende Rolle zukommen wird.[7] Die von der Texterkennungssoftware automatisch generierten Volltexte werden dann aller Wahrscheinlichkeit nach noch manuell nachkorrigiert werden müssen, um so eine gleichbleibend hohe Qualität sicherzustellen.[8] Auf der Basis dieser Volltexte kann dann eine weitere Aufbereitung mit computerlinguistischen Verfahren zur Tokenisierung, Lemmatisierung und zum POS-Tagging angewandt werden. Die so aufbereiteten Volltexte werden es dann erlauben, eine systematische Analyse der historischen deutschsprachigen Zeitungstexte aus Texas durchzuführen, um zu sehen, wie standardnah das gedruckte Deutsch tatsächlich war.[9]

Es ist wichtig zu betonen, dass der Einfluss des Standarddeutschen auf das Texas-Deutsche sich auch nicht zweifelsfrei durch solch ein Korpus digitalisierter deutschsprachiger Zeitungstexte klären lassen wird. Das Korpus wird zwar darüber Auskunft geben können, inwieweit Standarddeutsch in den Zeitungen verwendet worden ist (oder nicht), aber nicht darüber, ob die Sprecher des Texas-Deutschen tatsächlich aktive Kontrolle des Standarddeutschen hatten oder nicht (siehe auch Elspaß (2014) sowie Boas und Fuchs (2018)).

4 Fazit

Dieser Beitrag hat Möglichkeiten diskutiert, wie eine der zentralen Fragestellungen in der Erforschung des Texas-Deutschen, nämlich der mögliche Einfluss des in texanischen Zeitungen gedruckten Standarddeutschen auf das nur gesprochene Texas-Deutsche im 19. und 20. Jahrhundert empirisch auf der Basis deutschsprachiger Zeitungstexte erforscht werden kann. Wie in Abschnitt 2.2 gezeigt, lassen sich die Vorschläge von Salmons (1994) und Salmons und Lucht (2006) bzgl. dieses Einflusses nur schwer empirisch verifizieren. Dafür gibt es mindestens zwei Hauptgründe (Boas und Fuchs 2018).

Erstens lässt sich allein aus der Auflagenstärke und -verbreitung deutschsprachiger Zeitungen in Texas nicht automatisch schließen, wer wie oft diese Zei-

7 Siehe https://www.deutschestextarchiv.de/doku/basisformat/transkription.html (letzter Zugriff 16.11.2023).

8 Siehe https://www.deutschestextarchiv.de/doku/dtaq (letzter Zugriff 16.11.2023).

9 Um eine genaue Bestimmung der Nähe zum Standard durchzuführen, werden zum einen Wörterbücher aus dem 19. Jahrhundert benutzt, zum anderen wird ein Vergleich mit den im Deutschen Textarchiv vorhandenen Zeitungen aus Deutschland aus demselben Zeitraum angestellt.

tungen gelesen hat.[10] Selbst wenn die deutschsprachigen Zeitungen in Texas im 19. Jahrhundert komplett auf Standarddeutsch erschienen sind, bedeutet das noch lange nicht, dass dies zu einer aktiven Kontrolle des Standarddeutschen seitens der Dialektsprecher hätte führen müssen, welche sonst im Alltag (außer begrenztem Schulunterricht und Kirchenbesuch, wo wahrscheinlich eine standardnahe Varietät des Deutschen verwendet wurde) fast nur Texas-Deutsch sprachen.

Zweitens ist noch nicht wirklich geklärt, wie standardnah die deutschsprachigen Pressetexte in Texas im 19. und 20. Jahrhundert tatsächlich waren. Wie oben dargestellt, lassen sich z.B. im „Giddings Deutschen Volksblatt" regelmäßig nicht standardkonforme Rechtschreibung, Grammatik und Lexik beobachten, insbesondere im Lokalteil der Zeitung. In der zweiten Phase des Pilotprojekts, welches in Abschnitt 3.2 skizziert wurde, wurden bei den Vorbereitungen zur Digitalisierung ebenfalls stichprobenhaft ähnliche nichtstandardnahe Rechtschreibung, Grammatik und Lexik im Lokalteil der „Freie Presse von Texas" gefunden. Wie weit verbreitet bzw. wie frequent diese Abweichungen vom Standarddeutschen aber wirklich sind, kann bis jetzt noch nicht abschließend bestimmt werden. Die Lösung dieses Problems bleibt weiterhin ein Desiderat der Forschung zum Texas-Deutschen.

Eine weitere Quelle, die Licht auf den Einfluss des in texanischen Zeitungen gedruckten Standarddeutschen auf das ausschließlich gesprochene Texas-Deutsche im 19. und 20. Jahrhundert werfen kann, sind handgeschriebene Dokumente. Parallel zur Bearbeitung deutschsprachiger Zeitungstexte arbeitet das TGDP auch daran, handgeschriebene Briefe aus Texas zu erfassen, zu digitalisieren, zu transkribieren und mit korpuslinguistischen Methoden zu bearbeiten. Zu diesem Zweck kooperiert das TGDP mit dem Briscoe Center for American History an der University of Texas at Austin und dem Forschungsprojekt German Heritage in Letters[11] am Deutschen Historischen Institut (German Historical Institute, GHI) in Washington D.C., um so ein elektronisches Korpus deutschsprachiger Briefe aus Texas des 19. und 20. Jahrhunderts aufzubauen.[12]

Erste Vergleiche dieser von deutschen Einwanderern und deren Nachkommen in Texas auf Deutsch verfassten Briefe mit den bisher händisch analysierten deutsch-texanischen Zeitungstexten haben ergeben, dass das in den Briefen

10 Ebenso schwer lässt sich der Einfluss des Hochdeutschen auf das Texas-Deutsche in den Domänen Kirche und Schule ermitteln (siehe Boas (2009) sowie Boas und Fuchs (2018)).

11 Siehe https://germanletters.org/ (letzter Zugriff 16.11.2023).

12 In einer weiteren Projektphase werden auch handgeschriebene Tagebücher, Vereinsprotokolle, Rezepte, etc. digitalisiert und mit korpuslinguistischen Methoden erfasst und aufbereitet.

verwendete Deutsch noch sehr viel weiter vom Standard entfernt ist als das in den Zeitungen verwendete Deutsch. Neben der Erforschung deutschsprachiger Zeitungstexte in Texas sollten in Zukunft auch Überlegungen angestellt werden, wie diese Zeitungstexte im Rahmen paralleler auslandsdeutscher Mediendiskurse im Sinne von Földes (2022) analysiert werden können und wie in diesem Zusammenhang die vergleichende Sprachinselforschung im Sinne von Rosenberg (2005) und Boas (2016) von diesen Ergebnissen profitieren kann.

Literaturverzeichnis

Arndt, Karl J.R. und May E. Olson (1961): *German-American newspapers & periodicals 1732–1955: History and bibliography*. Heidelberg: Quelle & Meyer.

Blanton, Carlos Kevin (2004): *The strange career of bilingual education in Texas, 1836–1981*. College Station: Texas A&M Press.

Boas, Hans C. (2005): A dialect in search of its place – The use of Texas German in the public domain. In: Craig Cravens und David Zersen (Hrsg.), *Transcontinental encounters: Central Europe Meets the American Heartland*, 78–102. Austin: Concordia University Press.

Boas, Hans C. (2006): From the field to the web: implementing best-practice recommendations in documentary linguistics. *Language Resources and Evaluation* 40 (2), 153–174.

Boas, Hans C. (2009): *The Life and Death of Texas German*. Durham: Duke University Press.

Boas, Hans C. (2016): Variation im Texasdeutschen: Implikationen für eine vergleichende Sprachinselforschung. In: Alexandra Lenz (Hrsg.), *German Abroad. Perspektiven der Variationslinguistik, Sprachkontakt- und Mehrsprachigkeitsforschung*. Wien: Vienna University Press. 11–44.

Boas, Hans C. (2021): Zwei Jahrzehnte digitale Dokumentation und Erforschung eines aussterbenden deutschen Auswandererdialekts: Das Texas German Dialect Project (2001–2021). *Zeitschrift für deutschsprachige Kultur und Literatur* 30, 29–268.

Boas, Hans C. und Katrin Fuchs (2018): Zum Einfluss des Standarddeutschen auf das Texasdeutsche im 19. und 20. Jahrhundert: Empirische und methodologische Probleme. In: Lenz, Alexandra N. und Albrecht Plewnia (Hrsg.), *Variation – Norm – Identitaeten* (Germanistische Sprachwissenschaft um 2020 4), 283–304. Berlin, Boston: De Gruyter.

Boas, Hans C. und Marc Pierce (2011): Lexical developments in Texas German. In: Putnam, Michael (Hrsg.), *Studies on German language islands*, 129–150. Amsterdam, Philadelphia: John Benjamins.

Boas, Hans C., Pierce, Marc und Collin L. Brown (2014): On the variability of Texas German *wo* as a complementizer. *STUF – Language Typology and Universals* 67 (4), 589–611.

Boas, Hans C., Pierce, Marc, Roesch, Karen, Halder, Guido und Hunter Weilbacher (2010): The Texas German Dialect Archive: A Multimedia Resource for Research, Teaching, and Outreach. *Journal of Germanic Linguistics* 22 (3), 277–296.

Durrell, Martin (1999): Standardsprache in England und Deutschland. *Zeitschrift für Germanistische Linguistik* 27, 285–308.

Dux, Ryan (2017): Classifying Language Contact Phenomena: English Verbs in Texas German. *Journal of Germanic Linguistics* 29 (4), 379–430.

Dux, Ryan (2020): Code-switching and loan translation in German-America. A cognitive-constructional account. *Belgian Journal of Linguistics* 34, 52–65.

Eikel, Fred (1954): *The New Braunfels German Dialect*. Baltimore: Johns Hopkins University.

Elspaß, Stephan (2002): Standard German in the 19th century? (Counter-)Evidence from the private correspondence of 'ordinary people'. In: Linn, Andrew L. und Linda McLelland (Hrsg.), *Standardization. Studies from the Germanic Languages*, 43–65. Amsterdam, Philadelphia: John Benjamins.

Elspaß, Stephan (2014): Prescriptive norms and norms of usage in nineteenth-century German. In: Gijsbert Rutt, Rik Vosters und Wim Vandenbussche (Hrsg.), *Norms and usage in language history, 1600–1900. A sociolinguistic and comparative perspective* (Advances in Historical Sociolinguistics 3), 303–320. Amsterdam, Philadelphia: John Benjamins.

Földes, Csaba (2022). Auslandsdeutsche Mediendiskurse: sprachliche und interkulturelle Aspekte von Minderheitenzeitungen. *Zeitschrift für Literaturwissenschaft und Linguistik (LiLi)* 52, 123–145.

Fuchs, Katrin (2018): Word order in dependent clauses in Texas German. *Zeitschrift für Dialektologie und Linguistik* 84, 1–19.

Garrett, Daphne Dalton (1998): *Giddings Deutsches Volksblatt. 1899–1949. A history of the newspaper and print shop of the Texas Wends*. Warda, TX: Garrett Historical Research.

Gilbert, Glenn (1972): *Linguistic Atlas of Texas German*. Austin: University of Texas Press.

Heinen, Hubert (1982): German in Texas schools, 1849–1939. *Heritage of the Great Plains* 15, 11–20.

Jordan, Gilbert (1977): The Texas German Language of the Western Hill Country. In: Wilson, Joseph (Hrsg.), *Texas and Germany: Crosscurrents* (Rice University Studies 63 (3)), 59–71. Houston: William Marsh Rice University.

Koch, Peter und Wulf Oesterreicher (1985): Sprache der Nähe – Sprache der Distanz: Mündlichkeit und Schriftlichkeit im Spannungsfeld von Sprachtheorie und Sprachgeschichte. *Romanistisches Jahrbuch* 36, 15–43.

Labov, William (1994): *Principles of Linguistic Change*. Vol. 1: *Internal Factors*. Oxford: Blackwell.

Lindemann, Luke (2019): When Wurst comes to Wurscht: Variation and koiné formation in Texas German. *Journal of Linguistic Geography* 7 (1), 33–45.

Mihm, Arend (2016): Zur Theorie der vormodernen Orthographien: Straßburger Schreibsysteme als Erkenntnisgrundlage. *Sprachwissenschaft* 41 (3), 271–309.

Nicolini, Marcus (2004): *Deutsch in Texas*. Münster: LIT.

Pierce, Marc, Boas, Hans C. und Karen Roesch (2015): The history of front rounded vowels in New Braunfels German. In: Johannessen, Janne Bondi und Joseph C. Salmons (Hrsg.), *Germanic Heritage Languages in North America* (Studies in Language Variation 18), 118–131. Amsterdam, Philadelphia: John Benjamins.

Reeves Moore, Barbara Joan (1980): *A Sociolinguistic Longitudinal Study (1969–1979) of a Texas German Community, including Curricular Recommendations*. Austin: The University of Texas.

Roesch, Karen (2012): *Language Maintenance and Language Death: The decline of Texas Alsatian* (Culture and Language Use 6). Amsterdam, Philadelphia: John Benjamins.

Rosenberg, Peter (2005): Dialect Convergence in the German (Sprachinseln) Speech Islands. In: Auer, Peter, Hinskens, Frans und Paul Kerswill (Hrsg.), *Dialect Change: Convergence and Divergence in European Languages*, 221–235. Cambridge: Cambridge University Press.

Salmons, Joseph (1994): Naturalness and Morphological Change in Texas German. In: Berend, Nina und Klaus J. Mattheier (Hrsg.), *Sprachinselforschung: Eine Gedenkschrift für Hugo Jedig*, 59–72. Frankfurt a.M.: Peter Lang.

Salmons, Joseph C. und Felicia A. Lucht (2006): Standard German in Texas. In: Thornburg, Linda und Janet Fuller (Hrsg.), *Studies in contact linguistics: Essays in honor of Glenn G. Gilbert*, 165–186. New York: Peter Lang.

Viëtor, Wilhelm (1885): *Die Aussprache des Schriftdeutschen*. Leipzig: O.R. Reisland.

Warmuth, Matthias (2022): Rhotics, /u:/, and diphthongization in New Braunfels German. *Linguistics Vanguard* 8 (5), 745–758.

Wiegand, Frank, Thomas, Christian, Haaf, Susanne, Geyken, Alexander, Jurish, Bryan und Matthias Boenig (2018): Recherchieren, Arbeiten und Publizieren im Deutschen Textarchiv: ein Praxisbericht. *Zeitschrift für Germanistische Linguistik* 46 (1), 147–161.

Verzeichnis der Beiträgerinnen und Beiträger

Dr. Zsuzsanna Adrigán
Nyelvi és Kulturális Központ
Széchenyi István Egyetem
Egyetem tér 1
HU-9026 Győr/Raab
Ungarn
E-Mail: adrigan.zsuzsanna@sze.hu

Doz. Dr. Bianca Bican
Departamentul de Limbă şi Literatură Germană
Universitatea Babeş-Bolyai
Str. Horea Nr. 7
RO-400174 Cluj-Napoca/Klausenburg
Rumänien
E-Mail: biancabican@yahoo.com

Prof. Dr. Aigul Bizhkenova
Šetel Filologijasy Kafedrasy
L.N. Gumilev atyndağy Eurazija ūlttyķ universitetí
Ķažymūķan 11
KZ-10008 Astana
Kasachstan
E-Mail: bizhkenova_aye@enu.kz

Prof. Dr. Hans C. Boas
Department of Germanic Studies
The University of Texas at Austin
1 University Station
C3300 Austin, TX 78712-0304
USA
E-Mail: hcb@mail.utexas.edu

Prof. Dr. Renata Dampc-Jarosz
Instytut Literaturoznawstwa
Uniwersytet Śląski
ul. Grota Roweckiego 5
PL-41-200 Sosnowiec/Sosnowitz
Polen
E-Mail: renata.dampc-jarosz@us.edu.pl

Prof. Dr. Pavel Donec
Kafedra inozemnych mov
Ukrajins'kyj deržavnyj univerisitėt zaliznyčnogo transportu
Maidan Fejerbacha 7
UA-61050 Charkiv
Ukraine
E-Mail: pdonec@gmail.com

Prof. Dr. Dr. Csaba Földes
Lehrstuhl für Germanistische Sprachwissenschaft
Universität Erfurt
Nordhäuser Straße 63
D-99089 Erfurt
Deutschland
E-Mail: csaba.foeldes@uni-erfurt.de

Dr. Tomáš Godiš
Lehrstuhl für Deutsche Sprache und Literatur
Universität Trnava
Hornopotočná 23
SK-91843 Trnava/Tyrnau
Slowakei
E-Mail: tomasgodis@gmail.com

PD Dr. Markus Hartmann
Lehrstuhl für Germanistische Sprachwissenschaft
Universität Erfurt
Nordhäuser Straße 63
D-99089 Erfurt
Deutschland
E-Mail: markus.hartmann@uni-erfurt.de

Prof. Dr. Mariusz Jakosz
Instytut Językoznawstwa
Uniwersytet Śląski
ul. Grota-Roweckiego 5
PL-41-200 Sosnowiec/Sosnowitz
Polen
E-Mail: mariuszjakosz@interia.pl

Dr. Alois-Richard Kommer
Departamentul de Lingvistică Aplicată
Universitatea Sapientia
Târgu-Mureş/Neumarkt am Mieresch
Calea Sighişoarei nr. 2
RO-547367 Corunca
Rumänien
E-Mail: alois.kommer@ms.sapientia.ro

Prof. Dr. Uršula Krevs Birk
Oddelek za germanistiko z nederlan-distiko in skandinavistiko
Univerza v Ljubljani
Aškerčeva 2
SL-1000 Ljubljana/Laibach
Slowenien
E-Mail: Ursula.KrevsBirk@ff.uni-lj.si

Ekaterina Levina
Department of Linguistics
The University of Texas at Austin
305 E. 23rd Street STOP B5100
Austin, TX 78712
USA
E-Mail: ekaterina.levina@utexas.edu

PD Dr. Attila Mészáros
Katedra nemeckého jazyka a literatúry
Univerzita J. Selyeho
Bratislavská cesta 3322
SK-94501 Komárno/Komorn
Slowakei
E-Mail: meszarosa@ujs.sk

Prof. Dr. Daniela Pelka
Katedra Języka Niemieckiego
Uniwersytet Opolski
Pl. Staszica 1
PL-45-052 Opole/Oppeln
Polen
E-Mail: Daniela.Pelka@uni.opole.pl

Dr. Małgorzata Płomińska
Instytut Językoznawstwa
Uniwersytet Śląski
ul. Grota-Roweckiego 5
PL-41-200 Sosnowiec/Sosnowitz
Polen
E-Mail: malgorzata.plominska@us.edu.pl

Prof. Dr. Michał Skop
Instytut Literaturoznawstwa
Uniwersytet Śląski
ul. Grota-Roweckiego 5
PL-41-200 Sosnowiec/Sosnowitz
Polen
E-Mail: michal.skop@us.edu.pl

www.ingramcontent.com/pod-product-compliance
Lightning Source LLC
LaVergne TN
LVHW010644300926
849161LV00005B/1035